全国高等学校计算机教育研究会"十四五"规划教材

高等学校电子信息类创新与应用型系列教材

信号与系统

王承琨 陈义平 崔月 谷广宇 编著

清华大学出版社
北京

内 容 简 介

本书主要介绍信号处理和系统分析的基础理论,循序渐进地全面介绍连续、时域信号的时域分析和变换域分析的基本内容,详细介绍处理信号和系统分析的方法。全书共 8 章,内容包括信号与系统的基础知识,连续和离散时间信号与系统的时域分析,连续和离散时间信号与系统的频域分析,信号的拉普拉斯变换和 z 变换分析方法,系统的复频域分析方法以及系统的状态变量分析法,从连续到离散、从时域到频域再到复频域,逻辑清晰、简明易懂、适合教学。本书还介绍使用 MATLAB 分析信号与系统的方法。

本书可作为高等院校电子与信息工程、通信工程、人工智能、测控技术、自动化、物联网、信息工程、计算机科学与技术等相关专业本科生教材,也可以作为相关工程技术人员的参考资料。

版权所有,侵权必究。举报: 010-62782989,beiqinquan@tup.tsinghua.edu.cn。

图书在版编目(CIP)数据

信号与系统/王承琨等编著. --北京: 清华大学出版社,2025.4. --(高等学校电子信息类创新与应用型系列教材). -- ISBN 978-7-302-68791-7

Ⅰ. TN911.6

中国国家版本馆 CIP 数据核字第 20259PZ987 号

责任编辑: 谢 琛 战晓雷
封面设计: 常雪影
责任校对: 李建庄
责任印制: 刘 菲

出版发行: 清华大学出版社
    网 址: https://www.tup.com.cn,https://www.wqxuetang.com
    地 址: 北京清华大学学研大厦 A 座   邮 编: 100084
    社 总 机: 010-83470000   邮 购: 010-62786544
    投稿与读者服务: 010-62776969,c-service@tup.tsinghua.edu.cn
    质量反馈: 010-62772015,zhiliang@tup.tsinghua.edu.cn
    课件下载: https://www.tup.com.cn,010-83470236
印 装 者: 北京同文印刷有限责任公司
经 销: 全国新华书店
开 本: 185mm×260mm 印 张: 21.25 字 数: 547 千字
版 次: 2025 年 5 月第 1 版 印 次: 2025 年 5 月第 1 次印刷
定 价: 69.00 元

产品编号: 108613-01

前言

信号与系统的研究在现代工程学科中占据着至关重要的地位。无论在通信、控制、图像处理还是在电子、计算机科学等领域，信号与系统的理论和应用都是基础性的。本书的目的在于为读者提供系统、完整且易于理解的信号与系统理论。通过本书，读者将掌握分析和处理各种信号及其通过系统时的行为，为后续课程（如"数字信号处理""通信原理""控制理论"等）打下坚实的理论基础。

"信号与系统"课程的主要内容十分经典，但是在实际教学过程中，受到课程学时和学生基础的影响，很难将全部内容体现到课堂教学中。本书重点介绍了信号和系统中的时域分析、频域分析以及复频域分析的主要内容，使读者能够尽快掌握本课程的基本概念、基本理念和基本方法。通过详尽的理论阐述和丰富的实例解析，读者可以深入理解并应用这些知识进行信号与系统的分析和设计。

本书有以下几个特点：

（1）在内容上，本书以连续和离散信号与系统为研究对象，以时域分析、频域分析以及复频域分析方法为脉络，以傅里叶变换、拉普拉斯变换以及 z 变换为主线，尽量删除了与后续专业课重叠的内容，突出基础知识和应用。

（2）本书按照循序渐进、从易到难的原则，提供了较多的例题和习题，题目类型多样，难度适宜。

（3）在结构上，本书采用先信号后系统、先连续后离散、先时域后变换域的框架，注重重点与难点的分析和解释，在保证知识结构完整和内容全面的基础上，尽可能减少公式、性质的推导，重点培养读者应用信号与系统的理论知识分析、处理和解决实际问题的能力。在每章末加入了一些经典文献，供读者进行延伸阅读。

（4）本书介绍了基于 MATLAB 的信号与系统分析方法，讲解了在 MATLAB 中常用的信号和系统分析函数，读者可通过编程的形式学习本书的知识内容。

本书主要面向高等院校电子与信息工程、通信工程、人工智能、测控技术、自动化、物联网、信息工程、计算机科学与技术等专业的本科生。同时，对于希望深入了解信号处理与系统分析的工程技术人员和研究人员，本书也有较高的参考价值。

本书的第1、2、4、5章内容由王承琨执笔,第8章由陈义平执笔,第6、7章由崔月执笔,第3章由谷广宇执笔,李松昊负责配套电子资料的整理工作,王承琨负责全书统稿。在本书的编写过程中,许多同行专家和学者向我们提出了宝贵意见和建议,学生们在课堂上的反馈也为本书的完善提供了重要帮助。本书得到了清华大学出版社的帮助与支持。在此,我们向所有关心和支持本书的朋友们表示衷心的感谢。

限于作者水平,本书难免有不足之处,恳请读者批评指正,以便在以后的修订中不断改进和完善。

作 者

2025 年 1 月

配套资源

目 录

第1章　绪论 …………………………………………………… 1

　1.1　信号的描述和分类 …………………………………… 1
　　　1.1.1　信号的描述 …………………………………… 1
　　　1.1.2　信号的分类 …………………………………… 2
　1.2　系统的数学模型、分类及串并联 …………………… 7
　　　1.2.1　系统的数学模型 ……………………………… 7
　　　1.2.2　系统的分类 …………………………………… 9
　　　1.2.3　系统的串并联 ………………………………… 14
　1.3　信号与系统分析方法及信号与系统理论的应用 …… 16
　　　1.3.1　信号与系统分析方法 ………………………… 16
　　　1.3.2　信号与系统理论的应用 ……………………… 17
　1.4　MATLAB 简介 ……………………………………… 20
　延伸阅读 …………………………………………………… 23
　习题与考研真题 …………………………………………… 23

第2章　连续时间信号与系统的时域分析 …………………… 25

　2.1　连续时间信号的时域描述 …………………………… 25
　　　2.1.1　典型连续时间信号 …………………………… 25
　　　2.1.2　奇异信号 ……………………………………… 28
　2.2　连续时间信号的运算 ………………………………… 33
　　　2.2.1　连续时间信号的尺度变换、翻转变换及平移变换 … 33
　　　2.2.2　连续时间信号的相加、相乘、微分及积分运算 …… 36
　　　2.2.3　连续时间信号的卷积运算及性质 …………… 38
　2.3　连续时间信号的时域分解 …………………………… 41
　　　2.3.1　连续时间信号分解为直流分量与交流分量 … 41
　　　2.3.2　连续时间信号分解为奇分量与偶分量 ……… 42
　　　2.3.3　连续时间信号分解为实部分量与虚部分量 … 43
　　　2.3.4　连续时间信号分解为冲激信号的线性组合 … 43
　　　2.3.5　连续时间信号分解为正交函数集 …………… 44
　2.4　连续线性时不变系统 ………………………………… 46
　　　2.4.1　连续时间系统的数学描述 …………………… 46

2.4.2 连续线性时不变系统的描述 47
2.5 连续线性时不变系统的响应 48
　　　2.5.1 连续线性时不变系统的零输入响应 49
　　　2.5.2 连续线性时不变系统的零状态响应 50
　　　2.5.3 连续线性时不变系统的单位冲激响应 52
2.6 单位冲激响应表示的系统特性 54
　　　2.6.1 级联系统的冲激响应 54
　　　2.6.2 并联系统的冲激响应 55
　　　2.6.3 连续因果系统的冲激响应 56
　　　2.6.4 连续稳定系统冲激响应 57
2.7 连续时间信号与系统的MATLAB仿真 58
　　　2.7.1 连续时间信号的MATLAB表示 58
　　　2.7.2 连续时间信号基本运算的MATLAB仿真 62
　　　2.7.3 连续时间系统时域分析的MATLAB仿真 65
延伸阅读 67
习题与考研真题 67

第3章 离散时间信号与系统的时域分析 70

3.1 离散时间信号时域描述 70
　　　3.1.1 离散时间信号的表示 70
　　　3.1.2 典型离散时间信号 71
3.2 离散时间信号的运算 76
　　　3.2.1 离散时间信号的翻转、移位及尺度变换 76
　　　3.2.2 离散时间信号的相加、相乘、差分及求和 77
　　　3.2.3 离散时间信号卷积和及解卷积 79
3.3 离散时间信号的时域分解 87
　　　3.3.1 离散时间信号分解为直流分量和交流分量 87
　　　3.3.2 离散时间信号分解为偶分量和奇分量 87
　　　3.3.3 离散时间信号分解为实部分量和虚部分量 87
　　　3.3.4 离散时间信号分解为单位脉冲序列的线性组合 88
　　　3.3.5 离散时间信号分解为正交函数集 88
3.4 离散线性时不变系统的响应 89
　　　3.4.1 离散线性时不变系统的零输入响应 93
　　　3.4.2 离散线性时不变系统的零状态响应 94
　　　3.4.3 离散线性时不变系统的单位样值响应 96
3.5 单位样值响应表示的离散时间系统特性 100
　　　3.5.1 离散级联系统的单位样值响应 101
　　　3.5.2 离散并联系统的单位样值响应 101
　　　3.5.3 离散因果系统的单位样值响应 103
　　　3.5.4 离散稳定系统的单位样值响应 104

3.6 离散时间信号与系统的MATLAB仿真 ··· 104
    3.6.1 离散时间信号的MATLAB表示 ··· 104
    3.6.2 离散时间信号基本运算的MATLAB仿真 ····························· 107
    3.6.3 离散线性系统时域分析的MATLAB仿真 ····························· 110
延伸阅读 ·· 115
习题与考研真题 ·· 115

第4章 连续时间信号与系统的频域分析 ··· **118**

4.1 连续时间周期信号的频域分析 ··· 118
    4.1.1 连续时间周期信号的傅里叶级数表示 ····························· 119
    4.1.2 连续时间周期信号的频谱 ··· 124
    4.1.3 连续时间周期信号的傅里叶级数中的基本性质 ················ 128
    4.1.4 连续时间周期信号的功率谱 ·· 131
4.2 连续时间非周期信号的频域分析 ··· 132
    4.2.1 连续时间非周期信号的傅里叶变换及其频谱 ···················· 132
    4.2.2 典型连续时间非周期信号的频谱 ···································· 134
    4.2.3 连续时间非周期信号的傅里叶变换的性质 ······················· 140
4.3 连续线性时不变系统的频域分析 ··· 150
    4.3.1 连续线性时不变系统的频率响应 ···································· 150
    4.3.2 连续时间非周期信号通过系统响应的频域分析 ················ 151
    4.3.3 连续时间周期信号通过系统响应的频域分析 ···················· 152
    4.3.4 无失真传输理论 ·· 153
    4.3.5 理想模拟滤波器 ·· 156
4.4 连续时间信号与系统分析的MATLAB仿真 ······························ 160
    4.4.1 连续时间信号频谱分析的MATLAB仿真 ··························· 160
    4.4.2 连续时间系统频率特性分析的MATLAB仿真 ···················· 165
延伸阅读 ·· 168
习题与考研真题 ·· 168

第5章 离散时间信号与系统的频域分析 ··· **171**

5.1 离散时间周期信号的频域分析 ··· 171
    5.1.1 离散时间周期信号的傅里叶级数及频谱 ·························· 171
    5.1.2 离散时间周期信号的傅里叶级数的基本性质 ···················· 174
5.2 离散时间非周期信号的频域分析 ··· 178
    5.2.1 离散时间非周期信号的傅里叶变换及频谱 ······················· 178
    5.2.2 离散时间傅里叶变换的基本性质 ···································· 181
5.3 信号的时域抽样和频域抽样 ·· 185
    5.3.1 信号的时域抽样 ·· 185
    5.3.2 信号的频域抽样 ·· 187
5.4 离散线性时不变系统的频域分析 ··· 190

5.4.1 离散线性时不变系统的频率响应 …… 190
5.4.2 离散时间非周期信号通过系统响应的频域分析 …… 192
5.4.3 离散时间周期信号通过系统响应的频域分析 …… 193
5.4.4 线性相位离散线性时不变系统 …… 194
5.4.5 数字滤波器概述 …… 194
5.5 离散时间信号与系统分析的 MATLAB 仿真 …… 196
　　5.5.1 离散时间信号频谱分析的 MATLAB 仿真 …… 196
　　5.5.2 离散线性时不变系统频率特性分析的 MATLAB 仿真 …… 199
延伸阅读 …… 201
习题与考研真题 …… 202

第6章　连续时间信号与系统的复频域分析 …… 205

6.1 连续时间信号的复频域分析 …… 206
　　6.1.1 从傅里叶变换到拉普拉斯变换 …… 206
　　6.1.2 单边拉普拉斯变换的收敛域 …… 207
　　6.1.3 典型信号的拉普拉斯变换 …… 208
　　6.1.4 单边拉普拉斯变换的性质 …… 210
　　6.1.5 拉普拉斯逆变换 …… 218
6.2 连续线性时不变系统的复频域分析 …… 223
　　6.2.1 连续线性时不变系统的系统函数 …… 223
　　6.2.2 连续线性时不变系统响应的复频域分析 …… 225
6.3 连续线性时不变系统的系统特性 …… 227
　　6.3.1 系统函数的零点和极点分布 …… 227
　　6.3.2 系统函数与系统的时域特性 …… 231
　　6.3.3 系统函数与系统的稳定性 …… 234
　　6.3.4 系统函数零点、极点与系统频率响应 …… 237
6.4 连续时间系统的连接与模拟 …… 244
　　6.4.1 连续时间系统的连接 …… 244
　　6.4.2 连续时间系统的模拟 …… 245
6.5 连续时间信号与系统复频域分析仿真 …… 248
　　6.5.1 连续时间信号复频域分析的 MATLAB 仿真 …… 248
　　6.5.2 连续时间系统复频域分析的 MATLAB 仿真 …… 249
延伸阅读 …… 252
习题与考研真题 …… 253

第7章　离散时间信号与系统的复频域分析 …… 255

7.1 离散时间信号的复频域分析 …… 255
　　7.1.1 单边 z 变换的定义及收敛域 …… 255
　　7.1.2 典型离散时间信号的 z 变换 …… 262
　　7.1.3 单边 z 变换的主要性质 …… 266

  7.1.4 单边 z 逆变换 ·· 278
 7.2 离散线性时不变系统的复频域分析 ·· 287
  7.2.1 离散线性时不变系统的系统函数 ·· 287
  7.2.2 离散线性时不变系统响应的 z 域分析 ································ 287
 7.3 离散时间系统函数 $H(z)$ 与系统特性 ·· 288
  7.3.1 离散时间系统函数的零极点分布 ·· 288
  7.3.2 离散时间系统函数与系统时域特性 ·· 289
  7.3.3 离散时间系统函数与系统稳定性 ·· 289
  7.3.4 离散时间系统函数的零点、极点分布与系统频率响应 ·············· 291
 7.4 离散时间系统的连接与模拟 ·· 293
  7.4.1 离散时间系统的连接 ·· 293
  7.4.2 离散时间系统的模拟 ·· 295
 7.5 离散时间信号与系统复频域分析的 MATLAB 仿真 ·············· 297
  7.5.1 离散时间信号复频域分析的 MATLAB 仿真 ·············· 297
  7.5.2 离散时间系统复频域分析的 MATLAB 仿真 ·············· 297
延伸阅读 ·· 300
习题与考研真题 ·· 300

第 8 章 系统的状态变量分析 ·· **303**

 8.1 状态变量与状态方程 ·· 303
 8.2 连续时间系统状态方程的建立 ·· 305
  8.2.1 连续时间系统状态方程的一般形式 ·· 305
  8.2.2 由电路图直接建立状态方程 ·· 305
  8.2.3 由连续时间系统模拟框图或信号流图建立状态方程 ·············· 307
  8.2.4 由连续时间系统的系统函数建立状态方程 ·············· 308
  8.2.5 由连续时间系统的微分方程建立状态方程 ·············· 310
 8.3 连续时间系统状态方程的求解 ·· 311
  8.3.1 连续时间系统状态方程的时域求解 ·· 311
  8.3.2 连续时间系统状态方程的 s 域求解 ·· 314
 8.4 离散时间系统状态方程的建立 ·· 316
  8.4.1 离散时间系统状态方程的一般形式 ·· 316
  8.4.2 由离散时间系统模拟框图或信号流图建立状态方程 ·············· 317
  8.4.3 由离散时间系统的系统函数建立状态方程 ·············· 317
  8.4.4 由离散时间系统的差分方程建立状态方程 ·············· 318
 8.5 离散时间系统状态方程的求解 ·· 318
  8.5.1 离散时间系统状态方程的时域求解 ·· 318
  8.5.2 离散时间系统状态方程的 z 域求解 ·· 320
 8.6 系统状态变量分析的 MATLAB 仿真 ·· 321
  8.6.1 微分方程到状态方程的转换 ·· 321
  8.6.2 由系统状态方程到系统函数的计算 ·· 321

  8.6.3 利用 MATLAB 求解连续时间系统状态方程 …………………………… 322
  8.6.4 利用 MATLAB 求解离散时间系统状态方程 …………………………… 323
延伸阅读……………………………………………………………………………………… 325
习题与考研真题……………………………………………………………………………… 326

参考文献 …………………………………………………………………………………… **330**

第1章 绪 论

1.1 信号的描述和分类

1.1.1 信号的描述

在信号与系统的研究领域中,信号是一个基础而核心的概念。信号是指信息的表现形式与传送载体,而信息则是信号的具体内容。对信号的深入理解要从其物理实现与数学特性两方面进行。

信号的本质在于其携带信息。信息可以是任何形式的,如语音、文字、图像,甚至一组数据。在物理世界中,信号通常表现为不同形式的能量传递,如电磁波、声波、电流等,这些信息通过其强度、频率、相位等属性的变化携带信息。从数学角度,信号可以被看作随着时间不断变化的量,因此信号和函数可以在一定程度上交替使用。图 1.1 是 MP3 类型的音频信号的两个通道的波形。从图 1.1 中不难发现,音频信号的幅值随着时间 t 不断发生着变化。有了信号的数学表示,就可以使用数学工具分析和处理信号,这便是本书研究的主要内容之一。

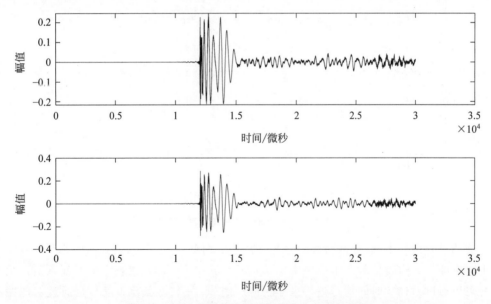

图 1.1 MP3 类型的音频信号的两个通道的波形

在现实生活中,信号无处不在,它们可以通过多种形式传递信息。例如,人类语音信号是声波的一种,以空气作为媒介传播,可以被人耳接收并理解;电话通信的原理是将语音信号转换成电信号,通过通信网络传输,然后还原为语音信号;光纤技术使用光信号在光纤中传输数据,实现高速互联网连接和服务;心电图(ECG)是记录心脏电活动的方式,用于诊断心脏疾病;地震波信号是地球内部应力释放时产生的能量波动,传递有关地震的信息。

这些例子表明,信号以多种形式存在于人们的日常生活中,它们是信息传递和交流不可或缺的一部分。通过对这些信号的有效捕捉、传输、处理和解读,能够获得有价值的信息,解决复杂问题,并改变人们的生活。

1.1.2 信号的分类

信号通常根据各种属性和特征进行分类,例如,可以将信号分成连续时间信号与离散时间信号、模拟信号与数字信号、确定信号与随机信号、能量信号与功率信号等。这些分类体现了信号的不同物理特性和处理方法。

1. 连续时间信号与离散时间信号

按照时间的连续性可以将信号分为连续时间信号和离散时间信号。

连续时间信号是定义在连续时间轴上的信号,对于时间轴上的任意时刻 t,该信号都有一个确定的值,这类信号在本书中使用 $f(t)$ 或 $x(t)$ 表示。连续时间信号可以完美地模拟真实世界的物理量,如声音信号、电压变化等,例如,一个持续的音调可以被视为一个连续时间信号,因为它在任何给定的时间点上都有一个明确的幅值。图 1.2(a)是随时间连续变化的正弦信号。

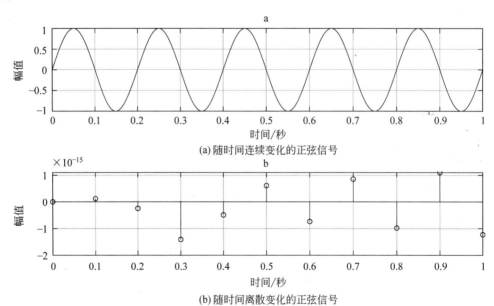

图 1.2 连续时间信号与离散时间信号

与连续时间信号不同,离散时间信号只在离散的时间点上定义,这意味着它只在特定的时间点上具有幅值。这类信号在本书中用 $x(n)$ 表示,其中 $n \in \mathbf{Z}$,n 代表离散时间索引。离散时间信号可以通过对连续时间信号进行采样获得。例如,一个数字音频信号是通过对原始的模拟声音信号在固定时间间隔内进行采样而产生的离散时间信号,每个样本代表了特定时间点上的声音幅值。图 1.2(b)是随时间离散变化的正弦信号。

在实际应用中选择连续时间信号还是离散时间信号进行处理取决于应用场景。模拟电路和早期的通信系统多使用连续时间信号,而数字化的现代通信系统、音频和视频处理等则依赖离散时间信号。

2. 模拟信号与数字信号

连续时间信号与离散时间信号是根据信号在时间上是连续的还是离散的进行分类的,这种分类方法并没有考虑信号的取值是否连续。如果考虑信号的取值连续性,可以将信号分为模拟信号(analog signal)和数字信号(digital signal)。

模拟信号不仅在时间上是连续的,在幅值上也是连续的。例如,音频信号在传播时,其幅值可以是无限精确的。模拟信号通常用连续函数 $f(t)$ 表示,其中 t 是实数,代表时间。模拟信号的处理通常用模拟电子设备(如放大器、滤波器等)完成。自然界中的声波、无线电波和光波等都是模拟信号的实例。

数字信号是离散时间信号的子集,它不仅在时间上离散,而且信号的幅值被量化为有限的几个值,可以理解为经过双重离散化的信号。数字信号通常用序列 $x(n)$ 表示,其中 n 是整数,表示时间索引,每个 $x(n)$ 是一个有限精度的数值。在计算机系统中,信号的时间和幅值通常采用二进制形式。例如,CD 中的音乐、数字电视信号和计算机数据都是二值化后的数字信号。

模拟信号和数字信号有各自的优缺点。模拟信号能够更精确地表示信息,其形式更接近自然形式的信号;但是模拟信号容易受到噪声的干扰,信号处理较为复杂且困难,长距离传输时可能导致失真。数字信号具有容易存储、易于处理、便于传输的优点;但同时需要更大的频带宽度进行传输,采样和量化过程可能导致数字信号所携带的信息有损失。

3. 确定信号与随机信号

确定信号(deterministic signal)和随机信号(random signal)是根据信号在时间上能否被准确预测或描述进行分类的。

确定信号是指在任何时间都具有确定值的信号,可以通过一个明确的数学表达式、逻辑规则或者算法完全描述,不包含不确定性或随机性。正弦波、方波、锯齿波以及所有的周期信号都可以视为确定信号。例如,式(1.1)为确定的正弦信号:

$$x(t) = A\sin(2\pi f t + \varphi) \tag{1.1}$$

其中,f 为频率,A 为幅度,φ 为初始相位。无论何时观察正弦信号,如果已知相关参数,便能精确预测该信号在任何时间的幅值。确定信号经常作为测试信号,用于测试系统性能或作为理论分析的基础。

随机信号也称为随机过程或概率信号,是指无法用一个精确的数学表达式描述的信号,其值在某种程度上包含不可预测性或随机性。一个随机信号即使在完全相同的条件下多次测量,也可能产生不同的结果。随机信号通常通过概率分布或统计特性描述。图 1.3 给出了一个随机信号示例。

4. 能量信号与功率信号

能量信号是指在整个时间轴上能量有限的信号。信号的能量定义为信号幅值的平方在整个时间轴上的积分或累加和。具体来说,对于连续时间信号 $f(t)$,其能量 E 定义为

$$E = \int_{-\infty}^{+\infty} |f(t)|^2 \mathrm{d}t \tag{1.2}$$

对于离散时间信号 $x(n)$,其能量 E 定义为

$$E = \sum_{n=-\infty}^{+\infty} |x(n)|^2 \tag{1.3}$$

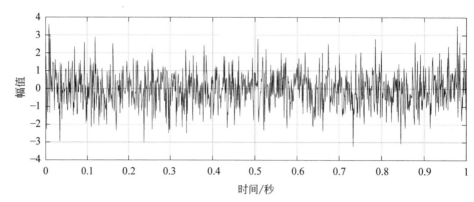

图 1.3 随机信号示例

如果一个信号的能量 E 满足 $0<E<\infty$，则该信号被称为能量信号，也就是说能量信号在整个时间轴上的能量是有限的。

功率信号是指那些不具有有限能量但具有有限平均功率的信号。对于连续时间信号 $f(t)$，平均功率 P 的定义为

$$P = \lim_{T \to \infty} \frac{1}{2T} \int_{-T}^{T} |f(t)|^2 \mathrm{d}t \tag{1.4}$$

对于离散时间信号 $x(n)$，平均功率 P 的定义为

$$P = \lim_{N \to \infty} \frac{1}{2N+1} \sum_{n=-N}^{N} |x(n)|^2 \tag{1.5}$$

例 1.1 判断下面两个连续时间信号是能量信号还是功率信号。若为能量信号，计算其能量；若为功率信号，计算其功率。

(1) $x_1(t) = \mathrm{e}^{-t}$，其中 $t \geqslant 0$。

(2) $x_2(t) = \cos 2\pi t$。

解：对于信号 $x_1(t) = \mathrm{e}^{-t}$ 来说，其能量为

$$E_{x_1} = \int_{-\infty}^{+\infty} |x_1(t)|^2 \mathrm{d}t = \int_{0}^{\infty} \mathrm{e}^{-2t} \mathrm{d}t = \left[-\frac{1}{2} \mathrm{e}^{-2t} \right]_{0}^{\infty} = \frac{1}{2}$$

该信号的总能量有限，其平均功率为 0，所以 $x_1(t)$ 是一个能量信号。

对于信号 $x_2(t) = \cos 2\pi t$ 来说，其能量为

$$E_{x_2} = \int_{-\infty}^{+\infty} |x_2(t)|^2 \mathrm{d}t = \infty$$

$x_2(t)$ 的平均功率如下：

$$P_{x_2} = \lim_{T \to \infty} \frac{1}{2T} \int_{-T}^{T} \cos^2 2\pi t \, \mathrm{d}t$$

利用三角恒等式 $\cos^2 \theta = \frac{1+\cos 2\theta}{2}$，可得

$$P_{x_2} = \lim_{T \to \infty} \frac{1}{2T} \int_{-T}^{T} \frac{1+\cos 4\pi t}{2} \mathrm{d}t = \lim_{T \to \infty} \frac{1}{2T} \left(\int_{-T}^{T} \frac{1}{2} \mathrm{d}t + \int_{-T}^{T} \frac{1}{2} \cos 4\pi t \, \mathrm{d}t \right) = \lim_{T \to \infty} \frac{1}{2T} \times T = \frac{1}{2}$$

因此 $x_2(t)$ 是一个功率信号。

例 1.2 判断下面两个离散时间信号是能量信号还是功率信号，并计算其能量和平均功率。

(1) $x_3(n) = \left(\dfrac{1}{2}\right)^n$,其中 $n \geqslant 0$。

(2) $x_4(n) = \sin \dfrac{\pi n}{4}$。

解:信号 $x_3(n)$ 的能量为

$$E_{x_3} = \sum_{n=-\infty}^{+\infty} |x_3(n)|^2 = \sum_{n=0}^{+\infty} \left(\dfrac{1}{2}\right)^{2n} = \sum_{n=0}^{+\infty} \left(\dfrac{1}{4}\right)^n = \dfrac{1}{1-\dfrac{1}{4}} = \dfrac{4}{3}$$

该信号的总能量有限,所以 $x_3(n)$ 是一个能量信号。

信号 $x_4(n)$ 的能量为

$$E_{x_4} = \sum_{n=-\infty}^{+\infty} |x_4(n)|^2$$

由于信号 $\sin \dfrac{\pi n}{4}$ 是一个周期信号,其振幅恒定,因此其总能量是无限的,其平均功率为

$$P_{x_4} = \lim_{N \to \infty} \dfrac{1}{2N+1} \sum_{n=-N}^{N} \left|\sin \dfrac{\pi n}{4}\right|^2$$

由于 $x_4(n)$ 是周期信号,其每个周期内的平均功率是相同的,可以通过一个周期计算平均功率,即

$$P_{x_4} = \dfrac{1}{8} \sum_{n=0}^{7} \left(\sin \dfrac{\pi n}{4}\right)^2 = \dfrac{1}{8} \times 4 = \dfrac{1}{2}$$

因此这是一个功率信号。

5. 奇信号与偶信号

信号可以按时间轴的对称性分为偶信号和奇信号。

偶信号在时间上具有偶对称的特点。若信号 $x(t)$ 满足 $x(t) = x(-t)$,则称 $x(t)$ 为偶信号。奇信号在时间上具有奇对称的特点。若信号 $x(t)$ 满足 $x(t) = -x(-t)$,则称 $x(t)$ 为奇信号。离散时间信号的对称性与上述定义类似,这里不再赘述。

例 1.3 判断下列信号是偶信号还是奇信号。

(1) $f_1(t) = \cos t$。

(2) $f_2(t) = t \sin t$。

(3) $x_3(n) = \cos(\pi n)$。

解:由于

$$f_1(-t) = \cos(-t)$$

根据三角函数的性质:

$$f_1(-t) = \cos(-t) = \cos t = f_1(t)$$

所以 $f_1(t)$ 是偶信号。

由于

$$f_2(-t) = -t \sin(-t)$$

根据三角函数的性质:

$$\sin(-t) = -\sin t$$
$$f_2(-t) = -t(-\sin t) = t \sin t$$

即

$$f_2(-t) = f_2(t)$$

所以 $f_2(t)$ 是偶信号。

由于
$$x_3(-n) = \cos \pi(-n) = \cos(-\pi n)$$

根据余弦函数的性质：
$$\cos(-\pi n) = \cos(\pi n)$$

即
$$x_3(-n) = x_3(n)$$

所以 $x_3(n)$ 是偶信号。

6. 周期信号与非周期信号

信号可以根据其时间域是否具有周期性分为周期信号和非周期信号。

周期信号是定义在区间 $(-\infty, \infty)$ 内且每隔一个固定的时间间隔波形重复变化的信号。

对于连续时间信号 $f(t)$ 来说，若满足

$$f(t) = f(t+T) \tag{1.6}$$

则信号 $f(t)$ 为周期信号，其中 T 被称为 $f(t)$ 的一个周期。

对于离散时间信号来说，若满足

$$x(n) = x(n+N) \tag{1.7}$$

则信号 $x(n)$ 为周期信号，其中 N 被称为 $x(n)$ 的一个周期。

例 1.4 判断下面的信号是否为周期信号。若是，求出其周期。

(1) $f(t) = \sin 5t$。

(2) $f(t) = \cos 3t + \sin 4t$。

(3) $x(n) = \cos \dfrac{\pi}{4} n$。

(4) $x(n) = \sin \dfrac{2\pi}{5} n + \cos \dfrac{\pi}{3} n$。

解：(1) 由于正弦波的标准形式是 $\sin \omega t$，ω 为角频率，根据周期求解公式

$$T = \frac{2\pi}{\omega}$$

可得信号 $\sin 5t$ 的周期 $T = \dfrac{2\pi}{5}$。

(2) 对于信号中的每个分量，分别计算它们的周期。

$\cos 3t$ 的角频率 $\omega_1 = 3$，其周期

$$T_1 = \frac{2\pi}{3}$$

$\sin 4t$ 的角频率 $\omega_2 = 4$，其周期

$$T_2 = \frac{2\pi}{4} = \frac{\pi}{2}$$

要找到复合信号的周期，需要找到 T_1 和 T_2 的最小公倍数，$T_1 = \dfrac{2\pi}{3}$ 和 $T_2 = \dfrac{\pi}{2}$ 的最小公倍数是 2π，因此，信号 $f(t) = \cos 3t + \sin 4t$ 的周期为 2π。

(3) 对于离散时间正弦信号，周期 N 由满足 $x(n) = x(n+N)$ 的最小正整数 N 决定。考虑 $\cos \dfrac{\pi}{4} n$，需要找出 N 使得 $\dfrac{\pi}{4}(n+N)$ 与 $\dfrac{\pi}{4} n$ 相差整周期 $(2\pi k)$，即

$$\frac{\pi}{4}n + \frac{\pi}{4}N = \frac{\pi}{4}n + 2\pi k$$

$$\frac{\pi}{4}N = 2\pi k$$

$$N = 8k$$

对于最小正整数 N，取 $k=1$，故 $N=8$，因此，信号 $x(n) = \cos\frac{\pi}{4}n$ 的周期 $N=8$。

（4）对于信号中的每个分量，分别计算它们的周期。$\sin\frac{2\pi}{5}n$ 的周期是

$$N_1 = 5$$

$\cos\frac{\pi}{3}n$ 的周期是

$$N_2 = 6$$

要找到复合信号的周期，需要找到 N_1 和 N_2 的最小公倍数。其最小公倍数为 30，因此信号 $x(n) = \sin\frac{2\pi}{5}n + \cos\frac{\pi}{3}n$ 的周期为 $N=30$。

某些离散时间三角函数序列可能不是周期的。例如，考虑离散时间正弦序列 $x(n) = \sin 2\pi f n$，当 $f = \sqrt{2}$ 时，由于 $\sqrt{2}$ 是无理数，$2\pi\sqrt{2}$ 也不是一个有理数，因此这个序列不会在任何整数 N 处重复，即 $x(n)$ 并不是周期信号。

1.2 系统的数学模型、分类及串并联

1.2.1 系统的数学模型

系统是指对输入信号进行处理以生成输出信号的实体或机制，系统可以是物理的、电气的、机械的或数学的。对系统的分析和描述通常使用数学模型，利用这些模型可以理解和预测系统的行为。系统的数学模型主要包括微分方程和差分方程。

在电路分析中我们已经接触过通过微分方程描述系统的方法。在动态时间电路中，电容、电阻和电感的电压和电流关系通常随着时间 t 的变化而变化，下面回顾一下电容、电阻和电感在动态时间电路中的基本关系。

对于电容 C，其电压 $v_C(t)$ 和电流 $i_C(t)$ 的关系为

$$i_C(t) = C\frac{\mathrm{d}v_C(t)}{\mathrm{d}t} \tag{1.8}$$

电容电压的变化率与通过电容的电流成正比，比例常数为电容值 C。

对于电阻 R，其电压 $v_R(t)$ 和电流 $i_R(t)$ 的关系为

$$v_R(t) = R i_R(t) \tag{1.9}$$

这是欧姆定律，表示电阻上的电压与通过电阻的电流成正比，比例常数为电阻值 R。

对于电感 L，其电压 $v_L(t)$ 和电流 $i_L(t)$ 的关系为

$$v_L(t) = L\frac{\mathrm{d}i_L(t)}{\mathrm{d}t} \tag{1.10}$$

电感电压的变化率与通过电感的电流成正比，比例常数为电感值 L。

在电路系统中往往使用基尔霍夫电流定律和基尔霍夫电压定律建立电流与电压之间的微分方程。下面回顾一下这两个重要的定律。

基尔霍夫电流定律:对于任何一个节点或接点,在任意时刻进入该节点的电流总和等于离开该节点的电流总和。换句话说,一个节点的净电流为0。其数学表达式为

$$\sum_{k=1}^{n} I_k = 0 \tag{1.11}$$

其中,I_k表示进入或离开节点的第k个电流。如果将进入节点的电流视为正,将离开节点的电流视为负,这个定律可以表示为

$$\sum_{k=1}^{m} I_{\text{in},k} = \sum_{j=1}^{n} I_{\text{out},j} \tag{1.12}$$

基尔霍夫电压定律:对于任意一个闭合回路,沿该回路的电压总和为0。也就是说,在一个闭合回路中,各个电压源和电压降的代数和为0。其数学表达式为

$$\sum_{k=1}^{n} V_k = 0 \tag{1.13}$$

其中,V_k表示回路中第k个元件的电压。如果沿着回路方向的电压降为正,电压升为负,这个定律可以表示为

$$\sum_{k=1}^{m} V_{\text{drop},k} = \sum_{j=1}^{n} V_{\text{rise},j} \tag{1.14}$$

其中,V_{drop}代表电压降,V_{rise}代表电压升。

例1.5 根据基尔霍夫电流定律或基尔霍夫电压定律列出图1.4所示二阶电路系统的微分方程。

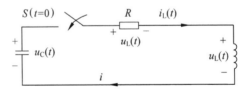

图1.4 二阶电路系统

根据基尔霍夫电压定律可列写出图1.4所对应的方程:
$$-u_C + u_R + u_L = 0$$

其通过电容的电路电流为
$$i_C(t) = -C \frac{du_C(t)}{dt}$$

因此
$$u_R = R i_C(t) = -RC \frac{du_C(t)}{dt}$$

$$u_L = L \frac{di_L(t)}{dt} = -LC \frac{d^2 u_C(t)}{dt}$$

所以,图1.4所示二阶电路系统的微分方程为
$$LC \frac{d^2 u_C(t)}{dt} + RC \frac{du_C(t)}{dt} u_C(t) + u_C = 0$$

在经济管理的学科领域中,也存在许多系统模型,这些模型主要描述和预测动态经济系统

的行为。例如,在经济学中经常使用差分方程对一个国家或地区的经济增长进行建模和预测,索洛增长模型(solow growth model)是一个著名的经济模型,该模型重点关注资本积累、劳动增长和技术进步对经济增长的影响。索洛增长模型的核心是一个生产函数,它表明经济产出是资本和劳动投入的函数:

$$K[t+1]=(1-\delta)K[t]+sY[t]$$

其中,$K[t]$ 是第 t 期的资本存量;δ 是资本折旧率;s 是储蓄率;$Y[t]$ 是产出,通常用生产函数表示。显然,索洛增长模型的生产函数是一个差分方程。

1.2.2 系统的分类

系统的分类是理解和分析不同类型系统行为的基础。系统可以根据不同的特征进行分类,包括连续时间系统与离散时间系统、线性系统与非线性系统、时不变系统与时变系统、因果系统与非因果系统等。

1. 连续时间系统与离散时间系统

连续时间系统和离散时间系统是根据其处理的信号划分的。

连续时间系统的输入和输出信号在时间上均是连续的,这类系统通常用微分方程描述。例如,音响系统中经常使用低通滤波器去除音频信号中的高频噪声,使用音频放大器提升音频信号的强度从而驱动扬声器;工业过程控制中也经常使用 PID 控制器维持温度、压力、流量等参数的稳定,该系统也是一个连续时间系统。

离散时间系统的输入和输出信号在时间上均是离散的,这类系统通常用差分方程描述。例如,在使用计算机系统处理音频信号时,只能先将连续时间信号转换为离散时间信号,然后才可以使用计算机系统对音频信号进行滤波、均衡和混响等操作,因此本质上来看,计算机系统也是离散时间系统。

当连续时间信号 $x(t)$ 通过连续时间系统 S 后,可以得到其对应的连续时间输出信号 $y(t)$;当离散时间信号 $x(n)$ 通过离散时间系统 S 后,可以得到其对应的离散时间输出信号 $y(n)$。以上过程可以用式(1.15)和式(1.16)表示:

$$y(t)=S(x(t)) \tag{1.15}$$
$$y(n)=S(x(n)) \tag{1.16}$$

输入信号也称为激励或输入激励,输出信号也称为响应或输出响应。

2. 线性系统与非线性系统

线性系统是满足叠加原理和齐次性的系统。设有两个输入信号 $x_1(t)$ 和 $x_2(t)$ 以及系统 S。

(1) 叠加原理(Superposition Principle)。若

$$y_1(t)=S(x_1(t))$$
$$y_2(t)=S(x_2(t))$$

则
$$S(x_1(t)+x_2(t))=y_1(t)+y_2(t)$$

(2) 齐次性(Homogeneity)。若

$$y(t)=S(x(t))$$

则
$$S(ax(t))=aS(x(t))$$

其中,a 为常数。

叠加原理和齐次性可以合并表示。对于任意输入 $x_1(t)$ 和 $x_2(t)$ 以及任意常数 a 和 b,若

$$S(ax_1(t)+bx_2(t))=aS(x_1(t))+bS(x_2(t))$$

则系统 S 为线性系统。

如果一个系统不同时满足叠加原理和齐次性,那么该系统就是非线性系统。

线性系统是学习信号与系统分析的基础,它提供了处理复杂系统的简化方法,使得系统分析、设计和控制变得更加直观和有效。本书重点讨论的也是线性系统的分析方法及其应用。要判断一个系统是否为线性系统,可以对系统进行叠加原理测试和齐次性测试。

叠加原理要求系统对输入信号的线性组合的响应等于对每个输入信号单独响应的线性组合。具体测试步骤如下:

设有两个输入信号 $x_1(t)$ 和 $x_2(t)$ 以及系统 S。

输入 $x_1(t)$ 产生输出 $y_1(t)$:
$$y_1(t) = S(x_1(t))$$

输入 $x_2(t)$ 产生输出 $y_2(t)$:
$$y_2(t) = S(x_2(t))$$

将 $x_1(t) + x_2(t)$ 作为输入,观察输出。如果
$$S(x_1(t) + x_2(t)) = S(x_1(t)) + S(x_2(t)) = y_1(t) + y_2(t)$$

则 S 满足叠加原理。

齐次性要求系统对输入信号的放大(或缩小)的响应等于对原输入信号响应的同样比例的放大(或缩小)。具体测试步骤如下:

设有输入 $x(t)$ 以及系统 S。输入 $x(t)$ 产生输出 $y(t)$:
$$y(t) = S(x(t))$$

对于任意常数 a,将 $ax(t)$ 作为输入,观察输出。如果
$$S(ax(t)) = aS(x(t)) = ay(t)$$

则 S 满足齐次性。

例 1.6 设有一个简单的电阻电路,输入电压 $V_{in}(t)$ 和输出电压 $V_{out}(t)$ 之间的关系是
$$V_{out}(t) = kV_{in}(t)$$

判断该系统是否为线性系统。

解:首先进行叠加原理测试。

输入 $x_1(t) = V_{in1}(t)$,输出
$$y_1(t) = kV_{in1}(t)$$

输入 $x_2(t) = V_{in2}(t)$,输出
$$y_2(t) = kV_{in2}(t)$$

输入 $V_{in1}(t) + V_{in2}(t)$,输出
$$k(V_{in1}(t) + V_{in2}(t)) = kV_{in1}(t) + kV_{in2}(t) = y_1(t) + y_2(t)$$

因此该系统满足叠加原理。

其次进行齐次性测试。

输入 $V_{in}(t)$,输出
$$y(t) = kV_{in}(t)$$

输入 $aV_{in}(t)$,输出
$$kaV_{in}(t) = akV_{in}(t) = ay(t)$$

因此该系统满足齐次性。该系统是线性系统。

例 1.7 考虑一个简单的二极管电路系统,其输入电压 $V_{in}(t)$ 和输出电流 $I(t)$ 之间的关

系可以通过肖特基二极管方程表示：

$$I(t) = I_s \times \left(e^{\frac{V_{in}(t)}{V_T}} - 1\right)$$

其中，I_s 是饱和电流，V_T 是热电压。判断该系统是否为线性系统。

解：根据叠加原理测试可知，输入信号 $V_{in1}(t)$ 产生的输出为

$$I_1(t) = I_s \left(e^{\frac{V_{in1}(t)}{V_T}} - 1\right)$$

输入信号 $V_{in2}(t)$ 产生的输出为

$$I_2(t) = I_s \left(e^{\frac{V_{in2}(t)}{V_T}} - 1\right)$$

输入 $V_{in1}(t) + V_{in2}(t)$ 产生的输出为

$$I(t) = I_s \left(e^{\frac{V_{in1}(t) + V_{in2}(t)}{V_T}} - 1\right)$$

因为指数函数的性质不满足加法定律，所以上式不等于 $I_1(t) + I_2(t)$，因此，该系统不满足叠加原理，是非线性的。

判断离散时间系统是否为线性的与判断连续时间系统是否为线性的采用的方法一致。

例 1.8 考虑一个离散时间系统，其输入信号为 $x(n)$，输出信号为 $y(n)$。系统的输入输出关系为

$$y(n) = x(n) + 0.5x(n-1)^2$$

判断该系统是否为线性系统。

解：设 $x_1(n)$ 和 $x_2(n)$ 是两个输入信号，它们产生的系统输出分别为

$$y_1(n) = x_1(n) + 0.5x_1(n-1)^2$$
$$y_2(n) = x_2(n) + 0.5x_2(n-1)^2$$

现在考虑输入信号 $x_a(n) = x_1(n) + x_2(n)$。对于该输入信号，系统的输出为

$$y_a(n) = x_a(n) + 0.5x_a(n-1)^2$$

将 $x_a(n) = x_1(n) + x_2(n)$ 代入系统输出表达式中：

$$y_a(n) = (x_1(n) + x_2(n)) + 0.5(x_1(n-1) + x_2(n-1))^2$$

展开平方项：

$$y_a(n) = x_1(n) + x_2(n) + 0.5(x_1(n-1)^2 + 2x_1(n-1)x_2(n-1) + x_2(n-1)^2)$$

将各项分开：

$$y_a(n) = x_1(n) + 0.5x_1(n-1)^2 + x_2(n) + 0.5x_2(n-1)^2 + x_1(n-1)x_2(n-1)$$

可以看到，$y_a(n) \neq y_1(n) + y_2(n)$，因为多出了一个交叉项 $x_1(n-1)x_2(n-1)$，因此，该系统不满足叠加原理。

下面判断系统是否满足齐次性。设输入信号为 $x(n)$，输出信号为

$$y(n) = x(n) + 0.5x(n-1)^2$$

现在考虑输入信号 $kx(n)$。对于该输入信号，系统的输出为

$$y_k(n) = kx(n) + 0.5(kx(n-1))^2$$
$$= kx(n) + 0.5k^2x(n-1)^2$$

而 $ky(n)$ 为

$$ky(n) = k(x(n) + 0.5x(n-1)^2) = kx(n) + 0.5kx(n-1)^2$$

显然，$y_k(n) \neq ky(n)$，因此该系统不满足齐次性。

综上，该系统既不满足叠加原理也不满足齐次性，因此该系统为非线性系统。

3. 时不变系统与时变系统

时不变系统(Time-Invariant System，TIS)和时变系统(Time-Variant System，TVS)是根据系统输出是否随时间变化的性质进行的划分。

如果一个系统的输入输出关系在时间上保持一致，即系统的特性不随时间变化，那么这个系统就是时不变系统。也就是说，如果输入信号在时间上发生了某种延迟或提前，时不变系统的响应也会相应地延迟或提前同样的时间。图1.5给出了时不变系统的示例。

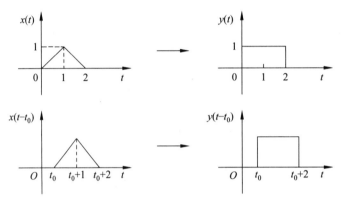

图 1.5 时不变系统的示例

上述定义也可以用数学的方法描述：设系统对输入 $x(t)$ 的响应为 $y(t)$，对于一个时不变系统 S，如果输入信号 $x(t-\tau)$ 对应的输出信号为

$$y(t-\tau)=S(x(t-\tau))$$

即，对于任意的时间移位 τ，系统的输入输出关系不变，则该系统是时不变的。

例 1.9　一个简单的电阻-电容(RC)电路系统，其输入电压为 $V_{in}(t)$，输出电压为 $V_{out}(t)$，其动态方程为

$$V_{out}(t)+RC\frac{dV_{out}(t)}{dt}=V_{in}(t)$$

判断上述系统是否为时不变系统。

解：将上式中的 t 变为 $t-\tau$ 后，其输入信号 $V_{in}(t-\tau)$ 对应的输出信号等价于 $V_{out}(t-\tau)$，则该系统是时不变的。

类似地，如果系统的输入输出关系随时间变化，即系统的特性依赖于时间，那么这个系统就是时变系统。也就是说，输入信号在时间上发生某种延迟或提前，时变系统的响应不一定会相应地延迟或提前同样的时间。

例 1.10　在一个调制系统中，其输入为 $x(t)$，输出为 $y(t)$，描述为

$$y(t)=tx(t)$$

判断该系统是否为时变系统。

解：对于输入信号 $x(t-\tau)$，输出信号为

$$y_1(t)=tx(t-\tau)$$

而 $y(t-\tau)$ 为

$$y(t-\tau)=(t-\tau)x(t-\tau)$$

显然，$y(t-\tau)\neq tx(t-\tau)$，因此该系统是时变的。

时不变系统和时变系统在不同的应用领域中有着广泛的应用。例如,时不变滤波器用于处理信号中的噪声和干扰,常见于无线通信、音频处理等领域。本书将重点介绍时不变系统。

4. 因果系统与非因果系统

因果系统(causal system)和非因果系统(non-causal system)是根据系统输出是否依赖未来输入的性质划分的。如果一个系统的输出在任意时刻仅依赖当前及过去的输入,而不依赖未来的输入,那么这个系统就是因果系统。

设系统对输入 $x(t)$ 的响应为 $y(t)$,对于一个因果系统 S,在任何时刻 t,输出 $y(t)$ 仅依赖 $x(\tau)$,其中 $\tau \leqslant t$,即

$$y(t) = S(x(\tau))$$

例如,一个简单的电阻-电容(RC)电路,其动态方程为

$$V_{out}(t) + RC\frac{dV_{out}(t)}{dt} = V_{in}(t)$$

在任意时刻 t,输出电压 $V_{out}(t)$ 仅依赖当前及过去的输入电压 $V_{in}(t)$,因此该系统是因果系统。

例 1.11 判断下列连续时间系统和离散时间系统是否为因果系统。

(1) $y(t) = x(t-2) + 3x(t)$。

(2) $y(t) = \int_{t-1}^{t+1} x(\tau)d\tau$。

(3) $y(n) = 0.5x(n) + 0.5x(n-1)$。

(4) $y(n) = x(n) + 2x(n+2)$。

解:

(1) 系统输出 $y(t)$ 仅依赖当前的输入 $x(t)$ 和过去的输入 $x(t-2)$,因此,该系统是因果系统。

(2) 系统输出 $y(t)$ 依赖当前的输入 $x(t)$ 以及未来的输入 $x(t+1)$,因此,该系统不是因果系统。

(3) 系统输出 $y(n)$ 仅依赖当前的输入 $x(n)$ 和过去的输入 $x(n-1)$,因此,该系统是因果系统。

(4) 系统输出 $y(n)$ 依赖未来的输入 $x(n+2)$,因此,该系统不是因果系统。

自动驾驶汽车、工业机器人和飞行控制系统都是因果系统,因为这些系统必须在当前时刻做出决策,而不能依赖于未来信息。

5. 稳定系统与不稳定系统

稳定性是描述系统响应行为的一种重要特性,系统的稳定性决定了输入信号经过系统处理后产生的输出信号是否会在可控范围内。稳定系统(stable system)和不稳定系统(unstable system)是根据系统响应是否随时间趋于无穷大或保持有界划分的。

如果一个系统对有界输入信号产生的输出信号也是有界的,那么这个系统就是稳定的,也称这种系统满足 BIBO(Bounded Input, Bounded Output,有界输入有界输出)稳定性。数学上常用以下形式表示稳定系统:设输入信号为 $x(t)$ 或 $x(n)$,输出信号为 $y(t)$ 或 $y(n)$。如果存在常数 A 和 B 使得对所有的 t 或 n 满足

$$|x(t)| < A \rightarrow |y(t)| < B \quad \text{或} \quad |x(n)| < A \rightarrow |y(n)| < B$$

则系统是稳定的。

如果一个系统对有界输入信号产生的输出信号是无界的,那么这个系统就是不稳定的。具体而言,当输入信号的绝对值在所有时间点上都小于某一常数时,输出信号的绝对值可以在某些时间点上趋于无穷大。

稳定系统应用于通信、控制和信号处理等实际系统。不稳定系统一般不应用于实际系统,但在理论研究和特定实验中有一定作用。

6. 递归系统与非递归系统

递归系统(recursive system)和非递归系统(non-recursive system)是根据系统的实现方式及其对输入和输出的依赖关系划分的。

递归系统的输出不仅依赖当前和过去的输入信号,还依赖过去的输出信号。在离散时间系统中,一个递归系统通常可以表示为

$$y(n) = -a_1 y(n-1) - a_2 y(n-2) - \cdots - a_p y(n-p) + b_0 x(n) + b_1 x(n-1) + \cdots + b_q x(n-q)$$

其中,$y(n)$是系统的输出,$x(n)$是系统的输入,$a_1, a_2, \cdots, a_p$以及$b_0, b_1, \cdots, b_q$是系统的系数。

非递归系统是系统输出仅依赖当前和过去的输入信号,而不依赖任何过去的输出信号。非递归系统也称为有限脉冲响应(Finite Impulse Response,FIR)滤波器。在离散时间系统中,一个非递归系统通常可以表示为

$$y(n) = b_0 x(n) + b_1 x(n-1) + \cdots + b_q x(n-q)$$

其中,$y(n)$是系统的输出,$x(n)$是系统的输入,$b_0, b_1, \cdots, b_q$是系统的系数。

1.2.3 系统的串并联

系统的数学模型除了用微分方程和差分方程表示以外,还可以用框图表示。描述连续时间系统的框图基本单元主要包括加法器、乘法器和积分器,描述离散时间系统的框图基本单元主要包括加法器、乘法器和延时器。图1.6和图1.7分别给出了连续时间系统的框图基本单元和离散时间系统的框图基本单元。

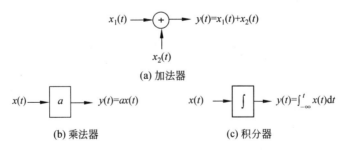

图 1.6 连续时间系统的框图基本单元

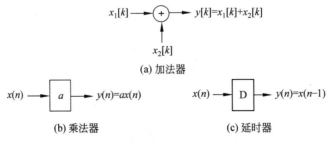

图 1.7 离散时间系统的框图基本单元

在信号与系统中,多个系统可以通过不同的方式连接起来,以实现复杂的功能。这些连接方式主要包括串联、并联和反馈。为了方便描述,使用如图 1.8 所示的框图描述系统输入 $x(t)$ 或 $x(n)$ 与 $y(t)$ 或 $y(n)$ 之间的关系。

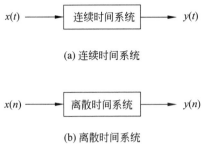

图 1.8 系统的输入与输出之间的关系

系统串联(cascade connection)是指多个系统首尾相接,前一个系统的输出作为下一个系统的输入,如图 1.9(a)所示。在时域中,设系统 1 和系统 2 分别使用单位脉冲响应 $h_1(t)$ 和 $h_2(t)$ 表示,串联系统的单位脉冲响应 $h(t)$ 是这两个单系统的单位脉冲响应的卷积(符号 * 代表卷积操作):

$$h(t) = h_1(t) * h_2(t)$$

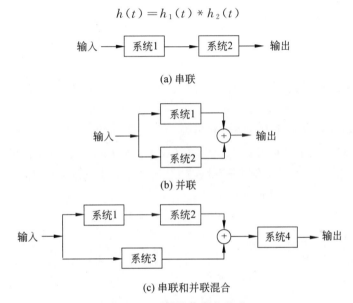

图 1.9 系统的串联与并联

系统并联(parallel connection)是指多个系统同时接收同一个输入信号,其输出信号叠加在一起形成系统的总输出,如图 1.9(b)所示。并联能够实现信号的多路处理和输出叠加。在时域中,设系统 1 和系统 2 分别使用单位脉冲响应 $h_1(t)$ 和 $h_2(t)$,并联系统的单位脉冲响应 $h(t)$ 是这两个单系统的单位脉冲响应的和:

$$h(t) = h_1(t) + h_2(t)$$

系统串联和并连可以混合在一起构成更加复杂的系统,如图 1.9(c)所示,假设系统 1 至系统 4 分别使用单位脉冲响应 $h_1(t) \sim h_4(t)$,则该系统的单位脉冲响应 $h(t)$ 可表示为

$$h(t) = h_4(t) * (h_2(t) * h_1(t) + h_3(t))$$

系统反馈(feedback)是指第一个系统的输出为第二个系统的输入,而第二个系统的输出返回来,加上输入信号,共同构成第一个系统的输入。图 1.10 给出了两个系统的反馈连接。

图 1.10 两个系统的反馈连接

1.3 信号与系统分析方法及信号与系统理论的应用

1.3.1 信号与系统分析方法

信号与系统可以从时域、频域、复频域3个角度进行分析,本书将按照此顺序依次进行介绍。

信号与系统的时域分析方法主要通过研究信号与系统在时间上的表现理解它们的特性和行为。在时域中,连续时间信号表示为 $x(t)$,离散时间信号表示为 $x(n)$,这里的 t 和 n 都与时间有关。同样,在分析系统的过程中,也可以使用单位冲激响应 $h(t)$ 或单位脉冲响应 $h(n)$ 表示系统本身随时间 t 的变化情况。

时域分析体现的是信号幅值随时间变化的关系,这种直观性使得分析和解释信号及系统的行为相对简单,对于初学者和工程应用者来说,时域分析往往更容易理解。时域分析方法还能够处理许多非周期信号,尤其是瞬态现象和任意形式的输入信号。另外,时域分析方法允许对系统的零输入响应和零状态响应进行分离分析,从而简化了系统初始条件的处理,这对于复杂系统的分析和设计尤为重要。

但是信号与系统的时域分析方法也有很大的局限性,在面对复杂信号处理时,时域分析可能显得烦琐且难以处理,复杂信号的卷积计算涉及大量的积分或求和,既费时又容易出错。另外,时域分析难以直接揭示系统的频率特性,对于频谱分析或滤波器设计等需要了解频率响应的情况,时域分析方法显得不够直观和便利。

法国数学家约瑟夫·傅里叶(Joseph Fourier)在19世纪初提出的傅里叶级数和傅里叶变换可以将信号分解为正弦波和余弦波的叠加,傅里叶的工作奠定了频域分析的基础,使得分析周期和非周期信号的频率成分成为可能。信号与系统的频域分析方法可以将信号和系统从时域转移到频域,以便更直观地分析其频率特性。这种分析方法与信号的连续性和周期特性有关。对于连续时间非周期信号,需要使用傅里叶变换;对于连续时间周期信号,需要使用傅里叶级数。在频域表示中,信号被表示为不同频率成分的组合,这种表示方式可以揭示信号的周期特性和频谱,即信号在各频率上的分量。

信号与系统的频域分析相比于时域分析有许多优势,频域分析方法使信号的频率成分和系统的频率响应直观化,便于理解和分析复杂信号及系统的行为。在频域中,卷积运算变成简单的代数乘法,大大简化了信号和系统分析的计算复杂度,这对于线性时不变系统的分析和设计尤其有利。另外,频域分析还可以有效描述系统的增益、相位特性和稳定性。

但是,频域分析在处理信号的瞬态响应时不如时域方法直观和简洁,难以直接描述短时瞬态信号的时间特性,在处理较长的时域信号或者序列时都需要大量的计算资源和存储资源,这可能会导致计算机的算力出现瓶颈。同时,对于非专业人士而言,频域分析的物理意义和结果解释相对复杂,理解频谱内容和系统的频率响应需要一定的专业知识和背景。

复频域分析主要通过拉普拉斯变换(Laplace transform)和 z 变换将信号从时域(或离散时域)转换到复频域。该方法为分析信号和系统提供了一种强大且通用的分析工具,能够同时处理系统的零输入响应和零状态响应,更加方便地处理复杂的初始条件。拉普拉斯变换建立了统一的数学框架,可以在相同的数学框架中进行系统建模和分析,这弥补了频域分析时需要根据信号的周期性和离散性选择不同的傅里叶变换工具的缺点。

表 1.1 给出了连续时间系统和离散时间系统分析方法的对比。这些内容会在后面各章中进行详细的阐述。

表 1.1 连续时间系统和离散时间系统分析方法的对比

特　　性	连续时间系统	离散时间系统
时间	连续	离散
时域	微分方程、卷积	差分方程、卷积和
频域	傅里叶级数、傅里叶变换	离散傅里叶级数展开、序列的傅里叶变换
复频域	拉普拉斯变换	z 变换
主要应用	模拟电路、控制系统	数字信号处理、数字控制系统
系统函数表示	$H(s)=\dfrac{Y(s)}{X(s)}$	$H(z)=\dfrac{Y(z)}{X(z)}$
响应表示	单位冲激响应 $h(t)$	单位脉冲响应 $h(n)$

1.3.2 信号与系统理论的应用

信号与系统在通信系统、控制系统、音频和图像处理、生物医学工程、雷达和声呐系统、金融工程、机器人和自动化、能源系统等多个领域中有着广泛的应用。

1. 信号与系统理论在通信系统中的应用

通信系统的主要任务是将消息从发送端传输到接收端,而信号与系统理论提供了必要的工具和方法来分析、设计和优化这些通信过程,其主要的应用领域包括调制与解调、滤波器设计、编码与解码等。

调制是指将消息信号转换为适合信道传输的形式,对于模拟信号,常用的调制方法有调幅、调频和调相。在数字通信中,调制方式有二相移相键控、四相移相键控和正交幅度调制等。在调幅中,消息信号用来改变载波的幅度;而在调相中,消息信号则改变载波的频率。使用信号与系统理论,可以分析和设计调制方案,以确保信号在信道中传输时具有高抗噪声能力并且有效地利用频谱。信号与系统理论帮助分析这些调制方式的频谱特性、能量分布以及抗干扰能力,并用于优化调制方案以提高数据传输速率和可靠性。解调则是反向过程,即从接收的信号中提取出原始消息信号。解调过程中需要使用滤波、频率同步、相位同步等技术,确保从接收信号中有效恢复原始信息。

通信信道对信号有多种影响,如衰落、多径效应和干扰。图 1.11 中给出了发射信号和接收信号。通过图 1.11 可以发现,接收信号相比发射信号受到了一定的干扰,利用信号与系统理论提供的工具可以分析这些影响,并设计相应的对策。例如,针对上述问题,可以分析信道中的冲激响应用于设计均衡器,以补偿信道产生的失真。

信号与系统理论在整个通信系统的各环节起到了核心作用,从信号的处理、传输、接收到解码,贯穿了通信过程的始终。通过这些理论和技术,通信系统实现了高效、可靠的信号传输,能够适应不同环境和要求,不断推动现代通信技术的发展。

2. 信号与系统在控制系统中的应用

控制系统设计的第一步是建立系统的数学模型,信号与系统理论提供了可用于描述系统动态特性的数学工具,如微分方程、传递函数和状态空间表述等。通过物理定律(如牛顿运动

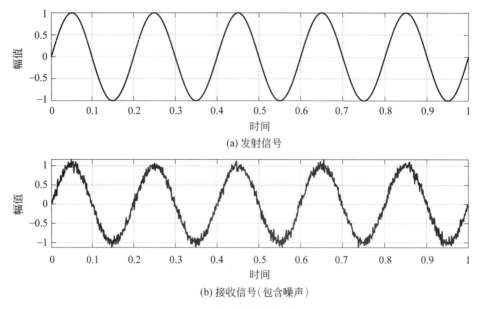

图 1.11　信号的发射与接收

定律、能量守恒定律等)建立系统的微分方程,可描述系统输入与输出之间的关系。例如,机械系统可以用二阶微分方程描述其运动,电气系统可以用一阶或二阶微分方程描述电路动态。微分方程还可以通过拉普拉斯变换转换为代数方程,得到系统的传递函数。传递函数形式较为简洁,便于分析系统的频率响应和稳定性。

比例-积分-微分(Proportional-Integral-Derivative,PID)控制器是最常用的控制器,通过比例、积分和微分 3 个参数调节系统响应。信号与系统理论可以用来设计 PID 控制器的参数,确保系统具有良好的稳定性、低超调和快速响应。例如,在温度控制系统中,通过调节 PID 参数实现精确的温度控制。利用滞后和超前补偿器改善系统的相位和增益特性,满足特定的性能要求。其中,滞后补偿用于改善相位裕度,增加系统稳定性;超前补偿用于提高响应速度,减小稳态误差。

信号与系统理论在控制系统中的应用,无论是系统建模、分析、设计还是仿真,均起到了不可或缺的作用。通过这些理论和技术,能够全面描述、深入分析、优化设计和验证复杂控制系统,确保系统的高效、可靠运行。

3. 信号与系统理论在音频和图像处理中的应用

信号与系统理论在音频和图像处理中也有着十分广泛的应用,通过这些理论,能够对音频信号和图像数据进行有效的分析、处理和优化。

去除音频信号中的高频噪声,可以使声音更加平滑,通过设计合适的低通滤波器,可以减少高频噪声对音频质量的影响;高通滤波器在麦克风拾音中用于清晰捕捉高频成分,改善音质;带通滤波器提取特定频率范围内的信号,用于语音识别或乐器分离。例如,在录音处理中,低通滤波器用于去除高频背景噪声;高通滤波器可以去除音频信号中的低频噪声,如风声或振动噪声;带通滤波器可以分离出人声频段,以进行进一步的语音处理和分析。

在图像处理中,可以使用均值滤波、高斯滤波等平滑滤波器减少图像中的噪声和细节,提高图像的平滑度;也可以使用拉普拉斯锐化、Sobel 算子等锐化滤波器增强图像中的边缘和细节,使图像更加清晰;还可以使用锐化滤波器提取图像的边缘,从而对图像中的对象进行检测。

图 1.12 给出了图像去噪示例。

(a) 原始图像

(b) 添加高斯噪声后的图像

(c) 中值滤波去噪后的图像

(d) 均值滤波去噪后的图像

图 1.12　图像去噪示例

信号与系统的频域变换处理方法也可以用于对二维图像进行频域变换,以便分析和处理图像的频率特性。例如,通过对图像的频谱分析,可以识别和去除周期性噪声;离散余弦变换常用于图像压缩,如 JPEG 压缩算法;离散小波变换常用于多分辨率图像分析和压缩,能够有效地表示图像的细节和边缘特征,广泛应用于图像压缩和去噪。

通过滤波、变换、压缩、恢复等技术,能够实现对音频和图像信号进行高效的分析、处理和优化的目的,这些内容广泛应用于通信、娱乐、医疗、监控等多个领域,显著提升了音频和图像处理的质量和效果。

4. 信号与系统理论在生物医学工程和金融工程中的应用

信号与系统理论在生物医学工程中主要用于处理和分析生物医学信号,以辅助医疗诊断、治疗和健康管理。生物医学信号处理是生物医学工程的核心,通过对人体生理信号的采集、处理和分析,提取有用的信息,用于疾病诊断和治疗。例如,心电图(ECG)信号是最常用的生物医学信号之一,通过信号处理技术,可以检测心脏的电活动,诊断心脏疾病。ECG 信号常用的处理方法包括滤波去噪、R 波检测、心率变异性分析等。脑电图(EEG)信号用于研究大脑活动,通过分析 EEG 信号,可以检测癫痫发作、脑损伤和睡眠障碍等。EEG 信号常用的处理方法包括频域分析、独立成分分析(ICA)和脑电波段提取等。肌电图(EMG)信号用于评估肌肉活动,通过分析 EMG 信号,可以诊断神经肌肉疾病。EMG 信号常用的处理方法包括滤波去噪、特征提取和模式识别等。

通过建立数学模型和计算机仿真,可以模拟生物系统的行为和反应,以便用于研究和优化医疗过程。例如,药物动力学与药效学建模可以模拟药物在体内的吸收、分布、代谢和排泄过程,优化药物剂量和疗程;生理系统建模可以用于模拟心血管、呼吸和神经系统的动态行为,用于疾病研究和治疗优化。

信号与系统理论在金融工程中用于分析和预测金融市场的动态行为,设计和优化金融产品与策略,管理和控制金融风险。例如,几何布朗运动模型用于模拟股票价格的随机波动,评估投资组合的风险和收益;蒙特卡洛仿真用于估算期权价格和投资组合的风险分布;通过代理模型可以模拟市场崩溃的形成机制,制定防范策略。

1.4 MATLAB 简介

MATLAB(Matrix Laboratory)是由 MathWorks 公司开发的高性能语言及环境,主要用于数值计算、数据分析、算法开发和可视化。MATLAB 具有强大的矩阵运算能力和丰富的工具箱,可以广泛应用于工程、科学研究、金融、数据分析等领域。得益于其强大的数值计算能力、丰富的工具箱和方便的数据可视化功能,MATLAB 已经成为解决信号与系统分析问题的得力工具之一。

要想获取 MATLAB,可以前往 MathWorks 官方网站 https://www.mathworks.com/。在首页单击 Get MATLAB 或直接访问下载页面,根据提示进行下载和安装。

MATLAB 的工作环境如图 1.13 所示。

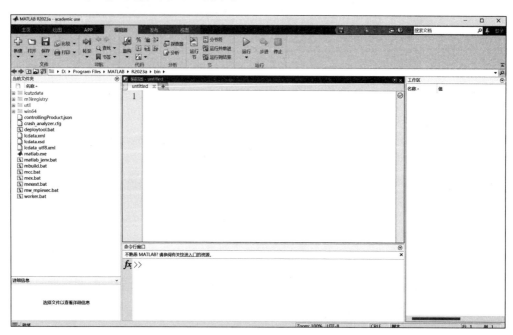

图 1.13 MATLAB 的工作环境

MATLAB 的工作环境中包括命令行窗口、工作区、当前文件夹、编辑器、命令历史。

命令行窗口是用户与 MATLAB 交互的主要界面,可以在这里输入 MATLAB 命令并立即查看结果。命令窗口支持基本的算术运算、变量赋值和函数调用,可以使用上下箭头键查看和重复前面输入的命令。

工作区显示当前 MATLAB 会话中的所有变量及其数值,可以双击变量名打开变量编辑器(Variable Editor)进行查看和编辑,通过 whos 命令可以在命令行窗口中显示工作区变量的详细信息。

当前文件夹显示和管理当前工作目录中的文件和文件夹,用户可以在这里执行文件操作,如打开、重命名、删除文件等。可以通过文件浏览器切换工作目录。

编辑器用于编写、调试和运行 MATLAB 脚本和函数,支持语法高亮、自动补全、代码折叠和断点调试等功能。可以同时打开多个脚本和函数文件,每个文件会显示在单独的标签页中。

命令历史记录用户在命令行窗口中输入的所有命令,可以在这里查看历史命令,并通过双击历史命令重新执行,支持按时间和日期对命令进行过滤和搜索。

MATLAB 中的变量与数组是其核心组成部分,其命名应满足以下要求:
- 变量名必须以字母开头,可以包含字母、数字和下画线。
- 变量名区分大小写。
- 变量名不能是 MATLAB 的关键字(如 if、end、for 等)。

例如:
- 有效的变量命名:a,var1,my_var。
- 无效的变量名:1var(不能以数字开头),end(不能使用关键字)。

变量可以直接在命令行窗口或脚本中赋值,例如:

```
x = 10;                %标量
y = [1, 2, 3];         %行向量
z = [1; 2; 3];         %列向量
```

当变量较多时,可以使用 whos 命令查看当前工作区中的所有变量。

MATLAB 中的数组分为多种类型,包括向量、矩阵和多维数组,MATLAB 中数组的基本操作包括数组的创建、访问、修改、运算等,这些操作是 MATLAB 编程的基础,在这里做简要介绍。

向量可分为行向量和列向量,生成方法如下:
- 行向量是用方括号括起来的多个数据,元素之间用逗号分隔。例如:

```
row_vec = [1, 2, 3, 4];
```

- 列向量是用方括号括起来的多个数据,元素之间用分号分隔。例如:

```
col_vec = [1; 2; 3; 4];
```

矩阵是二维数组,可以包含任意数量的行和列。例如:

```
matrix = [1, 2, 3; 4, 5, 6; 7, 8, 9];        %生成 3 * 3 矩阵
```

多维数组是包含更多维度的数组,可以通过增加维度表示。例如:

```
multi_dim_array = cat(3, [1, 2; 3, 4], [5, 6; 7, 8]);
```

数组的常用基本操作包括转置、元素修改和访问、子数组提取、矩阵加减乘除等,下面是一些示例:

```
A = [1, 2, 3; 4, 5, 6];
B = A';                %矩阵转置
%%%%%%%%%%%%%%%%%%%%%%%%%%%%%%%
val = A(2, 3);         %访问第 2 行第 3 列的元素
A(1, 2) = 10;          %修改第 1 行第 2 列的元素为 10
%%%%%%%%%%%%%%%%%%%%%%%%%%%%%%%
sub_A = A(1:2, 2:3);   %提取第 1 行到第 2 行,第 2 列到第 3 列的子数组
```

```matlab
%%%%%%%%%%%%%%%%%%%%%%%%%%%%%%%
C = A + B;                    %矩阵加法
D = A - B;                    %矩阵减法
E = A * B';                   %矩阵乘法
F = A / B;                    %矩阵右除
%%%%%%%%%%%%%%%%%%%%%%%%%%%%%%%
G = A .* B;                   %元素逐次乘法
H = A ./ B;                   %元素逐次除法
I = A .^ 2;                   %元素逐次平方
%%%%%%%%%%%%%%%%%%%%%%%%%%%%%%%
Z = zeros(3, 4);              %生成3行4列的零矩阵
%%%%%%%%%%%%%%%%%%%%%%%%%%%%%%%
I = eye(3);                   %生成3阶单位方阵
%%%%%%%%%%%%%%%%%%%%%%%%%%%%%%%
R = rand(3, 4);               %生成3行4列的随机矩阵,元素值为0~1
%%%%%%%%%%%%%%%%%%%%%%%%%%%%%%%
A = [1, 2; 3, 4];
B = [5, 6; 7, 8];
C = [A; B];                   %按行连接
D = [A, B];                   %按列连接
```

除此之外,MATLAB具有丰富的工具箱,覆盖了各专业领域,如信号处理、图像处理、控制系统、机器学习等,通过MATLAB的Add-Ons功能,可以方便地下载和安装所需的工具箱。

MATLAB内置了帮助文档,使用doc命令或单击MATLAB窗口右上角的帮助按钮,可以访问帮助文档,获得详细的函数和工具箱说明,如图1.14所示。另外,在MathWorks官网中也提供了全面的文档、教程和示例。

图1.14 MATLAB的帮助文档

延伸阅读

[1] KHOSLA A, KHANDNOR P, CHAND T. A comparative analysis of signal processing and classification methods for different applications based on EEG signals[J]. Biocybernetics and Biomedical Engineering, 2020, 40(2): 649-690.
[2] ROSEN S, HOWELL P. Signals and systems for speech and hearing[M]. Leiden: Brill, 2011.
[3] AKAN A, CHAPARRO L F. Signals and systems using MATLAB[M]. Amsterdam: Elsevier, 2024.
[4] SIEBERT W M C. Circuits, signals, and systems[M]. Cambridge: MIT Press, 1986.
[5] BAURA G D. System theory and practical applications of biomedical signals[M]. New York: John Wiley & Sons, 2002.

习题与考研真题

1.1 下列信号的分类中不正确的是(　　)。
　　A. 数字信号和离散信号　　　　　　B. 确定信号和随机信号
　　C. 周期信号和非周期信号　　　　　D. 能量信号和功率信号

1.2 下列说法中正确的是(　　)。
　　A. 两个周期信号 $x(t)$、$y(t)$ 的和信号 $x(t)+y(t)$ 一定是周期信号
　　B. 两个周期信号 $x(t)$、$y(t)$ 的周期分别为 2 和 $\sqrt{2}$，其和信号 $x(t)+y(t)$ 是周期信号
　　C. 两个周期信号 $x(t)$、$y(t)$ 的周期分别为 2 和 π，其和信号 $x(t)+y(t)$ 是周期信号
　　D. 两个周期信号 $x(t)$、$y(t)$ 的周期分别为 2 和 3，其和信号 $x(t)+y(t)$ 是周期信号

1.3 下列说法中不正确的是(　　)。
　　A. 一般周期信号为功率信号
　　B. 时限信号(仅在有限时间区间不为零的非周期信号)为能量信号
　　C. $u(t)$ 为功率信号
　　D. e^t 为能量信号

1.4 信号 $\sin 2t + \cos 5t$ 的周期是(　　)。
　　A. $\pi/5$　　　　B. $\pi/2$　　　　C. 2π　　　　D. 不是周期信号

1.5 连续时间系统的输入为 $x(t)$，零状态响应为 $y(t)=3x(t)+4$。判断该连续时间系统是否为线性系统，是否为时不变系统。

1.6 对以下信号进行分类(连续时间信号/离散时间信号、周期信号/非周期信号、能量信号/功率信号)。
(1) $x(t)=\cos 4\pi t$；(2) $x(n)=0.5^n u(n)$；(3) $x(t)=e^{-3t}u(t)$；(4) $x(n)=\delta(n-3)$。

1.7 判断下列说法是否正确，正确的打钩，错误的打叉。
(1) 两个信号之和一定是周期信号。　　　　　　　　　　　　　　　　　　[　]
(2) 所有非周期信号都是能量信号。　　　　　　　　　　　　　　　　　　[　]
(3) 若 $x[n]$ 是周期序列，则 $x[2n]$ 也是周期序列。　　　　　　　　　　　[　]
(4) 一个离散时间系统的输入输出关系为 $y(k)=T[f(k)]=kf(k)$，该系统为无记忆系

统[ ]、线性系统[ ]、因果系统[ ]、时不变系统[ ]、稳定系统[ ]。

1.8 设有以下 4 个系统：

(1) $y(t)=2f(t)+3$；(2) $y(t)=f(2t)$；(3) $y(t)=f(-t)$；(4) $y(t)=tf(t)$。

不是线性系统的是(　　　)。

不是稳定系统的是(　　　)。

不是时不变系统的是(　　　)。

不是因果系统的是(　　　)。

第 2 章　连续时间信号与系统的时域分析

2.1　连续时间信号的时域描述

连续时间信号的分类方法有很多,按照连续时间信号中是否存在奇异点可以将信号分为不存在奇异点的典型连续时间信号和奇异信号。一般情况下,可以使用函数解析式描述典型连续时间信号,还可以通过绘制图形直观地描述信号的时域特性,横轴表示时间,纵轴表示信号的幅度,这样就可以展示信号在不同时间点上的变化,便于更直观地理解信号的特点。

2.1.1　典型连续时间信号

典型连续时间信号主要包括正弦信号、实指数信号、复指数信号、抽样信号和钟形脉冲信号,这些信号的共同特点是不存在奇异点。

1. 正弦信号

正弦信号是一种常见的连续时间信号,其数学表示形式为

$$f(t) = A\sin(\omega t + \phi) \tag{2.1}$$

其中,A 表示振幅,ω 表示角频率,t 表示时间,ϕ 表示相位角。图 2.1 给出了正弦信号示例,其中 $\omega = 2\pi$,$\phi = \dfrac{\pi}{4}$,$A = 1$。

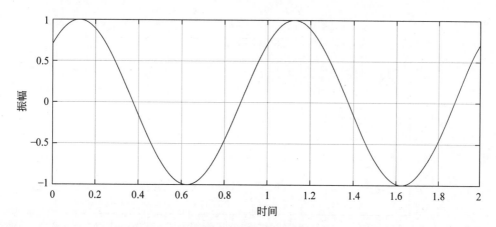

图 2.1　正弦信号示例

显然,正弦信号在时间上具有周期性,周期为 $T = 2\pi/\omega = 1/f$,其中 f 为频率,这也说明了正弦信号在任意一个周期内的形状和幅度都是相同的并且可以无限延伸。振幅 A 决定了正弦信号的最大值和最小值,也决定了信号的峰值或振幅。频率 f 表示正弦信号每秒完成的

周期数,单位为赫兹(Hz)。频率 f 越高,正弦信号的周期 T 越短,波形变化越快。相位角 ϕ 表示信号的起始位置,相位的改变会导致正弦信号在时间上发生平移,但不影响其形状和频率。余弦信号与正弦信号具有相似的性质,因此在本书中不对这两类信号进行区分,统一称为正弦信号。

例 2.1 求解下面的正弦信号的周期。

(1) $f(t)=5\sin\left(2\pi t+\dfrac{\pi}{4}\right)$。

(2) $f(t)=3\sin\left(4\pi t-\dfrac{\pi}{3}\right)$。

解:正弦信号的周期 T 可通过周期公式 $T=\dfrac{2\pi}{\omega}$ 求解,将 ω 的值代入周期公式可得

(1) $$T=\frac{2\pi}{2\pi}=1$$

(2) $$T=\frac{2\pi}{4\pi}=\frac{1}{2}$$

因此,正弦信号 $f(t)=5\sin\left(2\pi t+\dfrac{\pi}{4}\right)$ 的周期为 1,正弦信号 $f(t)=3\sin\left(4\pi t-\dfrac{\pi}{3}\right)$ 的周期为 $\dfrac{1}{2}$。

正弦信号在信号处理、通信、控制系统等领域中具有重要应用,它可以用于表示周期性现象,如交流电信号和声音信号。另外,正弦信号还是一种基本的周期信号,可以通过傅里叶级数展开表示其他复杂信号。

2. 实指数信号

实指数信号是一种常见的连续时间信号,其具体形式为

$$f(t)=A\mathrm{e}^{\alpha t} \tag{2.2}$$

其中,A 表示振幅,α 表示指数衰减系数或增长系数,t 表示时间。图 2.2 给出了实指数信号示例。

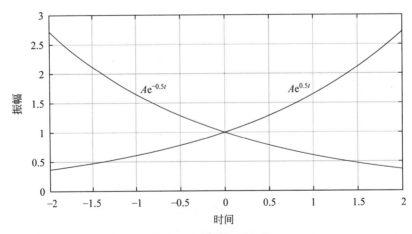

图 2.2 实指数信号示例

实指数信号根据 α 的不同可以分为以下几种情况:当 α 为负数时,实指数信号表示衰减的情况,如图 2.2 中的 $A\mathrm{e}^{-0.5t}$ 的曲线所示,信号振幅随时间减小,α 的绝对值越大,衰减越快;

当 α 为正数时,实指数信号表示增长的情况,如图 2.2 中的 $Ae^{0.5t}$ 的曲线所示,信号振幅随时间增加;当 α 为 0 时,实指数信号表示一个常数信号,其振幅 A 保持不变。

实指数信号在信号处理、电路分析、通信系统等领域具有广泛的应用。例如,在电路分析中,电阻和电容的响应可用实指数信号描述;在通信系统中,随着时间的推移,信号强度可能会衰减或增加,这可以用实指数信号模拟。

3. 复指数信号

复指数信号可以用复指数函数表示,即将实指数信号中的 α 变为复数,复指数信号的形式为

$$f(t) = Ae^{st} \quad (s = \sigma + j\omega_0) \tag{2.3}$$

根据欧拉公式

$$\cos \omega t = \frac{1}{2}(e^{j\omega t} + e^{-j\omega t}) \tag{2.4}$$

$$\sin \omega t = \frac{1}{2j}(e^{j\omega t} - e^{-j\omega t}) \tag{2.5}$$

可以得到复指数信号的三角函数表达形式:

$$f(t) = Ae^{\sigma t}e^{j\omega t} = Ae^{\sigma t}\cos \omega t + jAe^{\sigma t}\sin \omega t \tag{2.6}$$

其中,A 表示振幅,决定了信号的最大值和最小值,也可以表示为信号的峰值或振幅;σ 表示实部指数衰减因子,表示信号在时间上的衰减或增长,当 $\sigma < 0$ 时信号衰减,当 $\sigma > 0$ 时信号增长;ω 是角频率,频率 f 和角频率 ω 之间的关系是 $\omega = 2\pi f$;j 为虚数单位。式(2.6)表明复指数信号可分解为实部和虚部。根据不同的 σ 与 ω 的取值,可以将复指数信号变为直流信号、实指数信号或虚指数信号。

4. 抽样信号

抽样信号通常也被称为抽样函数或者 $\text{Sa}(t)$ 函数,其数学表达式为

$$\text{Sa}(t) = \frac{\sin t}{t} \tag{2.7}$$

当 $t = 0$ 时,$\text{Sa}(t) = 1$。$\text{Sa}(t)$ 函数的图像形状类似于一个正弦波,但在 $t = 0$ 处没有奇异点,保持连续性,如图 2.3 所示。

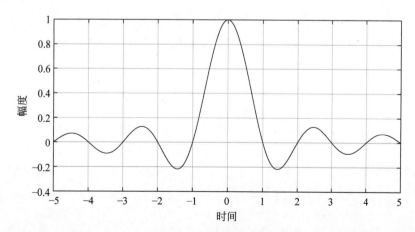

图 2.3 $\text{Sa}(t)$ 函数示例

$\text{Sa}(t)$ 函数具有以下两个性质:

(1) $\text{Sa}(0)=1, \text{Sa}(k\pi)=0, k=\pm 1, \pm 2, \pm 3, \cdots$。

(2) $\int_{-\infty}^{+\infty} \text{Sa}(t)\mathrm{d}t = \pi$。

与 $\text{Sa}(t)$ 相关的函数是 $\text{sinc}(t)$，其定义为

$$\text{sinc}(t) = \frac{\sin \pi t}{\pi t} \tag{2.8}$$

在抽样理论中，抽样函数 $\text{Sa}(t)$ 起到了重要的作用，将连续时间信号与 $\text{Sa}(t)$ 函数进行卷积操作，可以实现信号的抽样过程，生成离散时间信号，抽样理论中的抽样定理也与 $\text{Sa}(t)$ 函数的频谱特性密切相关，这一点将在后面讨论。

5. 钟形脉冲信号

钟形脉冲信号也称高斯信号，是一种特殊的连续时间信号，其时域表示呈现高斯函数的形式，经常用于描述正态分布或钟形曲线。钟形脉冲信号的时域表示可以写为

$$f(t) = E \mathrm{e}^{-\left(\frac{t-t_0}{\sigma}\right)^2} \tag{2.9}$$

其中，E 是幅度，t_0 是信号的时间平移参数，σ 是标准差。高斯信号在时域上呈现出钟形曲线，中心位于 t_0，其幅度由 E 决定，标准差 σ 决定了曲线的宽度，图 2.4 给出了高斯信号 $f(t) = \mathrm{e}^{-(t)^2}$ 的示例。

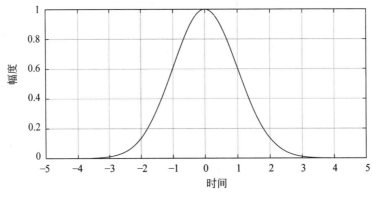

图 2.4 高斯信号示例

高斯信号在时域和频域上均具有良好的性质，如平滑性、带宽可调性和噪声特性等，这使得高斯信号在许多领域中成为理论建模和实际应用的重要工具，例如通信系统中的脉冲调制、图像处理中的滤波和噪声模拟等。

2.1.2 奇异信号

奇异信号是指在某个或某些时间点上发生突变（包含奇异点）的信号，主要包括单位阶跃信号、斜坡信号、冲激信号以及冲激偶信号。

1. 单位阶跃信号

单位阶跃信号通常用符号 $u(t)$ 表示，其定义为

$$u(t) = \begin{cases} 1, & t > 0 \\ 0, & t < 0 \end{cases} \tag{2.10}$$

单位阶跃信号在 $t=0$ 的时刻发生突变，从 0 突然跃变为 1，单位阶跃信号在 $t=0$ 时刻并未定义，图 2.5 给出了单位阶跃信号示例。理解单位阶跃信号时可以将其想象成在 $t=0$ 时刻瞬间

启动的一个开关,因此单位阶跃信号常用于表示系统的初始化、事件的发生等。

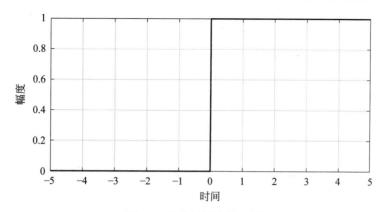

图 2.5　单位阶跃信号示例

单位阶跃信号在时域上具有以下性质:

(1) 平稳性。单位阶跃信号是平稳信号,即对时间平移不变。当时间 t 发生平移时,单位阶跃信号也相应地平移,不会改变形状。

(2) 可加减性。单位阶跃信号具有可加减性。多个单位阶跃信号的叠加等于它们的和。当两个单位阶跃信号相减时,其结果可以表示一个矩形脉冲信号。例如,$x(t)=u(t-T)-u(t-2T)$ 可以表示为一个宽度为 T 的矩形脉冲信号,如图 2.6 所示,矩形脉冲信号的上升沿所在时间为 T,下降沿所在时间为 $2T$。

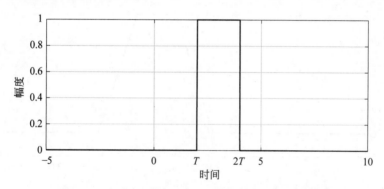

图 2.6　由两个单位阶跃信号相减产生的矩形脉冲信号

单位阶跃信号的性质使它在信号处理的分析和建模中具有重要的作用,例如用于建立系统的脉冲响应、脉冲传递函数等。在实际应用中,单位阶跃信号常常用于触发事件、模拟开关操作或表示系统的启动等情况。

2. 斜坡信号

斜坡信号是一种在时间上以一定的斜率线性增加或减少的连续时间信号。斜坡信号通常用符号 $r(t)$ 表示,其定义为

$$r(t)=\begin{cases}t, & t\geqslant 0\\ 0, & t<0\end{cases} \tag{2.11}$$

斜坡信号在 $t=0$ 的时刻开始以线性方式增加,斜率为 1,表示随时间的推移,信号的幅度以固定斜率线性增长。图 2.7 给出了斜坡信号示例。

斜坡信号可以看作单位阶跃信号的时间积分,在时域上满足下面两个性质:

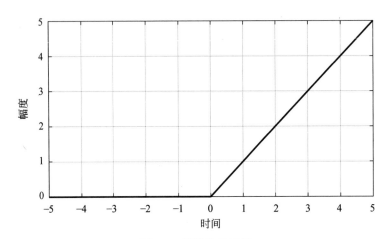

图 2.7 斜坡信号示例

$$r(t) = \int_{-\infty}^{t} u(\tau) d\tau \tag{2.12}$$

$$\frac{dr(t)}{dt} = u(t) \tag{2.13}$$

利用斜坡信号也可以构成不同形式的连续时间信号。例如,图 2.8 所示的信号可以用下面的形式表示:

$$x(t) = r(t+1) - r(t) - r(t-1) + r(t-2)$$

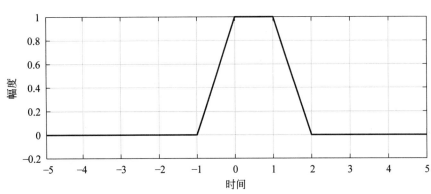

图 2.8 利用斜坡信号和单位阶跃信号表示的连续时间信号

3. 冲激信号

在信号与系统理论中,冲激信号经常被用来描述系统的特性、分析信号的频谱以及解决微分与积分等数学问题。

冲激信号通常用符号 $\delta(t)$ 表示,在通常情况下使用狄拉克 δ 函数的定义:

$$\begin{cases} \delta(t) = 0, & t \neq 0 \\ \int_{-\infty}^{+\infty} \delta(t) dt = 1, & t = 0 \end{cases} \tag{2.14}$$

这个定义的含义是,在除了 $t=0$ 时刻以外,冲激信号的值都是 0;在 $t=0$ 时刻,冲激信号的值是无穷大,但其积分等于 1。图 2.9 给出了冲激信号的图形描述方法。

关于冲激信号 $\delta(t)$ 有以下几点说明:

(1) 冲激信号可以延时至任意时刻 t_0,以符号 $\delta(t-t_0)$ 表示,其定义如下:

$$\begin{cases} \delta(t-t_0)=0, & t\neq 0 \\ \int_{-\infty}^{+\infty}\delta(t-t_0)\mathrm{d}t=1, & t=0 \end{cases} \quad (2.15)$$

(2) 冲激信号具有强度,其强度就是冲激信号对时间的定积分值,在图中用括号注明,以区分信号的幅值。

(3) 冲激信号是表征作用时间极短、作用值很大的物理现象的数学模型。

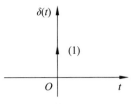

图 2.9 冲激信号的图形描述方法

(4) 冲激信号既可以表示其他任意信号,也可以表示间断点处的导数。

例 2.2 给定连续时间信号 $x(t)=3\delta(t-2)+4\delta(t+1)$,计算 $x(2)$ 与 $x(-1)$。

解:根据给出的连续时间信号,可以看到存在两个冲激函数 $\delta(t-2)$ 和 $\delta(t+1)$。要计算 $x(2)$ 和 $x(-1)$,需要将冲激信号代入相应的时间点。

计算 $x(2)$:将 $t=2$ 代入 $x(t)=3\delta(t-2)+4\delta(t+1)$ 中,得到
$$x(2)=3\delta(2-2)+4\delta(2+1)=3\delta(0)+4\delta(3)=3\times 1+4\times 0=3$$

计算 $x(-1)$:将 $t=-1$ 代入 $x(t)=3\delta(t-2)+4\delta(t+1)$ 中,得到
$$x(-1)=3\delta(-1-2)+4\delta(-1+1)=3\delta(-3)+4\delta(0)=3\times 0+4\times 1=4$$

所以,$x(2)=3, x(-1)=4$。

冲激信号具有一系列重要的性质,这些性质对于信号与系统分析、卷积运算以及频域分析都起到了关键的作用,具体包括以下性质:

(1) $\delta(t)$ 的积分等于 1,即 $\int_{-\infty}^{+\infty}\delta(t)\mathrm{d}t=1$,这个性质是冲激信号的定义的一部分。

(2) 冲激信号不随时间的位移而变化。即,若 t_0 为常数,则 $\delta(t-t_0)$ 与原冲激信号具有相同的性质。

(3) 若 a 为常数,那么 $\delta(at)$ 与原冲激信号 $\delta(t)$ 的关系为
$$\delta(at)=\frac{1}{|a|}\delta(t) \quad (a\neq 0) \quad (2.16)$$

该性质也被称为冲激信号的展缩性质。

(4) 冲激信号的筛选性质是指冲激信号与其他信号的乘积,具体描述为
$$x(t)\delta(t-t_0)=x(t_0)\delta(t-t_0) \quad (2.17)$$

(5) 冲激信号的抽样特性为
$$\int_{-\infty}^{+\infty}x(t)\delta(t-t_0)\mathrm{d}t=x(t_0) \quad (2.18)$$

在冲激信号的抽样特性中,其积分区间不一定都是 $(-\infty,+\infty)$,但只要积分区间不包括冲激信号 $\delta(t-t_0)$ 的 $t=t_0$ 时刻,则积分结果必为 0。

(6) 冲激信号是阶跃信号的导数,阶跃信号是冲激信号的积分,其具体形式为
$$\frac{\mathrm{d}u(t)}{\mathrm{d}t}=\delta(t) \quad (2.19)$$

$$\int_{-\infty}^{t}\delta(\tau)\mathrm{d}\tau=\begin{cases}1, & t>0 \\ 0, & t<0\end{cases}=u(t) \quad (2.20)$$

例 2.3 利用冲激信号的性质,计算下列各式:

(1) $\sin t \cdot \delta(t-\pi)$。

(2) $(t+1) \cdot \delta(t-2)$。

(3) $\int_{-8}^{4} 3^{-t} \cdot \delta(t-2) \mathrm{d}t$。

(4) $\delta(2t-3) \cdot \sin(2t)$。

解：

(1) 利用冲激信号的筛选特性，可得
$$\sin t \cdot \delta(t-\pi) = \sin\pi \cdot \delta(t-\pi) = 0$$

(2) 利用冲激信号的筛选特性，可得
$$(t+1) \cdot \delta(t-2) = (2+1) \cdot \delta(t-2) = 3\delta(t-2)$$

(3) 利用冲激信号的筛选特性和定义可得
$$\int_{-8}^{4} 3^{-t} \cdot \delta(t-2) \mathrm{d}t = \int_{-8}^{4} 3^{-2} \cdot \delta(t-2) \mathrm{d}t = \frac{1}{9}\int_{-8}^{4} \delta(t-2) \mathrm{d}t = \frac{1}{9}$$

(4) 利用冲激信号的展缩特性和筛选特性，可得
$$\delta(2t-3) \cdot \sin(2t) = \frac{1}{2}\delta\left(t-\frac{3}{2}\right) \cdot \sin 2t = \frac{1}{2} \cdot \sin\left(2 \cdot \frac{3}{2}\right) \cdot \delta\left(t-\frac{3}{2}\right)$$
$$= \frac{1}{2}\sin 3 \cdot \delta\left(t-\frac{3}{2}\right)$$

4. 冲激偶信号

冲激偶信号也称为 Delta-Delta 函数，它由两个冲激信号组成，位于正负无穷和 0 附近的两个时刻。冲激偶信号一般用符号 $\delta'(t)$ 表示，定义为

$$\delta'(t) = \frac{\mathrm{d}\delta(t)}{\mathrm{d}t} \tag{2.21}$$

图 2.10 给出了冲激偶信号的图形描述方法。

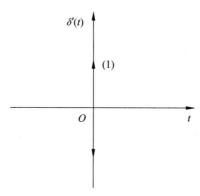

图 2.10　冲激偶信号的图形描述方法

冲激偶信号具有以下几个性质：

(1) 对称性。冲激偶信号是奇对称的，即满足
$$\delta'(-t) = -\delta'(t) \tag{2.22}$$

(2) 筛选特性。
$$x(t)\delta'(t-t_0) = x(t_0)\delta'(t-t_0) - x'(t_0)\delta(t-t_0) \tag{2.23}$$

(3) 抽样特性。
$$\int_{-\infty}^{+\infty} \delta'(t)x(t) \mathrm{d}t = -x'(0) \tag{2.24}$$

(4) 展缩特性。

$$\delta'(at) = \frac{1}{a|a|}\delta'(t) \quad (a \neq 0) \tag{2.25}$$

其中，a 为常数，表示两个冲激信号的间隔。

各类奇异信号之间存在着如下的关系，从这些关系中不难发现，奇异信号之间可以通过微分和积分相互转换。

$$\delta'(t) = \frac{\mathrm{d}\delta(t)}{\mathrm{d}t}, \quad \delta(t) = \int_{-\infty}^{t} \delta'(\tau)\mathrm{d}\tau \tag{2.26}$$

$$\delta(t) = \frac{\mathrm{d}u(t)}{\mathrm{d}t}, \quad u(t) = \int_{-\infty}^{t} \delta(\tau)\mathrm{d}\tau \tag{2.27}$$

$$u(t) = \frac{\mathrm{d}r(t)}{\mathrm{d}t}, \quad r(t) = \int_{-\infty}^{t} u(\tau)\mathrm{d}\tau \tag{2.28}$$

2.2 连续时间信号的运算

在 2.1 节中介绍了各种常用连续时间信号的时域表示方法，本节讨论连续时间信号的各种运算。信号的运算可以分为 3 类：第一类是信号本身的图形变换，主要包括信号的尺度变换、翻转变换和平移变换；第二类是两个信号的运算，主要包括相加、相乘、卷积；第三类是信号的微分、积分运算。

2.2.1 连续时间信号的尺度变换、翻转变换及平移变换

1. 信号的尺度变换

信号的尺度变换是指通过改变信号在时间轴上的比例因子缩放信号在时间上的长度，它可以改变信号的频率、速度或时间尺度。设有一个连续时间信号 $x(t)$，它在时间轴上的尺度通过比例因子 a 进行变换，其数学表达式为

$$x(t) \rightarrow x(at) \quad (a > 0) \tag{2.29}$$

当 $a > 1$ 时，表示信号被压缩；当 $0 < a < 1$ 时，表示信号被扩展；特殊情况下，当 $a = 1$ 时，信号保持不变。图 2.11 给出了正弦信号的尺度变换示例。

2. 信号的翻转变换

信号的翻转变换是将信号沿时间轴进行翻转，也称为时间反转或镜像变换。信号通过翻转变换在时间上的顺序被颠倒，即时间轴上原先在右侧的部分移到了左侧，原先在左侧的部分移到了右侧。

设有一个连续时间信号 $x(t)$，它翻转变换后的信号记为

$$x(t) \rightarrow x(-t) \tag{2.30}$$

其中，$-t$ 表示原信号在时间轴上的对称点。图 2.12 给出了正弦信号的翻转变换示例。

3. 信号的平移变换

信号的平移变换是指通过改变信号在时间轴上的起始位置，将信号在时间上进行移动或偏移的操作。

设有一个连续时间信号 $x(t)$，它的平移变换可以表示为

$$x(t) \rightarrow x(t + t_0) \tag{2.31}$$

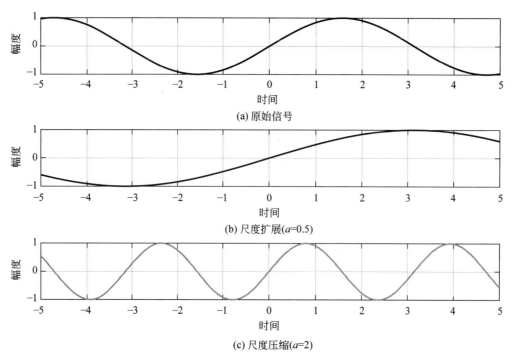

图 2.11 正弦信号的尺度变换示例

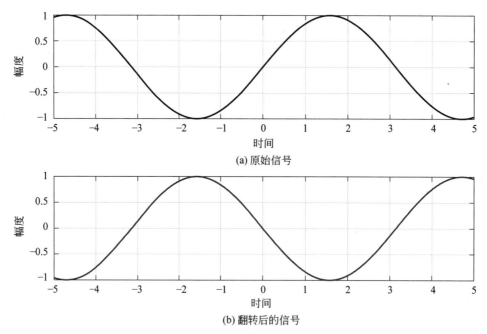

图 2.12 正弦信号的翻转变换示例

其中,t_0 是平移的时间量,可正可负。当 $t_0>0$ 时,表示信号向左平移;当 $t_0<0$ 时,表示信号向右平移;特殊情况下,当 $t_0=0$ 时,信号保持不变。图 2.13 给出了正弦信号的平移变换示例。

例 2.4 已知 $f(-2t+1)$ 的波形如图 2.14 所示,画出 $f(t)$ 的波形。

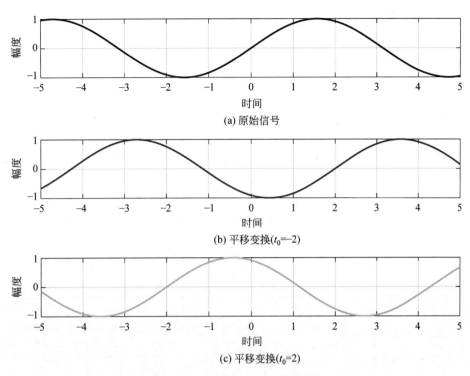

图 2.13 正弦信号的平移变换示例

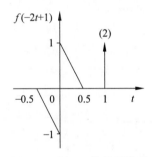

图 2.14 例 2.4 的信号波形

解：将 $f(-2t+1)$ 反转，可得 $f(2t+1)$，如图 2.15(a)所示；对 $f(2t+1)$ 扩展 1 倍（横坐标乘以 1/2），可得 $f(t+1)$，如图 2.15(b)所示；对 $f(t+1)$ 右移 1 个时间单位，可得 $f(t)$，如图 2.15(c)所示。

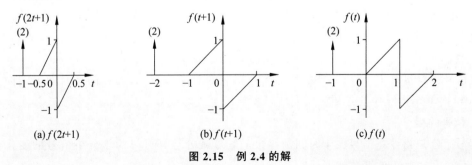

图 2.15 例 2.4 的解

2.2.2 连续时间信号的相加、相乘、微分及积分运算

连续时间信号的相加和相乘是多个信号之间的关系,这两种运算可以将多个信号融合,生成新的信号。连续时间信号的微分和积分运算可以建立多个信号之间的内在关系。

1. 信号的相加

信号相加是指将两个或多个信号进行逐点相加的数学运算。通过信号相加运算,可以将多个信号叠加在一起,得到一个新的信号,称为叠加信号或合成信号。

设有两个连续时间信号 $f(t)$ 和 $g(t)$,它们的相加运算结果记为 $h(t)$,其数学表达式为

$$h(t) = f(t) + g(t) \tag{2.32}$$

在信号相加运算中,要求相加的信号具有相同的时间轴范围,即在同一时间区间内定义。图 2.16 给出了 $x(t)$ 和 $y(t)$ 两个矩形脉冲信号相加后生成的 $z(t)$ 信号。

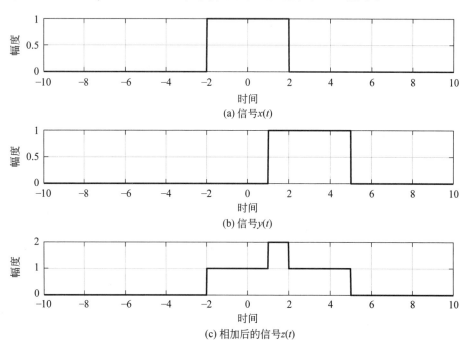

图 2.16 信号相加运算示例

2. 信号的相乘

信号相乘是指将两个信号的对应时间点上的值进行逐点相乘的数学运算。通过信号相乘运算,可以得到一个新的信号,称为乘积信号。

设有两个连续时间信号 $f(t)$ 和 $g(t)$,它们的相乘运算结果记为 $h(t)$,其数学表达式为

$$h(t) = f(t) \times g(t) \tag{2.33}$$

在信号相乘运算中,要求相乘的信号具有相同的时间轴范围,即在同一时间区间内定义。图 2.17 给出了矩形脉冲信号和三角波信号相乘后生成的信号。

3. 信号的微分

信号微分是指计算信号关于时间的导数。信号微分运算可以用于分析信号的变化率、斜率以及信号在时间上的变化情况。

设有一个连续时间信号 $f(t)$,它的微分运算结果记为 $g(t)$。$g(t)$ 表示 $f(t)$ 关于时间 t

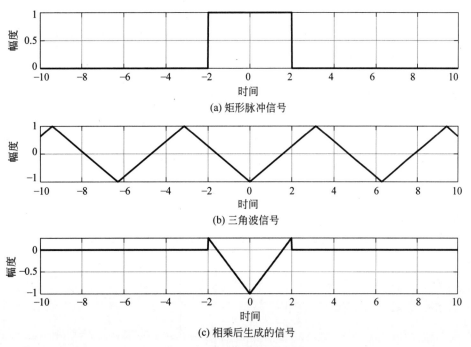

图 2.17 信号相乘运算示例

的导数,可以表示为

$$g(t) = \frac{df(t)}{dt} \tag{2.34}$$

对于离散时间信号,可以使用差分运算近似表示微分运算。

例 2.5 画出 $x(t)=r(t-2)-r(t-1)-r(t+1)+r(t+2)$ 的图形并绘制该信号的微分信号。

解:根据式(2.26)~式(2.28)可知,斜坡信号的微分是阶跃信号,常数的导数为 0,因此其结果如图 2.18 所示。

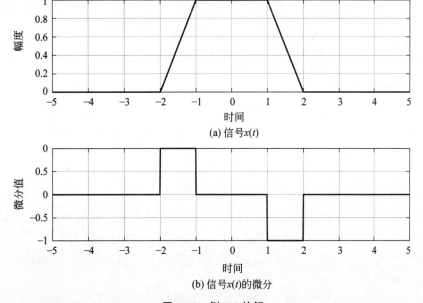

图 2.18 例 2.5 的解

信号微分运算可以分析信号在时间轴上的斜率变化。斜率表示信号的变化速度,可以用于识别信号的边界、变化点以及快速变化的部分。例如,在音频处理中,通过对音频信号进行微分运算,可以提取音频信号的高频成分。

4. 信号的积分

信号积分是指计算信号关于时间的积分,它是信号微分运算的逆运算。信号积分运算可以用于分析信号的累积效应、面积以及信号在时间上的整体变化情况。

设有一个连续时间信号 $f(t)$,它的积分运算结果记为 $g(t)$。$g(t)$ 表示 $f(t)$ 关于时间 t 的积分,可以表示为

$$g(t) = \int_{-\infty}^{t} f(\tau) d\tau \tag{2.35}$$

例 2.6 画出图 2.19 所示信号的积分运算结果。

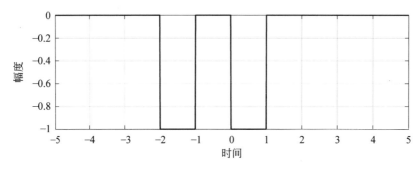

图 2.19 例 2.6 的信号

解:根据式(2.26)~式(2.28)可知,矩形脉冲信号的积分是斜坡信号,其结果如图 2.20 所示。

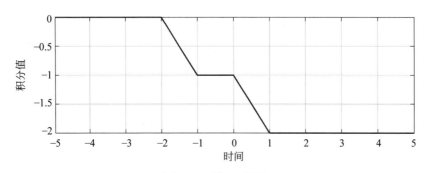

图 2.20 例 2.6 的解

在时域中通过信号积分运算可以求信号的平均值,这也是提取信号直流分量的常见方法之一。

2.2.3 连续时间信号的卷积运算及性质

信号卷积运算是一种常见的信号处理操作,用于分析信号在系统中的响应和传递过程。卷积运算将两个信号进行线性加权和积分,这可以表示它们之间的相互影响。

设有两个连续时间信号 $x(t)$ 和 $h(t)$,它们的卷积运算结果记为 $y(t)$,则卷积运算可以使用以下积分式表示:

$$y(t) = x(t) * h(t) = \int_{-\infty}^{+\infty} x(\tau)h(t-\tau)d\tau \qquad (2.36)$$

卷积运算可以按照下面的步骤进行。

(1) 翻转一个信号。将信号 $h(t)$ 进行反转,得到 $h(-t)$,其目的是将信号按时间对齐。

(2) 平移其中一个信号。对于反转后的 $h(-t)$ 信号,按照时间轴的不同值,将其平移到与 $x(t)$ 信号的每个时间点对齐,这样就可以进行逐点相乘操作。

(3) 逐点相乘。对于每个时间点 t,将 $x(t)$ 和 $h(t-\tau)$ 相乘,得到一个新的信号。

(4) 对信号求和。对于所有的逐点相乘结果,将它们求和以得到最终的卷积运算结果。

例 2.7 对于连续时间信号 $f(t) = u(t)$ 和 $h(t) = e^{-t}u(t)$,计算 $y(t) = f(t) * h(t)$。

解:首先绘制 $f(t)$ 和 $h(t)$ 信号的示意图,如图 2.21 所示。

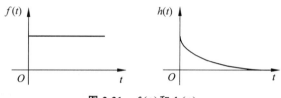

图 2.21 $f(t)$ 和 $h(t)$

将 $h(t)$ 翻转,得到 $h(-t)$,如图 2.22 所示。

将 $h(-t)$ 平移,得到 $h(t-\tau)$,并与 $f(t)$ 相乘,得到 $f(t)h(t-\tau)$,如图 2.23 所示。

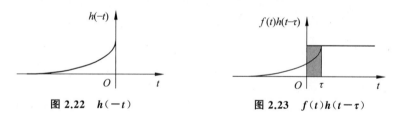

图 2.22 $h(-t)$　　　　图 2.23 $f(t)h(t-\tau)$

最后可得

$$y(t) = f(t) * h(t) = \int_0^t e^{-(t-\tau)} d\tau = 1 - e^{-t} \quad (t \geqslant 0)$$

信号卷积运算主要有以下几个性质:

(1) 结合律。$(f(t) * g(t)) * h(t) = f(t) * (g(t) * h(t))$。

(2) 分配律。$(f(t) + g(t)) * h(t) = f(t) * h(t) + g(t) * h(t)$。

(3) 交换律。$f(t) * g(t) = g(t) * f(t)$。

(4) 平移特性。若 $y(t) = f(t) * h(t)$,则 $y(t - t_1 - t_2) = f(t - t_1) * h(t - t_2)$。

证明:

$$f(t - t_1) * h(t - t_2) = \int_{-\infty}^{+\infty} f(\tau - t_1) * h(t - \tau - t_2) d\tau$$

令 $\tau - t_1 = \lambda$,则原式等于

$$\int_{-\infty}^{+\infty} f(\lambda) * h(t - t_1 - t_2 - \lambda) d\lambda = y(t - t_1 - t_2)$$

(5) 微分特性。考虑两个信号 $f(t)$ 和 $g(t)$ 的卷积 $h(t) = f(t) * g(t)$,卷积的微分特性可以描述为:

$$h'(t) = f'(t) * g(t) = f(t) * g'(t)$$

(6) 积分特性。若 $y(t) = x(t) * h(t)$,则

$$y^{(-1)}(t) = x^{(-1)}(t) * h(t) = x(t) * h^{(-1)}(t)$$

其中，$y^{(-1)}(t)$、$x^{(-1)}(t)$、$h^{(-1)}(t)$ 表示对 $y(t)$、$x(t)$ 以及 $h(t)$ 的一阶积分。

(7) 等效特性。若 $y(t) = x(t) * h(t)$，则

$$y(t) = x'(t) * h^{(-1)}(t) = x^{(-1)}(t) * h'(t)$$

常用的信号卷积运算如表 2.1 所示。

表 2.1 常用的信号卷积运算

$x_1(t)$	$x_2(t)$	$x_1(t) * x_2(t)$
$x(t)$	$\delta'(t)$	$x'(t)$
$e^{-at}u(t)$	$u(t)$	$\dfrac{1}{a}(1-e^{-at})u(t)$
$e^{-a_1 t}u(t)$	$e^{-a_2 t}u(t)$	$\dfrac{1}{a_2-a_1}(e^{-a_1 t}-e^{-a_2 t})u(t), a_1 \neq a_2$
$x(t)$	$\delta(t)$	$x(t)$
$u(t)$	$u(t)$	$tu(t)$
$u(t)$	$tu(t)$	$\dfrac{1}{2}t^2 u(t)$
$e^{-at}u(t)$	$e^{-at}u(t)$	$te^{-at}u(t)$

例 2.8 求下列 $f_1(t)$ 和 $f_2(t)$ 的卷积 $y(t) = f_1(t) * f_2(t)$。

(1) $f_1(t) = A e^{-at} u(t)$ 和 $f_2(t) = \sin(\omega t)$。

(2) $f_1(t) = u(t)$ 和 $f_2(t) = e^{-at} u(t)$。

(3) $f_1(t) = \delta(t)$ 和 $f_2(t) = \cos(\omega t + 45°)$。

(4) $f_1(t) = \cos \omega t$ 和 $f_2(t) = \delta(t+1) - \delta(t-1)$。

解：(1) $y(t) = f_1(t) * f_2(t) = A \int_{-\infty}^{+\infty} (\sin \omega \tau) e^{-a(t-\tau)} u(t-\tau) d\tau$

$$= A e^{-at} \int_{-\infty}^{t} (\sin \omega \tau) e^{a\tau} d\tau$$

$$= \frac{1}{2j} A e^{-at} \int_{-\infty}^{t} (e^{(a+j\omega)\tau} - e^{(a-j\omega)\tau}) d\tau$$

$$= \frac{A e^{-at}}{2j} \left(\frac{e^{(a+j\omega)t}}{a+j\omega} - \frac{e^{(a-j\omega)t}}{a-j\omega} \right)$$

$$= \frac{A}{a^2 + \omega^2} (a \sin \omega t - \omega \cos \omega t)$$

(2) 因为

$$f_1(t) * f_2(t) = \int_0^t e^{-a\tau} d\tau = \frac{1}{a} - \frac{1}{a} e^{-at} = \frac{1}{a}(1 - e^{-at}) \quad (t > 0)$$

所以

$$f_1(t) * f_2(t) = \frac{1}{a}(1 - e^{-at}) u(t)$$

(3) $f_1(t) * f_2(t) = \delta(t) * \cos(\omega t + 45°) = \cos(\omega t + 45°)$

(4) $y(t) = f_1(t) * f_2(t) = \cos \omega t (\delta(t+1) - \delta(t-1))$

$\qquad = \cos \omega (t+1) - \cos \omega (t-1)$

将奇异信号与普通信号进行卷积会有一些特殊的性质：
(1) 冲激信号卷积。
$$\delta(t) * x(t) = x(t)$$
(2) 延迟特性。
$$x(t) * \delta(t-T) = x(t-T)$$
$$x(t-t_1) * \delta(t-t_2) = x(t-t_1-t_2)$$
(3) 微分特性。
$$x(t) * \delta'(t) = x'(t)$$
(4) 积分特性。
$$x(t) * u(t) = x(t) * \delta^{(-1)}(t) = \int_{-\infty}^{+\infty} x(\tau) d\tau = x^{(-1)}(t)$$

2.3 连续时间信号的时域分解

连续时间信号的时域分解有助于理解信号的特性以及提取其中的信息。连续时间信号可以分解为直流分量与交流分量、奇分量与偶分量、实部分量与虚部分量以及多种冲激信号的线性组合。

2.3.1 连续时间信号分解为直流分量与交流分量

连续时间信号可以分解为直流分量和交流分量，这种分解方式有助于更好地理解信号的特性和构成。

直流分量是信号中的恒定部分，不随时间变化，代表了信号的平均值或偏移量。在图形上，它通常表现为信号在长时间范围内的水平偏移，用 $x_{DC}(t)$ 表示。

交流分量则是信号中变化频率较高的部分，随着时间的推移而变化，代表了信号的周期性变化或波动。在图形上，它通常表现为信号中频繁的周期性波动，用 $x_{AC}(t)$ 表示。这样，一个信号 $x(t)$ 就可以表示为

$$x(t) = x_{DC}(t) + x_{AC}(t) \tag{2.37}$$

分解连续时间信号为直流分量和交流分量的方法有多种，最常用的方法是先求平均值再去直流。具体步骤如下：

(1) 求取信号在一定时间范围内的平均值，即直流分量，这可以通过对信号进行积分再除以时间长度得到。

(2) 将信号减去平均值，即去直流操作，这样可以得到信号中除去直流分量的交流分量。

例 2.9 考虑一个连续时间信号 $x(t) = 3\cos 2\pi t + 2\sin 4\pi t + 5$，将该信号分解为直流信号和交流信号。

解： 在给定的信号中，直流信号的表达式就是常数项 5，所以直流信号 $x_{DC}(t) = 5$。

交流信号可以通过减去直流信号得到，即

$$x_{AC}(t) = x(t) - x_{DC}(t) = 3\cos 2\pi t + 2\sin 4\pi t$$

需要注意的是，直流分量和交流分量的分解是一种近似的操作。在实际应用中，还需要考虑采样频率、信号带宽等因素对分解结果的影响，不同的分解方法可能会得到略有不同的结果，需要根据具体情况选择合适的方法。

2.3.2 连续时间信号分解为奇分量与偶分量

信号的奇偶分量分解是将一个信号拆分为奇对称与偶对称两部分的过程,奇分量表示信号的奇对称部分,偶分量表示信号的偶对称部分。

对于一个信号 $x(t)$,奇分量 $x_\text{o}(t)$ 为

$$x_\text{o}(t) = \frac{x(t) - x(-t)}{2} \tag{2.38}$$

偶分量 $x_\text{e}(t)$ 为

$$x_\text{e}(t) = \frac{x(t) + x(-t)}{2} \tag{2.39}$$

其中,$x(-t)$ 表示信号 $x(t)$ 在时间上的镜像或翻转。通过这种分解方法,一个信号可以表示为奇分量和偶分量的叠加形式。奇分量代表具有奇对称性质的成分,它在关于原点对称的两个时间点上取值相反;而偶分量代表具有偶对称性质的成分,它在关于原点对称的两个时间点上取值相同。图 2.24 是将 $x(t) = \text{e}^{-0.1t} \cos t$ 分解为奇信号 $x_\text{odd}(t)$ 和偶信号 $x_\text{even}(t)$ 的示例。从图 2.24 中可以看出,$x_\text{odd}(t)$ 的图形关于原点(0,0)对称,$x_\text{even}(t)$ 的图形关于 y 轴对称。

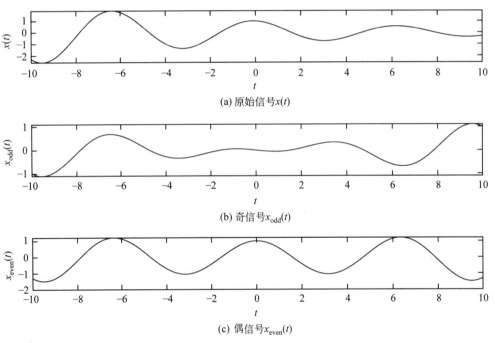

图 2.24 信号分解为奇信号和偶信号的示例

例 2.10 已知连续时间信号 $x(t) = 2t^2 - 3t + 4$,将其分解为奇分量和偶分量。

首先计算信号在时间上的镜像或翻转,即 $x(-t)$。

$$x(-t) = 2(-t)^2 - 3(-t) + 4 = 2t^2 + 3t + 4$$

奇分量:

$$x_\text{o}(t) = \frac{x(t) - x(-t)}{2} = \frac{(2t^2 - 3t + 4) - (2t^2 + 3t + 4)}{2} = \frac{-6t}{2} = -3t$$

偶分量:

$$x_e(t) = \frac{x(t) + x(-t)}{2} = \frac{(2t^2 - 3t + 4 + (2t^2 + 3t + 4))}{2} = 2t^2 + 4$$

因此，信号 $x(t)$ 可以分解为奇分量 $x_o(t) = -3t$ 和偶分量 $x_e(t) = 2t^2 + 4$。

2.3.3 连续时间信号分解为实部分量与虚部分量

对于一个连续时间复数信号 $x(t) = a(t) + jb(t)$，其中 $a(t)$ 表示实部，$b(t)$ 表示虚部，实部分量 $x_r(t)$ 为

$$x_r(t) = \text{Re}(x(t)) = a(t) \tag{2.40}$$

虚部分量 $x_i(t)$ 为

$$x_i(t) = \text{Im}(x(t)) = b(t) \tag{2.41}$$

对于仅包含实部的信号，其实部分量与原信号相同，而虚部分量为 0。

例 2.11 设复数信号 $z(t) = 2e^{j(3t + \frac{\pi}{4})}$，其中 j 是虚数单位，$t$ 是时间。将复数信号 $z(t)$ 分解为实部分量和虚部分量。

解：根据欧拉公式，复数信号 $z(t)$ 可以表示为

$$z(t) = 2\cos\left(3t + \frac{\pi}{4}\right) + j2\sin\left(3t + \frac{\pi}{4}\right)$$

因此，可以将信号 $z(t)$ 分解为实部分量和虚部分量：

$$x_r(t) = 2\cos\left(3t + \frac{\pi}{4}\right)$$

$$x_i(t) = 2\sin\left(3t + \frac{\pi}{4}\right)$$

2.3.4 连续时间信号分解为冲激信号的线性组合

冲激信号是一种理想化的信号，其幅值为无穷大，宽度为无穷小，面积为 1，并在 $t = 0$ 时刻取得峰值。冲激信号在频率上是均匀分布的，所以可以将任意连续时间信号看作冲激信号的线性组合。

设有一个连续时间信号 $x(t)$，可以使用冲激函数 $\delta(t)$ 分解连续信号，具体如下：

$$x(t) = \int_{-\infty}^{+\infty} x(\tau)\delta(t - \tau)d\tau \tag{2.42}$$

式(2.42)的含义可以按照以下思路理解。对于任意信号 $x(t)$ 来说，可以使用宽度很小的矩形对其进行描述，如图 2.25 所示。这样就可以将信号 $x(t)$ 表示为

$$x(t) \approx \cdots + x(0)[u(t) - u(t - \Delta)] + x(\Delta)[u(t - \Delta) - u(t - 2\Delta)] + \cdots + x(k\Delta)[u(t - k\Delta) - u(t - k\Delta - \Delta)] + \cdots \tag{2.43}$$

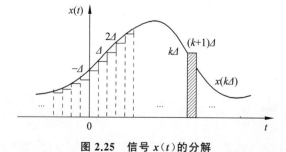

图 2.25 信号 $x(t)$ 的分解

当 $\Delta \to 0$ 时便可以使用式(2.41)的形式描述信号 $x(t)$。根据式(2.41)不难发现,任意的连续时间信号都可以分解为冲激信号,不同的信号只是系数不同。

2.3.5 连续时间信号分解为正交函数集

在线性代数中,正交集是一组具有特定性质的向量集合,其特点是向量之间相互垂直,即内积为 0。本节介绍正交集和正交函数集的定义以及将连续时间信号分解为正交函数集的方法。

1. 正交集和正交函数集

设集合 $S=\{s_1,s_2,\cdots,s_n\}$,其中 $s_i(i=1,2,\cdots,n)$ 为集合 S 中的元素,可以是数字、函数、向量等。

在集合 S 上定义点积运算,用符号·表示。如果集合 S 满足

$$\begin{cases} s_i \cdot s_j = 0, & i \neq j \\ s_i \cdot s_j \neq 0, & i = j \end{cases} \tag{2.44}$$

则称集合 S 为正交集。如果集合 S 还满足 $s_i \cdot s_i = 1(i=1,2,\cdots,n)$,则称它为标准正交集。如果集合 S 中的元素为函数,则称 S 为正交函数集。

例如,在三维向量空间中,有以下 3 个向量:

$$\boldsymbol{v}^1 = \begin{bmatrix} 1 & 0 & 0 \end{bmatrix}$$
$$\boldsymbol{v}^2 = \begin{bmatrix} 0 & 1 & 0 \end{bmatrix}$$
$$\boldsymbol{v}^3 = \begin{bmatrix} 0 & 0 & 1 \end{bmatrix}$$

可以验证这 3 个向量两两之间的内积是否为 0,以确定它们是否构成一个正交集。由于

$$\boldsymbol{v}_1 \cdot \boldsymbol{v}_2 = 0$$
$$\boldsymbol{v}_1 \cdot \boldsymbol{v}_3 = 0$$
$$\boldsymbol{v}_2 \cdot \boldsymbol{v}_3 = 0$$

即向量 $\boldsymbol{v}_1$、$\boldsymbol{v}_2$ 和 $\boldsymbol{v}_3$ 是两两正交的,因此它们构成一个正交集。这里需要注意的是,由于这 3 个向量都是标准正交的,它们两两互相垂直且长度都为 1,因此 $\{\boldsymbol{v}_1,\boldsymbol{v}_2,\boldsymbol{v}_3\}$ 是一个标准正交集。

在数学和信号处理领域,正交函数集是一组具有特定性质的函数集合。正交函数集的重要性在于它们具有互相垂直的性质,利用这种性质,可以将函数展开为正交函数的线性组合,以及进行信号分析和滤波器设计等应用。

给定区间 $[a,b]$ 上的一组函数 $\varphi^1(x),\varphi^2(x),\cdots,\varphi^n(x)$,对于任意不同的 i 和 $j(1\leqslant i\leqslant n,1\leqslant j\leqslant n)$,有以下性质成立:

$$\begin{cases} \int_a^b \varphi_i(x)\varphi_j(x)\mathrm{d}x = 0 & (i \neq j) \\ \int_a^b \varphi_i(x)\varphi_j(x)\mathrm{d}x = K_i & (i=1,2,\cdots,n) \end{cases} \tag{2.45}$$

如果式(2.44)中的函数为复数函数,则

$$\begin{cases} \int_{T_1}^{T_2} f_i(t) \cdot f_j^*(t)\mathrm{d}t = 0 & (i \neq j) \\ \int_{T_1}^{T_2} f_i(t) \cdot f_i^*(t)\mathrm{d}t = K_i & (i=1,2,\cdots,n) \end{cases} \tag{2.46}$$

其中,$f_i^*(t)$ 为 $f_i(t)$ 的复共轭。例如,$f_i(t)=a(t)+\mathrm{j}b(t)$,则 $f_i^*(t)=a(t)-\mathrm{j}b(t)$。也可以将 $f_i(t)$ 换成指数形式,即 $f_i(t)=r(t)\mathrm{e}^{\mathrm{j}\varphi(t)}$,则 $f_i^*(t)=r(t)\mathrm{e}^{-\mathrm{j}\varphi(t)}$。

例如，$\{\sin t, \cos t\}$ 在 $[0, 2\pi]$ 内构成一个正交函数集合，这是因为

$$\int_0^{2\pi} \sin t \cos t \, dt = \frac{1}{2} \int_0^{2\pi} \sin 2t \, dt = 0$$

$$\int_0^{2\pi} \sin^2 t \, dt = \frac{1}{2} \int_0^{2\pi} 1 - \cos 2t \, dt = \pi$$

$$\int_0^{2\pi} \cos^2 t \, dt = \frac{1}{2} \int_0^{2\pi} 1 + \cos 2t \, dt = \pi$$

2. 信号分解为正交函数集

信号可以表示为正交函数集，即信号可以展开为一组正交函数的线性组合。

设正交函数集 $F = \{f_1(t), f_2(t), \cdots, f_n(t)\}$，信号为 $f(t)$，所谓正交函数集上的分解就是找到一组系数 $a_1, a_2, \cdots, a_n$，使 $\Delta^2 = \left| f(t) - \sum_{i=1}^{n} a_i f_i(t) \right|^2$（均方误差）最小。

Δ^2 的定义为

$$\Delta^2 = \frac{1}{T_2 - T_1} \int_{T_1}^{T_2} \left(f(t) - \sum_{i=1}^{n} a_i f_i(t) \right)^2 dt$$

这样，信号 $f(x)$ 可以表示为

$$f(x) = a_1 f_1(t) + a_2 f_2(t) + \cdots + a_n f_n(t) \tag{2.47}$$

其中，$a_1, a_2, \cdots, a_n$ 是信号在正交函数集上的展开系数。为了求解系数 a_i，可令 $\frac{\partial(\Delta^2)}{\partial(a_i)} = 0$。下面求解系数 a_i。

$$\begin{aligned}
\Delta^2 &= \frac{1}{T_2 - T_1} \int_{T_1}^{T_2} \left(f(t) - \sum_{i=1}^{n} a_i f_i(t) \right)^2 dt \\
&= \frac{1}{T_2 - T_1} \int_{T_1}^{T_2} \left(f^2(t) + \left(\sum_{i=1}^{n} a_i f_i(t) \right)^2 - 2f(t) \sum_{i=1}^{n} a_i f_i(t) \right) dt \\
&= \frac{1}{T_2 - T_1} \int_{T_1}^{T_2} f^2(t) dt + \int_{T_1}^{T_2} \left(\sum_{i=1}^{n} a_i f_i(t) \right)^2 dt - \int_{T_1}^{T_2} 2f(t) \sum_{i=1}^{n} a_i f_i(t) dt \\
&= \frac{1}{T_2 - T_1} \int_{T_1}^{T_2} f^2(t) dt + \int_{T_1}^{T_2} \sum_{i=1}^{n} a_i^2 f_i^2(t) dt - \int_{T_1}^{T_2} 2f(t) \sum_{i=1}^{n} a_i f_i(t) dt
\end{aligned}$$

由

$$\frac{\partial(\Delta^2)}{\partial(a_i)} = \frac{1}{T_2 - T_1} \sum_{i=1}^{n} \int_{T_1}^{T_2} 2 a_i f_i^2(t) dt - \int_{T_1}^{T_2} 2 f(t) f_i(t) dt = 0$$

有

$$\int_{T_1}^{T_2} 2 a_i f_i^2(t) dt = \int_{T_1}^{T_2} 2 f(t) f_i(t) dt$$

因此

$$a_i = \frac{\int_{T_1}^{T_2} f(t) f_i(t) dt}{\int_{T_1}^{T_2} f_i^2(t) dt}$$

这样就可以求解出具体的展开系数。

2.4 连续线性时不变系统

连续线性时不变系统是一类重要的系统模型,它满足线性性质和时不变性质,对系统输入信号的线性组合和时间平移操作产生对应的输出响应。本节介绍连续线性时不变系统的数学描述方法。

2.4.1 连续时间系统的数学描述

连续时间系统主要通过微分方程模型进行描述。建立连续时间系统的微分方程模型的基本过程如下:

(1) 明确系统的输入和输出信号。输入信号由系统接收的外部信号确定,而输出信号是系统对输入信号做出的响应。

(2) 建立系统的微分方程。通过对系统的内部构成和物理性质进行分析,可以得到描述系统动态行为的微分方程。这些微分方程描述了输入信号、输出信号和系统的内部状态之间的关系。

(3) 确定系统的初始条件。系统的初始条件是指在系统开始工作之前各状态变量的初始值。初始条件的确定对于系统的稳定性和响应有重要影响。

(4) 解微分方程。根据建立的微分方程和确定的初始条件,可以求解系统的微分方程以获得系统的时间域解析解。

使用微分方程模型有助于理解连续时间系统的动态行为,包括阶跃响应、脉冲响应、频率响应等。通过分析和求解微分方程,可以获得连续时间系统的重要特性,并应用于系统设计、控制和优化。

下面举一个与连续时间系统的相关例子。

例 2.12 列写图 2.27 所示的电路的微分方程。

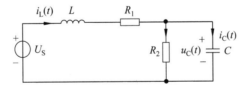

图 2.27 例 2.12 的电路

解:因为

$$i_L = \frac{u_C}{R_2} + C \frac{du_C}{dt}$$

$$U_S = i_L R_1 + u_C + L \frac{di_L}{dt}$$

整理得

$$\frac{du_C}{dt} = \frac{1}{C} i_L - \frac{1}{R_2 C} u_C$$

$$\frac{di_L}{dt} = -\frac{R_1}{L} i_L - \frac{1}{L} u_C + \frac{1}{L} U_S$$

也可以写成

$$\begin{bmatrix} \dot{i}_L \\ \dot{u}_C \end{bmatrix} = \begin{bmatrix} \dfrac{1}{C} & -\dfrac{1}{R_2 C} \\ -\dfrac{R_1}{L} & -\dfrac{1}{L} \end{bmatrix} \begin{bmatrix} i_L \\ u_C \end{bmatrix} + \begin{bmatrix} 0 \\ \dfrac{1}{L} \end{bmatrix} U_S$$

2.4.2 连续线性时不变系统的描述

连续线性时不变系统(linear time-invariant system)是指同时满足线性性质和时不变性质的连续时间系统。满足线性性质意味着系统的输入和输出之间存在线性的关系；满足时不变性质表示系统的性质在时间上是恒定的，系统对输入信号的处理方式不随时间的推移而改变。

更具体地说，连续线性时不变系必须满足以下两个条件：

(1) 线性性质。如果输入信号 $x_1(t)$ 经过系统 $T(t)$ 产生输出信号 $y_1(t)$，输入信号 $x_2(t)$ 经过系统 $T(t)$ 产生输出信号 $y_2(t)$，则对于任意常数 a 和 b，应满足

$$ax_1(t) + bx_2(t) \xrightarrow{T(t)} ay_1(t) + by_2(t) \tag{2.48}$$

该性质表明系统对输入信号的响应是线性组合的。

(2) 时不变性质。如果输入信号 $x(t)$ 经过系统 $T(t)$ 产生输出信号 $y(t)$，那么输入信号 $x(t-t_0)$ 经过系统产生输出信号应满足下面的形式，其中 t_0 是常数。

$$x(t-t_0) \xrightarrow{T(t)} y(t-t_0) \tag{2.49}$$

该性质表示系统对输入信号的处理方式不随时间的推移而改变。

下面看几个判断连续线性时不变系统的例子。

例 2.13 连续时间系统的输入信号 $x(t)$ 与输出信号 $y(t)$ 的关系如下：

$$y(t) = \frac{\mathrm{d}x(t)}{\mathrm{d}t}$$

判断这个系统是否是连续线性时不变系统。

解：假设输入信号为 $x(t) = c_1 x_1(t) + c_2 x_2(t)$，将 $x(t)$ 送入系统可得

$$y(t) = \frac{\mathrm{d}(c_1 x_1(t) + c_2 x_2(t))}{\mathrm{d}t} = c_1 \frac{\mathrm{d}(x_1(t))}{\mathrm{d}t} + c_2 \frac{\mathrm{d}(x_2(t))}{\mathrm{d}t}$$

由于导数运算符是线性的，可以写成

$$y(t) = c_1 y_1(t) + c_2 y_2(t)$$

因此，该系统满足线性性质。

假设输入信号为 $x(t-t_0)$，这里的 t_0 是时间延迟，输出信号为

$$\frac{\mathrm{d}x(t-t_0)}{\mathrm{d}t} = y(t-t_0)$$

可以看到，这个式子只是时间变量发生了平移，所以该系统也满足时不变性质。

综上所述，这个系统是连续线性时不变系统。

例 2.14 已知某连续时间系统的输入信号 $x(t)$ 和输出信号 $y(t)$ 的关系如下：

$$y(t) = 2x(t) - 3$$

根据输入输出关系判断该系统是否为连续线性时不变系统，并给出理由。

解：对于任意的输入信号 $x_1(t)$ 和输入信号 $x_2(t)$，将两个信号进行线性的加权组合，即

$$x(t) = \alpha x_1(t) + \beta x_2(t)$$

将该线性组合 $x(t)$ 输入系统，系统的输出 $y_0(t)$ 为

$$y_0(t) = 2(\alpha x_1(t) + \beta x_2(t)) - 3$$

对于输入信号 $x_1(t)$、$x_2(t)$，其输出信号 $y_1(t)$、$y_2(t)$ 为

$$y_1(t) = 2x_1(t) - 3$$
$$y_2(t) = 2x_2(t) - 3$$

从上面的分析可以发现，$y_1(t) + y_2(t) \neq y_0(t)$，因此该系统不满足线性性质。

假设输入信号为 $x(t-\tau)$，其中 τ 表示时移，根据给定的输入输出关系，对应的输出信号 $y(t)$ 为

$$y(t) = 2x(t-\tau) - 3$$

与原始输出信号 $y(t-\tau)$ 进行比较，可以发现它们的形式完全一样，因此，该系统满足时不变性质。

综上所述，根据给定的输入输出关系，可以判断该系统是连续非线性时不变系统。

例 2.15 已知某系统的输入信号 $x(t)$ 和输出信号 $y(t)$ 的关系如下：

$$y(t) = \sin x(t)$$

判断该系统是否为连续线性时不变系统，并给出理由。

解： 假设有两个输入信号 $x_1(t)$ 和 $x_2(t)$，将它们分别经过该系统，并分别得到输出信号 $y_1(t)$ 和 $y_2(t)$。考虑对输入信号进行加权的线性组合，即 $\alpha x_1(t) + \beta x_2(t)$，按照给定的输入输出关系，该线性组合的输出应该满足

$$\alpha y_1(t) + \beta y_2(t) = \alpha \sin x_1(t) + \beta \sin x_2(t)$$

然而，根据三角恒等式可知 $\sin(\alpha x_1(t) + \beta x_2(t))$ 无法简化为 $\alpha \sin x_1(t) + \beta \sin x_2(t)$，这意味着结果并不满足线性组合定律。因此，该系统不满足线性性质。

假设输入信号为 $x(t-\tau)$，其中 τ 表示时移，根据给定的输入输出关系，对应的输出信号为

$$y(t-\tau) = \sin x(t-\tau)$$

通过观察上面的等式可以发现，当输入信号发生时移时，输出信号的形式未发生变化，因此该系统满足时不变性质。

综上所述，该系统不是线性时不变系统。

若一个系统是连续线性时不变系统，则其微分方程应该只含有带常系数的若干 $x^{(m)}(t)$ 和 $y^{(n)}(t)$ 的线性组合，也就是说，连续线性时不变系统的微分方程模型可以表示为

$$a_n y^{(n)}(t) + a_{n-1} y^{(n-1)}(t) + \cdots + a_1 y'(t) + a_0 y(t)$$
$$= b_m x^{(m)}(t) + b_{m-1} x^{(m-1)}(t) + \cdots + b_1 x'(t) + b_0 x(t) \tag{2.50}$$

其中，$y(t)$ 表示系统的输出信号，$x(t)$ 表示系统的输入信号，a_i 和 b_i 是常系数，$y^{(n-1)}(t)$ 表示 $y(t)$ 的 $n-1$ 阶导数，$x^{(m-1)}(t)$ 表示 $x(t)$ 的 $m-1$ 阶导数。n 和 m 分别表示系统的阶数和输入信号的阶数，这类方程也称为线性常系数微分方程。

线性常系数微分方程是一种简洁而通用的数学模型，通过少量的常系数就能够描述线性时不变系统的输入输出关系，这种模型形式使得线性时不变系统的分析和求解变得更加方便和可行。此外，线性常系数微分方程对于采用频域方法进行分析和解决也提供了便利性。

2.5 连续线性时不变系统的响应

连续线性时不变系统的输出受到输入信号、系统的传递函数、初始状态和外部扰动几方面的影响。

(1) 输入信号的形式、频率、振幅和时域特性会直接影响系统的输出,不同的输入信号可能引起不同的响应。

(2) 系统的微分方程描述了输入输出关系。它的形式和参数确定了系统的特性,包括增益、相位延迟和频率响应等,不同的微分方程会导致不同输出。

(3) 系统的初始状态也会对输出产生影响,不同的初始状态可能导致不同的响应。

(4) 外部扰动是指系统接收的来自环境或其他外部源的未知信号,这些扰动会影响系统的输出,特别是在存在噪声的情况下。

以上是影响连续线性时不变系统输出的一些主要方面。不同的系统具有不同的特性,因此还可能存在其他因素的影响。如果不考虑外部扰动,常见的系统响应包括零状态响应(zero-state response)、零输入响应(zero-input response)和总响应(total response),每种响应都有其特点和用途。

(1) 零状态响应是指系统对输入信号进行响应时不考虑系统的初始条件(初始状态和初始值)而得到的响应。它只根据输入信号的形状和系统的特性计算,一般情况下零状态响应可以通过卷积运算得到。本书使用 $y_{zs}(t)$ 表示零状态响应。

(2) 零输入响应是指系统对输入信号进行响应时不考虑输入信号本身的影响,只考虑系统的初始条件对响应的影响而得到的响应,即零输入响应是系统在没有输入信号作用下由初始条件引起的响应。零输入响应可以通过系统自身进行计算。本书使用 $y_{zi}(t)$ 表示零输入响应。

全响应是系统对输入信号的完整响应,即系统对输入信号进行响应时同时考虑输入信号和系统的初始条件对响应的影响而得到的响应。总响应可以通过将零状态响应和零输入响应相加得到,即全响应 $y(t)$ 为

$$y(t) = y_{zi}(t) + y_{zs}(t) \tag{2.51}$$

2.5.1 连续线性时不变系统的零输入响应

连续线性时不变系统的零输入响应是分析系统全响应的重要组成部分,它能够揭示系统的固有特性和初始状态对系统行为的影响。

当系统处于零输入状态,即没有外部输入信号作用于系统时,系统的响应仅由初始条件决定,这意味着不同的系统初始条件将导致不同的零输入响应。要使用经典时域方法求解连续线性时不变系统的零输入响应,可以按照以下步骤进行:

(1) 根据系统的微分方程模型,确定系统的阶数 n 和输入信号的阶数 m。

(2) 根据系统的初始条件,确定系统的初始状态,包括 $y(0^-), y'(0^-), \cdots, y^{(n-1)}(0^-)$。

(3) 将输入信号 $x(t)$ 置为 0,也就是假设没有外部输入信号作用于系统,即满足下面的式子:

$$a_n y^{(n)}(t) + a_{n-1} y^{(n-1)}(t) + \cdots + a_1 y'(t) + a_0 y(t) = 0$$

(4) 根据上式列写特征方程:

$$a_n s^{(n)} + a_{n-1} s^{(n-1)} + \cdots + a_1 s + a_0 = 0$$

(5) 求解特征方程的特征根并根据特征根的情况设出特解。特征方程的特征根的情况如下:

① 特征根是不等实根 $s_1, s_2, \cdots, s_n$。此时有

$$y_h(t) = K_1 e^{s_1 t} + K_2 e^{s_2 t} + \cdots + K_n e^{s_n t}$$

② 特征根是等实根 $s_1 = s_2 = \cdots = s_n = s$。此时有
$$y_h(t) = K_1 e^{st} + K_2 t e^{st} + \cdots + K_n t^{n-1} e^{st}$$
③ 特征根是成对共轭复根 $s_i = \sigma_i \pm j\omega_i (i = n/2)$。此时有
$$y_h(t) = e^{\sigma_1 t}(K_1 \cos \omega_1 t + K_2 \sin \omega_1 t) + \cdots + e^{\sigma_i t}(K_{n-1} \cos \omega_i t + K_n \sin \omega_i t)$$
(6) 根据初始条件 $y(0^-), y'(0^-), y''(0^-), \cdots$ 确定特征方程中的未知常数，求出特解。

例 2.16 考虑一个连续时间系统，其输入信号 $x(t)$ 满足以下线性常系数微分方程：
$$2y''(t) + 5y'(t) + 2y(t) = x(t)$$
已知系统的初始条件为 $y(0) = 1$ 和 $y'(0) = 2$，求零输入响应 $y_{zi}(t)$。

解：要求零输入响应 $y_{zi}(t)$，需要令输入信号 $x(t)$ 为 0。
根据线性常系数微分方程列出特征方程：
$$2s^2 + 5s + 2 = 0$$
解这个特征方程，可以得到两个根 $s_1 = -0.5$ 和 $s_2 = -2$。因此，对应于零输入的解的形式为
$$y(t) = c_1 e^{-0.5t} + c_2 e^{-2t}$$
应用初始条件 $y(0) = 1$ 和 $y'(0) = 2$，可以得到两个方程：
$$y(0) = 1 = c_1 + c_2$$
$$y'(0) = 2 = -0.5c_1 - 2c_2$$
解这个方程组，可以得到 $c_1 = \frac{8}{3}$ 和 $c_2 = -\frac{5}{3}$。因此，零输入响应 $y_{zi}(t)$ 的表达式为
$$y_{zi}(t) = 2e^{-0.5t} - e^{-t}$$

例 2.17 考虑一个连续时间系统，其输入信号 $x(t)$ 满足以下线性常系数微分方程：
$$y''(t) + 4y'(t) + 4y(t) = x(t)$$
其中，$y(t)$ 是系统的输出信号，$x(t)$ 是系统的输入信号。已知系统的初始条件为 $y(0) = 2$ 和 $y'(0) = 3$，求零输入响应 $y_{zi}(t)$。

解：要求零输入响应 $y_{zi}(t)$，需要令输入信号 $x(t)$ 为 0。
求解题目中的线性常系数微分方程的特征方程：
$$s^2 + 4s + 4 = 0$$
可以得到两个相等的实根，即 $s = s_1 = s_2 = -2$。因此，对应零输入的解的形式为
$$y(t) = c_1 e^{st} + c_2 t e^{st} = c_1 e^{-2t} + c_2 t e^{-2t}$$
应用初始条件 $y(0) = 2$ 和 $y'(0) = 3$。
代入 $y(0) = 2$ 得
$$(c_1 + c_2 \times 0) e^{-2t} = 2$$
因此，$c_1 = 2$。
代入 $y'(0) = 3$ 得
$$-2c_1 + c_2 \times 1 \times e^{-2 \times 0} + c_2 \times 0 \times (-2) \times e^{-2 \times 0} = 3$$
即 $c_2 = 7$。
最终，代入 c_1 和 c_2 的值，得到 $y_{zi}(t)$ 的解析表达式：
$$y_{zi}(t) = (2 + 7t) e^{-2t}$$

2.5.2 连续线性时不变系统的零状态响应

零状态响应通常用来描述系统对于新的输入信号的响应，而不考虑系统此前的状况，从而

实现重复使用同一系统处理不同的输入信号。

计算零状态响应的方法取决于系统的类型和数学描述。对于连续线性时不变系统,可以使用系统的冲激响应和输入信号进行卷积以计算零状态响应。具体来说,假设系统的冲激响应为 $h(t)$,输入信号为 $x(t)$,则零状态响应 $y_{zs}(t)$ 可以计算为它们的卷积,即

$$y_{zs}(t) = x(t) * h(t) \tag{2.52}$$

下面证明式(2.52)成立,对于任意输入信号 $x(t)$ 都可以按照下面的形式进行拆分:

$$x(t) = \int_{-\infty}^{+\infty} [x(\tau)\delta(t-\tau)] d\tau = \lim_{\Delta \to 0} \sum_{k=-\infty}^{+\infty} x(k\Delta)\delta(t-k\Delta)\Delta$$

上式表明,任意连续时域信号 $x(t)$ 都可以通过将它拆分成冲激信号的叠加形式表示,这个叠加可以通过对信号进行插值和加权求和的方式实现,近似地逼近原始信号。当输入信号为单位冲激函数时,系统的输出称为单位冲激响应,通常用 $h(t)$ 表示单位冲激响应,即

$$T\{\delta(t)\} = h(t)$$

根据线性特性和非时变特性的均匀性可知

$$T\{\delta(t-k\Delta)\} = h(t-k\Delta)$$

$$T\left\{\sum_{k=-\infty}^{+\infty} x(k\Delta)\delta(t-k\Delta)\Delta\right\} = \sum_{k=-\infty}^{+\infty} x(k\Delta)\Delta h(t-k\Delta)$$

当 $\Delta \to 0$ 时,上式可变为

$$y(t) = T\left\{\int_{-\infty}^{+\infty} [x(\tau)\delta(t-\tau)] d\tau\right\} = \int_{-\infty}^{+\infty} [x(\tau)h(t-\tau)] d\tau$$

通过上式便可知道

$$y_{zs}(t) = x(t) * h(t)$$

例 2.18 已知系统的单位冲激响应 $h(t) = e^{-t}u(t)$ 和输入信号 $x(t) = u(t)$,其中 $u(t)$ 是单位阶跃函数,求解这个系统的零状态响应 $y_{zs}(t)$。

解:零状态响应 $y_{zs}(t)$ 可以通过输入信号 $x(t)$ 和单位冲激响应 $h(t)$ 的卷积计算,即

$$y_{zs}(t) = x(t) * h(t) = \int_{-\infty}^{+\infty} x(\tau)h(t-\tau) d\tau$$

$$= \int_{-\infty}^{+\infty} u(\tau)e^{-(t-\tau)} d\tau = \int_{0}^{t} e^{-(t-\tau)} d\tau$$

求解上式可得

$$y_{zs}(t) = \int_{0}^{t} e^{-(t-\tau)} d\tau$$

$$= \int_{0}^{t} e^{-(t-\tau)} d(-(t-\tau)) = e^{-(t-\tau)} \Big|_{0}^{t} = (1-e^{-t})u(t)$$

这样,就求出了给定系统的零状态响应 $y_{zs}(t)$。

例 2.19 已知系统的冲激响应 $h(t) = e^{-2t}u(t)$,若激励信号为 $x(t) = e^{-t}(u(t)-u(t-2)) + \beta\delta(t-2)$,式中 β 为常数,求系统的零状态响应 $y_{zs}(t)$。

解:依题意可得

$$y_{zs}(t) = h(t) * x(t) = e^{-2t}u(t) * (e^{-t}(u(t)-u(t-2)) + \beta\delta(t-2))$$

$$= e^{-2t}u(t) * e^{-t}(u(t)-u(t-2)) + e^{-2t}u(t) * \beta u(t-2)$$

$$= e^{-2t}u(t) * e^{-t}u(t) - e^{-2t}u(t) * e^{-t}u(t-2) + e^{-2t}u(t) * \beta u(t-2)$$

先计算

$$e^{-2t}u(t) * e^{-t}u(t) = \int_0^t e^{-2\tau} e^{-(t-\tau)} d\tau = (e^{-t} - e^{-2t})u(t)$$

由卷积积分的性质，可得

$$e^{-2t}u(t) * e^{-t}u(t-2) = e^{-2t}u(t) * (e^{-2} e^{-(t-2)} u(t-2))$$
$$= e^{-2}(e^{-(t-2)} - e^{-2(t-2)})u(t-2)$$
$$= (e^{-t} - e^{-2t+2})u(t-2)$$

故有

$$y_{zs}(t) = (e^{-t} - e^{-2t})u(t) + (e^{-t} - e^{-2t+2})u(t-2) + \beta e^{-2(t-2)}u(t-2)$$
$$= (e^{-t} - e^{-2t})u(t) + (e^{-t} - e^{-2t+2} + \beta e^{-2t+4})u(t-2)$$

也可以写为

$$y_{zs}(t) = \begin{cases} e^{-t} - e^{-2t}, & 0 < t < 2 \\ e^{-2t}(\beta e^4 + e^2 - 1), & t > 2 \end{cases}$$

通过上面两例可以发现，使用输入信号 $x(t)$ 和冲激响应 $h(t)$ 进行卷积运算便可以得到零状态响应 $y_{zs}(t)$。

2.5.3 连续线性时不变系统的单位冲激响应

不难发现，单位冲激响应 $h(t)$ 反映了系统本身。下面考虑如何通过系统的输入 $x(t)$ 和输出 $y(t)$ 求解系统的模型 $h(t)$。由卷积性质可知，任何信号 $f(t)$ 与单位冲激信号进行卷积后还会得到原始的信号：

$$f(t) = f(t) * \delta(t) \tag{2.53}$$

单位冲激响应是指在连续时间系统中，不考虑初始状态条件下，当输入信号为单位冲激信号 $\delta(t)$ 时，系统对该输入信号的响应，用 $h(t)$ 表示。线性时不变系统的微分方程可以表示为

$$a_n y^{(n)}(t) + a_{n-1} y^{(n-1)}(t) + \cdots + a_1 y'(t) + a_0 y(t)$$
$$= b_m \delta^{(m)}(t) + b_{m-1} \delta^{(m-1)}(t) + \cdots + b_1 \delta'(t) + b_0 \delta(t) \tag{2.54}$$

要求解上述方程可以使用冲激平衡法确定 $h(t)$，其具体原理如下：假设有一个连续线性时不变系统，并假设单位冲激输入信号 $x(t)$ 为 $\delta(t)$，其响应 $y(t)$ 的最高求导阶数为 n，其激励的最高求导阶数为 m，这样就会得到式(2.54)的形式。如果微分方程的特征根是不等实根，且当 $n > m$ 时，$h(t)$ 可以表示为式(2.55)的形式：

$$h(t) = \left(\sum_{i=1}^n K_i e^{s_i t}\right) u(t) \tag{2.55}$$

式(2.55)中的 s_i 为微分方程的特征根，K_i 为待定系数，求解 $h(t)$ 就是求解待定系数 K_i。将式(2.55)代入式(2.54)后，为保持系统对应的微分方程恒等，方程两边的冲激信号及其高阶导数必相等。根据上述原理便可以求得 $h(t)$。

例 2.20 考虑一个连续线性时不变系统，其输入信号 $x(t)$ 和输出信号 $y(t)$ 之间的关系可以用微分方程表示为

$$y'(t) + 2y(t) = 3x(t)$$

利用冲激平衡法求该系统的单位冲激响应 $h(t)$。

解：由题意可知 $n=1, m=0$，即满足 $n > m$。根据特征方程 $s+2=0$ 可得 $s=-2$，因此单位冲激响应 $h(t)$ 可描述为

$$h(t) = K e^{-2t} u(t)$$

另 $x(t)=\delta(t)$,可得
$$y'(t)+2y(t)=3\delta(t)$$
将 $h(t)$ 代入上式可得
$$(Ke^{-2t}u(t))'+2Ke^{-2t}u(t)=3\delta(t)$$
根据 $(f(x)\times g(x))'=f'(x)\times g(x)+f(x)\times g'(x)$ 可得
$$(-2Ke^{-2t}u(t))+Ke^{-2t}\delta(t)+2Ke^{-2t}u(t)=3\delta(t)$$
根据单位冲激响应可得
$$Ke^{-2t}\delta(t)=3\delta(t)$$
根据 $\delta(t)$ 的特点,上式可变为
$$K=3$$
即
$$h(t)=3e^{-2t}u(t)$$

当 $n\leqslant m$ 时,$h(t)$ 中还应该包含 $\delta(t),\delta'(t),\cdots,\delta'^{(m-n)}(t)$。

例 2.21 已知线性时不变系统所对应的微分方程为
$$y(t)'+2y(t)=-3x(t)'+4x(t)$$
利用冲击平衡法求该系统的单位冲击响应 $h(t)$。

解：由题意可知 $n=m=1$,即满足 $n=m$。根据特征方程 $s+2=0$ 可得 $s=-2$,因此单位冲激响应 $h(t)$ 可描述为
$$h(t)=Ae^{-2t}u(t)+B\delta(t)$$
另 $x(t)=\delta(t)$,可得
$$y'(t)+2y(t)=-3\delta(t)'+4\delta(t)$$
将 $h(t)$ 代入上式可得
$$(Ae^{-2t}u(t)+B\delta(t))'+2Ae^{-2t}u(t)+2B\delta(t)=-3\delta(t)'+4\delta(t)$$
化简可得
$$(-2Ae^{-2t}u(t))+Ae^{-2t}\delta(t)+B\delta(t)'+2Ae^{-2t}u(t)+2B\delta(t)=-3\delta(t)'+4\delta(t)$$
根据冲激平衡法可得
$$\begin{cases} A+2B=4 \\ B=-3 \end{cases}$$
即
$$A=10, \quad B=-3$$
因此
$$h(t)=10e^{-2t}u(t)-3\delta(t)$$

上面两个例子展示了通过线性常系数微分方程求单位冲激响应的方法。$h(t)$ 的解与特征方程根的形式和 n、m 的关系有关,$h(t)$ 的解由 $u(t)$ 和 $\delta(t)$ 两项构成,$u(t)$ 项根据特征方程根的情况设定,而 $\delta(t)$ 项的形式根据 n、m 的关系设定。

例 2.22 有一个系统满足：当激励为 $f_1(t)=u(t)$ 时,全响应为 $y_1(t)=2e^{-t}u(t)$；当激励为 $f_2(t)=\delta(t)$ 时,全响应为 $y_2(t)=\delta(t)$。

(1) 求该系统的零输入响应 $y_{zi}(t)$。

(2) 设系统的初始状态保持不变,求其对于激励为 $f_3(t)=e^{-t}u(t)$ 的全响应 $y_3(t)$。

解：(1) 设当激励为 $f_1(t)=u(t)$ 时系统的零输入响应为 $y_{zi}(t)$,零状态响应为 $y_{zs}(t)$,则系统全响应为
$$y_1(t)=y_{zi}(t)+y_{zs}(t)=2e^{-t}u(t)$$
系统的初始状态保持不变,根据连续线性时不变系统的性质,当激励为 $f_2(t)=\delta(t)$ 时,

由于 $u(t)=\delta(t)$，根据卷积的微分特性，其零状态响应可表示为 $y'_{zs}(t)$，则全响应为

$$y_2(t) = y_{zi}(t) + y'_{zs}(t) = \delta(t)$$

联立上面两式，可得

$$y'_{zs}(t) - y_{zs}(t) = \delta(t) - 2e^{-t}u(t)$$

用经典法解上面的方程，可得

$$y_{zs}(t) = e^{-t}u(t)$$

从而，系统的零输入响应为

$$y_{zi}(t) = y_1(t) - y_{zs}(t) = 2e^{-t}u(t) - e^{-t}u(t) = e^{-t}u(t)$$

（2）由（1）不难看出，系统的单位冲激响应

$$h(t) = y'_{zs}(t) = \delta(t) - e^{-t}u(t)$$

根据卷积积分法，当激励为 $f_3(t) = e^{-t}u(t)$ 时，零状态响应为

$$y_{f_3}(t) = f_3(t) * h(t) = e^{-t}u(t) * (\delta(t) - e^{-t}u(t))$$
$$= e^{-t}u(t) - te^{-t}u(t) = (1-t)e^{-t}u(t)$$

又由于系统的初始状态保持不变，所以系统的零输入响应仍为

$$y_{zi}(t) = e^{-t}u(t)$$

故系统的全响应为

$$y_3(t) = y_{zi}(t) + y_{f_3}(t) = e^{-t}u(t) + (1-t)e^{-t}u(t) = (2-t)e^{-t}u(t)$$

2.6 单位冲激响应表示的系统特性

一个系统往往由多个子系统构成，每个子系统负责特定的功能或任务，例如滤波器、放大器、传感器等。每个子系统可以表示为输入和输出之间的关系，即系统的响应，将这些子系统有效连接起来，可以构建一个复杂系统。连接子系统可以采用级联连接、并联连接、反馈连接等方式，这些连接方式可以通过信号的输入和输出进行卷积、乘法、加法等运算实现。

2.6.1 级联系统的冲激响应

假设有一个连续时域级联系统，由 n 个子系统级联而成，每个子系统都是一个线性时不变系统，它们的冲激响应分别为 $h_1(t), h_2(t), \cdots, h_n(t)$，级联系统的冲激响应可以通过每个子系统的冲激响应函数的卷积计算。

具体地，级联系统的冲激响应可以表示为

$$h(t) = h_1(t) * h_2(t) * \cdots * h_n(t) \tag{2.56}$$

下面以两个连续线性时不变系统的级联为例进行说明。两个子系统的冲激响应分别用 $h_1(t)$ 和 $h_2(t)$ 表示，系统的输入用 $x(t)$ 表示，则连续时间信号 $x(t)$ 通过第一个子系统的输出为

$$z(t) = x(t) * h_1(t)$$

将第一个子系统的输出作为第二个子系统的输入，则可求出两个级联系统的输出，如图2.28所示。

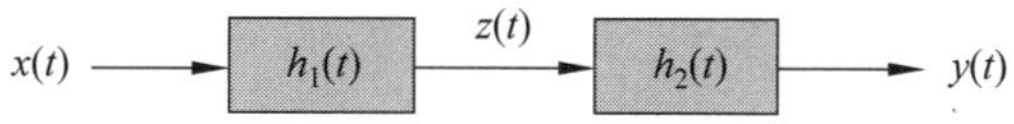

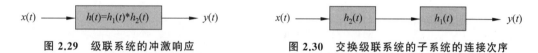

图 2.28 级联系统

$$y(t) = z(t) * h_2(t) = x(t) * h_1(t) * h_2(t)$$

根据卷积的结合律,有

$$y(t) = x(t) * h_1(t) * h_2(t) = x(t) * (h_1(t) * h_2(t))$$

即两个系统级联后的系统表达式为

$$h(t) = h_1(t) * h_2(t) \tag{2.57}$$

通过以上的分析可以知道,级联系统具有以下两个特点:

(1) 级联系统的冲激响应等于两个子系统冲激响应的卷积,如图 2.29 所示。

(2) 交换级联系统的两个子系统的连接次序不影响级联系统总的冲激响应,如图 2.30 所示。

图 2.29 级联系统的冲激响应　　　图 2.30 交换级联系统的子系统的连接次序

2.6.2 并联系统的冲激响应

假设有一个连续时域并联系统,由 n 个子系统并联而成。每个子系统都是一个线性时不变系统,它们的冲激响应分别为 $h_1(t), h_2(t), \cdots, h_n(t)$。并联系统的冲激响应可以通过每个子系统的冲激响应函数的加权和计算。

具体地,级联系统的冲激响应可以表示为

$$h(t) = c_1 h_1(t) + c_2 h_2(t) + \cdots + c_n h_n(t) \tag{2.58}$$

其中,$c_1, c_2, \cdots, c_n$ 是对应的权重系数。

下面以两个连续线性时不变系统的级联为例进行说明。两个子系统的冲激响应分别用 $h_1(t)$ 和 $h_2(t)$ 表示,系统的输入用 $x(t)$ 表示,则连续时间信号 $x(t)$ 通过两个子系统的输出分别为

$$y_1(t) = x(t) * h_1(t), \quad y_2(t) = x(t) * h_2(t)$$

并联系统的输出 $y(t)$ 为两个子系统的输出之和

$$y(t) = y_1(t) + y_2(t) = x(t) * h_1(t) + x(t) * h_2(t) = x(t) * [h_1(t) + h_2(t)]$$

并联系统如图 2.31 所示。

通过上述分析可知,并联系统的冲激响应等于两个子系统冲激响应之和,如图 2.32 所示。

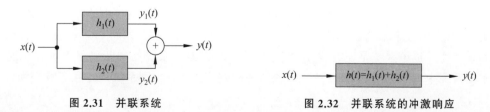

图 2.31 并联系统　　　图 2.32 并联系统的冲激响应

例 2.23 图 2.33 所示的系统是由几个子系统组成的,各子系统(积分器、单位延时器、倒相器)的冲激响应分别为:$h_1(t) = u(t), h_2(t) = \delta(t-1), h_3(t) = -\delta(t)$。求整个系统的冲

激响应 $h(t)$。

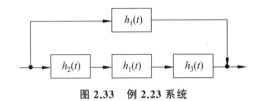

图 2.33　例 2.23 系统

根据串联和并联系统的特点,不难得到整个系统的冲激响应为

$$h(t)=h_1(t)+h_2(t)*h_1(t)*h_3(t)=u(t)+\delta(t-1)*u(t)*(-\delta(t))$$
$$=u(t)-u(t-1)$$

例 2.24　已知输入 $x(t)$ 如图 2.34(a)所示,系统如图 2.34(b)所示,其中 $h(t)=e^{-(t-2)}u(t-2)$,确定系统的输出 $y(t)$。

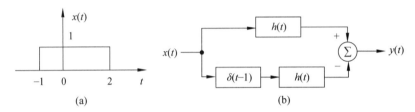

图 2.34　例 2.24 的输入和系统

解:由图 2.35 可知系统的冲激响应为

$$h_1(t)=h(t)+h(t)*\delta(t-1)=h(t)+h(t-1)$$
$$=e^{-(t-2)}u(t-2)+e^{-(t-3)}u(t-3)$$

零状态响应为

$$y_{zs}(t)=h_1(t)*x(t)=\int_{-\infty}^{t}h_1(\lambda)\mathrm{d}\lambda*x'(t)$$
$$=\int_{-\infty}^{t}h_1(\lambda)\mathrm{d}\lambda*(\delta(t+1)-\delta(t-2))$$
$$=\left[\int_{2}^{t}e^{-(\lambda-2)}\mathrm{d}\lambda+\int_{3}^{t}e^{-(\lambda-3)}\mathrm{d}\lambda\right]*[\delta(t+1)-\delta(t-2)]$$
$$=(1-e^{-(t-1)})u(t-1)+(1-e^{-(t-2)})u(t-2)-(1-e^{-(t-4)})u(t-4)-$$
$$(1-e^{-(t-5)})u(t-5)$$

2.6.3　连续因果系统的冲激响应

连续因果系统是指输出信号仅取决于当前和过去的输入信号,与未来的输入信号无关的系统。换句话说,对于一个连续因果系统,系统的输出值在某一时刻仅由该时刻及之前的输入信号决定,而不依赖未来的输入信号。

如果已经知道该系统是连续线性时不变系统,那么因果系统的判断就很简单。在连续线性时不变系统中,系统的输入为 $x(t)$,系统的冲激响应为 $h(t)$,则系统的零状态响应为

$$y_{zs}(t)=x(t)*h(t)=\int_{-\infty}^{+\infty}x(\tau)h(t-\tau)\mathrm{d}\tau$$

通过上式可知,$y_{zs}(t)$ 的起点应是信号 $x(t)$ 的起点与 $h(t)$ 的起点之和,因此,可以通过观察单位冲激响应 $h(t)$ 是否在 $t<0$ 时刻为 0 来判断连续线性时不变系统的因果性。如果单位

冲激响应 $h(t)$ 在 $t<0$ 时刻为 0，则系统为因果系统；反之，则系统不是因果系统。

例 2.25 给定一个连续线性时不变系统，其单位冲激响应为 $h(t)=2\mathrm{e}^{-3t}(t\geqslant 0)$，判断该系统是否为因果系统。

解：使用经典时域法判断连续线性时不变系统的因果性时，需要观察单位脉冲响应 $h(t)$ 在时间轴上的支撑范围。如果单位脉冲响应 $h(t)$ 对于 $t<0$ 没有响应（即 $h(t)=0$），那么该系统被认为是因果系统。

如图 2.35 所示，对于给定的单位脉冲响应 $h(t)=2\mathrm{e}^{-3t}$，可以看到 $h(t)$ 在 $t<0$ 时为 0，因此，该连续线性时不变系统可以被认为是因果系统。

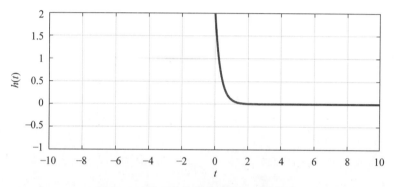

图 2.35 例 2.25 的系统的单位脉冲响应

例 2.26 下列系统中 $x(t)$ 和 $y_{zs}(t)(t>0)$ 分别表示激励和零状态响应，判断系统的因果性。

(1) $y_{zs}(t)=7x(t)+3$。

(2) $y_{zs}(t)=\int_{-\infty}^{t}x(t)\mathrm{d}x$。

(3) $y_{zs}(t)=x(t+3)$。

解：(1) 和 (2) 均是因果系统，这是因为任一时刻的零状态响应均与该时刻以后的输入无关。

(3) 零状态出现于激励之前，因而该系统不是因果系统。

2.6.4 连续稳定系统冲激响应

连续线性时不变系统的稳定性是指系统在面对有界输入时产生有界输出的性质。稳定系统能够限制输入信号的影响，确保系统输出不会无限增大或无限趋于无穷大。

稳定系统用数学形式可以表示为：如果对于任意有界输入信号 $x(t)$，系统的输出信号 $y(t)$ 也存在一个有界范围，即存在正数 M，使得对于所有 t，$|y(t)|\leqslant M$ 成立，则系统被视为有界输入有界输出 (Bounded-Input Bounded-Output, BIBO) 稳定的。

连续线性时不变系统是稳定系统的充分必要条件是系统的单位冲激响应 $h(t)$ 的绝对积分是有界的，即

$$\int_{-\infty}^{+\infty}|h(t)|\mathrm{d}t=S<\infty \tag{2.59}$$

证明：先证充分性。对任意有界输入 $x(t)$，系统的零状态响应为

$$y(t)=\int_{-\infty}^{+\infty}h(\tau)x(t-\tau)\mathrm{d}\tau$$

$$|y(t)| \leqslant \int_{-\infty}^{+\infty} |h(\tau)| |x(t-\tau)| d\tau$$

有界输入则 $|x(t)| \leqslant M_e$，代入上式得

$$|y(t)| \leqslant M_e \int_{-\infty}^{+\infty} |h(\tau)| d\tau$$

如果满足 $\int_{-\infty}^{+\infty} |h(t)| dt \leqslant M$，则 $|y(t)| \leqslant M_e M$，充分性得证。

再证必要性。如果 $\int_{-\infty}^{+\infty} |h(t)| dt$ 无界，则至少有一个有界的 $x(t)$ 产生无界的 $y(t)$。选择如下信号：

$$x(-t) = \operatorname{sgn}[h(t)] = \begin{cases} -1, & h(t) < 0 \\ 0, & h(t) = 0 \\ 1, & h(t) > 0 \end{cases}$$

这表明 $x(-t)h(t) = |h(t)|$，则响应

$$y(t) = \int_{-\infty}^{+\infty} h(\tau) x(t-\tau) d\tau$$

令 $t = 0$，

$$y(0) = \int_{-\infty}^{+\infty} h(\tau) x(-\tau) d\tau = \int_{-\infty}^{+\infty} |h(\tau)| d\tau$$

此式表明，若 $\int_{-\infty}^{+\infty} |h(t)| dt$ 无界，则 $x(0)$ 也无界，必要性得证。

例 2.27 给定一个连续时间系统，其单位脉冲响应为 $h(t) = 3e^{-0.5t}$，判断该系统是否为稳定系统。

解：使用经典时域法判断连续线性时不变系统的稳定性时，需要观察单位脉冲响应 $h(t)$ 的性质。如果单位脉冲响应 $h(t)$ 是绝对可积的（即 $|h(t)|$ 有界），那么该系统被认为是稳定系统。

对于给定的单位脉冲响应 $h(t) = 3e^{-0.5t}$，稳定性的判别方法可以表示为

$$\int_{-\infty}^{+\infty} |h(t)| dt = \int_{-\infty}^{+\infty} |3e^{-0.5t}| dt = \int_{0}^{+\infty} 3e^{-0.5t} dt$$

$$= -\frac{3}{2} e^{-0.5t} \Big|_{0}^{\infty} = -\frac{3}{2}(0-1) = \frac{3}{2} < \infty$$

因此，单位脉冲响应 $h(t)$ 是绝对可积的，该系统被认为是稳定系统。

2.7 连续时间信号与系统的 MATLAB 仿真

2.7.1 连续时间信号的 MATLAB 表示

本节介绍一些常用连续信号的 MATLAB 仿真方法，包括直流信号、单位阶跃信号、正弦信号、脉冲信号和指数信号。下面是用 MATLAB 代码描述这些连续信号的示例。

1. 直流信号

直流信号的 MATLAB 仿真代码如下：

```
t = -1:0.01:1;           %时间范围为[-1, 1]
A = 2;                   %常数信号的幅值
```

```
x = A * ones(size(t));          %常数信号
plot(t, x);xlabel('时间');ylabel('幅值');title('直流信号');
```

仿真结果如图 2.36 所示。

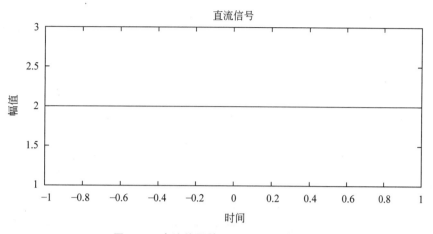

图 2.36　直流信号的 MATLAB 仿真结果

2. 单位阶跃信号

单位阶跃信号的 MATLAB 仿真代码如下：

```
t = -1:0.01:1;          %时间范围为[-1, 1]
x = heaviside(t);       %单位阶跃信号
plot(t, x);
xlabel('时间');
ylabel('幅值');
axis([-1 1 -1 2]);
title('单位阶跃信号');
```

仿真结果如图 2.37 所示。

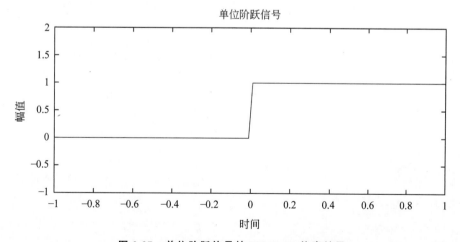

图 2.37　单位阶跃信号的 MATLAB 仿真结果

3. 正弦信号

正弦信号的 MATLAB 仿真代码如下：

```
t = 0:0.01:2*pi;                    %时间范围为一个 2π 周期
A = 1;                              %正弦信号的幅值
f = 1;                              %正弦信号的频率
phi = pi/4;                         %正弦信号的相位
x = A*sin(2*pi*f*t + phi);          %正弦信号
plot(t, x);
xlabel('时间');
ylabel('幅值');
title('正弦信号');
```

在上面的代码中,通过调整时间范围、幅值、频率和相位等参数,生成了一个正弦信号。其中,时间范围取了一个周期($[0,2\pi]$),幅值为 1,频率为 1,相位为 $\pi/4$。

以上代码可以在 MATLAB 中运行并绘制出正弦信号的图形。可以根据需要调整幅值、频率和相位等参数,生成不同形式的正弦信号。

仿真结果如图 2.38 所示。

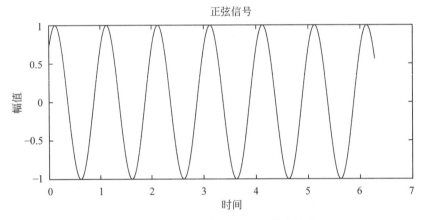

图 2.38 正弦信号的 MATLAB 仿真结果

4. 脉冲信号

脉冲信号的 MATLAB 仿真代码如下:

```
T = 1;                                          %方波信号的周期
A = 2;                                          %方波信号的幅值
duty_cycle = 0.5;                               %方波信号的占空比
t = 0:0.01:2*T;                                 %时间范围为两个周期
x = A*square(2*pi*(1/T)*t, duty_cycle*100);     %方波信号,使用 square 函数生成
plot(t, x);
xlabel('时间');
ylabel('幅值');
title('方波信号');
```

在上面的代码中,使用了 MATLAB 的 square 函数生成方波信号。square 函数的第一个参数为角频率,计算方式为 $2\pi(1/T)t$,其中 T 是方波信号的周期,t 是时间变量;第二个参数为占空比,也可以理解为方波信号在一个周期内高电平的时间比例。

以上代码可以在 MATLAB 中运行并绘制出方波信号的图形。可以根据需要调整周期、幅值和占空比等参数。

仿真结果如图 2.39 所示。

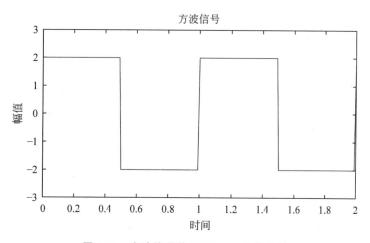

图 2.39 方波信号的 MATLAB 仿真结果

5. 指数信号

指数信号的 MATLAB 仿真代码如下：

```
t = 0:0.01:2;              %时间范围为[0,2]
A = 2;                     %指数信号的幅值
alpha = -0.5;              %指数信号的衰减系数
x = A * exp(alpha * t);    %指数信号
plot(t, x);
xlabel('时间');
ylabel('幅值');
title('指数信号');
```

在上面的代码中，通过调整时间范围、幅值和衰减系数，生成了一个指数信号。其中，时间范围为[0,2]，幅值为 2，衰减系数为 -0.5。

仿真结果如图 2.40 所示。

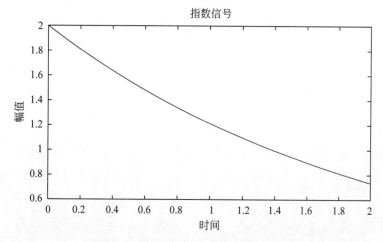

图 2.40 指数信号的 MATLAB 仿真结果

2.7.2 连续时间信号基本运算的 MATLAB 仿真

在 MATLAB 中,可以使用符号和函数描述连续时间信号加法、乘法、微分、积分、卷积。

1. 信号加法

假设有两个连续时间信号 $x_1(t)$ 和 $x_2(t)$,可以使用符号和函数表示它们,并进行加法运算。信号加法的 MATLAB 仿真代码如下:

```
syms t;
x1 = cos(t);                        %第一个信号 x1(t) = cos(t)
x2 = sin(t);                        %第二个信号 x2(t) = sin(t)
x_sum = x1 + x2;                    %信号相加
%绘制信号和加法结果
fplot(x1, [0, 2 * pi]);             %绘制 x1(t)
hold on;
fplot(x2, [0, 2 * pi]);             %绘制 x2(t)
fplot(x_sum, [0, 2 * pi]);          %绘制加法结果 x_sum(t)
title('信号加法示意图');
legend('x1(t)', 'x2(t)', 'x1(t) + x2(t)');
hold off;
```

仿真结果如图 2.41 所示。

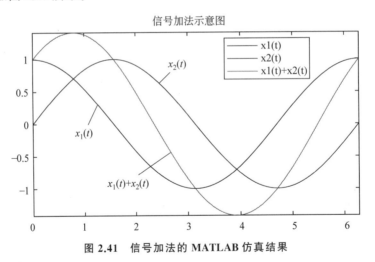

图 2.41 信号加法的 MATLAB 仿真结果

2. 信号乘法

同样,假设有两个连续时间信号 $x_1(t)$ 和 $x_2(t)$,可以使用符号和函数表示它们,并进行乘法运算。信号乘法的 MATLAB 仿真代码如下:

```
syms t;
x1 = exp(-t);                       %第一个信号 x1(t) = exp(-t)
x2 = cos(t);                        %第二个信号 x2(t) = cos(t)
x_mult = x1 * x2;                   %信号相乘
%绘制信号和乘法结果
fplot(x1, [0, 25]);                 %绘制 x1(t)
hold on;
```

```
fplot(x2, [0, 25]);              %绘制 x2(t)
fplot(x_mult, [0, 25]);          %绘制乘法结果 x_mult(t)
title('信号乘法示意图');
legend('x1(t)', 'x2(t)', 'x1(t) * x2(t)');
hold off;
```

仿真结果如图 2.42 所示。

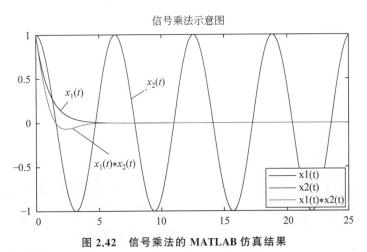

图 2.42　信号乘法的 MATLAB 仿真结果

3. 信号微分和积分

假设有一个连续信号 $x(t)$，需要对其进行微分和积分操作。

```
syms t;
x = sin(t);                      %定义信号 x(t) = exp(-t)
dx_dt = diff(x, t);              %对信号 x(t)进行微分操作
int_x = int(x, t);               %对信号 x(t)进行积分操作
%绘制原始信号、微分结果和积分结果
fplot(x, [0, 25]);               %绘制 x(t)
hold on;
fplot(dx_dt, [0, 25]);           %绘制微分结果 dx/dt
hold on;
fplot(int_x, [0, 25]);           %绘制积分结果 Int[x(t) * dt]
hold on
title('信号微分和积分');
legend('x(t)', 'dx/dt', 'Int[x(t) * dt]');
hold off;
```

仿真结果如图 2.43 所示。

4. 信号卷积

在 MATLAB 中，可以使用 conv 函数描述连续时间信号的卷积运算。

假设有两个连续信号 $x(t)$ 和 $h(t)$，需要对它们进行卷积运算。MATLAB 仿真代码如下：

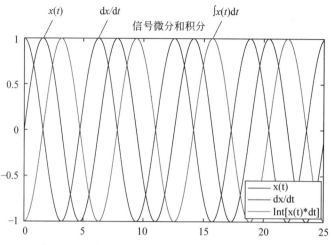

图 2.43 信号微分和积分的 MATLAB 仿真结果

```
%定义输入信号 x(t) 和 h(t)
t = -5:0.01:5;              %时间范围
x = exp(-t);                %输入信号 x(t) = exp(-t)
h = t .* (t >= 0);          %输入信号 h(t) = t * u(t)
%离散化输入信号
Ts = t(2) - t(1);           %确定采样时间间隔
x_discrete = x;
h_discrete = h;
%计算卷积
conv_result = conv(x_discrete, h_discrete) * Ts;
%绘制信号和卷积结果
subplot(3,1,1);
plot(t, x, 'r', 'LineWidth', 2);
xlabel('t');
ylabel('x(t)');
title('信号卷积');
grid on; subplot(3,1,2);
plot(t, h, 'g', 'LineWidth', 2);
xlabel('t');
ylabel('h(t)');grid on;
t_conv = (-(numel(x_discrete)-1):(numel(x_discrete)-1)) * Ts;
subplot(3,1,3);
plot(t_conv, conv_result, 'b', 'LineWidth', 2);
xlabel('t');ylabel('x(t) * h(t)');grid on;
```

在这个例子中,首先定义了输入信号 $x(t)$ 和 $h(t)$,其中 $x(t)$ 用指数衰减函数表示,$h(t)$ 用单位阶跃函数的线性部分表示。接下来选择时间范围并通过设置适当的时间间隔离散化信号。然后,使用 conv 函数计算两个离散化信号的卷积结果,乘以采样时间间隔,得到近似连续时间信号的卷积结果。最后,使用 subplot 函数将原始信号和卷积结果绘制在图中。

仿真结果如图 2.44 所示。

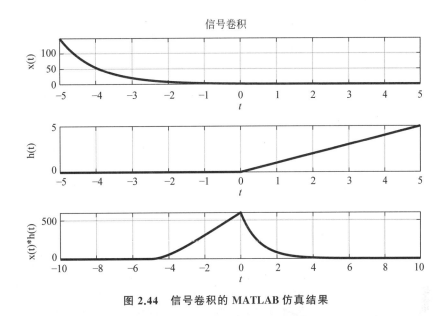

图 2.44 信号卷积的 MATLAB 仿真结果

2.7.3 连续时间系统时域分析的 MATLAB 仿真

当进行连续时间系统的时域分析时,可以使用 MATLAB 计算微分方程的零输入响应和零状态响应。以下代码展示了如何使用 MATLAB 计算连续时间系统的零输入响应和零状态响应:

```
%微分方程: y" + 4y' + 4y = x(t)
%零输入响应
t_zi = 0:0.01:5;
y_zi = exp(-2*t_zi).*(cos(2*t_zi) + sin(2*t_zi));
%零状态响应
t_zs = 0:0.01:5;
x_zs = sin(t_zs);                          %输入信号
[num, den] = tfdata(tf(1, [1, 4, 4]), 'v');  %系统传递函数的系数
y_zs = lsim(tf(num, den), x_zs, t_zs);     %零状态响应
%绘制零输入响应
subplot(2, 1, 1);
plot(t_zi, y_zi, 'r', 'LineWidth', 2);
xlabel('时间');
ylabel('幅值');
title('零输入响应');
grid on;
%绘制零状态响应
subplot(2, 1, 2);
plot(t_zs, y_zs, 'b', 'LineWidth', 2);
xlabel('时间');ylabel('幅值');title('零状态响应');grid on;
```

在这个例子中,定义了一个连续时间系统的微分方程:$y''+4y'+4y=x(t)$。首先计算零

输入响应,即在没有输入信号的情况下系统的响应。使用指数衰减函数乘以正弦和余弦函数的和表示零输入响应。然后计算零状态响应,即在没有初始条件的情况下施加输入信号时系统的响应。零状态响应的时间范围为 t_{zs},创建输入信号 x_{zs}。通过系统传递函数的系数,使用 lsim 函数计算系统的零状态响应。最后使用 subplot 和 plot 函数将零输入响应和零状态响应绘制在不同的子图中。

仿真结果如图 2.45 所示。

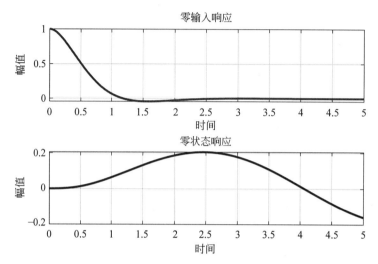

图 2.45 零输入响应和零状态响应的 MATLAB 仿真结果

在信号与系统理论中,单位冲激响应是分析连续系统时域特性的重要工具。下面的代码展示了如何使用 MATLAB 计算连续时间系统微分方程的单位冲激响应:

```
%微分方程: y'' + 3y' + 2y = x(t)
%系统参数
a = 3; b = 2;
%计算单位冲激响应
t = 0:0.01:10;
x = zeros(size(t));
x(1) = 1;                                %仅在t=0处有冲激输入
[num, den] = tfdata(tf(1, [1, a, b]), 'v');   %系统传递函数的系数
y = lsim(tf(num, den), x, t);            %单位冲激响应
plot(t, y, 'b', 'LineWidth', 2);         %绘制单位冲激响应
xlabel('时间');ylabel('幅值');title('单位冲激响应');grid on;
```

在这个例子中,定义了连续时间系统的微分方程: $y''+3y'+2y=x(t)$,其中参数 $a=3$,$b=2$。使用 lsim 函数计算该系统的单位冲激响应。

首先定义时间范围 t,创建一个大小与 t 相同的零向量 x,并在 $t=0$ 处赋值为 1,即创建一个冲激输入信号。然后使用 tfdata 函数找出系统传递函数的系数,使用 lsim 函数计算系统对单位冲激输入的响应,将其存储在 y 中。最后,使用 plot 函数将单位冲激响应绘制出来。

仿真结果如图 2.46 所示。

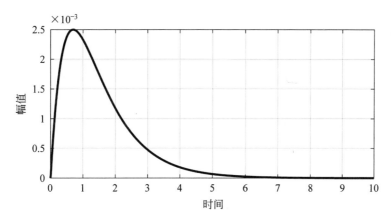

图 2.46 单位冲激响应的 MATLAB 仿真结果

延伸阅读

[1] TSIVIDIS Y. Mixed-domain systems and signal processing based on input decomposition[J]. IEEE Transactions on Circuits and Systems I: Regular Papers, 2006, 53(10): 2145-2156.

[2] KOWALCZUK Z, KOZLOWSKI J. Continuous-time approaches to identification of continuous-time systems[J]. Automatica, 2000, 36(8): 1229-1236.

[3] FU C, GUO T, LI Y, et al. Unsupervised continuous time domain spike sorting for large scale neural processing systems[C]//2021 IEEE Biomedical Circuits and Systems Conference (BioCAS). IEEE, 2021: 1-6.

[4] WANG Q G, GUO X, ZHANG Y. Direct identification of continuous time delay systems from step responses[J]. Journal of Process Control, 2001, 11(5): 531-542.

[5] VIGODA B W. Continuous-time analog circuits for statistical signal processing[D]. Cambridge: Massachusetts Institute of Technology, 2003.

习题与考研真题

2.1 一个连续线性时不变系统对激励 $f(t)=\sin tu(t)$ 的零状态响应 $y_{zs}(t)$ 如图 2.47 所示,求该系统的冲激响应 $h(t)$。

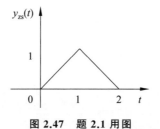

图 2.47 题 2.1 用图

2.2 判断下列叙述的正误,正确的在方括号中打钩,错误的在方括号中打叉。

线性常系数微分方程表示的系统,其输出响应由微分方程的特解和齐次解组成,或由零输入响应和零状态响应组成。齐次解称为自由响应[ ],特解称为强迫响应[ ];零输入响应称为自由响应[ ],零状态响应称为强迫响应[ ]。

2.3 已知信号 $h(t)=u(t-1)-u(t-2)$，$f(t)=u(t-2)-u(t-4)$，则卷积 $f(t)*h(t)=$ _____。

2.4 某连续线性时不变系统的单位阶跃响应为 $g(t)=(3\mathrm{e}^{-2t}-1)\varepsilon(t)$。用时域解法求以下各项：

(1) 系统的冲激响应 $h(t)$。

(2) 系统对激励 $f_1(t)=t\varepsilon(t)$ 的零状态响应 $y_{zs1}(t)$。

(3) 系统对激励 $f_2(t)=t[\varepsilon(t)-\varepsilon(t-1)]$ 的零状态响应 $y_{zs2}(t)$。

2.5 如图2.48所示的系统由几个子系统组成，各子系统的冲激响应为：$h_1(t)=\varepsilon(t)$，$h_2(t)=\delta(t-1)$，$h_3(t)=-\delta(t)$，求此系统的冲激响应 $h(t)$；若以 $f(t)=\mathrm{e}^{-t}\varepsilon(t)$ 作为激励信号，用时域卷积法求系统的零状态响应 $y_{zs}(t)$。

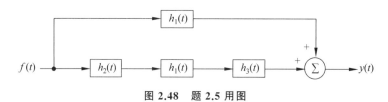

图2.48 题2.5用图

2.6 方程 $\dfrac{\mathrm{d}r^2(t)}{\mathrm{d}t^2}+2r(t)\dfrac{\mathrm{d}r(t)}{\mathrm{d}t}-3r(t)=e(t)$ 描述的是( )。

A. 线性时不变系统 B. 非线性时不变系统
C. 线性时变系统 D. 非线性时变系统
E. 以上都不对

2.7 已知一个连续线性时不变系统起始无储能。当输入 $e_1(t)=u(t)$ 时，系统输出为 $r_1(t)=2\mathrm{e}^{-2t}u(t)+\delta(t)$。当输入 $e(t)=3\mathrm{e}^{-t}u(t)$ 时，系统的零状态响应 $r(t)$ 是( )。

A. $(-9\mathrm{e}^{-t}+12\mathrm{e}^{-2t})u(t)$ B. $(3-9\mathrm{e}^{-t}+12\mathrm{e}^{-2t})u(t)$
C. $\delta(t)-6\mathrm{e}^{-t}u(t)+8\mathrm{e}^{-2t}u(t)$ D. $3\delta(t)-9\mathrm{e}^{-t}u(t)+12\mathrm{e}^{-2t}u(t)$

2.8 单位冲激响应和单位样本响应分别为 $h_1(\cdot)$、$h_2(\cdot)$ 的两个子系统级联，则下面的选项中( )不正确。[山东大学2019年考研真题]

A. $h(t)=h_1(t)*h_2(t)$

B. $h(t)=h_1(t)+h_2(t)$

C. $h(s)=h_1(s)h_2(s)$

D. $h_1(n)*h_2(n)=\delta(n)$ 时子系统互为逆系统

2.9 信号 $f_1(t)$ 和 $f_2(t)$ 的波形如图2.49所示。设 $y(t)=f_1(t)*f_2(t)$，则 $y(4)$ 等于( )。[西安电子科技大学2013年考研真题]

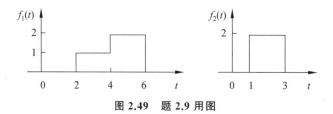

图2.49 题2.9用图

2.10 在如图 2.50(a)所示的电路系统中 $R_1=2\mathrm{k}\Omega, R_2=1\mathrm{k}\Omega, C=1500\mu\mathrm{F}$,输入信号如图 2.50(b)所示,用时域法求输出电压 $u_C(t)$。

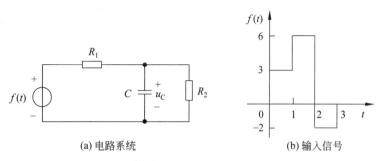

(a) 电路系统　　　　　　　(b) 输入信号

图 2.50　题 2.10 用图

2.11 已知 $f(t)=2\delta(t-3)$,则 $\int_{0^-}^{+\infty} f(5-2t)\mathrm{d}t = $ ＿＿＿＿。

2.12 连续线性时不变系统的输入输出关系为 $y(t)=\int_{-\infty}^{t}\mathrm{e}^{-(t-\tau)}f(\tau-2)\mathrm{d}\tau$,求该系统的单位冲激响应 $h(t)$。

2.13 某连续线性时不变系统如图 2.51 所示。已知 $h_1(t)=u(t)+u(t-2)$,$h_2(t)=u(t-3)$,$h_3(t)=u(t)$,$h_4(t)=\delta(t-1)$,$h_5(t)=\delta(t-2)$。求该系统的单位冲激响应 $h(t)$。

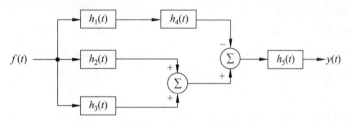

图 2.51　题 2.13 用图

2.14 $x(t)=3\cos\left(4t+\dfrac{\pi}{3}\right)$ 的周期是( )。

A. 2π　　　　B. π　　　　C. $\dfrac{\pi}{2}$　　　　D. $\dfrac{2}{\pi}$

2.15 若 $f(t)$ 是已录制声音的磁带,则下列表述中错误的是( )。
A. $f(-t)$ 表示将此磁带倒转播放
B. $f(2t)$ 表示将此磁带以二倍速度加快
C. $f(2t)$ 表示将此磁带的放音速度降低一半播放
D. $2f(t)$ 表示将此磁带的音量放大一倍播放

第 3 章 离散时间信号与系统的时域分析

随着计算机和微处理器的出现,数字信号处理技术得到了迅速发展。数字信号处理具有精度高、稳定性好、灵活性强和集成度高等特点,逐渐被图像处理、工业控制、军事以及人工智能等各领域所采用。数字信号是一种离散时间信号,其相关的处理技术离不开离散时间信号与系统的分析方法。离散时间信号是指仅在离散时刻才有定义的信号,简称离散信号。它往往是由连续信号抽样得到的。如果信号的取值也是离散的,则称为数字信号。在不考虑计算机有限字长的影响时,离散时间信号与数字信号等同使用。

离散时间信号与系统理论有自己独立、完整的体系。由于分析对象在时间上的离散性,使得离散时间信号与系统在描述形式、运算方法等具体问题上与连续时间信号和系统存在差异。通过基本信号、基本运算、基本分解,从而将对复杂信号的分析转化为对基本信号的分析,这是信号分析与处理的基本思想。

本章介绍离散时间信号与系统的时域分析。学习离散时间信号与系统分析时要注意与前面所学的连续时间信号与系统分析进行对比,找出相同点与不同点并加以分析,可以大幅提高学习效率。本章主要讲解离散时间信号的概念和基本运算以及离散时间系统的时域分析。

3.1 离散时间信号时域描述

3.1.1 离散时间信号的表示

离散时间信号是只在一系列离散的时间点上给出函数值,而在其他时间没有定义的函数。如对连续时间信号 $x(t)$ 以等间隔时间 T 进行抽样,得到以 nT 作为时间变量的离散时间序列信号,即 $x(nT)$。为了简便,可以将常数 T 省略,直接写为 $x(n)$,n 表示各函数值在序列中出现的序号。另外,离散时间数据并非全是由抽样得来的,如果仅对信号值及其序号感兴趣,那么也可用序号 n 作为独立变量表示信号,如图 3.1 所示。

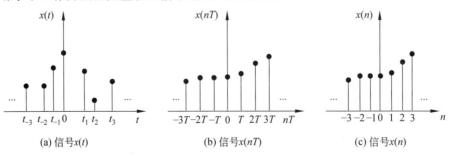

图 3.1 离散时间信号

离散时间信号通常用函数解析式、序列和图形3种形式表示。

1. 函数解析式

函数解析式形式就是用数学公式表示信号。例如：

$$x(n) = \frac{n(n+1)}{2} \quad (n=-2,-1,0,1,2,3,4) \tag{3.1}$$

2. 序列

序列形式就是将离散信号 $x(n)$ 按 n 增长方式枚举的一个有序的数列。式(3.1)可以用序列形式表示为

$$x(n) = \{0, 2, \overset{\downarrow}{0}, 1, 3, 1, 0\} \tag{3.2}$$

序列的 ↓ 表示 $n=0$ 对应的位置。

3. 图形

式(3.1)的图形形式如图 3.2 所示。

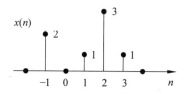

图 3.2 离散时间信号的图形表示

根据离散变量 n 的取值范围，序列又可分为双边序列、单边序列和有限序列。若 $x(n)$ 对所有 $n(n \in \mathbf{Z})$ 都有非零确定值（在序列的非零确定值之间可以出现有限个零值），则序列称为双边序列，如图 3.3(a)所示。若 $x(n)$ 对部分 $n(n \geqslant N_1$ 或 $n \leqslant N_2)$ 有非零确定值，则序列称为单边序列，如图 3.3(b)、(c)所示。若 $x(n)$ 仅在 $N_1 \leqslant n \leqslant N_2$ 有非零确定值，则序列称为有限序列，如图 3.3(d)所示。对于单边序列，若序列 $x(n)$ 在 $n \geqslant N_1$ 时有值，而在 $n < N_2$ 时 $x(n) = 0$，则序列称为右边序列，如图 3.3(b)所示；若序列 $x(n)$ 在 $n \leqslant N_2$ 时有值，而在 $n > N_2$ 时 $x(n) = 0$，则序列称为左边序列，如图 3.3(c)所示。$n \geqslant 0$ 时有值的右边序列又称为因果序列，$n \leqslant 0$ 时有非零值的左边序列又称为反因果序列。

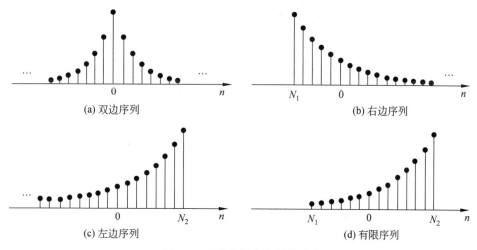

图 3.3 离散信号自变量的分类

3.1.2 典型离散时间信号

离散时间信号的分析和连续时间信号相同，即将一般序列与基本序列建立运算关系，基于基本序列的分析，利用一般序列与基本序列的关系，得到一般序列分析的结果。下面介绍几种典型的基本序列。

1. 单位脉冲序列

单位脉冲序列也称单位冲激序列或单位样值序列，用 $\delta(n)$ 表示，其定义为

$$\delta(n) = \begin{cases} 1, & n=0 \\ 0, & n \neq 0 \end{cases} \tag{3.3}$$

单位脉冲序列的特点是仅在 $n=0$ 时取值为 1，其他均为 0。其在离散时间系统中的作用类似于连续时间系统中的单位冲激函数 $\delta(t)$，但不同的是 $\delta(t)$ 在 $t=0$ 处可以理解为一个宽度为无穷小、幅度为无穷大、面积为 1 的窄脉冲。单位脉冲序列和单位冲激函数如图 3.4 所示。

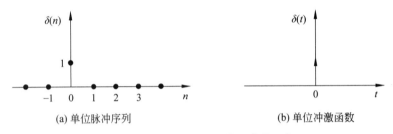

图 3.4　单位脉冲序列和单位冲激函数

若 $\delta(n)$ 延时 m 位，则有

$$\delta(n-m) = \begin{cases} 1, & n=m \\ 0, & n \neq m \end{cases}$$

单位脉冲序列具有以下性质。

(1) 乘积性质：

$$\begin{cases} x(n)\delta(n) = x(0)\delta(n) \\ x(n)\delta(n-m) = x(m)\delta(n-m) \end{cases}$$

(2) 抽样性质：

$$\begin{cases} \sum_{n=-\infty}^{+\infty} x(n)\delta(n) = x(0) \\ \sum_{n=-\infty}^{+\infty} x(n)\delta(n-m) = x(m) \end{cases}$$

(3) 单位脉冲序列为偶函数：

$$\delta(-n) = \delta(n)$$

由于 $\delta(n-m)$ 仅在 $n=m$ 处等于 1，所以任何序列 $x(n)$ 都可以分解为单位脉冲序列的移位加权和，即

$$x(n) = \sum_{m=-\infty}^{+\infty} x(m)\delta(n-m)$$

2. 单位阶跃序列

单位阶跃序列用 $u(n)$ 表示，其定义为

$$u(n) = \begin{cases} 1, & n \geqslant 0 \\ 0, & n < 0 \end{cases} \tag{3.4}$$

单位阶跃序列 $u(n)$ 如图 3.5 所示。

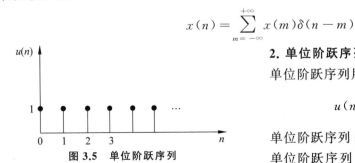

图 3.5　单位阶跃序列

单位阶跃序列 $u(n)$ 与单位阶跃信号 $u(t)$ 类

似,但是两者除了自变量取值有离散和连续之分以外,还需要注意,$u(n)$在$n=0$时明确定义为1,而$u(t)$在$t=0$点发生跳变,往往不予定义或人为定义为$1/2$。$u(n)$与$\delta(n)$的关系为

$$\delta(n) = u(n) - u(n-1)$$

$$u(n) = \sum_{k=0}^{+\infty} \delta(n-k)$$

在离散时间系统中,单位阶跃序列$u(n)$与单位脉冲序列$\delta(n)$之间为和差关系;而在连续时间系统中,单位阶跃信号$u(t)$与单位冲激信号$\delta(t)$之间为微积分关系。显然,对于任意的$k>0$,存在

$$\delta(n-k) = u(n-k) - u(n-k-1)$$

所以,一般序列也可以看成单位阶跃序列及其延时的线性组合。

例 3.1 利用单位脉冲序列和单位阶跃序列表示图3.6所示的斜坡序列。

解:
$$y(n) = nu(n) = \sum_{k=0}^{+\infty} k\delta(n-k)$$

3. 矩形序列

矩形序列用$R_N(n)$表示,其定义为

$$R_N(n) = \begin{cases} 1, & 0 \leqslant n \leqslant N-1 \\ 0, & \text{其他} \end{cases} \tag{3.5}$$

其中,N为矩形序列的长度,$R_N(n)$为从$n=0$到$n=N-1$共N个幅度为1的数值,其余各点均为0的序列。

矩形序列$R_N(n)$如图3.7所示。

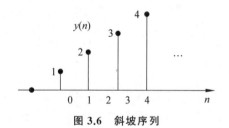

图 3.6 斜坡序列

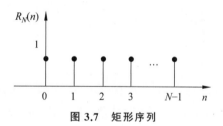

图 3.7 矩形序列

矩形序列$R_N(n)$用单位阶跃序列和单位脉冲序列表示如下:

$$R_N(n) = \sum_{k=0}^{N-1} \delta(n-k) = u(n) - u(n-N)$$

4. 实指数序列

实指数序列用$a^n u(n)$表示,其中a为实数。

如果$|a|<1$,$a^n u(n)$的幅度随n的增大而减小,称$a^n u(n)$为收敛序列。当$0<a<1$时,序列是收敛的;当$-1<a<0$时,序列的正负值交替出现。如果$|a|>1$,称$a^n u(n)$为发散序列。当$a>1$时,序列是发散的;当$a<-1$时,序列的正负值交替出现。实指数序列如图3.8所示。

5. 正弦序列

正弦序列的一般形式为

$$x(n) = A\sin(wn + \varphi_0) \tag{3.6}$$

其中,A、w、φ_0分别为正弦序列的振幅、数字角频率和初相位。当$\varphi_0=0$时,正弦序列如图3.9所示。

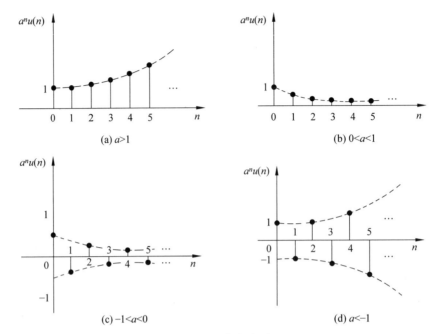

图 3.8 实指数序列

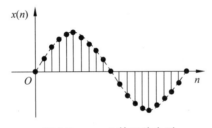

图 3.9 $\varphi_0=0$ 的正弦序列

与连续时间正弦信号不同,离散时间正弦序列不一定是周期序列。这是因为离散时间信号的自变量 n 只能取整数,故周期序列的周期 N 也必定是整数。然而,对于任意正弦序列,并非总能找到满足周期序列要求的正整数 N。

如果对所有 n 存在一个最小的正整数 N,使下面的等式成立:

$$x(n)=x(n+N) \quad (-\infty < n <+\infty) \tag{3.7}$$

则称序列 $x(n)$ 为周期序列,周期为 N。

下面讨论正弦序列为周期序列的条件。设

$$x(n)=A\sin(wn+\varphi_0)$$

那么

$$x(n+N)=A\sin(w(n+N)+\varphi_0)=A\sin(wn+wN+\varphi_0)$$

要满足式(3.7),则要求 $N=\dfrac{2\pi}{w}k$,其中 k 与 N 均取整数,且 k 的取值要保证 N 是最小的正整数,满足这些条件,正弦序列才是以 N 为周期的周期序列,具体分以下 3 种情况:

(1) 当 $\dfrac{2\pi}{w}=N$ 为最小正整数($k=1$)时,则正弦序列 $x(n)$ 是周期序列,周期为 N。

(2) 当 $\frac{2\pi}{w} = \frac{P}{Q}$ 为有理数时，P、Q 为互素的整数，此时要使 $N = \frac{2\pi}{w}k = \frac{P}{Q}k$ 为最小正整数，在 $k = Q$ 时，则正弦序列 $x(n)$ 是以 P 为周期的周期序列，且周期 $N = P > \frac{2\pi}{w}$。

(3) 当 $\frac{2\pi}{w}$ 为无理数时，任何整数 k 都不能使 N 为正整数，因此正弦序列 $x(n)$ 为非周期序列。

例 3.2 判断下面的离散时间信号是否为周期序列。若是，求出周期 N。

(1) $x_1(n) = 2\cos\left(\frac{3\pi}{5}n + \frac{\pi}{6}\right)$。

(2) $x_2(n) = \cos\frac{\pi}{6}n$。

(3) $x_3(n) = \cos\frac{n}{6}$。

解：正弦序列的周期性与振幅和初相位无关，只与数字角频率有关。

(1) 由于 $w = \frac{3\pi}{5}$，有

$$\frac{2\pi}{w} = \frac{10}{3}$$

因为 10/3 为有理数，所以该序列为周期序列，其周期 $N = 10$。

(2) 由于 $w = \frac{\pi}{6}$，有

$$\frac{2\pi}{w} = 12$$

因为 12 为整数，所以该序列为周期序列，其周期 $N = 12$。

(3) 由于 $w = \frac{1}{6}$，有

$$\frac{2\pi}{w} = 12\pi$$

因为 12π 为无理数，所以该序列为非周期序列。

6. 复指数序列

复指数序列表示为

$$x(n) = e^{(\sigma + jw)n} \tag{3.8}$$

其中，w 为数字角频率。若 $\sigma = 0$，可得

$$x(n) = e^{jwn} = \cos wn + j\sin wn$$

上式即欧拉公式，$x(n) = e^{jwn}$ 也称为复正弦序列。该式实部与虚部均为正弦序列。与正弦序列类似，复指数序列若具有周期性，则满足

$$e^{jwn} = e^{jw(n+N)}$$

故 $N = \frac{2\pi}{w}k$。当且仅当存在整数 k 使得 $\frac{2\pi}{w}k$ 为整数 N 时，复指数序列为周期序列，且周期为 N。

3.2 离散时间信号的运算

离散时间信号的运算包括序列的翻转、移位、尺度变换、相加、相乘、差分、求和、卷积和及解卷积等。将这些处理方式综合运用,可以大幅提高信号处理的能力。

3.2.1 离散时间信号的翻转、移位及尺度变换

1. 翻转

离散时间信号的翻转是指将信号 $x(n)$ 变换为 $x(-n)$ 的运算,即将 $x(n)$ 以纵轴为对称轴水平翻转 180°,如图 3.10 所示。

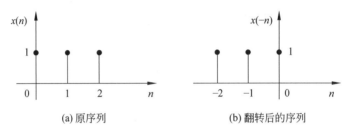

图 3.10 离散时间信号的翻转

2. 移位

离散时间信号的移位是指将信号 $x(n)$ 变换为 $x(n\pm m)$(其中 $m>0$)的运算。若变换为 $x(n-m)$,则表示将信号 $x(n)$ 右移 m 个单位;若变换为 $x(n+m)$,则表示将信号 $x(n)$ 左移 m 个单位,如图 3.11 所示。

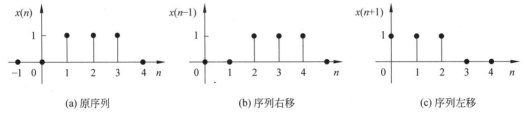

图 3.11 离散时间信号的移位

3. 尺度变换

离散时间信号的尺度变换是指将信号 $x(n)$ 的样本(以下称为点)个数增加或减少的运算,分别称为内插(尺度扩展)和抽取(尺度压缩)。若将自变量 n 乘以大于 1 的正整数 D,构成序列 $x(Dn)$,则表示在序列 $x(n)$ 中每隔 $D-1$ 点抽取一点构成新的序列。例如,图 3.12(b) 所示的序列 $x(2n)$ 是对图 3.12(a) 所示的序列 $x(n)$ 每两点取一点而得到的新序列,样本数减少为原始的一半。若将自变量 n 除以大于 1 的正整数 D,构成序列 $x(n/D)$,则表示在序列 $x(n)$ 中每两点之间插入 $D-1$ 个零值,把 $x(n)$ 的点扩大为原来的 D 倍,得到尺度扩展为原来的 D 倍的新序列 $x(n/D)$。例如,图 3.12(c) 所示的序列 $x(n/2)$ 是在 $x(n)$ 的两个相邻点之间补了一个零值,使序列 $x(n)$ 尺度扩展为原来的两倍。

例 3.3 若 $x(n)=\{\overset{\downarrow}{1},1,1,1\}$,求 $x\left(\dfrac{1}{2}n\right)$ 和 $x(2n)$。

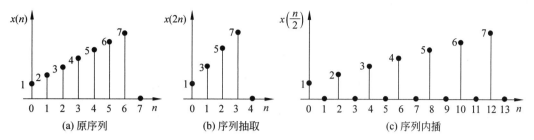

图 3.12 离散时间信号的尺度变换

解: 当 $\frac{n}{2}=0,1,2,3$,即 $n=0,2,4,6$ 时 $x\left(\frac{1}{2}n\right)=1$,$x\left(\frac{1}{2}n\right)$ 中 n 为奇数的各点应补入零值,于是 $x\left(\frac{1}{2}n\right)=\{\overset{\downarrow}{1},0,1,0,1,0,1\}$,为序列内插;当 $2n=0,1,2,3$,即 $n=0,1$ 时 $x(2n)=1$,$x(n)$ 中 n 为奇数的点被去掉,只留下 n 为偶数的点,于是 $x(2n)=\{\overset{\downarrow}{1},1\}$,为序列抽取。

3.2.2 离散时间信号的相加、相乘、差分及求和

1. 相加

离散时间信号相加是指将两个信号中同序号的数值相加,构成一个新的序列,可表示为

$$x(n)=x_1(n)+x_2(n) \tag{3.9}$$

离散时间信号相加如图 3.13 所示。

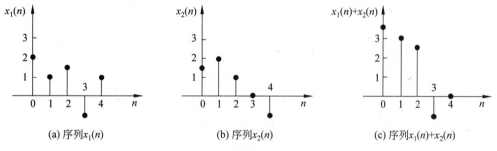

图 3.13 离散时间信号相加

2. 相乘

离散时间信号相乘是指将两个信号同序号的数值相乘,构成一个新的序列,可表示为

$$x(n)=x_1(n)x_2(n) \tag{3.10}$$

离散时间信号相乘如图 3.14 所示。

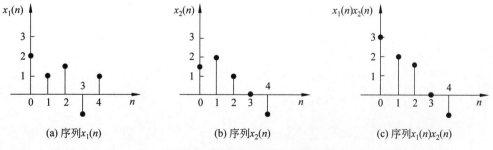

图 3.14 离散时间信号相乘

注意：离散时间信号相加、相乘运算一般要求它们不但要有相同的长度，而且要有相同的定义域。如果长度不同，那么可以给较短的序列补零，使其长度相同且定义域相同。

3. 差分

离散时间信号差分是指求同一个序列中相邻序号的两个数值之差。序列 $x(n)$ 的一阶前向差分运算和一阶后向差分运算分别可以用相应的算子 Δ 和 ∇ 表示：

$$\begin{cases} \Delta x(n) = x(n+1) - x(n) \\ \nabla x(n) = x(n) - x(n-1) \end{cases} \quad (3.11)$$

从式(3.11)可以看出，离散时间信号的差分运算类似于连续时间信号的微分运算。若对序列 $x(n)$ 进行多次差分运算，则称为高阶差分，可表示为

$$\begin{cases} \Delta^k x(n) = \Delta[\Delta^{k-1} x(n)] \\ \nabla^k x(n) = \nabla[\nabla^{k-1} x(n)] \end{cases} \quad (3.12)$$

当 $k=2$ 时，序列 $x(n)$ 的二阶前向差分和二阶后向差分为

$$\begin{aligned}
\Delta^2 x(n) &= \Delta[\Delta x(n)] = \Delta[x(n+1) - x(n)] = \Delta x(n+1) - \Delta x(n) \\
&= x(n+2) - 2x(n+1) + x(n) \\
\nabla^2 x(n) &= \nabla[\nabla x(n)] = \nabla[x(n) - x(n-1)] = \nabla x(n) - \nabla x(n-1) \\
&= x(n) - 2x(n-1) + x(n-2)
\end{aligned} \quad (3.13)$$

单位脉冲序列可用单位阶跃序列的一阶后向差分表示为

$$\delta(n) = \nabla u(n) = u(n) - u(n-1)$$

4. 求和

离散时间信号求和也叫累加运算，与连续时间信号的积分相对应，是将离散序列在 $(-\infty, n)$ 范围内求和，可表示为

$$y(n) = \sum_{k=-\infty}^{n} x(k) \quad (3.14)$$

单位阶跃序列也可用单位脉冲序列的求和表示为

$$u(n) = \sum_{k=-\infty}^{n} \delta(k)$$

例 3.4 已知序列 $x(n) = \{2, \overset{\downarrow}{1}, 3\}$，求序列 $y(n) = x(n) + x(n-1)x(n-2)$。

解：已知 $x(n) = \{2, \overset{\downarrow}{1}, 3\}$，根据序列的移位运算，有

$$x(n-1) = \{2, \overset{\downarrow}{1}, 3\}$$
$$x(n-2) = \{\overset{\downarrow}{0}, 2, 1, 3\}$$

将以上两个序列进行相乘运算：

$$x(n-1)x(n-2) = \{\overset{\downarrow}{0}, 2, 3\}$$

最后将上式与原序列 $x(n)$ 相加，得到

$$y(n) = \{2, \overset{\downarrow}{1}, 5, 3\}$$

另外，还可以依次画出以上各序列的波形，根据波形进行运算，具体过程如图 3.15 所示。

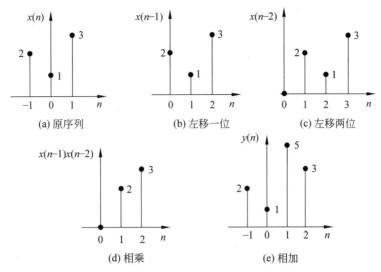

图 3.15 例 3.4 的运算过程

3.2.3 离散时间信号卷积和及解卷积

1. 卷积和

离散时间信号的卷积和在离散时间信号分析中的地位与连续时间信号的卷积相当,是离散时间信号时域分析的重要方法。

已知定义在区间 $(-\infty,+\infty)$ 内的两个序列 $x_1(n)$ 和 $x_2(n)$,则卷积和定义为

$$x(n)=x_1(n)*x_2(n)=\sum_{m=-\infty}^{+\infty}x_1(m)x_2(n-m) \tag{3.15}$$

卷积和又称离散卷积,简称卷积,通常用符号 * 或 ⊗ 表示卷积和运算。

例 3.5 求下列序列的卷积和。

(1) $x_1(n)=1, x_2(n)=0.5^n u(n)$。

(2) $x_1(n)=a^n u(n), x_2(n)=u(n-4)$。

(3) $x_1(n)=0.5^n u(n), x_2(n)=\delta(n)$。

解:(1) 根据式(3.15),有

$$x(n)=x_1(n)*x_2(n)=\sum_{m=-\infty}^{+\infty}x_1(m)x_2(n-m)=\sum_{m=-\infty}^{+\infty}1\times 0.5^{n-m}u(n-m)$$

在上式中,当 $n-m<0$,即 $m>n$ 时,$u(n-m)=0$,从而 $0.5^{n-m}u(n-m)=0$;当 $n-m\geqslant 0$,即 $m\leqslant n$ 时,$u(n-m)=1$。故有

$$x(n)=\sum_{m=-\infty}^{n}1\times 0.5^{n-m}=\sum_{m=-\infty}^{n}0.5^{n-m}$$

考虑到上式的求和上限为 n,下限为 $-\infty$,因此,无论 n 取何值,求和的上限一定大于下限。利用无穷等比序列求和公式,有

$$x(n)=\frac{1}{1-0.5}=2 \quad (-\infty<n<\infty)$$

(2) 根据式(3.15),有

$$x(n)=x_1(n)*x_2(n)=\sum_{m=-\infty}^{+\infty}x_1(m)x_2(n-m)=\sum_{m=-\infty}^{+\infty}a^m u(m)u(n-4-m)$$

在上式中，当 $m<0$ 时，$u(m)=0$，从而 $a^m u(m)=0$；当 $n-4-m<0$，即 $m>n-4$ 时，$u(n-4-m)=0$；当 $n-4-m \geqslant 0$，即 $m \leqslant n-4$ 时，$u(m)=u(n-4-m)=1$。故有

$$x(n)=\sum_{m=0}^{n-4}a^m$$

考虑到上式的求和上限应大于或等于下限，因此，计算结果一定是在 $n-4\geqslant 0$（即 $n\geqslant 4$）的条件下获得的，故计算结果需乘以 $u(n-4)$。利用等比序列部分和公式，有

$$x(n)=\sum_{m=0}^{n-4}a^m u(n-4)=\begin{cases}\dfrac{1-a^{n-3}}{1-a}u(n-4), & a\neq 1\\ (n-3)u(n-4), & a=1\end{cases}$$

(3) 根据式(3.15)，有

$$x(n)=x_1(n)*x_2(n)=\sum_{m=-\infty}^{+\infty}x_1(m)x_2(n-m)=\sum_{m=-\infty}^{+\infty}a^m u(m)\delta(n-m)$$

在上式中，当 $m<0$ 时，$u(m)=0$；当 $n-m\neq 0$，即 $m\neq n$ 时，$\delta(n-m)=0$；当 $n-m=0$，即 $m=n$ 时，$u(m)=\delta(n-m)=1$。故有

$$x(n)=\sum_{m=n}^{n}a^m$$

考虑 $m=n(\geqslant 0)$，因此计算结果需乘以 $u(n)$：

$$x(n)=0.5^n u(n)$$

当序列 $x_1(n)$ 和 $x_2(n)$ 的解析表达式足够简单时，卷积和的计算也就比较简单。一般而言，对于有限或者无限序列都希望用一组解析闭式给出计算结果。但在具体计算时，需要记住 $x_1(n)$ 和 $x_2(n-k)$ 都是累加变量 k 的函数。累加时一般会用到形如 $u(n)$ 和 $u(n-k)$ 的阶跃序列。由于 $k<0$ 时 $u(k)=0$ 以及 $k>n$ 时 $u(n-k)=0$，所以可将累加上下限限制在 $k=0$ 和 $k=n$ 构成的区间。

因为卷积和是分析和描述离散线性时不变系统的基础，因此工程应用中已发展出多种求卷积和的方法。在计算序列卷积和时，常用的方法有图解法、列表法和序列相乘法 3 种，下面分别通过例子加以说明，请读者注意这些方法的特点、不足之处、适用条件及相互关系。

第一种方法是图解法。

与连续时间信号的卷积图解法类似，在离散时间系统中，卷积和也可以用图解法求得，步骤如下：

(1) 换元。将序列的自变量 n 换成 m，得到 $x_1(m)$ 和 $x_2(m)$。

(2) 翻转和移位。将信号 $x_2(m)$ 翻转，得到信号 $x_2(-m)$；然后右移 n 位，得到 $x_2(n-m)$。

(3) 相乘。求 $x_1(m)x_2(n-m)$。

(4) 求和。对相乘的结果作求和运算，即计算 $\displaystyle\sum_{m=-\infty}^{+\infty}x_1(m)x_2(n-m)$。

例 3.6 已知序列 $f_1(n)=\{\overset{\downarrow}{4},3,2,1\}$ 和 $f_2(n)=\{\overset{\downarrow}{3},2,2,2,1\}$，求 $y(n)=f_1(n)*f_2(n)$。

解：求解过程中的各序列如图 3.16 所示。
求解过程如下：

(1) 当 $n<0$ 时，$f_2(n-m)$ 与 $f_1(m)$ 没有重合部分，故

$$y(n)=f_1(n)*f_2(n)=\sum_{m=-\infty}^{+\infty}f_1(m)f_2(n-m)=0$$

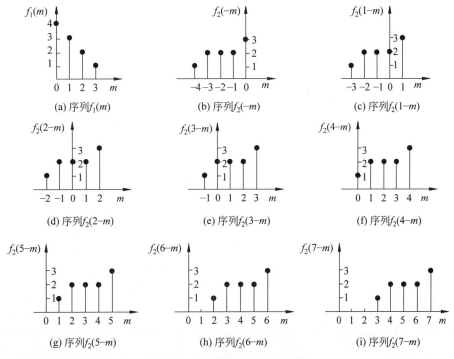

图 3.16 求解过程中的各序列

(2) 当 $n=0$ 时,如图 3.16(a)、(b)所示,重合部分的横坐标为 $m=0$,故
$$y(0) = \sum_{m=0}^{0} f_1(0)f_2(0-m) = f_1(0)f_2(0) = 4 \times 3 = 12$$

(3) 当 $n=1$ 时,如图 3.16(a)、(c)所示,重合部分的横坐标为 $m=0,1$,故
$$y(1) = \sum_{m=0}^{1} f_1(m)f_2(1-m) = f_1(0)f_2(1) + f_1(1)f_2(0) = 4 \times 2 + 3 \times 3 = 17$$

(4) 当 $n=2$ 时,如图 3.16(a)、(d)所示,重合部分的横坐标为 $m=0,1,2$,故
$$y(2) = \sum_{m=0}^{2} f_1(m)f_2(2-m) = f_1(0)f_2(2) + f_1(1)f_2(1) + f_1(2)f_2(0)$$
$$= 4 \times 2 + 3 \times 2 + 2 \times 3 = 20$$

(5) 当 $n=3$ 时,如图 3.16(a)、(e)所示,重合部分的横坐标为 $m=0,1,2,3$,故
$$y(3) = \sum_{m=0}^{3} f_1(m)f_2(3-m)$$
$$= f_1(0)f_2(3) + f_1(1)f_2(2) + f_1(2)f_2(1) + f_1(3)f_2(0)$$
$$= 4 \times 2 + 3 \times 2 + 2 \times 2 + 1 \times 3 = 21$$

(6) 当 $n=4$ 时,如图 3.16(a)、(f)所示,重合部分的横坐标为 $m=0,1,2,3$,故
$$y(4) = \sum_{m=0}^{4} f_1(m)f_2(4-m)$$
$$= f_1(0)f_2(4) + f_1(1)f_2(3) + f_1(2)f_2(2) + f_1(3)f_2(1) + f_1(4)f_2(0)$$
$$= 4 \times 1 + 3 \times 2 + 2 \times 2 + 1 \times 2 + 0 \times 3 = 16$$

(7) 当 $n=5$ 时,如图 3.16(a)、(g)所示,重合部分的横坐标为 $m=1,2,3$,故

$$y(5) = \sum_{m=0}^{5} f_1(m) f_2(5-m)$$
$$= f_1(0)f_2(5) + f_1(1)f_2(4) + f_1(2)f_2(3) + f_1(3)f_2(2) +$$
$$f_1(4)f_2(1) + f_1(5)f_2(0)$$
$$= 4 \times 0 + 3 \times 1 + 2 \times 2 + 1 \times 2 + 0 \times 2 + 0 \times 3 = 9$$

(8) 当 $n=6$ 时,如图 3.16(a)、(h)所示,重合部分的横坐标为 $m=2,3$,故
$$y(6) = \sum_{m=0}^{6} f_1(m) f_2(6-m)$$
$$= f_1(0)f_2(6) + f_1(1)f_2(5) + f_1(2)f_2(4) + f_1(3)f_2(3) + f_1(4)f_2(2) +$$
$$f_1(5)f_2(1) + f_1(6)f_2(0)$$
$$= 4 \times 0 + 3 \times 0 + 2 \times 1 + 1 \times 2 + 0 \times 2 + 0 \times 2 + 0 \times 3 = 4$$

(9) 当 $n=7$ 时,如图 3.16(a)、(i)所示,重合部分的横坐标为 $m=3$,故
$$y(7) = \sum_{m=0}^{7} f_1(m) f_2(7-m)$$
$$= f_1(0)f_2(7) + f_1(1)f_2(6) + f_1(2)f_2(5) + f_1(3)f_2(4) + f_1(4)f_2(3) +$$
$$f_1(5)f_2(2) + f_1(6)f_2(1) + f_1(7)f_2(0)$$
$$= 4 \times 0 + 3 \times 0 + 2 \times 0 + 1 \times 1 + 0 \times 2 + 0 \times 2 + 0 \times 2 + 0 \times 3 = 1$$

(10) 当 $n>7$ 时,无重合部分,故
$$y(n) = f_1(n) * f_2(n) = \sum_{m=-\infty}^{+\infty} f_1(m) f_2(n-m) = 0$$

所以,$y(n) = \{\underset{\downarrow}{12}, 17, 20, 21, 16, 9, 4, 1\}$。

第二种方法是列表法。

图解法求解序列的卷积和比较烦琐,实际上可以采用列表法求解有限长序列的卷积和。设 $x_1(n)$ 和 $x_2(n)$ 都是因果序列,则由卷积和的定义有

$$x(n) = x_1(n) * x_2(n) = \sum_{m=0}^{n} x_1(m) x_2(n-m)$$

当 $n=0$ 时,$x(0) = x_1(0) + x_2(0)$。
当 $n=1$ 时,$x(1) = x_1(0)x_2(1) + x_1(1)x_2(0)$。
当 $n=2$ 时,$x(2) = x_1(0)x_2(2) + x_1(1)x_2(1) + x_1(2)x_2(0)$。
当 $n=3$ 时,$x(3) = x_1(0)x_2(2) + x_1(1)x_2(2) + x_1(2)x_2(1) + x_1(3)x_2(0)$。
……

于是可以求出 $x(n) = \{x(0), x(1), x(2), \cdots\}$。

以上求解过程可以归纳成列表法,而且观察式(3.15)可以发现,求和符号内乘积项 $x_1(m)x_2(n-m)$ 的序号之和正好等于 n。因此,如果将 $x_1(n)$ 的序列值排成一行,将 $x_2(n)$ 的序列值排成一列,且在表中计入各行和各列的交叉点处序列值的乘积,那么沿斜线上各项 $x_1(m)x_2(n-m)$ 的序号之和为常数 n,各项数值之和就是卷积和。这样构成的表称为序列阵表。值得注意的是,列表法只适用于两个有限长序列的卷积和计算。列表法虽然是由因果序列的卷积和推出的,但对于非因果序列的卷积和同样适用。求卷积和的序列阵表如表 3.1

所示。

表 3.1 求卷积和的序列阵表

$x_2(n)$	$x_1(n)$				
	$x_1(0)$	$x_1(1)$	$x_1(2)$	$x_1(3)$	⋯
$x_2(0)$	$x_1(0)x_2(0)$	$x_1(1)x_2(0)$	$x_1(2)x_2(0)$	$x_1(3)x_2(0)$	⋯
$x_2(1)$	$x_1(0)x_2(1)$	$x_1(1)x_2(1)$	$x_1(2)x_2(1)$	$x_1(3)x_2(1)$	⋯
$x_2(2)$	$x_1(0)x_2(2)$	$x_1(1)x_2(2)$	$x_1(2)x_2(2)$	$x_1(3)x_2(2)$	⋯
$x_2(3)$	$x_1(0)x_2(3)$	$x_1(1)x_2(3)$	$x_1(2)x_2(3)$	$x_1(3)x_2(3)$	⋯
⋮	⋮	⋮	⋮	⋮	⋮

根据式(3.15),若计算 $x(n)$,即 n 点处的卷积和,则有

$$x(n) = \sum_{m=-\infty}^{+\infty} x_1(m)x_2(n-m) = \cdots + x_1(-1)x_2(n+1) + x_1(0)x_2(n) + x_1(1)x_2(n-1) + \cdots$$

如果序列为有限长因果序列,则表 3.1 中的求和上下限分别为 n 和 0,有

$$x(n) = x_1(0)x_2(n) + x_1(1)x_2(n-1) + \cdots + x_1(n-1)x_2(1) + x_1(n)x_2(0)$$

例 3.7 用列表法求解例 3.6。

解:根据列表法的求解思路,列出序列阵表,如表 3.2 所示。

表 3.2 例 3.7 的序列阵表

$f_2(n)$	$f_1(n)$				
	4	3	2	1	0
3	12	9	6	3	0
2	8	6	4	2	0
2	8	6	4	2	0
2	8	6	4	2	0
2	4	3	2	1	0
0	0	0	0	0	0

所以,$f(n) = \{12, 17, 20, \overset{\downarrow}{21}, 16, 9, 4, 1\}$。

显然,本例结果与例 3.6 完全相同。

第三种方法是序列相乘法。

序列相乘法的求解思路与列表法相同。序列相乘法又称不进位乘法或竖乘法,即在进行乘法运算时不遵循十进制运算中"满十进一"的规则,永不进位。使用该方法计算卷积和的步骤如下:

(1) 将两个序列右对齐。

(2) 逐个样值对应相乘但不进位。

(3) 同列乘积的值相加。

例 3.8 用序列相乘法求解例 3.6。

解:序列相乘法计算过程为

```
                           n=0
                            ↓
              f₁(n):  4   3   2   1   0
              f₂(n):  3   2   2   2   1
              ─────────────────────────────
                            4   3   2   1   0
                        8   6   4   2   0
                    8   6   4   2   0
                8   6   4   2   0
            12  9   6   3   0
              ─────────────────────────────
         f₁(n)*f₂(n): 12  17  20  21  16  9  4  1
                            ↑
                           n=0
```

需要注意,在计算 $n=1,2,3,4$ 的序列值时,求和后为两位数,但没有发生进位。所以,$f(n)=\{12,\overset{\downarrow}{17},20,21,16,9,4,1\}$。

显然,本例结果与例 3.6、例 3.7 完全相同。与前两个方法相比,当两个序列为有限长序列时,序列相乘法更为简捷。

例 3.9 已知 $x(n)=2n(u(n)-u(n-3))$,$y(n)=u(n+1)-u(n-2)$,求 $x(n)*y(n)$。

解: $x(n)$ 和 $y(n)$ 都是有限项序列,又可表示为 $x(n)=\{\overset{\downarrow}{1},2,4\}$,$y(n)=\{1,\overset{\downarrow}{1},1\}$,序列相乘法的计算过程为

```
          x(n):  1   2   4
          y(n):  1   1   1
          ──────────────────
                 1   2   4
                     1   2   4
                         1   2   4
          ──────────────────
      x(n)*y(n): 1   3   7   6   4
```

$x(n)$ 的起始位 $n=0$,$y(n)$ 的起始位 $n=-1$,则 $x(n)*y(n)$ 的起始位是两者之和,为 $n=-1$。最后求得 $x(n)*y(n)=\{1,\overset{\downarrow}{3},7,6,4\}$。

卷积和有以下性质:

(1) 交换律:
$$x_1(n)*x_2(n)=x_2(n)*x_1(n) \tag{3.16}$$

(2) 结合律:
$$(x_1(n)*x_2(n))*x_3(n)=x_1(n)*(x_2(n)*x_3(n)) \tag{3.17}$$

(3) 分配率:
$$x_1(n)*(x_2(n)+x_3(n))=x_1(n)*x_2(n)+x_1(n)*x_3(n) \tag{3.18}$$

(4) 位移特性:
$$x(n)*\delta(n-k)=x(n-k) \tag{3.19}$$

式(3.19)表明,任意信号 $x(n)$ 与位移单位脉冲序列 $\delta(n-k)$ 的卷积和等于信号 $x(n)$ 本身的位移。

若 $x(n)*h(n)=y(n)$,则利用位移特性可推出
$$x(n-k)*h(n-m)=y(n-(k+m)) \tag{3.20}$$

(5) 差分特性。若 $x(n)*h(n)=y(n)$,则

$$\nabla x(n) * h(n) = x(n) * \nabla h(n) = \nabla y(n) \qquad (3.21)$$

$$\Delta x(n) * h(n) = x(n) * \Delta h(n) = \Delta y(n) \qquad (3.22)$$

(6) 求和特性：

$$x(n) * u(n) = \sum_{k=-\infty}^{n} x(k) \qquad (3.23)$$

若 $x(n) * h(n) = y(n)$，则

$$x(n) * \sum_{k=-\infty}^{n} h(k) = \left[\sum_{k=-\infty}^{n} x(k)\right] * h(n) = \sum_{k=-\infty}^{n} y(k) \qquad (3.24)$$

例 3.10 已知 $f_1(n) = 2\delta(n) + \delta(n-3)$，$f_2(n) = 3\delta(n) + 5\delta(n-1)$，求 $y(n) = f_1(n) * f_2(n)$。

解：$y(n) = f_1(n) * f_2(n) = (2\delta(n) + \delta(n-3)) * (3\delta(n) + 5\delta(n-1))$

$= 2\delta(n) * 3\delta(n) + \delta(n-3) * 3\delta(n) + 2\delta(n) * 5\delta(n-1) + \delta(n-3) * 5\delta(n-1)$

$= 6\delta(n) + 10\delta(n-1) + 3\delta(n-3) + 5\delta(n-4)$

例 3.11 利用位移特性计算 $x(n) = u(n+2) - u(n-3)$ 与 $h(n) = \{1, \overset{\downarrow}{4}, 2, 3\}$ 的卷积和。

解：$h(n)$ 可用单位样值序列及其位移表示为

$$h(n) = \delta(n+1) + 4\delta(n) + 2\delta(n-1) + 3\delta(n-2)$$

利用卷积和的位移特性，可得

$$x(n) * h(n) = x(n) * (\delta(n+1) + 4\delta(n) + 2\delta(n-1) + 3\delta(n-2))$$

$$= x(n+1) + 4x(n) + 2x(n-1) + 3x(n-2)$$

由于 $x(n) = u(n+2) - u(n-3) = \{1, 1, \overset{\downarrow}{1}, 1, 1\}$，故

$$x(n) * h(n) = \{1, 5, \overset{\downarrow}{7}, 10, 10, 9, 5, 3\}$$

例 3.12 利用求和特性计算 $x(n) = u(n)$ 与 $h(n) = \alpha^n u(n)$ 的卷积和，其中 $\alpha \neq 1$。

解：利用卷积和的求和特性，可得

$$x(n) * h(n) = u(n) * \alpha^n u(n) = \sum_{k=-\infty}^{n} \alpha^k u(k) = \begin{cases} \sum_{k=0}^{n} \alpha^k, & n \geqslant 0 \\ 0, & n < 0 \end{cases}$$

$$= \frac{1 - \alpha^{k+1}}{1 - \alpha} u(n)$$

从以上分析可以看出，卷积和可以利用图解法、列表法、序列相乘法以及卷积和的性质进行计算。图解法概念清楚，有助于对卷积和运算过程的理解。列表法和序列相乘法简便易行，但只适用于计算有限长序列的卷积和。而利用卷积和的性质可简化卷积和的计算。

2. 解卷积

在很多信号处理领域，需要解决的问题往往是以下两类问题：已知系统的激励和响应，求解系统冲激响应（或脉冲响应）；已知系统响应与系统冲激响应（或脉冲响应），求解激励信号。这两类问题均称为信号处理中的解卷积（或反卷积）问题，前者也称为系统辨识。解卷积的典型实例是信号恢复或者非理想系统的失真补偿。例如，一个通过电话线进行通信的高速调制解调器，电话信道的失真限制了信息传输速率的提高，均衡器用来补偿失真的功能，提高信息传输速率，此处均衡器是电话信道的逆系统。另外，多径传输信道的补偿问题也涉及解卷积，地震信号处理、地质勘探、雷达探测等领域也应用了解卷积。

在前面的讨论中,若已知两个序列 $x_1(n)$ 和 $x_2(n)$,其卷积和运算如式(3.15)所示。而在许多实际应用(如地质勘探)中,需要作逆运算,即已知 $x(n)$、$x_1(n)$ 求 $x_2(n)$ 或已知 $x(n)$、$x_2(n)$ 求 $x_1(n)$,这两类问题都称为解卷积。

若已知两个序列 $x(n)$、$h(n)$,则其卷积和 $y(n)$ 可以写成如下形式:

$$y(n) = x(n) * h(n) = \sum_{m=-\infty}^{+\infty} x(m)h(n-m) \tag{3.25}$$

将式(3.25)改写成矩阵运算形式:

$$\begin{bmatrix} y(0) \\ y(1) \\ y(2) \\ \vdots \\ y(n) \end{bmatrix} = \begin{bmatrix} h(0) & 0 & 0 & \cdots & 0 \\ h(1) & h(0) & 0 & \cdots & 0 \\ h(2) & h(1) & h(0) & \cdots & 0 \\ \vdots & \vdots & \vdots & \ddots & \vdots \\ h(n) & h(n-1) & h(n-2) & \cdots & h(0) \end{bmatrix} \begin{bmatrix} x(0) \\ x(1) \\ x(2) \\ \vdots \\ x(n) \end{bmatrix}$$

由式(3.25)得

$$y(0) = x(0)h(0)$$
$$y(1) = x(0)h(1) + x(1)h(0)$$
$$y(2) = x(0)h(2) + x(1)h(1) + x(2)h(0)$$
$$\cdots$$

从而得到

$$x(0) = y(0)/h(0)$$
$$x(1) = (y(1) - x(0)h(1))/h(0)$$
$$x(2) = (y(2) - x(0)h(2) - x(1)h(1))/h(0)$$
$$\cdots$$

可以看到,求 $x(n)$ 各值的过程是一个递推的过程。依此规律,可以写出求解 $x(n)$ 的递推公式:

$$x(n) = \left(y(n) - \sum_{m=-\infty}^{+\infty} x(m)h(n-m) \right) / h(0) \tag{3.26}$$

同理,可根据 $x(n)$、$y(n)$ 求 $h(n)$ 的递推公式:

$$h(n) = \left(y(n) - \sum_{m=-\infty}^{+\infty} h(m)x(n-m) \right) / x(0) \tag{3.27}$$

式(3.26)和式(3.27)都称为解卷积。式(3.26)常用于系统辨识,以寻找系统模型。

例 3.13 已知某系统的激励 $x(n) = u(n)$,其零状态响应为

$$y(n) = 2(1 - 0.5^{n+1})u(n)$$

且满足 $y(n) = x(n) * h(n)$,求该系统的单位序列响应 $h(n)$。

解:由式(3.27)

$$h(0) = y(0)/x(0) = 1$$

$$h(1) = (y(1) - h(0)x(1))/x(0) = \frac{3}{2} - 1 \times 1 = \frac{1}{2}$$

$$h(2) = (y(2) - h(0)x(2) - h(1)x(1))/x(0) = \frac{7}{4} - 1 - \frac{1}{2} = \frac{1}{4}$$

$$h(3) = (y(3) - h(0)x(3) - h(1)x(2) - h(2)x(1))/x(0) = \frac{5}{8} - 1 - \frac{1}{2} = \frac{1}{8}$$

以此类推，不难归纳出
$$h(n) = 0.5^n u(n)$$

3.3 离散时间信号的时域分解

在进行信号与系统分析时，常常需要将信号分解为不同的分量，以分析信号中不同分量的特性。离散时间信号可从不同的角度进行分解，主要可分解为直流分量与交流分量、偶分量与奇分量、实部分量和虚部分量。离散时间信号也可以分解为单位脉冲序列的线性组合或正交函数集。

3.3.1 离散时间信号分解为直流分量和交流分量

离散时间信号可以分解为直流分量与交流分量。信号的直流分量是指在信号定义区间上的信号平均值，其对应信号中不随时间变化的稳定分量。信号除去直流分量后的部分称为交流分量。若用 $x_{DC}(n)$ 表示离散时间信号的直流分量，用 $x_{AC}(n)$ 表示离散时间信号的交流分量，对于任意离散时间信号则有

$$x(n) = x_{DC}(n) + x_{AC}(n) \tag{3.28}$$

其中，

$$x_{DC}(n) = \frac{1}{N_2 - N_1 + 1} \sum_{n=N_1}^{N_2} x(n) \tag{3.29}$$

式(3.29)中，N_1 和 N_2 为离散时间信号的定义范围上下限。

3.3.2 离散时间信号分解为偶分量和奇分量

离散实信号可分解为偶分量 $x_e(n)$ 与奇分量 $x_o(n)$，即

$$x(n) = x_o(n) + x_e(n) \tag{3.30}$$

偶分量定义为

$$x_e(n) = \frac{1}{2}(x(n) + x(-n)) \tag{3.31}$$

奇分量定义为

$$x_o(n) = \frac{1}{2}(x(n) - x(-n)) \tag{3.32}$$

证明：

$$x(n) = \frac{1}{2}(x(n) + x(-n) - x(-n) + x(n))$$
$$= \frac{1}{2}(x(n) + x(-n)) + \frac{1}{2}(x(n) - x(-n))$$
$$= x_e(n) + x_o(n)$$

3.3.3 离散时间信号分解为实部分量和虚部分量

离散复信号可以分解为实部分量与虚部分量。对于离散时间信号 $x(n)$，实部分量用

$x_r(n)$ 表示,虚部分量用 $x_i(n)$ 表示,即

$$\begin{cases} x_r(n) = \dfrac{1}{2}(x(n) + x^*(n)) \\ x_i(n) = \dfrac{1}{2\mathrm{j}}(x(n) - x^*(n)) \end{cases} \tag{3.33}$$

其中,$x^*(n)$ 为信号 $x(n)$ 的共轭信号。

虽然实际产生的信号都是实信号,但在信号分析理论中,常借助复信号研究某些实信号的问题,它可以建立某些有益的概念或简化运算。例如,复指数信号常用于表示正弦、余弦信号等。

3.3.4 离散时间信号分解为单位脉冲序列的线性组合

图 3.17 所示的信号 $x(n)$ 为任意离散序列,可以将其用单位脉冲序列和移位的单位脉冲序列的加权和表示为

$$\begin{aligned} x(n) &= \cdots + x(-1)\delta(n+1) + x(0)\delta(n) + x(1)\delta(n-1) + \cdots + x(k)\delta(n-k) + \cdots \\ &= \sum_{k=-\infty}^{+\infty} x(k)\delta(n-k) \end{aligned} \tag{3.34}$$

式(3.34)表明任意离散序列都可以表示为单位脉冲序列的线性组合,这也是非常重要的结论。当求解离散序列 $x(n)$ 通过离散线性时不变系统产生的响应时,只需求解单位脉冲序列 $\delta(n)$ 通过该系统产生的响应,然后利用线性时不变系统的特性,即可求得信号 $x(n)$ 产生的响应。因此,将离散序列 $x(n)$ 表示为单位脉冲序列是离散时间系统时域分析的基础。

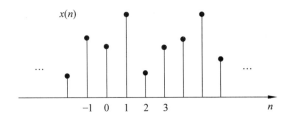

图 3.17 离散时间信号分解为单位脉冲序列的线性组合

3.3.5 离散时间信号分解为正交函数集

如果用正交函数集表示一个信号,则组成信号的各分量就是正交的。例如,用各次谐波的正弦和余弦信号的叠加表示一个脉冲信号,那么各正弦和余弦信号就是此矩形脉冲信号的正交函数分量。信号正交分解的核心是把信号分解为完备、正交、能量归一的基信号集合中各基信号的加权和,它对于信号的分析和综合很有帮助。理论上有无穷多个这样的正交分解,其中最常用的是傅里叶级数分解、傅里叶变换和拉普拉斯变换。其中,傅里叶级数分解是把周期信号分解成无穷多个谐波正弦信号的加权和,傅里叶变换是把非周期信号分解成无穷多个频率间隔无穷小的复正弦信号的加权和,而拉普拉斯变换是把信号分解成无穷多个复指数信号的加权和。

对于两个离散序列 $x_i(n)$ 和 $x_j(n)$,在长度为 N 的离散时间区间 $n_0 \leqslant n \leqslant n_0 + N - 1$ 上的内积定义为

$$\langle x_i(n), x_j(n) \rangle = \sum_{n=n_0}^{n_0+N-1} x_i(n) x_j(n) \tag{3.35}$$

离散函数的内积描述了两个函数在给定区间的相似性。当两个函数在给定区间正交时，它们的内积为 0。

设有一组离散函数 $x_1(n), x_2(n), \cdots, x_k(n)$，如果这组函数在区间 $n_0 \leqslant n \leqslant n_0+N-1$ 内满足

$$\langle x_i(n), x_j(n) \rangle = \begin{cases} 0, & i \neq j \\ A_i, & i = j \end{cases} \quad i,j = 1,2,\cdots,K \tag{3.36}$$

则称式(3.36)为正交函数集。

如果除了上述函数组外不再存在非零函数 $x_{k+1}(n)$，且满足

$$\langle x_i(n), x_{k+1}(n) \rangle = 0, \quad i = 1,2,\cdots,K \tag{3.37}$$

则称式(3.37)为完备正交函数集。

3.4 离散线性时不变系统的响应

从功能上说，离散时间系统是把一个序列转换为另一个序列的装置或者算法。离散时间系统的类型很多，与连续时间系统一样，本书仅限于讨论最基本也是最常用的离散线性时不变系统的响应特性。

离散线性时不变系统常用线性常系数差分方程描述，描写 N 阶离散线性时不变系统的线性常系数差分方程的一般形式为

$$\sum_{i=0}^{N} a_i y(n-i) = \sum_{j=0}^{M} b_j x(n-j) \tag{3.38}$$

$$\sum_{i=0}^{N} a_i y(n+i) = \sum_{j=0}^{M} b_j x(n+j) \tag{3.39}$$

其中，系数 a_i 和 b_j 都是常数。

式(3.38)和式(3.39)是序列 $x(n)$、$y(n)$ 及其移位序列的线性组合。式(3.38)中的输出序列 $y(n)$ 的序号 n 以递减方式出现，称为后向差分方程，多用于因果系统和数字滤波器的分析；式(3.39)中的输出序列 $y(n)$ 的序号 n 以递增方式出现，称为前向差分方程，多用于系统的状态变量分析。

分析信号通过系统的响应可以采用求解差分方程的经典法。但在采用经典法分析离散时间系统响应时，存在与连续时间系统经典法相似的问题。若差分方程中激励项较复杂，则难以设定相应的特解形式；若激励信号发生变化，则系统响应需全部重新求解；若初始条件发生变化，则系统响应也要全部重新求解。此外，经典法是一种纯数学方法，无法突出系统响应的物理概念。

1. 迭代法

迭代法求解差分方程，可以通过人工计算逐次代入激励信号的各个数据，进而求解响应序列。随着计算机的广泛应用，迭代法越来越多地利用计算机进行求解。在实际工程中，迭代法适用于求解递归型系统的差分方程。由于描述离散时间系统的差分方程是具有递推关系的代数方程，若已知初始状态和激励，则可以利用迭代法求得差分方程的数值解。

例 3.14 已知描述某一阶离散线性时不变系统的差分方程为
$$y(n) - 0.5y(n-1) = \mu(n)$$
且 $y(-1) = 1$,用迭代法求解差分方程。

解:将差分方程写成
$$y(n) = 0.5y(n-1) + \mu(n)$$
代入初始条件,可求得
$$y(0) = 0.5y(-1) + \mu(0) = 0.5 \times 1 + 1 = 1.5$$
以此类推:
$$y(1) = 0.5y(0) + \mu(1) = 0.5 \times 1.5 + 1 = 1.75$$
$$y(2) = 0.5y(1) + \mu(2) = 0.5 \times 1.75 + 1 = 1.875$$

迭代法是求解差分方程的一种原始方法,易于用计算机实现,且方法简单,概念清晰,但对于高阶系统比较麻烦,所以一般仅用于低阶系统,且不易得到解析形式的解。

2. 时域经典法

对于一个已知的差分方程,若激励是一个确知序列,则可以通过时域经典法对差分方程进行求解,差分方程的解分为齐次解和特解。

1) 齐次解

一般而言,对于一个单输入单输出的 N 阶离散线性时不变系统,若激励为 $x(n)$,响应为 $y(n)$,则该系统可以用一个 N 阶常系数差分方程表示,即
$$a_0 y(n) + a_1 y(n-1) + \cdots + a_N y(n-N) = b_0 x(n) + b_1 x(n-1) + \cdots + b_M x(n-M) \tag{3.40}$$

若 $x(n)$ 及其各移序项均为 0,则方程为
$$a_0 y(n) + a_1 y(n-1) + \cdots + a_N y(n-N) = 0 \tag{3.41}$$

式(3.41)被称为齐次差分方程。对于该 N 阶齐次差分方程,其对应的特征方程为
$$a_0 r^N + a_1 r^{N-1} + \cdots + a_{N-1} r + a_N = 0 \tag{3.42}$$

它有 N 个根: $r_1, r_2, \cdots, r_N$,称为差分方程的特征根。根据特征根的特点,齐次差分方程的解(齐次解)有两种类型:

第一种,特征根均为单根,即 N 个特征根互不相同,则齐次差分方程解的形式为
$$y(n) = C_1 r_1^n + C_2 r_2^n + \cdots + C_N r_N^n \tag{3.43}$$

其中,待定常数 $C_1, C_2, \cdots, C_N$ 由边界条件确定。

第二种,特征根有重根。若 r_1 是特征方程的 L 次重根,而其余 $N-L$ 个根均为单根,则齐次差分方程解的形式为
$$y(n) = (C_1 + C_2 n + \cdots + C_L n^{L-1}) r_1^n + \sum_{k=L+1}^{N} C_k r_k^n \tag{3.44}$$

式中,待定常数 $C_1, C_2, \cdots, C_N$ 由边界条件确定。

例 3.15 已知齐次差分方程为
$$y(n) + 3y(n-1) + 2y(n-2) = 0$$
且 $y(0) = 1, y(1) = 4$,求齐次解 $y(n)$。

解:该差分方程的特征方程为
$$r^2 + 3r + 2 = 0$$

可求得特征根为 $r_1=-1$ 和 $r_2=-2$。故方程齐次解为
$$y(n)=C_1(-1)^n+C_2(-2)^n \quad (n \geqslant 0)$$
由
$$y(0)=C_1+C_2=1$$
$$y(1)=-C_1-2C_2=4$$
解得 $C_1=6,C_2=-5$。最后得
$$y(n)=[6(-1)^n-5(-2)^n]u(n)$$

例 3.16 某差分方程为
$$y(n)-2y(n-1)+2y(n-2)-2y(n-3)+y(n-4)=0$$
已知边界条件为 $y(1)=1,y(2)=0,y(3)=1,y(5)=1$，求齐次解 $y(n)$。

解：该差分方程的特征方程为
$$r^4-2r^3+2r^2-2r+1=0$$
$$(r-1)^2(r^2+1)=0$$
特征根为
$$r_1=r_2=1 \quad (重根)$$
$$r_3=j, \quad r_4=-j \quad (一对共轭根)$$
则
$$y(n)=(C_1n+C_2)(1)^n+C_3(j)^n+C_4(-j)^n$$
$$=C_1n+C_2+C_3 e^{j\frac{\pi}{2}n}+C_4 e^{-j\frac{\pi}{2}n}$$
$$=C_1n+C_2+P\cos\frac{\pi}{2}n+Q\sin\frac{\pi}{2}n$$

其中，C_1、C_2、P、Q 是待定系数，$P=C_3+C_4$，$Q=j(C_3-C_4)$。利用边界条件可以得到
$$y(1)=C_1+C_2+Q=1$$
$$y(2)=2C_1+C_2-P=0$$
$$y(3)=3C_1+C_2-Q=1$$
$$y(5)=5C_1+C_2+Q=1$$

解方程组得
$$C_1=0, \quad C_2=1, \quad P=1, \quad Q=0$$

最后，差分方程的齐次解为
$$y(n)=\left(1+\cos\frac{\pi}{2}n\right)u(n)$$

2) 特解

与非齐次微分方程求解类似，非齐次差分方程的解也由两部分组成：
$$y(n)=y_q(n)+y_p(n)$$
一部分是齐次方程的齐次解 $y_q(n)$，另一部分是非齐次方程的特解 $y_p(n)$。特解的形式与差分方程等号右边自由项的形式有关。特解 $y_p(n)$ 是满足系统差分方程对给定输入的任意一个解。特解中的待定常数由系统方程自身确定。典型激励对应的特解形式如表 3.3 所示。其中，Ω_0 为相位角。

表 3.3　典型激励对应的特解形式

激励 $x(n)$	特解 $y_p(n)$
K 或 $x(n)$(常数)	C(常数)
n^m	$C_m n^m + C_{m-1} n^{m-1} + \cdots + C_1 n + C_0$(所有的特征根均不等于1) $n^r(C_m n^m + C_{m-1} n^{m-1} + \cdots + C_1 n + C_0)$(有 r 重等于1的特征根)
α^n	$C\alpha^n$(α 不等于特征根) $(C_1 n + C_0)\alpha^n$(α 等于特征单根) $(C_r n^r + C_{r-1} n^{r-1} + \cdots + C_1 n + C_0)\alpha^n$($\alpha$ 等于 r 重特征根)
$\cos \Omega_0 n$ 或 $\sin \Omega_0 n$	$C_1 \cos \Omega_0 n + C_2 \sin \Omega_0 n$
$\alpha^n \cos(\Omega_0 n + \varphi)$	$\alpha^n (C_1 \cos \Omega_0 n + C_2 \sin \Omega_0 n)$

差分方程特解的求解方法如下：将 $n>0$ 时的激励信号 $x(n)$ 代入方程等号右边（也称自由项），观察自由项的形式以选定含有待定系数 C 的特解函数式，将选定的特解形式代入原非齐次差分方程等号左边，进而求出其待定系数 C，最后求得方程的特解 $y_p(n)$。

例 3.17　离散时间系统的差分方程为

$$y(n) + 3y(n-1) + 2y(n-2) = 2^n u(n)$$

边界条件为 $y(0)=0, y(1)=2$，求系统的响应 $y(n)$。

解：(1) 求差分方程齐次解 $y_q(n)$。由已知差分方程可得其特征方程为

$$r^2 + 3r + 2 = 0$$

求得特征根为 $r_1 = -1, r_2 = -2$。故

$$y_q(n) = C_1(-1)^n + C_2(-2)^n \quad (n \geqslant 0)$$

(2) 求非齐次差分方程的特解 $y_p(n)$。因为方程右边在 $n>0$ 时的自由项为 2^n，由表 3.3 可知特解的形式为

$$y_p(n) = C 2^n$$

将其代入原方程左边得

$$C 2^n + 3 C 2^{n-1} + 2 C 2^{n-2} = 2^n$$

求得

$$C = \frac{1}{3}$$

则

$$y_p(n) = \frac{1}{3}(2)^n u(n)$$

(3) 求非齐次差分方程在给定初始条件下的全解。因为

$$y(n) = y_q(n) + y_p(n) = \left(C_1(-1)^n + C_2(-2)^n + \frac{1}{3}(2)^n\right) u(n)$$

由

$$y(0) = C_1 + C_2 + \frac{1}{3} = 0$$

$$y(1) = -C_1 - 2C_2 + \frac{2}{3} = 2$$

解得 $C_1=\frac{2}{3}$, $C_2=-1$。所以系统的响应为

$$y(n)=\left(\frac{2}{3}(-1)^n-2(-2)^n+\frac{1}{3}(2)^n\right)u(n)$$

对于离散时间系统,时域经典法的基本步骤可归纳如下:
(1) 写出描述离散时间系统的数学模型——差分方程,求出相应的初始条件。
(2) 写出差分方程对应的特征方程,求出特征根。
(3) 根据特征根写出相应差分方程的齐次解形式 $y_q(n)$。
(4) 根据在 $n>0$ 时差分方程等号右边的自由项,写出差分方程的特解形式,代入差分方程等号左边,求得特解中的未知系数,进而求出特解 $y_p(n)$。
(5) 写出系统的全响应 $y(n)=y_q(n)+y_p(n)$。
(6) 由初始条件确定 $y(n)$ 中 $y_q(n)$ 部分的待定系数,从而求得给定激励与初始条件的离散时间系统的响应 $y(n)$。

如同连续线性时不变系统一样,离散线性时不变系统的完全响应也可以看作初始状态与输入激励分别单独作用于系统产生的响应叠加。其中,由初始状态单独作用于系统而产生的输出响应称为零输入响应,记作 $y_{zi}(n)$;而由输入激励单独作用于系统而产生的输出响应称为零状态响应,记作 $y_{zs}(n)$。因此,有

$$y(n)=y_{zi}(n)+y_{zs}(n)$$

即离散线性时不变系统的完全响应 $y(n)$ 为零输入响应 $y_{zi}(n)$ 与零状态响应 $y_{zs}(n)$ 之和。

3.4.1 离散线性时不变系统的零输入响应

零输入响应 $y_{zi}(n)$ 是外部输入激励为 0 时仅由系统的初始状态引起的输出响应。在输入为 0 时,描述 n 阶离散线性时不变系统的数学模型[式(3.38)]等号右端激励项全部为 0,差分方程成为齐次差分方程,即

$$\sum_{i=0}^{N}a_i y(n-i)=0 \tag{3.45}$$

故系统零输入响应的形式与齐次差分方程解(即齐次解)的形式一致。

例 3.18 若描述某离散线性时不变系统的差分方程为

$$y(n)+3y(n-1)+2y(n-2)=x(n)$$

已知系统的初始状态 $y(-1)=0$, $y(-2)=\frac{1}{2}$,求系统的零输入响应 $y_{zi}(n)$。

解: 差分方程的特征方程为

$$r^2+3r+2=0$$

解得特征根 $r_1=-1$, $r_2=-2$,为两个不等的实根。因此,零输入响应的形式为

$$y_{zi}(n)=C_1(-1)^n+C_2(-2)^n$$

代入初始状态,有

$$y(-1)=-C_1-\frac{1}{2}C_2=0$$

$$y(-2)=C_1+\frac{1}{4}C_2=\frac{1}{2}$$

解得 $C_1=1$, $C_2=-2$,故系统的零输入响应为

$$y_{zi}(n) = (-1)^n - 2(-2)^n \quad (n \geqslant 0)$$

例 3.19 若描述某离散线性时不变系统的差分方程为
$$y(n) + 1.5y(n-1) - 0.5y(n-3) = x(n)$$
已知初始状态 $y(-1) = 0.5, y(-2) = 2, y(-3) = 4$，求系统的零输入响应 $y_{zi}(n)$。

解：差分方程的特征方程为
$$r^3 + 1.5r^2 - 0.5 = 0$$
解得特征根 $r_1 = 0.5, r_2 = r_3 = -1$，存在重根。因此，零输入响应的形式为
$$y_{zi}(n) = C_1(0.5)^n + C_2(-1)^n + C_3 n(-1)^n$$
代入初始状态，有
$$y(-1) = 2C_1 - C_2 + C_3 = 0.5$$
$$y(-2) = 4C_1 + C_2 - 2C_3 = 2$$
$$y(-3) = 8C_1 - C_2 + 3C_3 = 4$$
解得 $C_1 = \dfrac{17}{36}, C_2 = \dfrac{7}{9}, C_3 = \dfrac{1}{3}$，故系统的零输入响应为
$$y_{zi}(n) = \frac{17}{36}(0.5)^n + \frac{7}{9}(-1)^n + \frac{1}{3}(-1)^n \quad (n \geqslant 0)$$

例子中特征根为不相等的实根或重根。若系统特征方程的特征根含有共轭复根，可写出零输入响应的形式，再由初始状态确定待定系数，即可求出系统的零输入响应。

3.4.2 离散线性时不变系统的零状态响应

离散时间系统的零状态响应 $y(n)$ 是系统的初始状态为 0，仅由输入信号 $x(n)$ 产生的响应，用 $y_{zs}(n)$ 表示。这时，差分方程仍是非齐次方程，即零状态响应满足
$$\sum_{i=0}^{N} a_i y_{zs}(n-i) = \sum_{j=0}^{M} b_j x(n-j)$$
根据零状态响应的定义，其初始状态为
$$y_{zs}(-1) = y_{zs}(-2) = \cdots = y_{zs}(-n) = 0$$
由于此时的差分方程为非齐次方程。因此，可以先分别确定此时的齐次解和特解的形式，然后将其求和，即可得到零状态响应的形式。例如，若差分方程的特征根均为单根，则其零状态响应为
$$y_{zs}(n) = \sum_{i=1}^{N} C_i r_i^n + y_p(n)$$
其中，C_i 为待定系数，$y_p(n)$ 为差分方程的特解。

由非齐次差分方程进行迭代得到系统零状态条件下的初始值 $y_{zs}(-1), y_{zs}(-2), \cdots, y_{zs}(N-1)$，即可确定系统零状态响应的各待定系数。

例 3.20 描述某离散线性时不变系统的差分方程为
$$y(n) - 5y(n-1) + 6y(n-2) = x(n)$$
若 $x(n) = u(n)$，初始状态为 $y(-1) = 0, y(-2) = \dfrac{1}{6}$，求系统的零状态响应。

解：零状态响应满足差分方程
$$y_{zs}(n) - 5y_{zs}(n-1) + 6y_{zs}(n-2) = u(n)$$
零状态响应解的形式为上述差分方程的全解。由特征方程可得零状态响应的齐次解为

$$Y_{zs1}(n) = C_1(2)^n + C_2(3)^n$$

由激励 $x(n)$ 的形式可得零状态响应特解为

$$y_p(n) = C$$

将特解代入上面的差分方程中,解得 $C = \dfrac{1}{2}$,故系统零状态响应解的形式为

$$y_{zs}(n) = C_1(2)^n + C_2(3)^n + \dfrac{1}{2} \quad (n \geqslant 0)$$

C_1、C_2 为待定系数,由零状态响应在 $y_{zs}(0)$、$y_{zs}(1)$ 时刻的值决定。$y_{zs}(0)$、$y_{zs}(1)$ 的值可以根据差分方程递推得到。由差分方程可知

$$y_{zs}(n) = 5y_{zs}(n-1) - 6y_{zs}(n-2) + u(n)$$

当 $n=0$ 时

$$y_{zs}(0) = 5y_{zs}(-1) - 6y_{zs}(-2) + u(0) = 1$$

当 $n=1$ 时

$$y_{zs}(1) = 5y_{zs}(0) - 6y_{zs}(-1) + u(1) = 6$$

将初始值代入零状态响应表达式,得

$$\begin{cases} y_{zs}(0) = C_1 + C_2 + \dfrac{1}{2} = 1 \\ y_{zs}(1) = 2C_1 + 3C_2 + \dfrac{1}{2} = 6 \end{cases}$$

解得 $C_1 = -4, C_2 = \dfrac{9}{2}$。所以,零状态响应为

$$y_{zs}(n) = -4(2)^n + \dfrac{9}{2}(3)^n + \dfrac{1}{2} \quad (n \geqslant 0)$$

例 3.21 描述某离散线性时不变系统的差分方程为

$$y(n) + 6y(n-1) + 8y(n-2) = x(n)$$

若 $x(n) = 2^n (n \geqslant 0), y(0) = 2, y(1) = -1$,求系统的全响应。

解:由系统的初始值 $y(0) = 2, y(1) = -1$,无法区分零输入响应和零状态响应在 $n=0$,$n=1$ 时的值。

由于在零状态条件下系统的初始状态为 0:$y_{zs}(-1) = y_{zs}(-2) = \cdots = y_{zs}(-n) = 0$,故可由零状态条件下的初始状态和差分方程求得零状态条件下的初始值,进而求得零状态响应。然后求得零输入条件下的初始值并求得零输入响应。

零状态响应满足非齐次差分方程

$$y_{zs}(n) + 6y_{zs}(n-1) + 8y_{zs}(n-2) = 2^n u(n)$$

且其初始状态为 $y_{zs}(-1) = y_{zs}(-2) = 0$。

首先由零状态条件下的差分方程递推求出初始值 $y_{zs}(0)$ 和 $y_{zs}(1)$:

$$y_{zs}(0) = -6y_{zs}(-1) - 8y_{zs}(-2) + 1 = 1$$

$$y_{zs}(1) = -6y_{zs}(0) - 8y_{zs}(-1) + 2 = -4$$

特征方程为

$$r^2 + 6r + 8 = 0$$

解得其特征根为 $r_1 = -2, r_2 = -4$,可设其齐次解解形式为 $[C_1(-2)^n + C_2(-4)^n]u(n)$。

当 $n \geqslant 0$ 时,可设其特解形式为 $C2^n$,将其代入差分方程得

$$C2^n + 6C2^{n-1} + 8C2^{n-2} = 2^n$$

方程左右两边应该相等，故 $C+3C+2C=1$，从而求得 $C=\dfrac{1}{6}$，所以特解为 $\dfrac{1}{6}\times 2^n u(n)$。所以，零状态响应为

$$y_{zs}(n) = \left(C_1(-2)^n + C_2(-4)^n + \dfrac{1}{6}\times 2^n\right)u(n)$$

代入初始值，求得 $C_1=-\dfrac{1}{2}, C_2=\dfrac{4}{3}$，所以

$$y_{zs}(n) = \left(-\dfrac{1}{2}\times(-2)^n + \dfrac{4}{3}\times(-4)^n + \dfrac{1}{6}\times 2^n\right)u(n)$$

零输入响应满足齐次差分方程

$$y_{zi}(n) + 6y_{zi}(n-1) + 8y_{zi}(n-2) = 0$$

则零输入响应的初始值为

$$y_{zi}(0) = y(0) - y_{zs}(0) = 1$$
$$y_{zi}(1) = y(1) - y_{zs}(1) = 3$$

由于其特征根为 $r_1=-2, r_2=-4$，故其零输入响应的形式为

$$y_{zi}(n) = (C_3(-2)^n + C_4(-4)^n)u(n)$$

代入初始值，求得 $C_3=\dfrac{7}{2}, C_4=-\dfrac{5}{2}$，所以

$$y_{zi}(n) = \left(\dfrac{7}{2}\times(-2)^n - \dfrac{5}{2}\times(-4)^n\right)u(n)$$

所以系统的全响应为

$$y(n) = y_{zi}(n) + y_{zs}(n) = \left(3\times(-2)^n - \dfrac{7}{6}\times(-4)^n + \dfrac{1}{6}\times 2^n\right)u(n)$$

3.4.3　离散线性时不变系统的单位样值响应

单位脉冲序列 $\delta(n)$ 作用于离散线性时不变系统所产生的零状态响应称为单位样值响应（单位脉冲响应），通常用符号 $h(n)$ 表示，它的作用与连续时间系统的冲激响应 $h(t)$ 相同。单位样值响应的求解方法包括等效初始条件法及传输算子法等。

1. 等效初始条件法

由于单位样值序列 $\delta(n)$ 只在 $n=0$ 时取值为 1，在其他时刻取值均为 0，因而利用这一特点可以将单位样值序列对系统的作用转化为系统的边界条件。当 $n>0$ 时，由于 $\delta(n)$ 的函数值为 0，因而将单位样值响应的数学模型简化为齐次差分方程，求解过程与零输入响应的求解类似，关键在于确定单位样值响应的初始条件 $h(0), h(1), \cdots, h(N-1)$。

例 3.22　若描述某离散线性时不变系统的差分方程为

$$y(n) - 0.5y(n-1) = x(n)$$

求其单位样值响应 $h(n)$。

解：根据单位样值响应 $h(n)$ 的定义，它应满足方程

$$h(n) - 0.5h(n-1) = \delta(n)$$

对于因果系统，由于 $\delta(-1)=0$，故 $h(-1)=0$。采用迭代法将差分方程写成

$$h(n) = \delta(n) + 0.5h(n-1)$$

代入 $h(-1)=0$，可求得
$$h(0)=\delta(0)+0.5h(-1)=1+0=1$$
依次迭代可得
$$h(1)=\delta(1)+0.5h(0)=0+0.5\times 1=0.5$$
$$h(2)=\delta(2)+0.5h(1)=0+0.5\times 0.5=0.5^2$$
$$\vdots$$

利用迭代法求系统的单位样值响应不易得出解析形式的解，一般只能得到有限项的数值解。为了能够获得其解析解，可采用等效初始条件法。对于因果系统，单位样值序列瞬时作用后，其输入变为 0，此时描述离散系统的差分方程变为齐次差分方程，而单位样值序列对系统的瞬时作用则转化为系统的等效初始条件，这样就把问题转化为求解齐次差分方程，从而得到 $h(n)$ 的解析解。单位样值序列的等效初始条件可以根据差分方程和零状态条件 $y(-1)=0$，$y(-2)=0,\cdots,y(-n)=0$ 递推求出。

下面说明等效初始条件法求解单位样值响应 $h(n)$ 的过程。

求解单位样值响应时，系统的数学模型为
$$h(n)-0.5h(n-1)=\delta(n) \tag{3.46}$$
激励 $\delta(n)$ 只在 $n=0$ 时取值为 1，因而当 $n>0$ 时数学模型转化为
$$h(n)-0.5h(n-1)=0$$
利用齐次差分方程的求解方法，可得
$$h(n)=C_1 0.5^n$$

由单位样值响应的定义可知 $h(-1)=0$，将其代入式(3.46)，可得
$$h(0)-0.5h(-1)=\delta(0)$$
解得 $h(0)=1$。当 $n>0$ 时，激励 $\delta(n)=0$，但由于 $\delta(n)$ 在 0 时刻的作用转化成初始状态 $h(0)=1$，故使系统在 $n>0$ 的区间产生响应。

将 $h(0)=1$ 代入 $h(n)=C_1 0.5^n$，可得
$$C_1=1$$
系统的单位样值响应为
$$h(n)=0.5^n \quad (n\geqslant 0)$$
或者写为
$$h(n)=0.5^n u(n)$$

例 3.23 若描述某离散线性时不变系统的差分方程为
$$y(n)+3y(n-1)+2y(n-2)=x(n)$$
求该系统的单位样值响应 $h(n)$。

解：根据单位样值响应 $h(n)$ 的定义，它应满足差分方程
$$h(n)+3h(n-1)+2h(n-2)=\delta(n)$$
（1）求等效初始条件。对于因果系统，有 $h(-1)=0$，$h(-2)=0$，代入上面的差分方程，可以推出等效初始条件：
$$h(0)=\delta(0)-3h(-1)-2h(-2)=1$$
$$h(1)=\delta(1)-3h(0)-2h(-1)=-3$$
$$\vdots$$
求解该二阶差分方程需要两个初始条件，可以选择 $h(0)$ 和 $h(1)$ 作为初始条件。选择初始条

件的基本原则是必须将 $\delta(n)$ 的作用体现在等效初始条件中。

（2）求差分方程的齐次解。差分方程对应的特征方程为
$$r^2 + 3r + 2 = 0$$
解得特征根 $r_1 = -1, r_2 = -2$，故单位样值响应的形式为
$$h(n) = (C_1(-1)^n + C_2(-2)^n)u(n)$$
代入初始条件，有
$$h(0) = C_1 + C_2 = 1$$
$$h(1) = -C_1 - C_2 = -3$$
解得 $C_1 = -1, C_2 = 2$，故系统的单位脉冲响应为
$$h(n) = (-1(-1)^n + 2(-2)^n)u(n)$$

2. 传输算子法

利用等效初始条件法求解高阶差分方程时需要求解齐次方程，并等效出系统的 N 个初始条件，即 $h(0), h(1), \cdots, h(N-1)$，有时比较烦琐。为了简化运算，可以使用移位算子求解单位样值响应。

利用移位算子描述差分方程，则式(3.38)的算子方程为
$$\sum_{i=0}^{N} a_i E^{-i} y(n) = \sum_{j=0}^{M} b_j E^{-j} x(n) \tag{3.47}$$
当激励为 $\delta(n)$ 时，系统模型为
$$\sum_{i=0}^{N} a_i E^{-i} h(n) = \sum_{j=0}^{M} b_j E^{-j} \delta(n)$$
故单位样值响应为
$$h(n) = \frac{b_0 + b_1 E^{-1} + \cdots + b_M E^{-M}}{a_0 + a_1 E^{-1} + \cdots + a_N E^{-N}} \delta(n) = H(E)\delta(n) \tag{3.48}$$

式(3.48)中的 $H(E)$ 称为传输算子。

假设系统特征根无重根，对式(3.48)进行部分分式展开，可得
$$h(n) = \left[C_s E^{-s} + C_{s-1} E^{-s+1} + \cdots + C_1 E^{-1} + C_0 + \right.$$
$$\left. \frac{i_1}{1 - r_1 E^{-1}} + \frac{i_2}{1 - r_2 E^{-1}} + \cdots + \frac{i_N}{1 - r_N E^{-1}} \right] \delta(n) \tag{3.49}$$

式(3.49)是 $M \geqslant N$ 且系统特征根为单根。若 $M < N$，则系数 $C_s, C_{s-1}, \cdots, C_1, C_0$ 均为 0。进一步整理可得
$$h(n) = \sum_{k=0}^{s} C_k E^{-k} \delta(n) + \sum_{m=1}^{N} \frac{i_m}{1 - r_m E^{-1}} \delta(n) = \sum_{k=0}^{s} h_k(n) + \sum_{m=1}^{N} h_m(n) \tag{3.50}$$

其中，$h_k(n) = C_k E^{-k} \delta(n), h_m(n) = \dfrac{i_m}{1 - r_m E^{-1}} \delta(n)$。

从例 3.22 可知，差分方程
$$h(n) - 0.5h(n-1) = \delta(n)$$
所对应的算子方程为
$$(1 - 0.5 E^{-1}) h(n) = \delta(n)$$
即
$$h(n) = \frac{1}{1 - 0.5 E^{-1}} \delta(n)$$

此时单位样值响应为

$$h(n) = 0.5nu(n)$$

由此可知,当 $h_m(n) = \dfrac{i_m}{1-r_m E^{-1}}\delta(n)$ 时,$h_m(n) = i_m r_m^n u(n)$。故式(3.50)对应的单位冲激响应为

$$h(n) = \sum_{k=0}^{s} C_k \delta(n-k) + \sum_{m=1}^{N} i_m r_m^n u(n) \qquad (3.51)$$

当系统特征方程有重根时,采用类似于例3.22的方法可得:当 $h_m(n) = \dfrac{i_m}{(1-r_m E^{-1})^2}\delta(n)$ 时,

$$h_m(n) = i_m(n+1) r_m^n u(n)$$

式(3.51)将高阶系统的单位样值响应分解为若干一阶系统响应之和。求出一阶系统的响应后,对其简单相加,便可以求出高阶系统的单位样值响应。

例 3.24 利用传输算子法求系统 $y(n) - 5y(n-1) + 6y(n-2) = x(n) + x(n-1)$ 的单位样值响应。

解:用移位算子表示差分方程,可得

$$(1 - 5E^{-1} + 6E^{-2})h(n) = (1 + E^{-1})\delta(n)$$

$$h(n) = \frac{1 + E^{-1}}{1 - 5E^{-1} + 6E^{-2}}\delta(n) = \frac{4}{1 - 3E^{-1}}\delta(n) - \frac{3}{1 - 2E^{-1}}\delta(n)$$

由式(3.51)可得

$$h(n) = (4 \times 3^n - 3 \times 2^n) u(n)$$

在连续线性时不变系统中,通过把激励信号分解为冲激信号的加权叠加,求出每一个冲激信号单独作用于系统的冲激响应,然后把这些响应叠加,即得系统对应此激励信号的零状态响应。这个叠加的过程表现为卷积积分。在离散线性时不变系统中,可以采用相同的原理分析系统的响应。

由于任意离散时间信号 $x(n)$ 都可以表示为单位脉冲序列的加权叠加,即

$$x(n) = \sum_{k=-\infty}^{+\infty} x(k)\delta(n-k)$$

系统在单位脉冲序列 $\delta(n)$ 作用下的零状态响应称为单位脉冲响应,用符号 $h(n)$ 表示,即

$$T\{\delta(n)\} = h(n)$$

由系统的非时变特性得

$$T\{\delta(n-k)\} = h(n-k)$$

由系统线性特性的均匀性得

$$T\{x(n)\delta(n-k)\} = x(n)h(n-k)$$

再由系统线性特性的叠加性得

$$T\left\{\sum_{k=-\infty}^{+\infty} x(k)\delta(n-k)\right\} = \sum_{k=-\infty}^{+\infty} x(k)h(n-k)$$

即离散线性时不变系统的零状态响应为

$$y_{zs}(n) = \sum_{k=-\infty}^{+\infty} x(k)h(n-k) \qquad (3.52)$$

式(3.52)称为卷积和,用符号记为

$$y_{zs}(n) = x(n) * h(n) \qquad (3.53)$$

式(3.52)表明离散线性时不变系统的零状态响应等于激励信号和系统单位脉冲响应的卷积和。

例 3.25 如某离散线性时不变系统的冲激响应为 $h(n)=0.5^n u(n)$,求激励分别为 $x_1(n)=1, x_2(n)=u(n)$ 时系统的零状态响应。

解:(1) 由式(3.52),考虑到 $x_1(n-k)=1$,可得

$$y_{zs1}(n)=x_1(n)*h(n)=h(n)*x_1(n)=\sum_{k=-\infty}^{+\infty}0.5^k u(k)\times 1$$

在上式中,当 $k<0$ 时 $u(k)=0$,故从 $-\infty$ 到 -1 求和等于 0,因而求和下限可改为 $k=0$;当 $k\geqslant 0$ 时 $u(k)=0$,于是有

$$y_{zs1}(n)=\sum_{k=0}^{+\infty}0.5^k u(k)=\frac{1}{1-0.5}=2$$

即
$$y_{zs1}(n)=0.5^k u(k)\times 1=2 \quad (-\infty<n<+\infty)$$

利用卷积和求零状态响应,其所求结果即为零状态响应的表达式,无须像差分方程求解那样最后加上 $u(n)$。

(2) 由式(3.52)得

$$y_{zs2}(n)=x_2(n)*h(n)=h(n)*x_2(n)=\sum_{k=-\infty}^{+\infty}0.5^k u(k)u(n-k)$$

上式中 $u(k)$ 不为 0 时有 $k\geqslant 0$,$u(n-k)$ 不为 0 时有 $k\leqslant n$,故其乘积不为零的区间是 $0\leqslant k\leqslant n$,因为 $-\infty<n<+\infty$,所以对 n 分区间讨论,得

$$y_{zs2}(n)=\begin{cases}\sum_{k=0}^{n}0.5^k=\frac{1-0.5^{n+1}}{1-0.5}=2(1-0.5^{n+1}), & n\geqslant 0\\ 0, & n<0\end{cases}$$

即
$$y_{zs2}(n)=2(1-0.5^{n+1})u(n)$$

上述过程中使用了卷积和代数运算中的交换律。随着卷积和性质的引入,会更便于卷积和的求解。

例 3.26 已知某离散线性时不变系统的单位脉冲响应 $h(n)=\left(\frac{1}{2}\right)^n u(n)$,输入序列 $x(n)=u(n)$,求该系统的零状态响应 $y_{zs}(n)$。

解:利用式(3.52)可求出系统的零状态响应 $y_{zs}(n)$ 为

$$y_{zs}(n)=\sum_{k=-\infty}^{+\infty}u(k)\left(\frac{1}{2}\right)^{n-k}u(n-k)=\begin{cases}\sum_{k=0}^{n}\left(\frac{1}{2}\right)^{n-k}, & n\geqslant 0\\ 0, & n<0\end{cases}$$

$$=\frac{1-\left(\frac{1}{2}\right)^{n+1}}{1-\frac{1}{2}}u(n)=\left[2-\left(\frac{1}{2}\right)^n\right]u(n)$$

可见,在求解离散线性时不变系统的零状态响应时,需要先得到系统的单位脉冲响应 $h(n)$,然后计算输入序列 $x(n)$ 与 $h(n)$ 的卷积和。

3.5 单位样值响应表示的离散时间系统特性

由于任意连续时间信号 $x(t)$ 可以表示为冲激信号 $\delta(t)$ 的加权叠加,而连续线性时不变系统的零状态响应则是基于 $\delta(t)$ 作用于系统的零状态响应,即冲激响应 $h(t)$,以及线性非时变

特性。系统不同,则其冲激响应 $h(t)$ 也不同,因此,冲激响应 $h(t)$ 可以表征连续时间系统,成为连续时间系统的时域描述。根据连续时间系统对应的冲激响应 $h(t)$,则可分析该连续时间系统的时域特性,例如无失真传输系统 $h(t)=K\delta(t-t_d)$(其中 K 为正常数,t_d 是输入信号通过系统后的延迟时间)、理想积分器 $h(t)=u(t)$、理想微分器 $h(t)=\delta'(t)$、延时器 $h(t)=\delta(t-t_d)$ 等。同理,离散线性时不变系统不同,则其单位样值响应 $h(n)$ 也不同,因此,单位样值响应 $h(n)$ 可以表征离散时间系统,成为离散时间系统的时域描述。根据离散时间系统对应的单位样值响应 $h(n)$,则可分析该离散时间系统的时域特性,例如无失真传输系统 $h(n)=K\delta(n-n_d)$(其中 K 为正常数,n_d 是输入信号通过系统后的延迟单元)、求和器 $h(n)=u(n)$、差分器 $h(n)=\delta(n)-\delta(n-1)$、单位延时器 $h(n)=\delta(n-1)$ 等。

复杂系统通常是若干子系统有效连接而成的,其单位样值响应可以通过子系统的单位样值响应而得到。此外,单位样值响应还可以判断系统的因果性、稳定性等特性。

3.5.1 离散级联系统的单位样值响应

两个离散线性时不变系统的级联如图 3.18 所示。若两个子系统的单位样值响应分别为 $h_1(n)$ 和 $h_2(n)$,则离散时间信号 $x(n)$ 通过第一个子系统的输出为

$$z(n)=x(n)*h_1(n)$$

将第一个子系统的输出作为第二个子系统的输入,则可求出该级联系统的输出:

$$y(n)=z(n)*h_2(n)=x(n)*h_1(n)*h_2(n)$$

根据卷积和的结合律性质可知

$$y(n)=x(n)*h_1(n)*h_2(n)=x(n)*(h_1(n)*h_2(n))=x(n)*h(n)$$

其中,$h(n)=h_1(n)*h_2(n)$。可见,对于两个离散时间子系统通过级联而构成的系统,其单位样值响应等于两个子系统单位样值响应的卷积和。也就是说,图 3.18(a)所示两个子系统的级联等效于图 3.18(b)所示的单个系统。

根据卷积和的交换律,两个子系统单位样值响应的卷积和可以表示成

$$h(n)=h_1(n)*h_2(n)=h_2(n)*h_1(n) \tag{3.54}$$

即交换两个级联的子系统的先后连接次序不影响系统总的单位样值响应 $h(n)$,图 3.18(c)与(d)是等效的。可以看出,对于一个级联的离散线性时不变系统而言,单位样值响应与子系统的级联顺序无关,因此图 3.18 所示的 4 个系统是等效的。

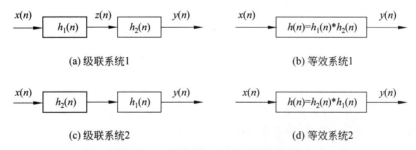

图 3.18 离散线性时不变系统的级联

3.5.2 离散并联系统的单位样值响应

两个离散线性时不变系统的并联如图 3.19(a)所示。若两个子系统的单位样值响应分别

为 $h_1(n)$ 和 $h_2(n)$，则离散时间信号 $x(n)$ 通过两个子系统的输出分别为

$$y_1(n)=x(n)*h_1(n), \quad y_2(n)=x(n)*h_2(n)$$

整个并联系统的输出为两个子系统输出 $y_1(n)$ 与 $y_2(n)$ 之和，即

$$y(n)=x(n)*h_1(n)+x(n)*h_2(n)$$

应用卷积和的分配率性质，上式可写成

$$y(n)=x(n)*(h_1(n)+h_2(n))=x(n)*h(n) \tag{3.55}$$

其中，$h(n)=h_1(n)+h_2(n)$。可见，两个离散时间子系统通过并联而构成系统，其单位样值响应等于两个子系统单位样值响应之和。也就是说，图 3.19(a) 所示两个子系统的并联等效于图 3.19(b) 所示的单个系统，即单位样值响应分别为 $h_1(n)$、$h_2(n)$ 的两个子系统并联等效于一个单位样值响应为 $h_1(n)+h_2(n)$ 的系统。

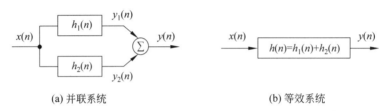

(a) 并联系统　　　　　　　　　　　　(b) 等效系统

图 3.19　离散线性时不变系统的并联

例 3.27　写出图 3.20 所示的离散线性时不变系统的单位样值响应 $h(n)$。其中，$h_1(n)=2\delta(n-1)$，$h_2(n)=0.5^n u(n)$，$h_3(n)=3u(n)$。

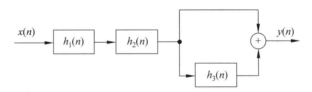

图 3.20　例 3.27 的系统

解：从图 3.20 可见，子系统 $h_1(n)$ 和 $h_2(n)$ 是级联关系，$h_3(n)$ 支路与全通支路并联后再与 $h_1(n)$、$h_2(n)$ 级联。全通离散系统的单位样值响应为单位样值序列 $\delta(n)$。因此，图 3.20 所示系统的单位样值响应为

$$\begin{aligned}
h(n)&=h_1(n)*h_2(n)*(\delta(n)+h_3(n))\\
&=2\delta(n-1)*0.5^n u(n)*(\delta(n)+3u(n))\\
&=2\delta(n-1)*0.5^n u(n)*\delta(n)+6\delta(n-1)*0.5^n u(n)*u(n)\\
&=2(0.5)^{n-1}u(n-1)+6(2-0.5^{n-1})u(n-1)\\
&=(12-4(0.5)^{n-1})u(n-1)
\end{aligned}$$

由此可见，复杂离散系统可以由简单离散系统通过级联或并联等构成，根据简单系统之间的连接关系，就可以确定复杂离散系统的单位样值响应。

值得注意的是，全通离散系统在系统框图中以带箭头的直线表示，全通离散系统单位样值响应 $h(n)=\delta(n)$。

例 3.28　求图 3.21 所示系统的单位样值响应。其中 $h_1(n)=2^n u(n)$，$h_2(n)=\delta(n-1)$，$h_3(n)=3^n u(n)$，$h_4(n)=u(n)$。

解：子系统 $h_2(n)$ 与 $h_3(n)$ 级联，$h_1(n)$ 支路、全通支路与 $h_2(n)$、$h_3(n)$ 级联支路并联，再

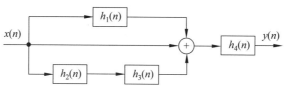

图 3.21 例 3.28 的系统

与 $h_4(n)$ 级联。全通支路满足 $y(n)=x(n)*h(n)$，所以全通离散时间系统的单位样值响应为

$$h(n) = (h_1(n)+\delta(n)+h_2(n)*h_3(n))*h_4(n)$$
$$= (2^n u(n)+\delta(n)+\delta(n-1)*3^n u(n))*u(n)$$
$$= \sum_{k=-\infty}^{n} 2^k u(k)+u(n)+\sum_{k=-\infty}^{n} 3^{k-1}u(k-1)$$
$$= \sum_{k=0}^{n} 2^k + u(n) + \sum_{k=1}^{n} 3^{k-1}$$
$$= 2\times 2^n u(n) + (1.5\times 3^{n-1}-0.5)u(n-1)$$

3.5.3 离散因果系统的单位样值响应

所谓因果系统，就是输出变化不领先于输入变化的系统。响应 $h(n)$ 只取决于当前时刻以及当前时刻以前的激励，即 $x(n),x(n-1),x(n-2),\cdots$。如果 $y(n)$ 不仅取决于当前及过去的输入，而且取决于未来的输入 $x(n+1),x(n+2),\cdots$，那么，在时间上就违背了先因后果的逻辑关系，因而是非因果系统，即不可实现的系统。

离散线性时不变系统作为因果系统的充分必要条件是

$$h(n)=0 \quad (n<0) \tag{3.56}$$

或者表示为

$$h(n)=h(n)u(n) \tag{3.57}$$

此时，输入信号 $x(n)$ 通过该离散系统的零状态响应可以简写成

$$y_{zs}(n)=\sum_{k=-\infty}^{n}x(n)h(n-k)$$

或

$$y_{zs}(n)=\sum_{k=0}^{+\infty}h(k)x(n-k)$$

例如，$y(n)=x(n+1)-x(n)$，求解该系统的单位样值响应，可得 $h(n)=\delta(n+1)-\delta(n)$。当 $n=-1$ 时，$h(-1)=1$，故可以判断出该系统为因果系统。

一种非因果的平滑系统数学模型可表示为

$$y(n)=\frac{1}{2M+1}\sum_{k=-M}^{M}x(n-k) \tag{3.58}$$

对于待处理的数据 $x(n)$，可用 n 点附近 $\pm M$ 取点处的数据求算术平均值，即取和后再除以 $(2M+1)$，由此获得平滑后的数据 $y(n)$，如图 3.22 所示。显然，这是一个非因果系统。

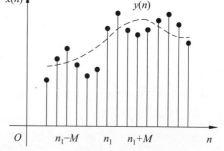

图 3.22 将 $x(n)$ 进行平滑处理得到 $y(n)$

3.5.4 离散稳定系统的单位样值响应

稳定系统的定义为：若输入是有界的，则输出必定也是有界的系统（即 BIBO 系统）。对于离散时间系统，稳定系统的充分必要条件是单位样值（单位冲激）响应绝对可和，即

$$\sum_{n=-\infty}^{+\infty} |h(n)| \leqslant M \tag{3.59}$$

其中，M 为有界正值。

既满足稳定条件又满足因果条件的系统称为因果稳定系统，这种系统是本书的主要研究对象。这种系统的单位样值响应 $h(n)$ 是单边的而且是有界的，即

$$\begin{cases} h(n) = h(n)u(n) \\ \sum_{n=-\infty}^{+\infty} |h(n)| \leqslant M \end{cases}$$

例 3.29 已知某系统的单位样值响应为 $h(n) = a^n u(n)$，判断该系统的因果性和稳定性。

解：由表达式可知，当 $n < 0$ 时，单位样值响应 $h(n) = 0$，则该系统具有因果性。

根据指数序列的求和公式可知，和是否存在与 a 的数值有关。若 $|a| < 1$，则几何级数 $\sum_{n=0}^{+\infty} |a|^n = \dfrac{1}{1-|a|}$，系统是稳定的；若 $|a| \geqslant 1$，则 $\sum_{n=0}^{+\infty} |a|^n$ 发散，系统是不稳定的。

例 3.30 根据因果性条件和稳定性条件，判断下式所定义的系统是否为因果系统和稳定系统。

$$y(n) = \sum_{k=0}^{M-1} b_k x(n-k)$$

解：将 $x(n) = \delta(n)$ 代入系统的定义式，得到

$$h(n) = \sum_{k=0}^{M-1} b_k \delta(n-k) = b_0 \delta(n) + b_1 \delta(n-1) + \cdots + b_{M-1} \delta(n-M+1)$$

满足式(3.56)的因果性条件，所以该系统是因果系统。又由于

$$\sum_{n=-\infty}^{+\infty} |h(n)| = \sum_{n=0}^{M-1} |b_n| < +\infty$$

满足式(3.59)的稳定性条件，所以该系统还是稳定系统。

3.6 离散时间信号与系统的 MATLAB 仿真

3.6.1 离散时间信号的 MATLAB 表示

MATLAB 提供了用于绘制离散序列图的 stem 函数，以实现离散序列的可视化。该函数的一种调用形式为 stem(x,y,'fill')，其中输入参数 x 和 y 分别为离散序列的时间和幅度行向量，'fill'表示对线端的处理方式。

1. 单位样值序列

单位样值序列定义为

$$\delta(n) = \begin{cases} 1, & n = 0 \\ 0, & n \neq 0 \end{cases}$$

一种简单的方法是借助 MATLAB 中的零矩阵函数 zeros 表示。零矩阵 zeros(1,N)产生

一个由 N 个 0 组成的列向量,对于有限区间的 $\delta(n)$ 可以表示为

```
n=-20:20;
delta=[zeros(1,20),1,zeros(1,20)];
stem(n,delta)
title('\fontsize{10}单位样值序列');
xlabel('\fontsize{10}n');ylabel('\fontsize{10}幅度');
```

程序运行结果如图 3.23 所示。

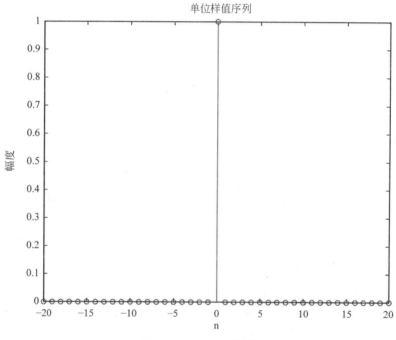

图 3.23 单位样值序列

2. 指数序列

指数序列的一般形式为 a^n,可以用 MATLAB 中的数组幂运算 a.^n 实现。MATLAB 程序如下:

```
n=0:10; A=1; a=-0.6;
xn=A* a.^n;
stem(n,xn)
title('\fontsize{10}指数序列');
xlabel('\fontsize{10}n');ylabel('\fontsize{10}幅度');
```

程序中 stem(n,xn) 用于绘制指数序列的波形。运行结果如图 3.24 所示。

3. 矩形序列

矩形序列的 MATLAB 表示与连续信号相同, MATLAB 程序如下:

```
n=-5:15;
x=[zeros(1,5),ones(1,11),zeros(1,5)];
stem(n,x,'b','h');
axis([-5 15 -0.5 1.5]);
```

```
title('\fontsize{10}矩形序列');
xlabel('\fontsize{10}n');ylabel('\fontsize{10}幅度');
grid on
```

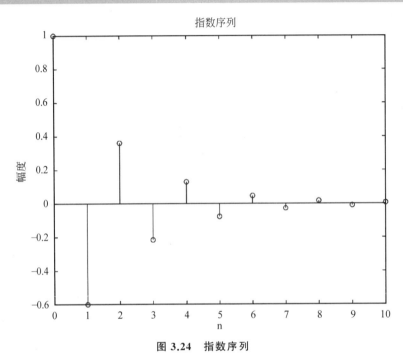

图 3.24 指数序列

程序运行结果如图 3.25 所示。

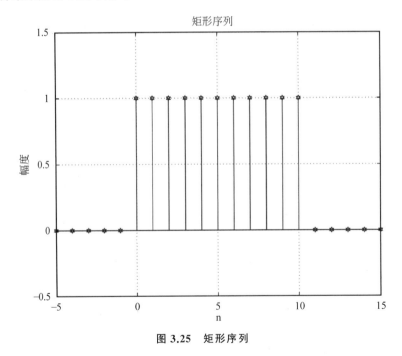

图 3.25 矩形序列

4. 单位阶跃序列

单位阶跃序列 $u(n)$ 的 MATLAB 程序如下:

```
n=2:9
x=(n>=0);
stem(n,x,'filled');
title('\fontsize{10}单位阶跃序列');
xlabel('\fontsize{10}n');ylabel('\fontsize{10}幅度');
axis([-3 10 0 1.5])
```

程序运行结果如图 3.26 所示。

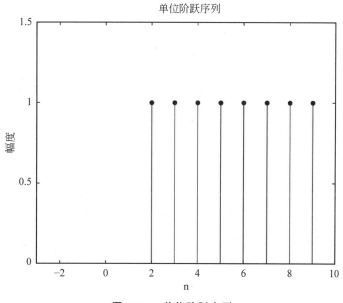

图 3.26　单位阶跃序列

例 3.31　用 MATLAB 绘制离散正弦序列 $x(n)=\cos 4n\pi/11$ 的时域波形,并判断其周期。

解：该序列的 MATLAB 程序为

```
n=0:20
x=cos(4*n*pi/11);
stem(n,x,'filled');
title('\fontsize{15}离散正弦序列');
xlabel('\fontsize{15}n');ylabel('\fontsize{10}幅度');
axis([0 20 -1.5 1.5])
```

程序运行结果如图 3.27 所示。可以看出该序列的周期为 11。

3.6.2　离散时间信号基本运算的 MATLAB 仿真

1. 相加与相乘

例 3.32　已知两离散序列 $x_1(n)$ 和 $x_2(n)$ 分别为

$$x_1(n)=\{1,3,\overset{\downarrow}{2},2,1\}, \quad x_2(n)=\{1,\overset{\downarrow}{2},1,1,2\}$$

用 MATLAB 计算序列 $y(n)=x_1(n)+x_2(n)$ 和 $y(n)=x_2(n)x_2(n)$,并画出时域波形图。

解：序列相加和相乘是对应时刻的序列值相加和相乘,所以在相加和相乘之前要进行序

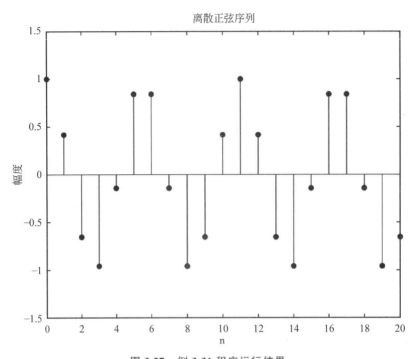

图 3.27 例 3.31 程序运行结果

列的对位,以及判断最终序列的位置。MATLAB 程序如下:

```
x1=[1,3,2,2,1];
n1=-2:2;
x2=[1,2,1,1,2];
n2=-1:3;
n=min(min(n1),min(n2)):max(max(n1),max(n2));
s1=zeros(1,length(n));
s2=s1;
s1(find((n>=min(n1))&(n<=max(n1))==1))=x1;
s2(find((n>=min(n2))&(n<=max(n2))==1))=x2;
y1=s1+s2;
y2=s1.*s2;
subplot(2,2,1);
stem(n1,x1,'filled');
title('x1(n)');
xlabel('\fontsize{10}n');ylabel('\fontsize{10}幅度');
subplot(2,2,2);
stem(n2,x2,'filled');
title('x2(n)');
xlabel('\fontsize{10}n');ylabel('\fontsize{10}幅度');
subplot(2,2,3);
stem(n,y1,'filled');
title('x1(n)+x2(n)');
xlabel('\fontsize{10}n');ylabel('\fontsize{10}幅度');
subplot(2,2,4);
stem(n,y2,'filled');
title('x1(n)x2(n)');
set(gcf,'color','w');
xlabel('\fontsize{10}n');ylabel('\fontsize{10}幅度');
```

执行上述命令绘制的离散序列及其时域运算结果波形如图 3.28 所示。

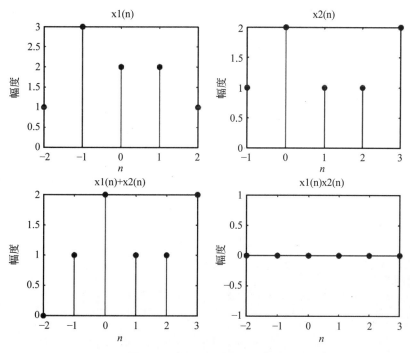

图 3.28 例 3.32 程序运行结果

2. 卷积

MATLAB 为用户提供了 conv 函数,用于求两个有限时间区间非零的离散时间序列卷积和。一种调用形式为 y=conv(x1,x2),其中输入参数 x1 和 x2 分别包含序列 $x_1(n)$ 和 $x_2(n)$ 中的样值点,输出参数 y 为卷积和的结果。conv 函数默认两个信号的时间序列从 $n=0$ 开始,y 对应的时间序号也从 $n=0$ 开始。

例 3.33 已知两个序列 $x_1(n)=\{\overset{\downarrow}{1},2,1,-1,3\}$,$x_2(n)=\{\overset{\downarrow}{2},1,2,2,-1\}$,用 MATLAB 计算 $y(n)=x_1(n)*x_2(n)$。

解:MATLAB 程序为

```
x1=[1,2,1,-1,3];
x2=[2 1 2 2 -1];
y=conv(x1,x2)
```

程序输出为

```
y=
   2   5   6   5   10   13   7   -3
```

即 $y(n)=\{\overset{\downarrow}{2},5,6,5,10,1,3,7,-3\}$。

例 3.34 已知两个信号序列:
$$x_1(n)=(0.7)^n \quad (0\leqslant n<10)$$
$$x_2(n)=u(n) \quad (0\leqslant n<10)$$

用 MATLAB 绘制这两个序列的卷积和 $y(n)$ 的波形。

解：MATLAB 程序为

```
n1=0:9
x1=0.7.^n1;
subplot(2,2,1);
stem(n1,x1,'filled');
title('x1(n)');
xlabel('\fontsize{10}n');ylabel('\fontsize{10}幅度');
n2=0:9;
x2=ones(1,length(n2));
subplot(2,2,2);
stem(n2,x2,'filled');
title('x2(n)');
xlabel('\fontsize{10}n');ylabel('\fontsize{10}幅度');
y=conv(x1,x2);
subplot(2,1,2);
stem(y,'filled');
title('y(n)');
xlabel('\fontsize{10}n');ylabel('\fontsize{10}幅度');
```

程序运行结果如图 3.29 所示。

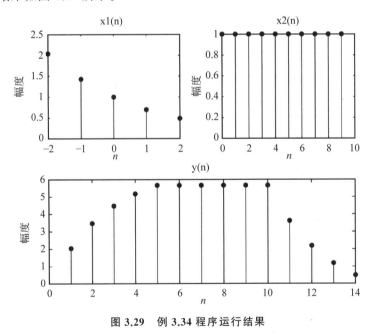

图 3.29 例 3.34 程序运行结果

3.6.3 离散线性系统时域分析的 MATLAB 仿真

离散线性时不变系统是最基本的数字系统，差分方程和系统函数是描述系统的常用数学模型，单位样值响应和频率响应是描述系统特性的主要特征参数，零状态响应和因果稳定性是系统分析的重要内容。MATLAB 为离散线性时不变系统的差分方程提供了专用函数 filter，该函数可以计算对于指定时间范围的激励序列的响应，并提供了求两个有限时间区间非零的离散时间序列卷积和的专用函数 conv。卷积和是计算系统零状态响应的有力工具。

1. 单位样值响应

MATLAB 中提供了 impz 函数计算离散线性时不变系统的单位样值响应。该函数可以求出差分方程的单位样值响应的数值解，并绘出其时域波形。该函数常用的调用格式为[H,T]=impz(b,a,N)，其中，H 是系统单位样值响应，T 是 H 的位置向量，b 和 a 分别是差分方程右边和左边的系数构成的行向量，N 为正整数或向量。若 N 为正整数，则 T=0:N−1；若 N 为向量，则 T=N。返回值为单位样值序列的样值点。

例 3.35 已知描述离散时间系统的差分方程为

$$y(n) - y(n-1) + \frac{1}{4}y(n-2) = x(n)$$

使用 MATLAB 绘出该系统的单位样值响应 $h(n)$。

解：MATLAB 程序为

```
a=[1 -1 1/4];
b=[1];
impz(b,a);
xlabel('\fontsize{10}采样点'); ylabel('\fontsize{10}幅值');
title('\fontsize{10}单位样值响应');
```

程序运行结果如图 3.30 所示。

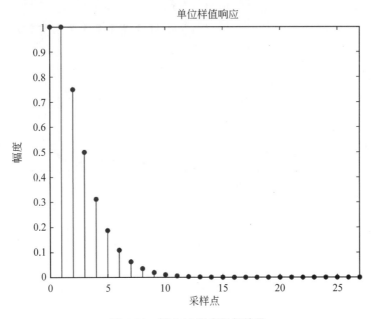

图 3.30　例 3.35 程序运行结果

例 3.36 已知因果系统的差分方程为

$$y(n) - 1.4y(n-1) + 0.48y(n-2) = 2x(n)$$

求系统单位样值响应 $h(n)$，并画图与理论值比较。

解：$h(n)$ 的理论值为

$$h(n) = 8(0.8)^n - 6(0.6)^n \quad (n \geqslant 0)$$

MATLAB 程序为

```
b=2;
a=[1 1.4 0.48];
n=0:15;
h=impz(b,a,n);
hn=8*0.8.^n-6*0.6.^n;
subplot(2,1,1);
stem(n,hn,'MarkerSize',4,'MarkerFace','k');
title('\fontsize{10}theoretical value of h(n)');
xlabel('\fontsize{10}n'); ylabel('\fontsize{10}h(n)');
box off;
subplot(2,1,2);
stem(n,h,'MarkerSize',4,'MarkerFace','k');
title('\fontsize{10}h(n) computed by MATLAB');
xlabel('\fontsize{10}n'); ylabel('\fontsize{10}h(n)');
box off;
```

程序运行结果如图 3.31 所示。

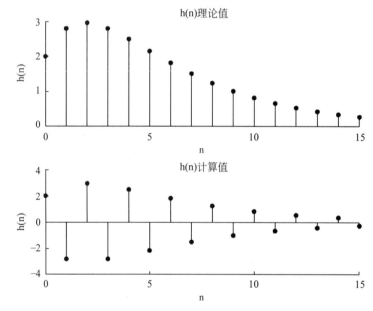

图 3.31　例 3.36 程序运行结果

2. 零状态响应

MATLAB 中提供了 filter 函数计算离散线性时不变系统的响应。该函数可求出差分方程对指定时间范围的输入序列产生的响应的数值解。该函数常用的调用格式为 y=filter(b, a, x)，其中 b 和 a 分别是差分方程右边和左边系数构成的行向量，x 表示输入序列非零样值点的行向量，返回值 y 表示输出响应的数值解。

例 3.37　已知描述离散线性时不变系统的差分方程为

$$5y(n)-3y(n-1)+2y(n-2)=x(n)+x(n-2)$$

系统激励 $x(n)=u(n)$。用 MATLAB 求出系统的零状态响应 $y(n)$ 在 0~20 样点的样值，并绘出时域波形。

解：MATLAB 程序为

```
a=[5 -3 2];
b=[1 0 1];
n=0:20;
x=(3/4).^n;
y=filter(b,a,x)
stem(n,y,'filled');
xlabel('\fontsize{10}采样点');ylabel('\fontsize{10}幅值');
title('\fontsize{10}响应序列 y(n)');
```

程序输出为

```
y=
Columns 1 through 11
0.2000  0.2700  0.3945  0.3631  0.2358  0.1281  0.0814  0.0718  0.0661  0.0527
0.0364
Columns 12 through 21
0.0243  0.0176  0.0140  00113  00086  0.0062  0.0045  0.0033  0.0026  0.0020
```

程序运行结果如图 3.32 所示。

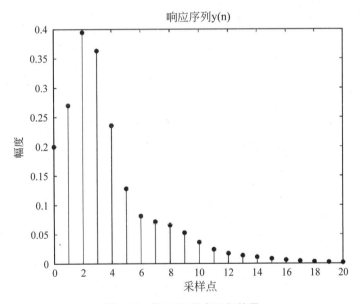

图 3.32 例 3.37 程序运行结果

例 3.38 已知初始条件 $y(-2)=2, y(-1)=1, x(0)=x(-1)=0, x(n)=n(n>0)$,求差分方程的全响应:

$$y(n+2)=y(n+1)-0.8y(n)+2x(n+2)-x(n-1)$$

解:MATLAB 程序为

```
a1=2;                    %初始条件 y(-2)
a2=1;                    %初始条件 y(-1)
a3=a2-0.8*a1;            %递推求出 y(0)
a4=a3-0.8*a2+2;          %递推求出 y(1)
a5=a4-0.8*a3+2*2-1;      %递推求出 y(2)
```

```
y=[1:20]';                    %行向量转置
y(1)=a4; y(2)=a5;
for n=1:20
y(n+2)=y(n+1)-0.8*y(n)+2*(n+2)-(n+1);
end c=y
```

程序输出为

```
c=
0.6000   4.0800   7.6000   9.3360   9.2560   8.7872   9.3824  11.3526  13.8467
15.7646  16.6872  17.0755  17.7258  19.0653  20.8847  22.6325  23.9247
24.8187  25.6790  26.8240  28.2808  29.8216
```

例 3.39 已知描述离散系统的差分方程为

$$y(n) - 0.25y(n-1) + 0.5y(n-2) = f(n) + f(n-1)$$

且已知系统输入序列为 $f(n) = \left(\dfrac{1}{2}\right)^n u(n)$。

(1) 绘出系统的单位样值响应 $h(n)$ 在 $-3 \sim 10$ 离散时间范围内的波形。

(2) 求出系统零状态响应在 $0 \sim 15$ 区间的样值,并画出输入序列的时域波形以及系统零状态响应的波形。

解:MATLAB 程序为

```
%系统的单位样值响应
a=[1,0.25,0.5]; b=[1,1,0];
n=-3:10;
m=impz(b,a,n);
subplot(2,1,2),stem(n,m,'filled');
title('\fontsize{10}单位响应')      %绘出单位样值响应在-3~10 区间上的波形
xlabel('\fontsize{10}n'); ylabel('\fontsize{10}幅值')
%零状态响应
a=[1,0.25,0.5];b=[1,1,0];
k=0:15;                             %定义输入序列取值范围
x=(1/2).^k;                         %定义输入序列表达式
y=filter(b,a,x);                    %求解零状态响应样值
subplot(2,2,1),stem(k,x)            %绘制输入序列的波形
title('\fontsize{10}输入序列')
xlabel('\fontsize{10}n'); ylabel('\fontsize{10}幅值');
subplot(2,2,2),stem(k,y)            %绘制零状态响应的波形
title('\fontsize{10}输出序列')
xlabel('\fontsize{10}n'); ylabel('\fontsize{10}幅值');
```

程序输出为

```
b=
    1    1    0
y=
Columns 1 through 13
1.0000   1.2500  -0.0625  -0.2344   0.2773   0.1416  -0.1272  -0.0156   0.0792
-0.0062  -0.0351   0.0133   0.0150
Columns 14 through 16
-0.0100  -0.0048   0.0063
```

程序运行结果如图 3.33 所示。

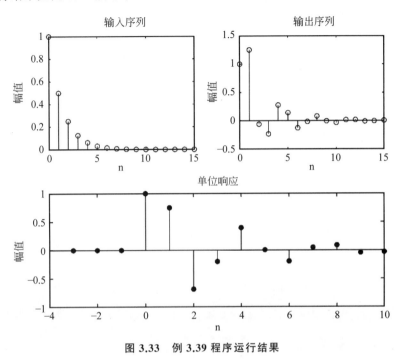

图 3.33　例 3.39 程序运行结果

延伸阅读

[1] D'ANTONA G, FERRERO A. Signal transformation from the continuous time to the discrete time domain: the sampling theorem and its consequences[J]. Digital Signal Processing for Measurement Systems: Theory and Applications, 2006: 33-55.

[2] ARTEMYEV V, MOKRUSHIN S, SAVOSTIN S, et al. Processing of time signals in a discrete time domain[J]. Machine Science, 2023, 12(1): 46.

[3] HARO B B, VETTERLI M. Sampling continuous-time sparse signals: a frequency-domain perspective [J]. IEEE Transactions on Signal Processing, 2018, 66(6): 1410-1424.

[4] KURCHUK M, TSIVIDIS Y. Signal-dependent variable-resolution clockless A/D conversion with application to continuous-time digital signal processing[J]. IEEE Transactions on Circuits and Systems I: Regular Papers, 2010, 57(5): 982-991.

[5] THYAGARAJAN K S. Frequency domain representation of discrete-time signals and systems[M]. Introduction to Digital Signal Processing Using MATLAB with Application to Digital Communications, 2019: 107-149.

习题与考研真题

3.1　画出下列序列的图形。

(1) $x(n)=(-1)^n, -2<n<4$。

(2) $x(n)=\left(-\dfrac{1}{2}\right)^n u(n)$。

(3) $x(n) = \left(\dfrac{1}{2}\right)^n [\delta(n+1) - \delta(n) + \delta(n-1)]$。

(4) $x(n) = \{3, \overset{\downarrow}{1}, 2, -5, 4\}$。

3.2 已知序列

$$x(n) = \begin{cases} n+2, & -2 \leqslant n \leqslant 3 \\ 0, & \text{其他} \end{cases}$$

分别写出下列各序列的表达式，并绘出其图形。

(1) $x(n+2)$。

(2) $x(-n-2)$。

(3) $x(2n-2)$。

(4) $x\left(-\dfrac{1}{2}n-2\right)$。

3.3 求离散时间信号 $x(n) = \cos \pi n/3 + \sin \pi n/4$ 的基波周期。（北京邮电大学 2016 年考研真题）

3.4 序列 $x(n)$ 的波形如图 3.34 所示，画出 $y(n) = x(2-n)x(n)$ 的波形。

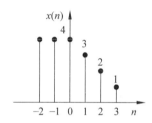

图 3.34 题 3.4 用图

3.5 已知 $x(n) = 2^n u(n), h(n) = u(n-1)$，求 $y(n) = x(n) * h(n)$。

3.6 计算 $x(n) = \{1, 1, \overset{\downarrow}{0}, 0, 2\}$ 与 $h(n) = \{\overset{\downarrow}{1}, 2, 3, 4\}$ 的卷积和。

3.7 求下列各离散时间系统的单位样值响应 $h(n)$。

(1) $y(n) - 2y(n-1) = 2x(n)$。

(2) $y(n) + 3y(n-1) + 2y(n-2) = x(n) - x(n-1)$。

3.8 已知一个离散线性时不变系统的单位样值响应为

$$h(n) = -a^n u(-n-1)$$

讨论其因果性和稳定性。

3.9 设 $h(n) = 3\left(\dfrac{1}{2}\right)^n u(n)$ 为离散线性时不变系统的单位抽样响应，若输入 $x(n) = u(n)$，求 $\lim\limits_{n \to \infty} y(n)$，其中 $y(n)$ 为输出。（武汉大学 2015 年考研真题）

3.10 若描述某离散线性时不变系统的差分方程为

$$y(n) + 4y(n-1) + 3y(n-2) = x(n)$$

输入 $x(n) = 2^n u(n)$，初始状态 $y(-1) = -\dfrac{4}{3}, y(-2) = \dfrac{10}{9}$，求系统的零输入响应 $y_{zi}(n)$。

3.11 若描述某离散时间系统的差分方程为

$$y(n) + 3y(n-1) + 2y(n-2) = x(n)$$

已知激励 $x(n)=3\left(\dfrac{1}{2}\right)^n u(n)$, $h(n)=[-(-1)^n+2(-2)^n]u(n)$，求系统的零状态响应 $y_{zs}(n)$。

3.12 已知某离散线性时不变系统如图 3.35 所示，各子系统分别为 $h_1(n)=u(n)$, $h_2(n)=\delta(n-2)$, $h_3(n)=u(n-1)$，求该系统的单位样值响应。

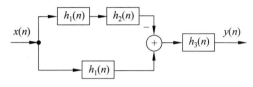

图 3.35 题 3.12 用图

3.13 已知描述某离散线性时不变系统的差分方程为
$$y(n)+5y(n-1)+6y(n-2)=x(n)-x(n-1)$$
(1) 求系统的单位样值响应。
(2) 判断系统的稳定性。

3.14 已知某离散时间系统差分方程为
$$y(n)+3y(n-1)+2y(n-2)=x(n)$$
激励为 $x(n)=2^n u(n)$，初始状态为 $y(0)=0, y(1)=2$。求系统的零输入响应、零状态响应和全响应。

3.15 某系统的差分方程为
$$y(n)+0.7y(n-1)-0.45y(n-2)-0.6y(n-3)$$
$$=0.8x(n)-0.44x(n-1)+0.02x(n-3)$$
利用 impz 函数计算其单位样值响应，并画出前 31 点的波形。

第4章 连续时间信号与系统的频域分析

在前面已经介绍过,按照信号幅值随时间的变化是连续的还是离散的可以将信号分为连续信号和离散信号,按照信号随时间的变化是否呈现周期性又可以将信号分为周期信号和非周期信号。本章将讲述连续时间信号及其系统在频域中的分析方法。频域分析法属于变换域分析法,是分析信号与系统非常有用的一种方法,这种方法可以从另一个角度分析信号与系统的特点。本章中主要涉及傅里叶变换和傅里叶级数分解。函数的傅里叶级数分解在高等数学中有详细的介绍,傅里叶变换是在傅里叶级数的基础上发展而来的。对于一个连续时间周期信号,可以使用傅里叶级数展开,其时域信号在频域上体现为离散的多个分量;对于一个连续时间非周期信号,可以使用傅里叶变换,其时域信号在频域上体现为连续的分量。信号的这种将时域变换为频域的方法称为信号的频域分析法。将一个信号或系统从经典的时域变为频域后有许多突出的优点,在频域中不仅可以从另一个角度分析信号,而且设计系统也更为容易。

傅里叶分析的研究与实践已经经历了一百余年。1882年,法国数学家傅里叶(1768—1830)发表了《热的分析理论》这一著作。他发现,在表示物体温度分布时,正弦函数的级数非常有用。他当时就提出了"任何一个周期信号都可以用这种级数表示"这一重要结论,但是在当时傅里叶的证明并不是很完善。后来狄利克雷给出了若干更加准确的条件,才使这一结论真正完美。傅里叶分析法在电力工程中很早就得到应用,但是在通信领域得到普遍应用经历了很长的时间,这是因为在当时并没有简单、快捷的方法产生、传输、分解各种频率的正弦信号。进入20世纪后,随着电路系统的发展,人们认识到傅里叶分析方法在通信领域的潜力。采用频域分析法分析、传输、调整信号在某些情况下要比传统的时域分析法方便许多。如今傅里叶分析法已经成为分析信号和系统必不可少的重要工具之一。

本章从连续时间周期信号的傅里叶级数分解开始,从浅入深地介绍信号与系统的频域分析方法。首先介绍连续时间周期信号如何展开为多项分量和的形式,并介绍连续傅里叶级数的基本性质;然后通过连续时间周期信号的傅里叶级数展开推广至连续时间非周期信号的傅里叶变换,介绍典型连续时间非周期信号的频谱和傅里叶变换的性质;接下来将傅里叶变换推广至系统分析中,介绍连续线性时不变系统的频域分析法,该方法为后面的拉普拉斯变换(复频域分析法)做铺垫,并介绍无失真传输理论和理想模拟滤波器,了解信号通过系统时的频域变化规律;最后通过MATLAB对上述内容进行仿真,从而使读者深入理解相关知识。

4.1 连续时间周期信号的频域分析

分析线性系统的基本任务在于求解系统对于输入信号的响应。前面已经讲过,连续信号可以表示为基本信号(如单位阶跃信号或单位冲激信号)的线性组合。在时域分析中,就是以单位冲激信号为基本信号,把任意信号分解为一系列加权的单位冲激信号之和,而系统的零状态响应是输入信号与单位冲激响应的卷积。

这里的基本信号并不是唯一的,除单位冲激信号外,单位阶跃信号 $\varepsilon(t)$、单位三角信号、单位复指数信号等都可作为基本信号。由于三角函数 $\sin \omega t$ 和 $\cos \omega t$ 是单频信号,复指数函数根据欧拉公式可表示为 $e^{j\omega t} = \cos \omega t + \sin \omega t$,也是单频的,因此,若选择单位三角信号或单位复指数信号作为基本信号,那就意味着把输入信号在频率域上进行分解,从而将信号从时域转换到了频域。下面先讨论比较容易理解的连续时间周期信号分解成基本信号的方法,以便为后面的傅里叶变换做好铺垫。

4.1.1 连续时间周期信号的傅里叶级数表示

2.3.5 节中简要介绍了信号分解为正交函数集的内容。为了便于理解本节的内容,这里重新进行说明。如果任意两个不同的实函数 $f_1(t)$ 和 $f_2(t)$ 满足

$$\int_{t_1}^{t_2} f_1(t) f_2(t) \mathrm{d}t = 0 \tag{4.1}$$

则称 $f_1(t)$ 和 $f_2(t)$ 在时间区间 (t_1, t_2) 上正交。同样,如果任意两个不同的复函数 $f_1(t)$ 和 $f_2(t)$ 满足

$$\int_{t_1}^{t_2} f_1(t) f_2^*(t) \mathrm{d}t = \int_{t_1}^{t_2} f_1^*(t) f_2(t) \mathrm{d}t = 0 \tag{4.2}$$

则称 $f_1(t)$ 和 $f_2(t)$ 在时间区间 (t_1, t_2) 上正交,其中 $f_1^*(t)$ 和 $f_2^*(t)$ 为 $f_1(t)$ 和 $f_2(t)$ 的共轭函数。

实函数集合 $\{g_1(t), g_2(t), \cdots, g_N(t)\}$ 中如果存在以下关系:

$$\int_{t_1}^{t_2} g_1(t) g_2(t) \mathrm{d}t = \begin{cases} 0, & i \neq j \\ K, & i = j \end{cases} \tag{4.3}$$

则称此实函数集合是区间 (t_1, t_2) 上的正交函数集合。如果 $K=1$,称此实函数集合为归一化正交函数集合。同样,复函数集合 $\{\omega_1(t), \omega_2(t), \cdots, \omega_N(t)\}$ 如果是在区间 (t_1, t_2) 上正交的,则应满足

$$\int_{t_1}^{t_2} \omega_i(t) \omega_j^*(t) \mathrm{d}t = \begin{cases} 0, & i \neq j \\ K, & i = j \end{cases} \tag{4.4}$$

如果在正交实函数集合 $\{g_i(t)\}$ 之外不再存在函数 $x(t)(0 < \int_{t_1}^{t_2} x^2(t) \mathrm{d}t < \infty)$ 满足条件 $\int_{t_1}^{t_2} x(t) g_i(t) \mathrm{d}t = 0 (i=1,2,3,\cdots)$,则称 $\{g_i(t)\}$ 为完备正交实函数集合或闭合正交实函数集合。一般完备正交函数集包含无穷多个函数。

将任意周期信号在三角函数或复指数函数组成的完备正交函数集合分解而得到的级数称为连续时间周期信号的傅里叶级数。下面讨论如何将一个连续时间周期信号展开为复指数函数和的形式。

当一个时间信号 $x(t)$ 满足式(4.5)时,可以认为 $x(t)$ 的基波周期就是满足式(4.5)的最小非零正值 T。对于正弦信号 $x(t) = \sin \omega_0 t$,其基波频率 ω_0 可以通过式(4.6)进行计算。

$$x(t) = x(t + T) \tag{4.5}$$

$$\omega_0 = \frac{2\pi}{T} \tag{4.6}$$

复指数信号 $x(t)=\mathrm{e}^{\mathrm{j}\omega_0 t}$ 具有周期性。由于
$$x(t)=\mathrm{e}^{\mathrm{j}\omega_0(t+T)}=\mathrm{e}^{\mathrm{j}\omega_0 t}\mathrm{e}^{\mathrm{j}\omega_0 T} \tag{4.7}$$
显然,如果想要让复指数信号 $x(t)$ 为周期信号,便需要使 $\mathrm{e}^{\mathrm{j}\omega_0 T}=1$。当 $\omega_0=0$ 时,对任何 T 值来说 $x(t)$ 都是周期信号;当 $\omega_0\neq 0$ 时,只有 $T=\dfrac{2\pi}{\omega_0}$ 时,$\mathrm{e}^{\mathrm{j}\omega_0 T}=\cos\omega_0 T+\mathrm{j}\sin\omega_0 T=1$ 才会成立,因此其基波周期可以通过式(4.6)进行计算。

式(4.8)的形式与复指数信号 $x(t)=\mathrm{e}^{\mathrm{j}\omega_0 t}$ 构成谐波关系,随着 k 值的不同会产生多个信号,这些信号都有一个基波频率,其值是 ω_0 的整数倍。另外这些信号的周期都是 T 的约数,同时 T 也是这些信号的一个周期。
$$\phi_k(t)=\mathrm{e}^{\mathrm{j}k\omega_0 t}\quad(k\in\mathbf{Z}) \tag{4.8}$$
同样,如果将这些构成谐波关系的信号进行组合,得到的信号所对应的周期也是 T,这种通过组合产生的信号如下:
$$x(t)=\sum_{k=-\infty}^{+\infty}c_k\mathrm{e}^{\mathrm{j}k\omega_0 t}=c_0+c_1\mathrm{e}^{\pm\mathrm{j}\omega_0 t}+c_2\mathrm{e}^{\pm 2\mathrm{j}\omega_0 t}+c_3\mathrm{e}^{\pm 3\mathrm{j}\omega_0 t}+\cdots \tag{4.9}$$

如果一个周期信号 $x(t)$ 可以表示成式(4.9)的形式,那么就称该形式为信号的傅里叶级数表示。由于式(4.9)中的分量是由多个复指数形式相加所得到的,因此也称这种形式为傅里叶级数的指数展开形式。

可以发现,当 $k=0$ 时,式(4.9)中所对应的分量就是一个常数;当 $k=\pm 1$ 时,式(4.9)中所对应分量的基波频率为 ω_0,此时将该分量称为基波分量(一次谐波分量);当 $k=\pm 2$ 时,其分量所对应的周期是基波分量所对应周期的一半,该分量称为二次谐波分量;以此类推,当 $k=\pm N$ 时,对应的分量称为 N 次谐波分量。

例 4.1 通过欧拉公式将式(4.10)所对应的复指数信号组合形式转换为正弦信号的组合形式。
$$x(t)=\sum_{k=-\infty}^{+\infty}c_k\mathrm{e}^{\mathrm{j}k\omega_0 t} \tag{4.10}$$

解:首先将式(4.10)变形为
$$x(t)=c_0+\sum_{k=1}^{+\infty}(c_k\mathrm{e}^{\mathrm{j}k\omega_0 t}+c_{-k}\mathrm{e}^{-\mathrm{j}k\omega_0 t})$$

另,a_k、b_k 与 c_k 满足下面的关系:
$$c_k=\dfrac{a_k-\mathrm{j}b_k}{2}$$

若 $x(t)$ 为实信号时,则
$$c_{-k}=\dfrac{a_k+\mathrm{j}b_k}{2}$$

对于实信号来说 $b_k=0$,因此
$$c_0=\dfrac{a_0}{2}$$

将 c_k、c_{-k}、c_0 代入上面的式子可得
$$x(t)=\dfrac{a_0}{2}+\sum_{k=1}^{+\infty}\left(\dfrac{a_k-\mathrm{j}b_k}{2}\mathrm{e}^{\mathrm{j}k\omega_0 t}+\dfrac{a_k+\mathrm{j}b_k}{2}\mathrm{e}^{-\mathrm{j}k\omega_0 t}\right)$$

使用欧拉公式可得

$$x(t) = \frac{a_0}{2} + \sum_{k=1}^{+\infty} \left(\frac{a_k - \mathrm{j}b_k}{2}(\cos k\omega_0 t + \mathrm{j}\sin k\omega_0 t) + \frac{a_k + \mathrm{j}b_k}{2}(\cos k\omega_0 t - \mathrm{j}\sin k\omega_0 t) \right)$$

$$x(t) = \frac{a_0}{2} + \sum_{k=1}^{+\infty} (a_k \cos k\omega_0 t + b_k \sin k\omega_0 t) \tag{4.11}$$

通过例 4.1 可以发现，实周期傅里叶级数的另一种表示形式为式(4.11)。在高等数学中，傅里叶级数探究的是将一个函数分解为若干三角函数之和的问题，因此将信号用三角函数的形式表示更加普遍。

如果一个信号可以表示成傅里叶级数的形式，那么就需要一种方法求解出式(4.9)和式(4.11)中的系数。为此将式(4.9)的等号两侧同乘以 $\mathrm{e}^{\mathrm{j}n\omega_0 t}$，可得

$$x(t)\mathrm{e}^{\mathrm{j}n\omega_0 t} = \sum_{k=-\infty}^{+\infty} c_k \mathrm{e}^{\mathrm{j}k\omega_0 t} \mathrm{e}^{\mathrm{j}n\omega_0 t} = \sum_{-\infty}^{+\infty} c_k \mathrm{e}^{\mathrm{j}(k-n)\omega_0 t} \tag{4.12}$$

假设 $x(t)$ 的周期为 T，在式(4.12)等号两侧的一个周期范围内进行积分：

$$\int_0^T x(t)\mathrm{e}^{\mathrm{j}n\omega_0 t}\mathrm{d}t = \sum_{k=-\infty}^{+\infty} c_k \int_0^T \mathrm{e}^{\mathrm{j}(k-n)\omega_0 t}\mathrm{d}t$$

利用欧拉公式对上式进行化简：

$$\sum_{k=-\infty}^{+\infty} c_k \int_0^T \mathrm{e}^{\mathrm{j}(k-n)\omega_0 t}\mathrm{d}t = \sum_{k=-\infty}^{+\infty} c_k \left(\int_0^T \cos(k-n)\omega_0 t\,\mathrm{d}t + \mathrm{j}\int_0^T \sin(k-n)\omega_0 t\,\mathrm{d}t \right)$$

上式中的 $\cos(k-n)\omega_0 t$ 和 $\sin(k-n)\omega_0 t$ 的基波周期为 $\frac{2\pi}{|k-n|\omega_0} = \frac{T}{|k-n|}$，式中的积分区间为 T，是其基波周期的 $k-n$ 倍（$k-n$ 为整数）。因此，当 $k \neq n$ 时，其积分结果为 0；当 $k = n$ 时，其积分结果为 T。按照上述分析，可以将上式化简为

$$\int_0^T \mathrm{e}^{\mathrm{j}(k-n)\omega_0 t}\mathrm{d}t = \begin{cases} T, & k=n \\ 0, & k \neq n \end{cases}$$

$$\int_0^T x(t)\mathrm{e}^{\mathrm{j}n\omega_0 t}\mathrm{d}t = Tc_k$$

$$c_k = \frac{1}{T}\int_0^T x(t)\mathrm{e}^{-\mathrm{j}k\omega_0 t}\mathrm{d}t$$

上式的积分区间是 $(0,T)$，在任何一个 T 区间内进行求解都可以得到相同的结果。综上所述，如果 $x(t)$ 可以表示为傅里叶级数的形式，那么定义一个连续时间周期信号 $x(t)$ 的傅里叶级数的形式如下：

$$x(t) = \sum_{k=-\infty}^{+\infty} c_k \mathrm{e}^{\mathrm{j}k\omega_0 t} \tag{4.13}$$

$$c_k = \frac{1}{T}\int_T^{+\infty} x(t)\mathrm{e}^{-\mathrm{j}k\omega_0 t}\mathrm{d}t \tag{4.14}$$

其中，式(4.14)的积分符号代表在一个周期内进行积分。

式(4.14)中的 c_k 所构成的集合称为 $x(t)$ 的频谱系数(或傅里叶数级系数)，这些系数可以衡量信号 $x(t)$ 中每一个谐波分量的大小，其中 c_0 就是 $x(t)$ 的直流分量。令 $k=0$，可通过式(4.15)的形式计算直流分量：

$$c_0 = \frac{1}{T}\int_0^T x(t)\mathrm{d}t \tag{4.15}$$

例 4.2 求解信号 $x(t) = \sin 2t$ 的频谱系数。

解：本例可以通过式(4.13)和式(4.14)进行求解，但是因为本例较为简单，因此可以直接使用欧拉公式进行分解。

由欧拉公式可知

$$\sin 2t = \frac{1}{2j}e^{2jt} - \frac{1}{2j}e^{-2jt}$$

因此 $c_1 = \frac{1}{2j}, \quad c_{-1} = -\frac{1}{2j}, \quad c_k = 0 \quad (k \neq \pm 1)$

例 4.3 求解如图 4.1 所示方波的频谱系数，方波定义如下：

$$x(t) = \begin{cases} 1, & |t| < T_1 \\ 0, & T_1 < |t| < T/2 \end{cases} \tag{4.16}$$

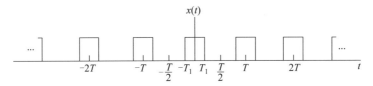

图 4.1 周期性方波

解：此信号可以在一个周期内表示为 $x(t) = \left(u\left(t + \frac{T}{2}\right) - u\left(t - \frac{T}{2}\right) \right)$，利用式(4.14)和式(4.15)可以计算出频谱系数。

当 $k = 0$ 时，

$$c_0 = \frac{1}{T} \int_{-T_1}^{T_1} dt = \frac{2T_1}{T}$$

当 $k \neq 0$ 时，

$$c_k = \frac{1}{T} \int_{-T_1}^{T_1} e^{-jk\omega_0 t} dt = \frac{2}{k\omega_0 T} \times \frac{e^{jk\omega_0 T_1} - e^{-jk\omega_0 T_1}}{2}$$

根据欧拉公式可得

$$c_k = \frac{2\sin k\omega_0 T_1}{k\omega_0 T} = \frac{\sin k\omega_0 T_1}{k\pi}$$

通过上述分析可知频谱系数 c_k 属于实数，因此可以建立 k 与 c_k 之间的关系，如图 4.2 所示。当 $T = 4T_1$ 时，$c_0 = \frac{1}{2}, c_1 = c_{-1} = \frac{1}{\pi}, c_2 = c_{-2} = -\frac{1}{3\pi}$，以此类推。当 c_k 不是实数时，显然不能用一个图表示其关系，需要使用模与相位（或实部与虚部）两个图表示。

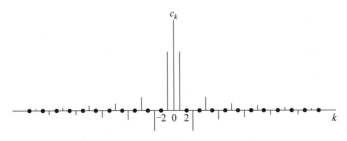

图 4.2 当 $T = 4T_1$ 时 k 与 c_k 之间的关系

例 4.1 中已经讨论了将信号 $x(t)$ 改写成多个三角函数之和的形式。那么，在这种情况下如何确定频谱系数呢？下面讨论这一问题。

由欧拉公式可知：
$$c_k = \frac{1}{T}\int_0^T x(t)\mathrm{e}^{-\mathrm{j}k\omega_0 t}\mathrm{d}t = \frac{1}{T}\int_0^T x(t)(\cos k\omega_0 t + \mathrm{j}\sin k\omega_0 t)\mathrm{d}t$$
$$= \frac{1}{T}\int_0^T x(t)\cos k\omega_0 t\,\mathrm{d}t - \frac{1}{T}\int_0^T x(t)\sin k\omega_0 t\,\mathrm{d}t\,\mathrm{j}$$

因为
$$c_k = \frac{a_k - \mathrm{j}b_k}{2}$$

所以
$$a_k = \frac{2}{T}\int_0^T x(t)\cos k\omega_0 t\,\mathrm{d}t \tag{4.17}$$

$$b_k = \frac{2}{T}\int_0^T x(t)\sin k\omega_0 t\,\mathrm{d}t \tag{4.18}$$

这里的 a_k 和 b_k 分别叫作余弦分量幅度和正弦分量幅度，在今后便可以通过式(4.17)和式(4.18)的方式计算周期信号傅里叶级数所对应系数的值。

至此，已经给出了一个连续时间周期信号 $x(t)$ 的傅里叶级数展开形式以及频谱系数的计算方法。表 4.1 对连续时间周期信号 $x(t)$ 的傅里叶级数进行了总结。

表 4.1　连续时间周期信号 $x(t)$ 的傅里叶级数

复指数形式	三角函数形式
$x(t) = \sum_{k=-\infty}^{+\infty} c_k \mathrm{e}^{\mathrm{j}k\omega_0 t}$	$x(t) = \frac{a_0}{2} + \sum_{k=1}^{+\infty}(a_k\cos k\omega_0 t + b_k\sin k\omega_0 t)$
$c_k = \frac{1}{T}\int_0^T x(t)\mathrm{e}^{-\mathrm{j}k\omega_0 t}\mathrm{d}t$	$a_0 = \frac{2}{T}\int_0^T x(t)\mathrm{d}t$ $a_k = \frac{2}{T}\int_0^T x(t)\cos k\omega_0 t\,\mathrm{d}t$ $b_k = \frac{2}{T}\int_0^T x(t)\sin k\omega_0 t\,\mathrm{d}t$

必须注意的是，并非所有连续时间周期信号 $x(t)$ 都能够进行傅里叶级数展开，只有当 $x(t)$ 满足狄利克雷条件时才可以将其展开成傅里叶级数的形式。狄利克雷条件具体如下：

(1) 在一个周期内，如果有间断点存在，则间断点的数目应是有限个。

(2) 在一个周期内，极大值和极小值的数目应是有限个。

(3) 在一个周期内，信号是绝对可积的，即 $\int_T^{+\infty}|x(t)|\mathrm{d}t$ 等于有限值。

当一个信号为连续时间周期信号时，如果它不满足上述的条件，此时虽然能够通过傅里叶级数展开式的一般形式计算出傅里叶级数的系数，但是在某些情况下积分可能不会收敛，也就是说某些傅里叶展开系数的值会趋向无穷大。即使全部系数都是有限值，得到的无限极数也不会收敛于原有的信号。事实上，大多数连续时间周期信号不存在不收敛的困难，这是因为，随着傅里叶级数中的分量越来越多，其表示的信号与原始信号的误差会无限趋近 0。本书中所述的连续时间周期信号大都满足上述条件，因此除特殊情况外，本书一般不考虑该问题。

4.1.2 连续时间周期信号的频谱

通过 4.1.1 节的讨论可以发现,任意一个满足狄利克雷条件的连续时间周期信号 $x(t)$ 都可以用傅里叶级数表示。使用表 4.1 中的分解公式便可以对一个时间周期信号 $x(t)$ 进行分解,并求解出其各次谐波的频谱系数。但是这种分解往往不够直观。如果能够将其图形化,那么就会显得十分清晰了。为了能够清晰体现出各次谐波分量所占的比例,可以通过频谱图的方式表示信号。

例 4.4 将下面的方波 $x(t)$ 用三角函数形式的傅里叶级数表示。

$$x(t) = \begin{cases} 1, & 0 < t < \dfrac{T}{2} \\ -1, & \dfrac{T}{2} < t < T \end{cases}$$

解:$x(t)$ 的图形表示如图 4.3 所示。

设基波频率 $\omega_0 = \Omega$,通过表 4.1 的公式可以计算出该方波的 a_0、a_k 和 b_k。

$$a_0 = \frac{1}{T}\int_0^T x(t)\mathrm{d}t = \frac{1}{T}\left(\int_0^{\frac{T}{2}} \mathrm{d}t - \int_{\frac{T}{2}}^T \mathrm{d}t\right) = 0$$

$$a_k = \frac{2}{T}\int_0^T x(t)\cos k\omega_0 t\, \mathrm{d}t = \frac{2}{T}\left(\int_0^{\frac{T}{2}} \cos k\Omega t\, \mathrm{d}t - \int_{\frac{T}{2}}^T \cos k\Omega t\, \mathrm{d}t\right) = 0$$

$$b_k = \frac{2}{T}\int_0^T x(t)\sin k\omega_0 t\, \mathrm{d}t = \frac{2}{T}\left(\int_0^{\frac{T}{2}} \sin k\Omega t\, \mathrm{d}t - \int_{\frac{T}{2}}^T \sin k\Omega t\, \mathrm{d}t\right) = \begin{cases} 0, & n \text{ 为奇数} \\ \dfrac{4}{k\pi}, & n \text{ 为偶数} \end{cases}$$

此时信号 $x(t)$ 在 $(0,T)$ 内可以表示为

$$x(t) = \frac{4}{\pi}\left(\sin \Omega t + \frac{1}{3}\sin 3\Omega t + \frac{1}{5}\sin 5\Omega t + \cdots\right)$$

通过上述分析可知 $x(t)$ 中只包含奇次谐波分量。如果以频率为横坐标,以各谐波分量的振幅为纵坐标,便可以得到 $x(t)$ 的频谱图,如图 4.4 所示。

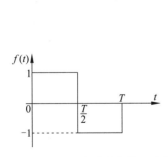

图 4.3 方波 $x(t)$ 在时域上的图形表示

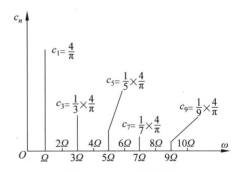

图 4.4 $x(t)$ 的频谱图

图 4.4 中只包含了各分量的振幅,因此也将这种频谱图称为振幅频谱。相位也可以用同样的方式表示,这种频谱图称为相位频谱。

下面讨论图 4.5 所示的典型周期性方波的频谱图。

从图 4.4 中可以看出,周期方波是偶函数,其影响方波形态的变量主要有 3 个,分别是 T(脉冲周期)、A(脉冲幅度)和 τ(脉冲宽度)。

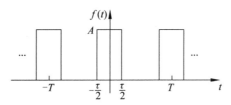

图 4.5　周期性方波在时域上的图形表示

使用傅里叶级数的三角函数形式的展开式可得

$$a_0 = \frac{2}{T}\int_{-\frac{T}{2}}^{\frac{T}{2}} f(t)\,\mathrm{d}t = \frac{2}{T}\int_{-\frac{\tau}{2}}^{\frac{\tau}{2}} A\,\mathrm{d}t = \frac{2A\tau}{T}$$

$$a_k = \frac{2}{T}\int_{-\frac{T}{2}}^{\frac{T}{2}} f(t)\cos k\omega_0 t\,\mathrm{d}t = \frac{2A}{k\pi}\sin\frac{k\pi\tau}{T}$$

定义 $\mathrm{Sa}(x)$ 函数为

$$\mathrm{Sa}(x) = \frac{\sin x}{x}$$

则可以将 a_k 使用 $\mathrm{Sa}(x)$ 函数表示为

$$a_k = \frac{2A}{k\pi}\sin\frac{k\pi\tau}{T} = \frac{2A\tau}{T} \times \frac{\sin\frac{k\pi\tau}{T}}{\frac{k\pi\tau}{T}} = \frac{2A\tau}{T}\mathrm{Sa}\left(\frac{k\pi\tau}{T}\right)$$

又因为 $f(t)$ 为偶函数,则

$$b_k = 0$$

因此

$$f(t) = \frac{A\tau}{T} + \frac{2A\tau}{T}\sum_{k=1}^{+\infty}\mathrm{Sa}\left(\frac{k\pi\tau}{T}\right)\cos k\omega_0 t$$

将 $\mathrm{Sa}\left(\frac{k\pi\tau}{T}\right)$ 函数中的 T 改写成 $T = \frac{2\pi}{\omega_0}$,可得

$$f(t) = \frac{A\tau}{T} + \frac{2A\tau}{T}\sum_{k=1}^{+\infty}\mathrm{Sa}\left(\frac{k\omega_0\tau}{2}\right)\cos k\omega_0 t$$

这样就得到了 $x(t)$ 的傅里叶级数三角函数形式的展开式。下面将其改写成指数形式的傅里叶级数系数:

$$c_k = \frac{1}{T}\int_{-\frac{T}{2}}^{\frac{T}{2}} A\mathrm{e}^{-\mathrm{j}k\omega_0 t}\,\mathrm{d}t = \frac{A\tau}{T}\mathrm{Sa}\left(\frac{k\omega_0\tau}{2}\right)$$

也就是

$$f(t) = \frac{A\tau}{T}\sum_{k=-\infty}^{+\infty}\mathrm{Sa}\left(\frac{k\omega_0\tau}{2}\right)\mathrm{e}^{\mathrm{j}k\omega_0 t}$$

通过上述分析,可以绘制出 c_k 的频谱图。图 4.6 给出了在 τ 不变的情况下不同 T 值的频谱图。

从图 4.6 中可以发现,随着 T 的增大,各条谱线高度减小,谱线变密。当 $T\to\infty$ 时,各条谱线高度逐渐趋近 0,各谱线间隔也趋近 0,这时周期信号已变为非周期信号,离散谱线变为连续时间周期信号的频谱,这些内容将在后面进一步的讨论。在 T 不变的情况下不同 τ 值的频谱图如图 4.7 所示。

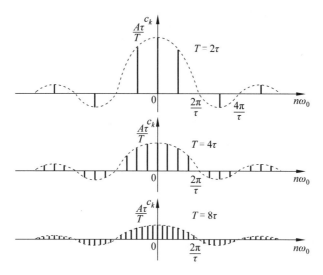

图 4.6 在 τ 不变的情况下不同 T 值的频谱图

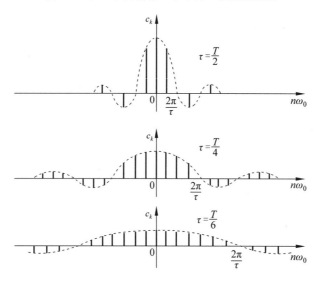

图 4.7 在 T 不变的情况下不同 τ 值的频谱图

从图 4.7 中可以发现,随着 τ 值的不断减小,其频谱的能量逐渐向两端分散,但频谱图中的谱线间隔并不发生任何改变。

例 4.5 求图 4.8 所示周期锯齿波信号的三角函数形式的傅里叶级数展开式。

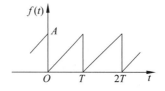

图 4.8 周期锯齿波信号在时域上的图形表示

解:对于周期锯齿波信号,在周期 $(0, T)$ 内可表示为

$$x(t) = \frac{A}{T} t$$

傅里叶级数展开式的系数为

$$a_0 = \frac{1}{T}\int_0^T f(t)\mathrm{d}t = \frac{1}{T}\int_0^T \frac{At}{T}\mathrm{d}t = \frac{A}{2}$$

$$a_k = \frac{2}{T}\int_0^T f(t)\cos k\omega_0 t\,\mathrm{d}t = \frac{2A}{T^2}\int_0^T t\cos k\omega_0 t\,\mathrm{d}t$$

$$= \frac{2A}{T^2}\left[\frac{t\sin k\omega_0 t}{k\omega_0}\bigg|_0^T\right] = 0$$

$$b_k = \frac{2A}{T}\int_0^T f(t)\sin k\omega_0 t\,\mathrm{d}t = \frac{2A}{T^2}\int_0^T t\sin k\omega_0 t\,\mathrm{d}t$$

$$= \frac{2A}{T^2}\left[\frac{t\cos k\omega_0 t}{k\omega_0}\bigg|_0^T\right] = -\frac{A}{k\pi}$$

所以周期锯齿波信号的三角函数形式的傅里叶级数展开式系数为

$$f(t) = \frac{A}{2} - \sum_{k=1}^{+\infty}\frac{A}{k\pi}\sin k\omega_0 t$$

通过上述例子可以总结出频谱图的几个特点：

（1）离散性。连续时间周期信号的频谱图是离散的，也就是说，在时间 t 上连续的周期信号，在频谱上呈现离散的状态。

（2）谐波性。频谱图的只有在基波频率 ω_0 的整数倍处才有数值，在基波频率的非整数倍处不可能存在分量。

（3）收敛性。随着基波频率的不断增加，其分量数值依次减少。在横坐标趋近无穷大时，其分量值趋近无穷小。

在例 4.3 中已经绘制了周期性方波信号的频谱图，如图 4.2 所示。为了进一步进行讨论，固定 T_1 的值，改变 T 的值，并画出对应的频谱图，如图 4.9 所示。

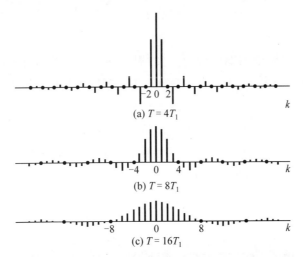

图 4.9 在 T_1 不变的情况下不同 T 值的频谱图

从图 4.9 中可以发现，当周期变大时，谱线分布得更加分散。从前面的分析可以发现，周期谐波信号的分量有无穷多个，谐波分量越多，其表示的信号越接近原始信号。但是，在实际应用过程中，过多的谐波分量会增加计算和存储的难度。根据收敛性，高频谐波分量所携带的能量很小，不去考虑也不会明显影响原始信号。因此，在实际工作中，可以删除高频谐波分量，只保留低频谐波分量即可。

对于一个信号而言,从零频率开始到需要考虑的最高分量的频率间的这一频率范围就是信号所占的频带宽度(简称带宽)。对于周期矩形信号来说,通常把从零频率开始到第一次经过零点的这一频率范围称为信号的频带宽度。对于一般信号来说,通常以从零频率开始到频谱振幅下降到最高分量的 0.1 时的频率之间的范围定义为频带宽度。

例 4.6 设有周期方波信号 $x(t)$,其脉冲宽度 $\tau=1\mathrm{ms}$,该信号的频带宽度为多少?若 τ 压缩为 $0.2\mathrm{ms}$,其频带宽度 f_B 又为多少?

解:对方波信号,其频带宽度为 $f_B=\dfrac{1}{\tau}$,单位为 Hz。

当 $\tau_1=1\mathrm{ms}$ 时,

$$f_B=\frac{1}{\tau_1}=\frac{1}{0.001\mathrm{s}}=1000\mathrm{Hz}$$

当 $\tau_2=0.2\mathrm{ms}$ 时,

$$f_B=\frac{1}{\tau_2}=\frac{1}{0.0002\mathrm{s}}=5000\mathrm{Hz}$$

4.1.3　连续时间周期信号的傅里叶级数中的基本性质

连续时间周期信号的傅里叶级数表示具有一系列重要的性质,这些性质可以降低信号的傅里叶级数表示在计算过程中的复杂度。为了方便描述这些性质,采用下面的符号:若一个时域信号 $x(t)$ 的周期为 T,则其基波频率为 $\omega_0=\dfrac{2\pi}{T}$,并将 $x(t)$ 的傅里叶级数记为 a_k。下面均使用复指数型傅里叶级数展开式表示,性质中使用式(4.19)的方式表示一个周期信号转换为傅里叶级数中的系数的过程:

$$x(t)\stackrel{FS}{\longleftrightarrow}a_k \tag{4.19}$$

1. 线性

已知 $x(t)$ 和 $y(t)$ 是两个周期信号,它们的周期均为 T。若通过傅里叶级数展开后的系数分别为 a_k 和 b_k,也就是说 $x(t)$ 和 $y(t)$ 与 a_k 和 b_k 之间满足以下条件:

$$x(t)\stackrel{FS}{\longleftrightarrow}a_k$$

$$y(t)\stackrel{FS}{\longleftrightarrow}b_k$$

由于 $x(t)$ 和 $y(t)$ 的周期是相同的,它们的线性组合一定也是周期性的,且周期为 T。$x(t)$ 和 $y(t)$ 的任意线性组合形式 $z(t)$ 可以表示为

$$z(t)=Ax(t)+By(t) \tag{4.20}$$

因此 $z(t)$ 的傅里叶级数一定满足

$$z(t)=Ax(t)+By(t)\stackrel{FS}{\longleftrightarrow}Aa_k+Bb_k \tag{4.21}$$

同样,当一个信号由若干信号通过线性组合的形式构成时,它的傅里叶级数的系数一定也可以通过这些信号的傅里叶级数的系数通过线性组合的形式得到。

2. 时移性质

所谓信号时移,就是让信号在时域上向左或向右平移,显然平移后信号的周期是不发生改变的。设信号 $y(t)$ 是信号 $x(t)$ 平移得到的,即

$$y(t)=x(t-t_0) \tag{4.22}$$

其中，$t_0 > 0$ 时相当于将 $x(t)$ 向右平移 t_0 个单位，$t_0 < 0$ 时相当于将 $x(t)$ 向左平移 t_0 个单位。$x(t)$ 和 $y(t)$ 的傅里叶级数的系数分别为 a_k 和 b_k，通过指数形式的傅里叶级数可以将 b_k 表示为

$$b_k = \frac{1}{T}\int_0^T x(t-t_0) e^{-jk\omega_0 t} dt$$

设 $\tau = t - t_0$，那么上式可以化简为

$$b_k = \frac{1}{T}\int_0^T x(\tau) e^{-jk\omega_0(t_0+\tau)} dt = e^{-jk\omega_0 t_0} \frac{1}{T}\int_0^T x(\tau) e^{-jk\omega_0 \tau} dt = e^{-jk\omega_0 t_0} a_k$$

也就是说，若

$$x(t) \overset{FS}{\leftrightarrow} a_k$$

那么 $x(t-t_0)$ 的傅里叶级数展开式满足

$$y(t) = x(t-t_0) \overset{FS}{\leftrightarrow} e^{-jk\omega_0 t_0} a_k = e^{-jk\frac{2\pi}{T}t_0} a_k \tag{4.23}$$

将 $y(t)$ 表示为模和幅角的形式：

$$|y(t)| = |a_k| e^{-jk\omega_0 t_0} e^{-j\varphi_k}$$

上式中的 $|a_k|$ 和 φ_k 是信号 $x(t)$ 傅里叶级数的系数的模和幅角，也就是说，这一性质还反映了一个重要结论，那就是将一个信号在时间上进行平移时，其傅里叶级数的系数的模始终保持不变，即 $|b_k| = |a_k|$。

3. 时间反转性质

时间反转是指将一个信号以 $t=0$ 为中心左右翻转，也就是把 $x(t)$ 的括号内的 t 改为 $-t$，即 $y(t) = x(-t)$。

通过傅里叶级数展开式系数的指数形式可知时间反转对信号 $x(t)$ 的影响，即 $x(-t)$ 的傅里叶级数展开式满足

$$y(t) = x(-t) = \sum_{k=-\infty}^{+\infty} a_k e^{-jk\omega_0 t} \tag{4.24}$$

通过换元的方式，设 $k = -m$，则

$$y(t) = \sum_{k=-\infty}^{+\infty} a_{-m} e^{jm\omega_0 t}$$

显然上式已经推导出了 $y(t)$ 的傅里叶级数展开式，其傅里叶展开式系数 b_k 为

$$b_k = a_{-k}$$

通过上述分析可知，如果一个信号 $x(t)$ 满足

$$x(t) \overset{FS}{\leftrightarrow} a_k$$

那么信号 $x(-t)$ 的傅里叶级数展开式系数为

$$x(-t) \overset{FS}{\leftrightarrow} a_{-k}$$

上述性质可以推导出信号 $x(t)$ 的奇偶性与 a_k 奇偶性之间的关系：若 $x(t)$ 为偶函数[即 $x(t) = x(-t)$]，其傅里叶级数展开式系数也具有偶函数的形式，即 $a_k = a_{-k}$；若 $x(t)$ 为奇函数[即 $x(t) = -x(-t)$]，其傅里叶级数展开式系数也具有奇函数的形式，即 $a_k = -a_{-k}$。

4. 时域尺度变换性质

时域尺度变换是指在时域变量 t 上乘以系数 a，也就是在时域上进行拉伸与压缩，显然这种操作会改变周期信号的周期。假设信号 $x(t)$ 是周期信号，其基波频率 ω_0 与周期 T 满足下面的关系：

$$T = \frac{2\pi}{\omega_0}$$

如果在一个信号的时域变量 t 上乘以 α，那么其基波频率将会变为 $\alpha\omega_0$，周期便会发生改变，新的周期 T_0 与原始周期 T 满足以下关系：

$$T_0 = \frac{T}{\alpha}$$

根据信号的傅里叶级数展开式可知，α 是直接乘在信号 $x(t)$ 的每一个谐波分量上的，因此可以得到这些谐波分量中每一个的傅里叶级数展开式系数仍然是相同的，也就是满足

$$x(\alpha t) = \sum_{k=-\infty}^{+\infty} a_k \mathrm{e}^{-\mathrm{j}k\alpha\omega_0 t} \tag{4.25}$$

所以信号的时域尺度变换不会改变其傅里叶级数展开式系数的大小，但是由于信号周期和基波频率发生了变化，因此其信号的傅里叶级数展开式会发生改变。

5. 相乘性质

相乘是指将两个信号在时域上相乘。假设 $x(t)$ 和 $y(t)$ 与 a_k 和 b_k 之间满足以下条件：

$$x(t) \overset{\mathrm{FS}}{\leftrightarrow} a_k$$
$$y(t) \overset{\mathrm{FS}}{\leftrightarrow} b_k$$

显然，相乘后的信号 $z(t) = x(t)y(t)$ 的周期也是 T。分别使用连续时间周期信号的傅里叶级数展开式对 $x(t)$ 和 $y(t)$ 进行展开可得

$$x(t) = \sum_{k=-\infty}^{+\infty} a_{k_0} \mathrm{e}^{\mathrm{j}k_0\omega_0 t}$$

$$y(t) = \sum_{k=-\infty}^{+\infty} b_{k_1} \mathrm{e}^{\mathrm{j}k_1\omega_1 t}$$

为了区分两个信号中的 k 值，上述两个式子中的 k 分别用 k_0 和 k_1 表示，那么

$$z(t) = x(t)y(t) = \sum_{k=-\infty}^{+\infty} a_{k_0} \mathrm{e}^{\mathrm{j}k_0\omega_0 t} \sum_{k=-\infty}^{+\infty} b_{k_1} \mathrm{e}^{\mathrm{j}k_1\omega_1 t}$$

由此可以发现，当两个信号相乘时，其傅里叶级数展开式的第 k_0 次谐波分量一定有一个系数是具有 $a_{k_1} b_{k_1-k_0}$ 形式的项之和，即 $z(t)$ 的傅里叶级数展开式系数可以看成信号 $x(t)$ 和 $y(t)$ 的傅里叶级数展开式系数 a_k 和 b_k 的离散时间卷积形式，即满足

$$z(t) = x(t)y(t) \overset{\mathrm{FS}}{\leftrightarrow} a_k * b_k \tag{4.26}$$

事实上，在时域上相乘相当于在频谱（频域）上进行卷积，在时域上进行卷积相当于在频谱（频域）上相乘，这一结论将会在后面的学习中反复涉及。

6. 共轭对称性质

若周期信号 $x(t)$ 和 a_k 满足下面的关系：

$$x(t) \overset{\mathrm{FS}}{\leftrightarrow} a_k$$

那么，如果将 $x(t)$ 取复数共轭，那么它的傅里叶级数展开式系数就会有复数共轭并在时间上取反转，也就是

$$x^*(t) \overset{\mathrm{FS}}{\leftrightarrow} a_{-k}^*$$

这一结论可以通过傅里叶级数展开式的定义进行推导，由于

$$x(t) = \sum_{k=-\infty}^{+\infty} a_k \mathrm{e}^{\mathrm{j}k\omega_0 t}$$

在这一式子的左右两侧同时取复数共轭运算,可得

$$x^*(t) = \sum_{k=-\infty}^{+\infty} a_k e^{-jk\omega_0 t}$$

用变量$-k$代替k,可得下面的结果:

$$x^*(t) = \sum_{k=-\infty}^{+\infty} a_{-k} e^{jk\omega_0 t}$$

当信号$x(t)$为实函数时$x^*(t)=x(t)$。按照此性质可知,此时傅里叶级数展开式系数一定是共轭对称的,也就是说a_k满足

$$a_k = a_{-k}^* \tag{4.27}$$

这样,根据前面推导的性质,还可以知道以下较为常用的性质:
- 若信号$x(t)$为实函数时,则$|a_k|=|a_{-k}|$。
- 若信号$x(t)$为实偶函数,则$a_k=a_k^*$,同时它的傅里叶级数展开式系数也为实偶函数。
- 若信号$x(t)$为实奇函数,则它的傅里叶级数展开式系数为纯虚奇函数。

4.1.4 连续时间周期信号的功率谱

本节从能量或功率的角度考察信号时域和频域的关系。对于周期信号而言,其能量为无限而功率为有限,因此要考察功率在时域和频域中的表示形式。在电路理论中,非正弦周期信号电流或电压的有效值等于该电流或电压中所含各项谐波分量有效值的平方和的平方根。同理,一个周期信号的均方值等于该信号在完备正交函数集中各分量的均方值之和,这一结论称为帕塞瓦尔定律(Parseval's law)。

帕塞瓦尔定律可以表示为

$$P = \overline{x^2(t)} = \frac{1}{T}\int_{-\frac{T}{2}}^{\frac{T}{2}} |x(t)|^2 dt \tag{4.28}$$

其中,P为平均功率。

根据傅里叶级数展开式,可以将式(4.28)改写成

$$P = \frac{1}{T}\int_0^T |x(t)|^2 dt = \frac{1}{T}\int_0^T \left\{ a_0 + \sum_{n=1}^{+\infty}(a_k\cos n\omega_1 t + b_k\sin n\omega_1 t) \right\}^2 dt \tag{4.29}$$

$$P = a_0^2 + 2\sum_{n=1}^{+\infty}(a_k^2 + b_k^2)$$

令上式中的$c_k^2 = a_k^2 + b_k^2$,P也可以通过式(4.30)的形式计算:

$$P = \sum_{k=-\infty}^{+\infty} |c_k|^2 = c_0^2 + 2\sum_{k=1}^{+\infty} c_k^2 \tag{4.30}$$

其中,c_0为信号$x(t)$的直流分量,c_k为信号$x(t)$中第k次谐波的振幅。式(4.30)表明,对于周期信号,在时域中求得的信号功率与在频域中求得的信号功率相等,且频域中的信号功率表示为各谐波分量的功率之和,其中每一谐波分量的功率表示为该谐波的均方值。各平均功率分量$|c_k|^2$与频率的关系称为周期信号的功率频谱,简称功率谱。

例4.7 求图4.10所示的周期矩形脉冲信号在有效频带宽度$0\sim\frac{2\pi}{\tau}$内谐波分量所具有的平均功率占整个信号平均功率的百分比,其中已知$A=1,T=0.25\text{s},\tau=0.05\text{s}$。

解:根据傅里叶级数展开式,该周期矩形脉冲信号的傅里叶级数展开式系数为

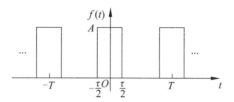

图 4.10 周期矩形脉冲信号

$$c_k = \frac{A\tau}{T}\text{Sa}\left(\frac{k\omega_0\tau}{2}\right)$$

将 $A=1, T=0.25\text{s}, \tau=0.05\text{s}, \omega_0=2\pi/T=8\pi$ 代入上式：

$$c_k = \frac{1}{5}\text{Sa}\left(\frac{k\omega_0}{40}\right)$$

信号总平均功率为

$$P = \frac{1}{T}\int_{-\frac{T}{2}}^{\frac{T}{2}} f^2(t)\,dt = \frac{1}{T}\int_{-\frac{\tau}{2}}^{\frac{\tau}{2}} f^2(t)\,dt = 4\int_{-\frac{1}{40}}^{\frac{1}{40}} 1^2\,dt = 0.2000$$

在有限带宽 $0 \sim \frac{2\pi}{\tau}$ 内有直流分量、基本分量和 4 个谐波分量。有限带宽内信号各分量的平均功率之和为

$$P' = c_0^2 + 2\sum_{k=1}^{4}|c_k|^2 = \left(\frac{1}{5}\right)^2 + \frac{2}{5^2}\left(\text{Sa}^2\left(\frac{\pi}{5}\right) + \text{Sa}^2\left(\frac{2\pi}{5}\right) + \text{Sa}^2\left(\frac{3\pi}{5}\right) + \text{Sa}^2\left(\frac{4\pi}{5}\right)\right) = 0.1806$$

$$\frac{P'}{P} = \frac{0.1806}{0.2000} = 0.904 = 90.4\%$$

4.2 连续时间非周期信号的频域分析

4.2.1 连续时间非周期信号的傅里叶变换及其频谱

傅里叶变换是信号频域分析非常重要的一种手段，它可以将一个信号从时域转换至频域，从而提供了一种全新的分析信号的角度与方法。傅里叶变换并非只有一种形式，根据信号类型的不同，可以得到多种傅里叶变换形式。信号的傅里叶变换与信号的周期性和连续性有着十分紧密的联系，例如，连续时间非周期信号、连续时间周期信号、离散时间非周期信号、序列信号等都有着与其对应的傅里叶变换方法。本节介绍连续时间非周期信号的傅里叶变换方法。

4.1 节中已经建立了周期信号作为复指数信号或三角函数信号的线性组合表示形式，即信号的傅里叶级数展开式。在本节中将这一概念推广至非周期信号，将会发现非周期信号也具有相似的特点。事实上可以将一个周期信号看成非周期信号，要实现这一过程，只需要使周期信号的 T 值趋于无穷大即可。在 4.1 节中已经指出，当周期信号的周期增大时，频谱中的谱线宽度就会变小。那么，当周期信号的周期增大至无穷大时，其频谱中的谱线宽度就会趋近 0。一个能量有限的信号无论怎么分解其频谱仍然存在，所以谱线宽度不会等于 0。对于非周期信号而言，频谱不能看成离散的，而应看成连续的，因此将这种频谱称为频谱密度函数。

为了方便理解，仍以矩形脉冲信号为例进行说明。图 4.11 中给出了矩形脉冲信号从周期信号到非周期信号频谱图发生的变化。可以看到，随着周期信号 $f(t)$ 周期的增加，其频谱图

中的谱线宽度逐渐减小,最后形成了频谱密度函数。

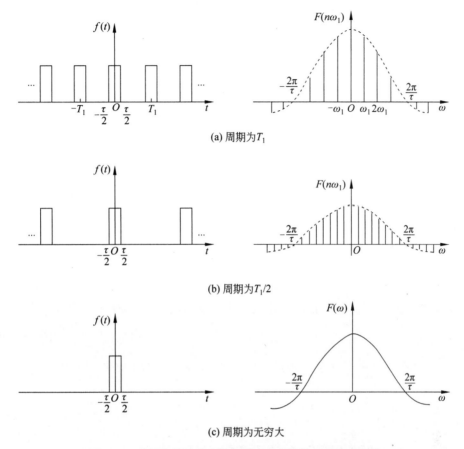

(a) 周期为 T_1

(b) 周期为 $T_1/2$

(c) 周期为无穷大

图 4.11 从周期信号的离散频谱到非周期信号的连续频谱

从上面的分析不难看出,连续时间周期信号的傅里叶级数与连续时间非周期信号的傅里叶变换存在着一定的关系。下面将从连续周期信号的傅里叶级数展开式推导出连续非周期信号的傅里叶变换式。

已知周期信号 $x(t)$ 及其复数频谱 $F(n\omega_1)$,由表 4.1 可知其 $x(t)$ 的指数形式傅里叶级数表示方法如下:

$$x(t) = \sum_{n=-\infty}^{+\infty} F(n\omega_1) e^{jn\omega_0 t}$$

为了突出频谱的函数特点,这里将频谱系数 c_n 写成 $F(n\omega_1)$,其频谱为

$$F(n\omega_1) = c_n = \frac{1}{T} \int_{-\frac{T}{2}}^{\frac{T}{2}} x(t) e^{-jn\omega_1 t} dt$$

在上式等号两边同时乘以 T,可得

$$F(n\omega_1) T = \int_{-\frac{T}{2}}^{\frac{T}{2}} x(t) e^{-jn\omega_1 t} dt$$

如同前面的分析,使 T 趋于无穷大,则 ω_1 将无限趋于 0,这时 $F(n\omega_1)$ 将成为一个连续函数,通常可以记为 $F(\omega)$ 或 $F(j\omega)$,即

$$F(\omega) = \lim_{T \to +\infty} F(n\omega_1) T = \lim_{\omega_1 \to 0} \frac{2\pi F(n\omega_1)}{\omega_1}$$

上式中的 $\dfrac{F(n\omega_1)}{\omega_1}$ 代表单位频带的频谱值。若以 $\dfrac{F(n\omega_1)}{\omega_1}$ 的幅度为高,以间隔 ω_1 为宽,画一个小矩形,则该小矩形面积为 $\omega=n\omega_1$ 频率处的频谱值 $F(n\omega_1)$。为了区分周期信号与非周期信号,将周期趋于无穷大的非周期信号写为 $f(t)$。因此,可得

$$F(\omega) = \lim_{T \to +\infty} \int_{-\frac{T}{2}}^{\frac{T}{2}} f(t) \mathrm{e}^{-\mathrm{j}n\omega_1 t} \mathrm{d}t = \int_{-\infty}^{+\infty} f(t) \mathrm{e}^{-\mathrm{j}\omega t} \mathrm{d}t \tag{4.31}$$

同样,$f(t)$ 可变为

$$f(t) = \sum_{n=-\infty}^{+\infty} F(n\omega_1) \mathrm{e}^{\mathrm{j}n\omega_0 t} = \sum_{n\omega_1 = -\infty}^{+\infty} \dfrac{F(n\omega_1)}{\omega_1} \mathrm{e}^{\mathrm{j}n\omega_1 t} \Delta(n\omega_1) = \dfrac{1}{2\pi} \sum_{n\omega_1 = -\infty}^{+\infty} F(\omega) \mathrm{e}^{\mathrm{j}n\omega_1 t} \Delta(n\omega_1)$$

将求和符号改为积分符号,可得

$$f(t) = \dfrac{1}{2\pi} \int_{-\infty}^{+\infty} F(\omega) \mathrm{e}^{\mathrm{j}\omega t} \mathrm{d}\omega \tag{4.32}$$

$F(\omega)$ 和 $f(t)$ 是周期信号的周期趋于无穷大时所得。通常把式(4.31)和式(4.32)叫作傅里叶正变换和傅里叶逆变换,为了方便书写,通常用式(4.33)和式(4.34)中的符号描述这两种变换:

$$F(\omega) = \mathcal{F}(f(t)) = \int_{-\infty}^{+\infty} f(t) \mathrm{e}^{-\mathrm{j}\omega t} \mathrm{d}t \tag{4.33}$$

$$f(t) = \mathcal{F}^{-1}(f(t)) = \dfrac{1}{2\pi} \int_{-\infty}^{+\infty} F(\omega) \mathrm{e}^{\mathrm{j}\omega t} \mathrm{d}\omega \tag{4.34}$$

其中的 $F(\omega)$ 是 $f(t)$ 的频谱函数。由于 $F(\omega)$ 是复数函数,因此它还可以写成

$$F(\omega) = |F(\omega)| \mathrm{e}^{\mathrm{j}\varphi(\omega)} \tag{4.35}$$

其中的 $|F(\omega)|$ 与 ω 产生的曲线称为非周期信号 $f(t)$ 的幅度频谱,$\varphi(\omega)$ 与 ω 产生的曲线称为非周期信号 $f(t)$ 的相位频谱。为了能够与后面介绍的其他类型信号的傅里叶变换区分,连续时间非周期信号的傅里叶变换用 FT 表示,这样就可以通过式(4.36)的形式表示 $f(t)$ 与 $F(\omega)$ 之间的关系:

$$f(t) \overset{\mathrm{FT}}{\leftrightarrow} F(\omega) \tag{4.36}$$

满足这个关系的 $f(t)$ 与 $F(\omega)$ 也称为一组傅里叶变换对。

与周期信号类似,也可将非周期信号的傅里叶变换写成三角函数的形式:

$$f(t) = \dfrac{1}{2\pi} \int_{-\infty}^{+\infty} F(\omega) \mathrm{e}^{\mathrm{j}\omega t} \mathrm{d}\omega = \dfrac{1}{2\pi} \int_{-\infty}^{+\infty} |F(\omega)| \mathrm{e}^{\mathrm{j}\omega t + \varphi(\omega)} \mathrm{d}\omega$$

$$= \dfrac{1}{2\pi} \int_{-\infty}^{+\infty} |F(\omega)| \cos(\omega t + \varphi(\omega)) \mathrm{d}\omega + \mathrm{j} \dfrac{1}{2\pi} \int_{-\infty}^{+\infty} |F(\omega)| \sin(\omega t + \varphi(\omega)) \mathrm{d}\omega$$

可见,非周期信号也可以分解成许多不同频率的正弦分量。与周期信号相比,非周期信号的基波频率趋于无穷小,从而包含了所有频率分量;而各个正弦分量的振幅 $|F(\mathrm{j}\omega)| \mathrm{d}\omega/\pi$ 趋于无穷小,从而只能用密度函数描述各分量的相对大小。从上面的讨论中可以发现,连续时间周期信号与非周期信号、傅里叶级数与傅里叶变换、离散频谱与连续频谱在一定条件下可以相互转换并统一起来。

4.2.2 典型连续时间非周期信号的频谱

许多常用信号的傅里叶变换对是固定的。本节将利用傅里叶变换求解一些典型连续时间非周期信号的频谱,这些信号包括矩形脉冲信号、冲激函数、直流信号、指数信号、符号函数以

及阶跃函数。

1. 矩形脉冲信号

矩形脉冲信号一般称为门函数,定义其宽度为 τ,高度为1,并用解析式 $g_\tau(t)$ 表示:

$$g_\tau(t) = \begin{cases} 1, & |t| < \dfrac{\tau}{2} \\ 0, & |t| > \dfrac{\tau}{2} \end{cases}$$

矩形脉冲信号的时域图形如图 4.12 所示。

利用傅里叶变换公式可得

$$F(\omega) = \int_{-\infty}^{+\infty} g_\tau(t) e^{-j\omega t} dt = \int_{-\tau/2}^{\tau/2} e^{-j\omega t} dt = \frac{e^{-j\frac{\omega\tau}{2}} - e^{j\frac{\omega\tau}{2}}}{-j\omega}$$

使用欧拉公式可得矩形脉冲信号的傅里叶变换:

$$F(\omega) = \frac{2\sin\dfrac{\omega\tau}{2}}{\omega} = \tau \frac{\sin\dfrac{\omega\tau}{2}}{\dfrac{\omega\tau}{2}} = \tau \mathrm{Sa}\left(\frac{\omega\tau}{2}\right) \tag{4.37}$$

因此矩形脉冲信号 $g_\tau(t)$ 的幅度频谱 $|F(\omega)|$ 为

$$|F(\omega)| = \tau \left|\mathrm{Sa}\left(\frac{\omega\tau}{2}\right)\right|$$

图 4.13 给出了矩形脉冲信号的幅度频谱图。通过图 4.13 可以发现,非周期矩形脉冲信号的频谱是连续频谱,其形状与周期矩形脉冲信号的离散频谱(图 4.11)的包络线相似。同样,周期信号的离散频谱可以通过对非周期信号的连续频谱等间隔取样求得。

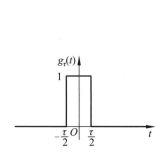

图 4.12 矩形脉冲信号的时域图形

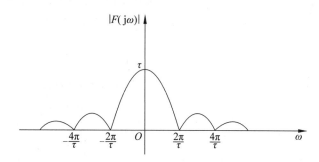

图 4.13 矩形脉冲信号的幅度频谱图

还可以发现,如果一个信号在时域上是有限的,则这个信号在频域上将无限延续,信号的频谱分量主要集中在零频率到第一个过零点的频率之间,即信号的有效带宽内。脉冲宽度 τ 越窄,有效带宽越宽,高频分量越多,即信号信息量越大,传送信号所占用的频带越宽。

2. 冲激信号

冲激信号 $\delta(t)$ 属于奇异函数,该函数在信号的频域分析中仍然起着重要的作用。

冲激信号 $\delta(t)$ 的傅里叶变换 $F(\omega)$ 为

$$F(\omega) = \int_{-\infty}^{+\infty} \delta(t) e^{-j\omega t} dt$$

由冲激信号的性质可得

$$F(\omega) = \mathcal{F}(\delta(t)) = 1 \tag{4.38}$$

显然冲激信号较为特殊。图 4.14 为冲激信号的时域图形和频谱图。

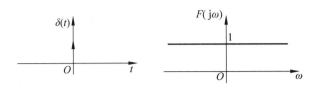

图 4.14 冲激信号的时域图形和频谱图

通过图 4.14 可以发现，单位冲激信号的频谱等于常数，也就是说整个频率范围内频谱是均匀分布的。这说明一个信号在时域范围内的剧烈变化会导致该信号的频域范围内包含幅度相等的所有频率分量，显然，信号 $\delta(t)$ 实际上是无法实现的。

3. 直流信号

直流信号 $f(t)$ 的解析式如下：
$$f(t)=1 \quad (-\infty<t<+\infty)$$
该信号如果直接使用傅里叶变换公式可得
$$F(\omega)=\int_{-\infty}^{+\infty} 1 \times \mathrm{e}^{-\mathrm{j}\omega t}\,\mathrm{d}t$$
但是这个积分式无法进行计算。由于冲激信号的傅里叶变换是直流信号，因此可以反过来使用傅里叶逆变换求出直流信号的傅里叶变换。

由傅里叶逆变换的定义可知
$$\delta(t)=\frac{1}{2\pi}\int_{-\infty}^{+\infty} 1 \times \mathrm{e}^{\mathrm{j}\omega t}\,\mathrm{d}\omega$$
令 $t=\omega, \omega=t$
$$\delta(\omega)=\frac{1}{2\pi}\int_{-\infty}^{+\infty} 1 \times \mathrm{e}^{\mathrm{j}t\omega}\,\mathrm{d}t$$
因为 $\delta(\omega)$ 为偶函数，所以
$$\delta(\omega)=\delta(-\omega)=\frac{1}{2\pi}\int_{-\infty}^{+\infty} 1 \times \mathrm{e}^{-\mathrm{j}\omega t}\,\mathrm{d}t$$
等式两边同时乘以 2π，可得
$$2\pi\delta(\omega)=\int_{-\infty}^{+\infty} 1 \times \mathrm{e}^{-\mathrm{j}\omega t}\,\mathrm{d}t$$
所以直流分量的傅里叶变换为
$$F(\omega)=\mathcal{F}(f(t))=2\pi\delta(\omega) \tag{4.39}$$
图 4.15 给出了直流信号的时域图形与频谱图。

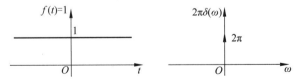

图 4.15 直流信号的时域图形与频谱图

4. 指数信号

这里要讨论的指数信号分为单边指数信号和双边指数信号两种。它们的时域图形如图 4.16 所示。

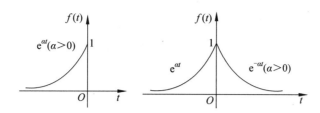

图 4.16 单边指数信号与双边指数信号的时域图形

单边指数信号的时域表达式如下：

$$f(t)=\begin{cases}e^{-at}, & t>0 \\ 0, & t<0\end{cases} \quad (a>0)$$

使用阶跃函数也可以将上式改写为

$$f(t)=e^{-at}u(t)$$

使用傅里叶变换式可得

$$F(\omega)=\int_{-\infty}^{+\infty}f(t)e^{-j\omega t}dt=\int_{0}^{+\infty}e^{-at}e^{-j\omega t}dt=\frac{e^{-(a+j\omega)t}}{-(a+j\omega)}\bigg|_{0}^{+\infty}$$

因此单边指数信号的傅里叶变换结果为

$$F(\omega)=\frac{1}{a+j\omega}=\frac{1}{\sqrt{a^2+\omega^2}}e^{-j\arctan\frac{\omega}{a}} \tag{4.40}$$

所以阶跃函数的振幅频谱为

$$|F(j\omega)|=\frac{1}{\sqrt{a^2+\omega^2}}$$

相位频谱为

$$\varphi(\omega)=-\arctan\frac{\omega}{a}$$

图 4.17 给出了单边指数信号的振幅频谱图和相位频谱图。

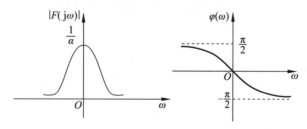

图 4.17 单边指数信号的振幅频谱图和相位频谱图

下面讨论双边指数信号的傅里叶变换。双边指数信号的时域表达式如下：

$$f(t)=\begin{cases}e^{-at}, & t>0 \\ e^{at}, & t<0\end{cases} \quad (a>0)$$

使用傅里叶变换式可得

$$F(\omega)=\int_{-\infty}^{+\infty}f(t)e^{-j\omega t}dt=\int_{-\infty}^{0}e^{at}e^{-j\omega t}dt+\int_{0}^{+\infty}e^{-at}e^{-j\omega t}dt$$

积分计算后可得

$$F(\omega) = \frac{1}{\alpha - j\omega} + \frac{1}{\alpha + j\omega} = \frac{2\alpha}{\alpha^2 + \omega^2} \tag{4.41}$$

根据式(4.41)可知,双边指数信号的振幅频谱和相位频谱分别为

$$|F(j\omega)| = \frac{2\alpha}{\alpha^2 + \omega^2}$$

$$\varphi(\omega) = 0$$

双边指数信号的振幅频谱图如图 4.18 所示。

5. 符号函数

符号函数的时域表达式如下:

$$\mathrm{sgn}(t) = \begin{cases} 1, & t > 0 \\ -1, & t < 0 \end{cases}$$

其时域图形如图 4.19 所示。

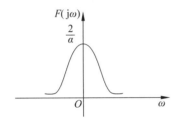

图 4.18　双边指数信号的幅度频谱图　　图 4.19　符号函数时域图形

符号函数可以看成双边指数信号 $f(t)$ 的特殊形式,该双边指数信号 $f(t)$ 的表达式如下:

$$f(t) = \begin{cases} e^{-at}, & t > 0 \\ -e^{at}, & t < 0 \end{cases} \quad (a > 0)$$

显然,当 a 无限趋近 0 时, $f(t)$ 便可以看成符号函数 $\mathrm{sgn}(t)$。对上述双边指数函数进行傅里叶变换,可得

$$F(\omega) = \int_{-\infty}^{+\infty} f(t) e^{-j\omega t} dt = \int_{-\infty}^{0} -e^{at} e^{-j\omega t} dt + \int_{0}^{+\infty} e^{-at} e^{-j\omega t} dt$$

积分计算后可得

$$F(\omega) = j \frac{-2\omega}{\alpha^2 + \omega^2} \tag{4.42}$$

令 a 无限趋近 0,可得

$$F(\omega) = \mathcal{F}(\mathrm{sgn}(t)) = \begin{cases} j \dfrac{-2}{\omega}, & \omega \neq 0 \\ 0, & \omega = 0 \end{cases}$$

其振幅频谱为

$$|F(j\omega)| = \frac{2}{|\omega|}$$

其相位频谱为

$$\varphi(\omega) = \begin{cases} -\dfrac{\pi}{2}, & \omega > 0 \\ \dfrac{\pi}{2}, & \omega < 0 \end{cases}$$

6. 阶跃函数

阶跃函数的时域表达式如下：

$$u(t) = \begin{cases} 1, & t > 0 \\ 0, & t < 0 \end{cases}$$

也可以将上述信号转换为符号函数信号：

$$u(t) = \frac{1}{2} + \frac{1}{2}\text{sgn}(t)$$

阶跃函数信号的时域图形如图 4.20 所示。

对阶跃函数进行傅里叶变换，可得

$$F(\omega) = \mathcal{F}(u(t)) = \pi\delta(\omega) + \frac{1}{j\omega} \quad (4.43)$$

图 4.20 阶跃函数信号的时域图形

可以将阶跃函数信号的频谱分成两部分：

$$F(\omega) = a(\omega) + jb(\omega)$$

其中的 $a(\omega)$ 和 $b(\omega)$ 还可以进一步写为如下形式：

$$a(\omega) = \pi\delta(\omega)$$
$$b(\omega) = -\frac{1}{\omega}$$

事实上还有许多信号的傅里叶变换形式经常用到。常用信号的傅里叶变换如表 4.2 所示。

表 4.2 常用信号的傅里叶变换

连续时间信号 $f(t)$	傅里叶变换 $F(\omega)$
$\delta(t)$	1
$\dfrac{d}{dt}\delta(t)$	$j\omega$
$\dfrac{d^k}{dt^k}\delta(t)$	$(j\omega)^k$
$u(t)$	$\dfrac{1}{j\omega} + \pi\delta(\omega)$
$tu(t)$	$j\pi\dfrac{d}{d\omega}\delta(\omega) - \dfrac{1}{\omega^2}$
$\text{sgn}(t) = \begin{cases} 1, & t > 0 \\ -1, & t < 0 \end{cases}$	$\dfrac{2}{j\omega}$
$\delta(t - t_0)$	$e^{-j\omega t_0}$
$\cos\omega_0 t$	$\pi(\delta(\omega + \omega_0) + \delta(\omega - \omega_0))$
$\sin\omega_0 t$	$j\pi(\delta(\omega + \omega_0) - \delta(\omega - \omega_0))$
$f(t) = \begin{cases} 1, & |t| < \tau \\ 0, & |t| > \tau \end{cases}$	$\tau\,\text{Sa}\left(\dfrac{\omega\tau}{2}\right)$
$f(t) = \begin{cases} 1 - |t|/\tau, & |t| < \tau \\ 0, & |t| > \tau \end{cases}$	$\tau\,\text{Sa}^2\left(\dfrac{\omega\tau}{2}\right)$

续表

连续时间信号 $f(t)$	傅里叶变换 $F(\omega)$
$e^{-at}u(t), \mathrm{Re}\{a\}>0$	$\dfrac{1}{a+j\omega}$
$e^{-a\|t\|}, \mathrm{Re}\{a\}>0$	$\dfrac{2a}{\omega^2+a^2}$
$e^{-at}\cos\omega_0 t\,u(t), \mathrm{Re}\{a\}>0$	$\dfrac{a+j\omega}{(a+j\omega)^2+\omega_0^2}$
$e^{-at}\sin\omega_0 t\,u(t), \mathrm{Re}\{a\}>0$	$\dfrac{\omega_0}{(a+j\omega)^2+\omega_0^2}$
$te^{-at}u(t), \mathrm{Re}\{a\}>0$	$\dfrac{1}{(a+j\omega)^2}$
$\dfrac{t^{k-1}e^{-at}}{(k-1)!}u(t), \mathrm{Re}\{a\}>0$	$\dfrac{1}{(a+j\omega)^k}$
$\delta_T(t)=\sum\limits_{l=-\infty}^{+\infty}\delta(t-lT)$	$\dfrac{2\pi}{T}\sum\limits_{k=-\infty}^{+\infty}\delta\left(\omega-k\dfrac{2\pi}{T}\right)$
$e^{-\left(\frac{t}{\tau}\right)^2}$	$\sqrt{\pi}\,\tau\,e^{-\left(\frac{\omega\tau}{2}\right)^2}$
$\left(u\left(t+\dfrac{\tau}{2}\right)-u\left(t-\dfrac{\tau}{2}\right)\right)\cos\omega_0 t$	$\dfrac{\tau}{2}\left(\mathrm{Sa}\dfrac{(\omega+\omega_0)\tau}{2}+\mathrm{Sa}\dfrac{(\omega-\omega_0)\tau}{2}\right)$
$\sum\limits_{k=-\infty}^{+\infty}F_k e^{jk\omega_0 t}$	$2\pi\sum\limits_{k=-\infty}^{+\infty}F_k\delta(\omega-k\omega_0)$

4.2.3 连续时间非周期信号的傅里叶变换的性质

从前面的分析可以发现,一个信号如果在时域上已经确定了,那么它在频域上也可以确定与其相对应的频谱函数。在分析信号的过程中,如果只按照傅里叶变换的定义式计算信号的频谱,有的时候并不能方便、快速地计算出该信号的频谱。如果利用傅里叶变换的一些常用性质计算频谱就会容易许多。本节重点介绍连续时间傅里叶变换的性质,这些性质非常重要,不仅可以使傅里叶变换的计算变得简单,而且根据这些性质的物理意义可以得出一些重要的结论。

为了方便描述这些性质,在时域中使用 $f(t)$ 进行表示,在频域中使用 $F(\omega)$ 进行表示,并使用 $\mathcal{F}$ 表示对一个时域信号进行傅里叶正变换,使用 $\mathcal{F}^{-1}$ 表示傅里叶逆变换。

1. 对称性

对称性的描述如下:若

$$F(\omega)=\mathcal{F}(f(t))$$

则该变换满足

$$\mathcal{F}(F(t))=2\pi f(\omega) \tag{4.44}$$

证明:根据傅里叶逆变换公式可知

$$f(t)=\mathcal{F}^{-1}(F(\omega))=\dfrac{1}{2\pi}\int_{-\infty}^{+\infty}F(\omega)e^{j\omega t}d\omega$$

令上式中的 $t=-t$,则

$$f(-t)=\dfrac{1}{2\pi}\int_{-\infty}^{+\infty}F(\omega)e^{-j\omega t}d\omega$$

等式两边同时乘以 2π 可得

$$2\pi f(-t) = \int_{-\infty}^{+\infty} F(\omega) e^{-j\omega t} d\omega$$

令 $t=\omega,\omega=t$,则有

$$2\pi f(-\omega) = \int_{-\infty}^{+\infty} F(t) e^{-j\omega t} dt$$

显然,等式的右侧相当于对 $F(t)$ 进行傅里叶变换,因此

$$\mathcal{F}(F(t)) = 2\pi f(\omega)$$

在信号 $f(t)$ 为偶函数时,$f(t)$ 的频谱为 $F(\omega)$,根据对称性可知,形状为 $F(t)$ 的波形,其频谱必为 $f(\omega)$。通过这一性质可以得到一些已知信号的频谱图像。例如,矩形脉冲的频谱是 Sa 函数,由对称性可知 Sa 函数的频谱必为矩形脉冲信号。

2. 线性

若存在两个信号 $f(t)$ 和 $g(t)$ 同时满足下面的关系:

$$F(\omega) = \mathcal{F}(f(t))$$
$$G(\omega) = \mathcal{F}(g(t))$$

将这两个信号进行线性组合后产生新的信号,其傅里叶变换的形式满足

$$\mathcal{F}(af(t) + bg(t)) = aF(\omega) + bG(\omega) \tag{4.45}$$

这一结论在傅里叶级数展开式系数的性质中也有所涉及。

例 4.8 利用傅里叶变换的线性性质求单位阶跃信号的频谱函数 $F(\omega)$。

解:因为

$$f(t) = U(t) = \frac{1}{2} + \frac{1}{2}\text{sgn}(t)$$

由上式得

$$F(\omega) = \frac{1}{2} 2\pi\delta(\omega) + \frac{1 \times 2}{2j\omega} = \pi\delta(\omega) + \frac{1}{j\omega}$$

3. 时移性质

时移性质反映了信号在时域上左右平移时其频谱的变化规律。时移性质的描述如下:若一个信号 $f(t)$ 的傅里叶变换后的频谱为 $F(\omega)$,即

$$F(\omega) = \mathcal{F}(f(t))$$

则该变换满足

$$\mathcal{F}(f(t-t_0)) = e^{-j\omega t_0} F(\omega) \tag{4.46}$$

证明:根据傅里叶变换可得

$$F(\omega) = \mathcal{F}(f(t)) = \int_{-\infty}^{+\infty} f(t) e^{-j\omega t} dt$$

令上式中的 $t = t - t_0$,则

$$\mathcal{F}(f(t-t_0)) = \int_{-\infty}^{+\infty} f(t-t_0) e^{-j\omega(t-t_0)} dt$$

令 $u = t - t_0$,则 $du = dt$,代入上式可得

$$\mathcal{F}(f(t-t_0)) = \int_{-\infty}^{+\infty} f(u) e^{-j\omega(t_0+u)} du = e^{-j\omega t_0} F(\omega)$$

根据上述分析可以发现,将信号 $f(t)$ 向左或向右平移相当于在频谱中乘以 $e^{-j\omega t_0}$,其幅度谱不发生变化,相位谱发生变化。

例 4.9 求图 4.21 所示的矩形脉冲信号的频谱。

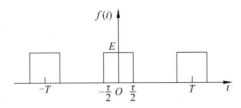

图 4.21 脉冲矩形信号

解：令 $f_0(t)$ 表示矩形单脉冲信号，其频谱函数为 $F_0(\omega)$，则

$$F_0(\omega) = E_\tau \mathrm{Sa}\left(\frac{\omega\tau}{2}\right)$$

因为

$$f(t) = f_0(t) + f_0(t+T) + f_0(t-T)$$

由时移性质可知，矩形脉冲函数 $f(t)$ 的频谱函数 $F(\omega)$ 为

$$F(\omega) = F_0(\omega)(1 + \mathrm{e}^{\mathrm{j}\omega T} + \mathrm{e}^{-\mathrm{j}\omega T}) = E_\tau \mathrm{Sa}\left(\frac{\omega\tau}{2}\right)(1 + 2\cos\omega T)$$

4. 频移性质

频移性质与时移性质相似，其特点是在频域范围内进行左右平移。假设 $F(\omega) = \mathcal{F}(f(t))$，则频移特性可以写成

$$\mathcal{F}(f(t)\mathrm{e}^{\mathrm{j}\omega_0 t}) = F(\omega - \omega_0) \tag{4.47}$$

证明：

$$\mathcal{F}(f(t)\mathrm{e}^{\mathrm{j}\omega_0 t}) = \int_{-\infty}^{+\infty} f(t)\mathrm{e}^{\mathrm{j}\omega_0 t}\mathrm{e}^{-\mathrm{j}\omega t}\mathrm{d}t$$

$$= \int_{-\infty}^{+\infty} f(t)\mathrm{e}^{-\mathrm{j}(\omega-\omega_0)t}\mathrm{d}t$$

所以

$$\mathcal{F}(f(t)\mathrm{e}^{\mathrm{j}\omega_0 t}) = F(\omega - \omega_0)$$

同理，令 $\omega_0 = -\omega_0$ 可得

$$\mathcal{F}(f(t)\mathrm{e}^{-\mathrm{j}\omega_0 t}) = F(\omega + \omega_0)$$

由上述性质可知，在时域中乘以 $\mathrm{e}^{\mathrm{j}\omega_0 t}$，相当于在频域中向右平移 ω_0 个单位。利用这个性质，可以通过在时域中乘以指数项的形式改变频谱中的位置，也就是频谱搬移，频谱搬移在调幅、变频等过程中有重要的应用。但在实际应用中，频谱搬移一般通过乘以 $\cos\omega_0 t$ 或 $\sin\omega_0 t$ 实现，这是因为可以通过欧拉公式将上述两个三角函数转换为指数信号相加的形式。

由欧拉公式可知

$$\cos\omega_0 t = \frac{1}{2}(\mathrm{e}^{\mathrm{j}\omega_0 t} + \mathrm{e}^{-\mathrm{j}\omega_0 t})$$

$$\sin\omega_0 t = \frac{1}{2\mathrm{j}}(\mathrm{e}^{\mathrm{j}\omega_0 t} - \mathrm{e}^{-\mathrm{j}\omega_0 t})$$

由上式可知

$$\mathcal{F}(f(t)\cos\omega_0 t) = \frac{1}{2}(F(\omega+\omega_0) + F(\omega-\omega_0)) \tag{4.48}$$

$$\mathcal{F}(f(t)\sin \omega_0 t) = \frac{1}{2}(F(\omega+\omega_0) - F(\omega-\omega_0)) \tag{4.49}$$

也就是说,在时域中如果乘以 $\cos \omega_0 t$ 或 $\sin \omega_0 t$,相当于将 $f(t)$ 的频谱一分为二,沿频率轴方向向左和向右各平移 ω_0 个单位。由于这个性质可以实现频率的平移,因此也称之为调制定理。

5. 尺度变换性质

尺度变换的含义是在时域上乘以系数 $a(a\neq 0)$,也就是在时间上进行伸缩变换,其频域也相应发生了一定的变化。这个性质的具体描述如下:若

$$F(\omega) = \mathcal{F}(f(t))$$

则 $f(at)$ 的傅里叶变换结果为

$$\mathcal{F}(f(at)) = \frac{1}{|a|} F\left(\frac{\omega}{a}\right) \tag{4.50}$$

证明:当 $a>0$ 时,由

$$\mathcal{F}(f(at)) = \int_{-\infty}^{+\infty} f(at) e^{-j\omega t} dt$$

令 $x=at$,则 $dx=a dt$,代入上式,可得

$$\mathcal{F}(f(x)) = \int_{-\infty}^{+\infty} f(x) e^{-j\omega x/a} \frac{dx}{a} = \frac{1}{a} F\left(\frac{\omega}{a}\right)$$

当 $a<0$ 时,由

$$\mathcal{F}(f(at)) = \int_{-\infty}^{+\infty} f(at) e^{-j\omega t} dt$$

令 $x=at$,则 $dx=a dt$,代入上式,可得

$$\mathcal{F}(f(x)) = \int_{-\infty}^{+\infty} f(x) e^{-j\omega x/a} \frac{dx}{a} = -\int_{-\infty}^{+\infty} f(x) e^{-\frac{j\omega x}{a}} \frac{dx}{a} = -\frac{1}{a} F\left(\frac{\omega}{a}\right)$$

综合 $a>0$ 和 $a<0$ 的情况可知

$$\mathcal{F}(f(at)) = \frac{1}{|a|} F\left(\frac{\omega}{a}\right)$$

尺度变换性质说明函数 $f(at)$ 表示 $f(t)$ 沿时间轴压缩为原来的 $1/a$(或时间尺度扩展为原来的 a 倍),而 $F(\omega/a)$ 则表示 $F(\omega)$ 沿频率轴扩展为原来的(或频率尺度压缩为原来的 $1/a$),也就是说,在时域上进行压缩相当于在频域上进行拉伸,在时域上进行拉伸相当于在频域上进行压缩。上述结论可以按照以下的方式进行解释:当信号在时域上压缩为原来的 $1/a$ 后,其信号随着时间变化的速度是原来的 a 倍,此时这个信号所对应的频率分量也变为原来的 a 倍,根据能量守恒定理,其频率分量的幅值也会减小为原来的 $1/a$;反之亦然。另外,该性质反映了信号的持续时间与其占有的频带成反比,也就是说,通信速度越快,其占用的频带宽度越大,可见在通信信息系统中通信速度和频带宽度是相互矛盾的。

例 4.10 比较 $f_0(t)$ 和 $f(t)$ 两个信号的频谱函数,并利用尺度变换性质解释其频谱的差异。

$$f(t) = \begin{cases} E, & |t| < \tau/4 \\ 0, & |t| > \tau/4 \end{cases}$$

$$f_0(t) = \begin{cases} E, & |t| < \tau/2 \\ 0, & |t| > \tau/2 \end{cases}$$

解：根据常见信号的傅里叶变换可知，上述两个信号的频谱函数为

$$\mathcal{F}(f_0(x)) = F_0(\omega) = E\tau \operatorname{Sa}\left(\frac{\omega\tau}{2}\right)$$

根据尺度变换性质，信号 $f(t)$ 的时间尺度比 $f_0(t)$ 扩展了一倍，即波形压缩了一半，因此其频谱函数为

$$\mathcal{F}(f(x)) = F(\omega) = \frac{E\tau}{2}\operatorname{Sa}\left(\frac{\omega\tau}{4}\right)$$

这两种信号的时域图形及频谱图如图 4.22 所示。

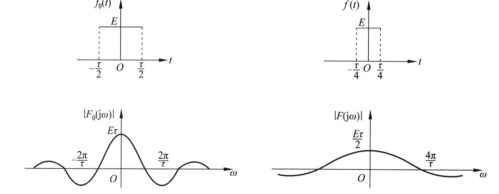

图 4.22 $f(t)$ 和 $f_0(t)$ 的时域图形及频谱图

从图 4.22 可以看出，其信号在时域上缩短为原来的一半时，其频域的频谱宽度扩展为原来的两倍，其幅值高度缩小为原来的一半。

6. 微分性质

微分性质的主要内容是在时域或频域上对信号进行微分运算时其频域或时域上的变化规律。微分性质的具体描述如下：若

$$F(\omega) = \mathcal{F}(f(t))$$

则 $\dfrac{\mathrm{d}f(t)}{\mathrm{d}t}$ 的傅里叶变换结果为

$$\mathcal{F}\left(\frac{\mathrm{d}f(t)}{\mathrm{d}t}\right) = \mathrm{j}\omega F(\omega) \tag{4.51}$$

当求导的阶数增加时，其结果可以描述为

$$\mathcal{F}\left(\frac{\mathrm{d}^n f(t)}{\mathrm{d}t}\right) = (\mathrm{j}\omega)^n F(\omega) \tag{4.52}$$

证明：因为

$$f(t) = \mathcal{F}^{-1}(F(\omega)) = \frac{1}{2\pi}\int_{-\infty}^{+\infty} F(\omega)\mathrm{e}^{\mathrm{j}\omega t}\mathrm{d}\omega$$

对上式的两边分别求导，其求导变量为 t，可得

$$\frac{\mathrm{d}f(t)}{\mathrm{d}t} = \frac{1}{2\pi}\int_{-\infty}^{+\infty} \mathrm{j}\omega F(\omega)\mathrm{e}^{\mathrm{j}\omega t}\mathrm{d}\omega$$

因此可得

$$\mathcal{F}\left(\frac{\mathrm{d}f(t)}{\mathrm{d}t}\right) = \mathrm{j}\omega F(\omega)$$

同理，如果在求导时进行更多阶数的求导，可得

$$\mathcal{F}\left(\frac{\mathrm{d}^n f(t)}{\mathrm{d}t}\right) = (\mathrm{j}\omega)^n F(\omega)$$

上述性质说明，在时域上对信号进行微分相当于在频域上乘以 $\mathrm{j}\omega$，其求导阶数等于 $\mathrm{j}\omega$ 的指数。

通过上述证明方法很容易得到信号在频域上进行微分后在时域上的变化规律。若

$$F(\omega) = \mathcal{F}(f(t))$$

则 $\dfrac{\mathrm{d}F(\omega)}{\mathrm{d}\omega}$ 和 $\dfrac{\mathrm{d}^n F(\omega)}{\mathrm{d}\omega^n}$ 满足

$$\mathcal{F}^{-1}\left(\frac{\mathrm{d}F(\omega)}{\mathrm{d}\omega}\right) = (-\mathrm{j}t)f(t) \tag{4.53}$$

$$\mathcal{F}^{-1}\left(\frac{\mathrm{d}^n F(\omega)}{\mathrm{d}\omega^n}\right) = (-\mathrm{j}t)^n f(t) \tag{4.54}$$

通过上述分析可以发现，在频域上进行微分相当于在时域上乘以 $-\mathrm{j}t$，其求导阶数等于 $-\mathrm{j}t$ 的指数。

例 4.11 求 $f(t) = \delta^{(n)}(t)$ 的频谱函数 $F(\omega)$。

解：因为

$$\mathcal{F}(\delta(t)) = 1$$

由时域微分性可得

$$F(\omega) = (\mathrm{j}\omega)^n$$

例 4.12 求 $f(t) = tu(t)$ 的频谱函数 $F(\omega)$。

解：根据阶跃信号的傅里叶变换结果可知

$$\mathcal{F}(u(t)) = \pi\delta(\omega) + \frac{1}{\mathrm{j}\omega}$$

根据频域微分性

$$F(\omega)\,\mathcal{F}(tu(t)) = \mathrm{j}\frac{\mathrm{d}}{\mathrm{d}\omega}\left(\pi\delta(\omega) + \frac{1}{\mathrm{j}\omega}\right) = \mathrm{j}\pi\delta'(\omega) - \frac{1}{\omega^2}$$

例 4.13 利用微分性质求图 4.23 所示的梯形脉冲信号的傅里叶变换，并大致画出 $\tau = 2\tau_1$ 时的频谱图。

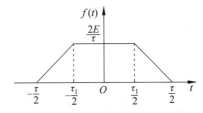

图 4.23 梯形脉冲信号的时域图形

解：因为 $f(\pm\infty) = 0$，所以可以利用傅里叶变换的时域微分性质求解。其二阶导数如下：

$$f''(t) = \frac{2E}{\tau}\left[\delta\left(t+\frac{\tau}{2}\right) + \delta\left(t-\frac{\tau}{2}\right) - \delta\left(t+\frac{\tau_1}{2}\right) - \delta\left(t-\frac{\tau_1}{2}\right)\right]$$

$$f''(t) \leftrightarrow F_1(\omega) = \frac{2E}{\tau}\left(e^{-\frac{j\omega\tau}{2}} + e^{\frac{j\omega\tau}{2}} - e^{-\frac{j\omega\tau_1}{2}} - e^{\frac{j\omega\tau_1}{2}}\right)$$

$$= \frac{4E}{\tau}\left(\cos\frac{\omega\tau}{2} - \cos\frac{\omega\tau_1}{2}\right)$$

$$f(t) \leftrightarrow F(\omega) = \frac{F_1(\omega)}{(j\omega)^2} = \frac{1}{\omega^2} \times \frac{4E}{\tau}\left(\cos\frac{\omega\tau}{2} - \cos\frac{\omega\tau_1}{2}\right)$$

该信号的一阶、二阶导数的图形如图 4.24 所示。

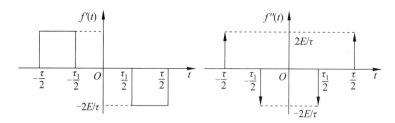

图 4.24 例 4.11 信号的一阶、二阶导数的图形

7. 时域积分性质

时域积分性质主要说明的是对一个信号在时域上进行积分时其频域上的特点。该性质的主要内容如下：若

$$F(\omega) = \mathcal{F}(f(t))$$

则 $\int_{-\infty}^{t} f(\tau)d\tau$ 满足

$$\mathcal{F}\left(\int_{-\infty}^{t} f(\tau)d\tau\right) = \frac{F(\omega)}{j\omega} + \pi F(0)\delta(\omega) \tag{4.55}$$

证明： 由傅里叶变换公式可知

$$\mathcal{F}\left(\int_{-\infty}^{t} f(\tau)d\tau\right) = \int_{-\infty}^{+\infty}\left(\int_{-\infty}^{t} f(\tau)d\tau\right)e^{-j\omega t}dt$$

改变被积函数中的积分上限，可以使上式变为

$$\mathcal{F}\left(\int_{-\infty}^{t} f(\tau)d\tau\right) = \int_{-\infty}^{+\infty}\left(\int_{-\infty}^{+\infty} f(\tau)u(t-\tau)d\tau\right)e^{-j\omega t}dt$$

根据延迟阶跃信号的傅里叶变换结果可知

$$\mathcal{F}(u(t-\tau)) = \left(\pi\delta(\omega) + \frac{1}{j\omega}\right)e^{-j\omega\tau}$$

将上式代入上面的傅里叶变换式可得

$$\int_{-\infty}^{+\infty} f(\tau)\left(\int_{-\infty}^{+\infty} u(t-\tau)dt\right)e^{-j\omega t}dt\,d\tau = \int_{-\infty}^{+\infty} f(\tau)\pi\delta(\omega)e^{-j\omega\tau}d\tau + \int_{-\infty}^{+\infty} f(\tau)\frac{e^{-j\omega\tau}}{j\omega}d\tau$$

$$= \pi F(0)\delta(\omega) + \frac{F(\omega)}{j\omega}$$

例 4.14 使用时域积分性质，通过 $\delta(t)$ 求 $f(t)=u(t)$ 的频谱函数。

解： 因为

$$\mathcal{F}(\delta(t)) = 1$$

$u(t)$ 可以通过 $\delta(t)$ 表示，也就是满足

$$u(t) = \int_{-\infty}^{t} \delta(t) \mathrm{d}x$$

根据时域积分性可得

$$\mathcal{F}(u(t)) = \frac{1}{\mathrm{j}\omega} + \pi\delta(\omega)$$

8. 奇偶虚实性质

一般情况下，$F(\omega)$ 为一个复函数，因此可以将其书写为实部与虚部或模与相位相乘的形式，也就是说 $F(\omega)$ 可以表示为

$$F(\omega) = |F(\omega)| \mathrm{e}^{\mathrm{j}\varphi(\omega)} = R(\omega) + \mathrm{j}X(\omega) \tag{4.56}$$

其中的 $R(\omega)$ 与 $X(\omega)$ 分别代表实部与虚部，$|F(\omega)|$ 与 $\varphi(\omega)$ 分别代表模与相位。显然这些分量满足以下关系：

$$|F(\omega)| = \sqrt{R(\omega)^2 + X(\omega)^2}$$

$$\varphi(\omega) = \arctan\frac{X(\omega)}{R(\omega)}$$

下面分别对 $f(t)$ 为实函数和虚函数时的情况进行讨论。

当 $f(t)$ 为实函数时，$F(\omega)$ 与 $f(t)$ 满足以下关系：

$$F(\omega) = \int_{-\infty}^{+\infty} f(t) \mathrm{e}^{-\mathrm{j}\omega t} \mathrm{d}t$$

对 $\mathrm{e}^{-\mathrm{j}\omega t}$ 使用欧拉公式进行展开，可得

$$F(\omega) = \int_{-\infty}^{+\infty} f(t)\cos\omega t\, \mathrm{d}t - \mathrm{j}\int_{-\infty}^{+\infty} f(t)\sin\omega t\, \mathrm{d}t$$

这样就将 $F(\omega)$ 写成了 $R(\omega) + \mathrm{j}X(\omega)$ 的形式。显然，$R(\omega) = \int_{-\infty}^{+\infty} f(t)\cos\omega t\, \mathrm{d}t$，这一函数为偶函数；$X(\omega) = \int_{-\infty}^{+\infty} f(t)\sin\omega t\, \mathrm{d}t$，这一函数为奇函数。也就是说，$F(\omega)$ 满足以下关系：

$$F(-\omega) = F^*(\omega) \tag{4.57}$$

换一个角度也可以发现，$F(\omega)$ 的模 $|F(\omega)|$ 为偶函数，相位 $\varphi(\omega)$ 为奇函数。

当 $f(t)$ 为实偶函数时，$X(\omega) = 0$，此时 $F(\omega) = R(\omega)$。也就是说，当 $f(t)$ 为实偶函数时，$F(\omega)$ 必为实偶函数。同样，当 $f(t)$ 为实奇函数时，$F(\omega)$ 必为虚奇函数。

当 $f(t)$ 为虚函数时，可以使用下面的实函数 $g(t)$ 表示 $f(t)$：

$$f(t) = \mathrm{j}g(t)$$

此时，$F(\omega)$ 与 $f(t)$ 满足以下关系：

$$F(\omega) = \int_{-\infty}^{+\infty} f(t)\mathrm{e}^{-\mathrm{j}\omega t}\mathrm{d}t = \int_{-\infty}^{+\infty} \mathrm{j}g(t)\mathrm{e}^{-\mathrm{j}\omega t}\mathrm{d}t$$

根据欧拉公式可知

$$F(\omega) = \int_{-\infty}^{+\infty} g(t)\sin\omega t\, \mathrm{d}t + \mathrm{j}\int_{-\infty}^{+\infty} g(t)\cos\omega t\, \mathrm{d}t$$

也就是说，此时 $R(\omega) = \int_{-\infty}^{+\infty} g(t)\sin\omega t\, \mathrm{d}t$，$X(\omega) = \int_{-\infty}^{+\infty} g(t)\cos\omega t\, \mathrm{d}t$，在这种情况下 $R(\omega)$ 为奇函数，而 $X(\omega)$ 为偶函数。

综上所述，无论 $f(t)$ 是实函数还是虚函数，都具有以下的形式：

若
$$F(\omega) = \mathcal{F}(f(t))$$

则该变换满足

$$\mathcal{F}(f(-t)) = F(-\omega) \tag{4.58}$$

$$\mathcal{F}(f^*(t)) = F^*(-\omega) \tag{4.59}$$

$$\mathcal{F}(f^*(-t)) = F^*(\omega) \tag{4.60}$$

9. 时域卷积性质

时域卷积性质的具体描述如下：若两个连续时间信号 $f_1(t)$ 和 $f_2(t)$ 的傅里叶变换分别为 $F_1(\omega)$ 和 $F_2(\omega)$，即

$$\mathcal{F}(f_1(t)) = F_1(\omega)$$

$$\mathcal{F}(f_2(t)) = F_2(\omega)$$

那么将这两个信号在时域上卷积后可得

$$\mathcal{F}(f_1(t) * f_2(t)) = F_1(\omega) F_2(\omega) \tag{4.61}$$

证明： 根据卷积定义可知

$$f_1(t) * f_2(t) = \int_{-\infty}^{+\infty} f_1(\tau) f_2(t-\tau) \mathrm{d}\tau$$

将上式代入傅里叶变换公式可得

$$\mathcal{F}(f_1(t) * f_2(t)) = \int_{-\infty}^{+\infty} \left(\int_{-\infty}^{+\infty} f_1(\tau) f_2(t-\tau) \mathrm{d}\tau \right) \mathrm{e}^{-\mathrm{j}\omega t} \mathrm{d}t$$

$$= \int_{-\infty}^{+\infty} f_1(\tau) \left(\int_{-\infty}^{+\infty} f_2(t-\tau) \mathrm{e}^{-\mathrm{j}\omega t} \mathrm{d}t \right) \mathrm{d}\tau = \int_{-\infty}^{+\infty} f_1(\tau) F_2(\omega) \mathrm{e}^{-\mathrm{j}\omega \tau} \mathrm{d}\tau$$

$$= F_2(\omega) \int_{-\infty}^{+\infty} f_1(\tau) \mathrm{e}^{-\mathrm{j}\omega \tau} \mathrm{d}\tau = F_1(\omega) F_2(\omega)$$

时域卷积性质表明，将两个信号在时域上进行卷积运算相当于将两个信号在频域上进行相乘运算。

10. 频域卷积性质

频域卷积性质与时域卷积性质十分类似，主要考虑的是时域上两个相乘的信号在频域上的特点。该性质的具体描述如下：若

$$\mathcal{F}(f_1(t)) = F_1(\omega)$$

$$\mathcal{F}(f_2(t)) = F_2(\omega)$$

则可得

$$\mathcal{F}(f_1(t) f_2(t)) = \frac{1}{2\pi} F_1(\omega) * F_2(\omega) = \frac{1}{2\pi} \int_{-\infty}^{+\infty} F_1(u) F_2(\omega - u) \mathrm{d}u \tag{4.62}$$

证明：

$$\mathcal{F}^{-1}(F_1(\omega) * F_2(\omega)) = \mathcal{F}^{-1}\left(\int_{-\infty}^{+\infty} F_1(u) F_2(\omega - u) \mathrm{d}u \right)$$

$$= \frac{1}{2\pi} \int_{-\infty}^{+\infty} \left(\int_{-\infty}^{+\infty} F_1(u) F_2(\omega - u) \mathrm{d}u \right) \mathrm{e}^{\mathrm{j}\omega t} \mathrm{d}\omega$$

$$= \frac{1}{2\pi} \int_{-\infty}^{+\infty} \left(\int_{-\infty}^{+\infty} F_1(u) F_2(\omega - u) \mathrm{e}^{\mathrm{j}u t} \mathrm{e}^{\mathrm{j}(\omega - u)t} \mathrm{d}\omega \right) \mathrm{d}u$$

$$= \frac{1}{2\pi} \int_{-\infty}^{+\infty} F_1(u) \mathrm{e}^{\mathrm{j}u t} \left(\int_{-\infty}^{+\infty} F_2(\omega - u) \mathrm{e}^{\mathrm{j}(\omega - u)t} \mathrm{d}(\omega - u) \right) \mathrm{d}u$$

$$= f_2(t) \int_{-\infty}^{+\infty} F_1(u) \mathrm{e}^{\mathrm{j}u t} \mathrm{d}u = 2\pi f_1(t) f_2(t)$$

频域卷积性质表明，两个时间信号在时域上相乘，相当于这两个信号的傅里叶变换结果在

频域上进行卷积运算并乘以 $\frac{1}{2\pi}$ 这一系数。综上所述,在时域上卷积相当于在频域上相乘,在时域上相乘相当于在频域上卷积,也就是说时域卷积性质和频域卷积性质是相互对称的,这也是由傅里叶变换的对称性所决定的。

常用傅里叶变换的性质如表 4.3 所示。

表 4.3 常用傅里叶变换的性质

性 质	连续时间信号 $f(t)$	傅里叶变换 $F(\omega)$
线性	$\alpha f_1(t)+\beta f_2(t)$	$\alpha F_1(\omega)+\beta F_2(\omega)$
尺度变换性质	$f(at), a\neq 0$	$\frac{1}{\|a\|}F\left(\frac{\omega}{a}\right)$
对偶性	$f(t)$	$g(\omega)$
时移性质	$f(t-t_0)$	$F(\omega)e^{-j\omega t_0}$
时域微分性质	$\frac{d}{dt}f(t)$	$j\omega F(\omega)$
时域积分性质	$\int_{-\infty}^{t} f(\tau)d\tau$	$\frac{F(\omega)}{j\omega}+\pi F(0)\delta(\omega)$
时域卷积性质	$f(t)*h(t)$	$F(\omega)H(\omega)$
频域卷积性质	$f(t)h(t)$	$\frac{1}{2\pi}F(\omega)*H(\omega)$
对称性	$f(-t)$ $f^*(t)$ $f^*(-t)$	$F(-\omega)$ $F^*(-\omega)$ $F^*(\omega)$
希尔伯特变换	$f(t)=f(t)u(t)$	$F(\omega)=R(\omega)+jI(\omega)$ $R(\omega)=I(\omega)*\frac{1}{\pi\omega}$
时域抽样	$f(t)\sum_{n=-\infty}^{+\infty}\delta(t-nT)$	$\frac{1}{T}\sum_{k=-\infty}^{+\infty}F\left(\omega-k\frac{2\pi}{T}\right)$

另外,还有一个重要的定理,称为帕塞瓦尔定理。

证明:由傅里叶逆变换可知:

$$\int_{-\infty}^{+\infty}|f(t)|^2 dt = \int_{-\infty}^{+\infty}f(t)\cdot f^*(t)dt = \int_{-\infty}^{+\infty}f^*(t)\left[\frac{1}{2\pi}\int_{-\infty}^{+\infty}F(\omega)e^{j\omega t}d\omega\right]dt$$

$$= \frac{1}{2\pi}\int_{-\infty}^{+\infty}F(\omega)\left[\int_{-\infty}^{+\infty}f(t)\cdot e^{-j\omega t}dt\right]^* d\omega$$

$$= \frac{1}{2\pi}\int_{-\infty}^{+\infty}F(\omega)\cdot F^*(\omega)d\omega = \frac{1}{2\pi}\int_{-\infty}^{+\infty}|F(\omega)|^2 d\omega$$

该定理表明,信号在时域中的能量等于信号在频域中的能量,即非周期信号的能量在时域与频域中保持守恒。

$$\int_{-\infty}^{+\infty}|f(t)|^2 dt = \frac{1}{2\pi}\int_{-\infty}^{+\infty}|F(\omega)|^2 d\omega$$

4.3 连续线性时不变系统的频域分析

本节主要介绍连续线性时不变系统的频率响应、频域分析、无失真传输理论以及理想模拟滤波器等内容。

4.3.1 连续线性时不变系统的频率响应

前面已经介绍了连续时间系统的时域分析方法。一个信号在时域中可以分解为多个冲激函数或阶跃信号的和,对每个单元激励可以求得系统的响应,也就是加权冲激响应或加权阶跃响应,通过在时域中求解积分可以得到系统对一个信号的总响应。

一个系统也可以在频域中进行分析。线性系统的频域分析方法是一种变换域的分析方法,频域分析方法最大的优势在于可以避免求解时域中的微分方程,而将其转换为频域中的代数方程。若要将信号和系统转换到频域,就需要对其进行傅里叶正变换和逆变换,也就是说需要增加两次积分变换。这一过程需要将输入信号转换为频域信号,将频域信号送入系统后得到的输出结果也是频域信号,因此还需要对其进行傅里叶逆变换才可以得到时域信号。值得注意的是,并非所有的信号都可以进行傅里叶变换,只有满足狄利克雷条件的信号才可以进行如上的操作。因此,在分析连续时间系统时,更方便的方法是对系统进行拉普拉斯变换(复频域分析法),这一方法将在第 6 章进行讲解。复频域分析法是频域分析方法的推广,频域分析方法对于一些只需要定性分析的问题还是十分方便的。

频域分析方法的本质就是把信号分解为一系列等幅正弦函数,再求取系统对每一单元信号的响应后将其叠加,这样就可以求解系统对复杂信号的响应。这一过程的计算相对于时域要简单许多。图 4.25 给出了 $x(t)$ 与系统函数 $h(t)$ 在时域下的关系,即激励信号 $x(t)$ 在时域上求解零状态响应信号 $y(t)$ 的过程。

$$x(t) \rightarrow \boxed{h(t)} \rightarrow y(t)=x(t)*h(t)$$

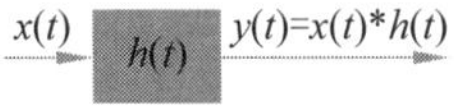

图 4.25 $x(t)$ 与系统函数 $h(t)$ 在时域下的关系

图 4.25 中的 $x(t)$ 可以分解为无穷多个 $\delta(t)$ 的叠加,即满足以下的关系:

$$x(t) = \int_0^t x(\tau)\delta(t-\tau)\mathrm{d}\tau$$

则输出响应为

$$y(t) = h(t) * x(t) = \int_0^t h(\tau)x(t-\tau)\mathrm{d}\tau$$

由此可以看出,零状态响应分解为所有被激励加权的 $h(t)$ 的叠加。

与时域分析相比,连续线性时不变系统的频域分析法的计算过程相对简单。图 4.26 给出了 $x(t)$ 与系统函数 $h(t)$ 在频域下的关系,即激励信号 $x(t)$ 在频域上求解零状态响应信号 $y(t)$ 的过程。

$$x(t) \rightarrow X(\omega) \rightarrow \boxed{H(\omega)} \rightarrow Y(\omega) \rightarrow y(t)$$

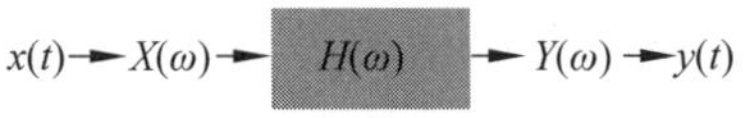

图 4.26 $x(t)$ 与系统函数 $h(t)$ 在频域下的关系

对于激励信号 $x(t)$ 来说,需要利用傅里叶变换将其转换为频谱函数 $X(\omega)$,然后将其送

入系统后可以得到 $x(t)$ 信号在 $H(\omega)$ 下的零状态输出响应 $Y(\omega)$，最后再通过傅里叶逆变换将其转换为时域信号 $y(t)$。

由时域卷积性质可知
$$\mathcal{F}(y(t)) = \mathcal{F}(h(t) * x(t)) = \mathcal{F}(h(t))\mathcal{F}(x(t))$$
即
$$Y(\omega) = H(\omega)X(\omega)$$
这样就可以得到系统函数 $H(\omega)$（或系统的转移函数）的表达式：
$$H(\omega) = \frac{Y(\omega)}{X(\omega)} \tag{4.63}$$

其中，$Y(\omega)$ 为零状态响应的频谱函数，$X(\omega)$ 为激励信号的频谱函数。在时域中，冲激响应 $h(t)$ 只取决于系统的结构，它描述了系统的固有性质；同样，在频域中 $H(\omega)$ 也只取决于系统的结构，它是在频域中表示系统的重要参数。

4.3.2 连续时间非周期信号通过系统响应的频域分析

在频域中分析系统和在时域中分析系统是一样的，需要将系统的响应分为零输入响应和零状态响应。在时域中，系统的输出响应表示为
$$y(t) = y_{zi}(t) + y_{zs}(t)$$
其中，$y_{zi}(t)$ 代表零输入响应，$y_{zs}(t)$ 代表零状态响应。

下面使用频域分析方法计算系统的零状态响应。

首先，将激励信号分解为正弦分量，因此需要对激励信号进行傅里叶变换，将其表示为无穷多个正弦分量之和的形式，即满足
$$x(t) = \frac{1}{2\pi}\int_{-\infty}^{+\infty} X(\omega)e^{j\omega t}d\omega$$

事实上，上式就是傅里叶逆变换，因此各频率分量的振幅为 $\dfrac{X(\omega)d\omega}{\omega}$。

其次，求出系统函数 $H(\omega)$，它满足
$$H(\omega) = \frac{Y(\omega)}{X(\omega)}$$

对于具体的系统来说，系统函数 $H(\omega)$ 可以使用电路的基本定理进行计算。

再次，求出各频率分量的响应，即将 $X(\omega)$ 和 $H(\omega)$ 相乘：
$$Y(\omega) = X(\omega)H(\omega)$$
最后，对 $Y(\omega)$ 进行傅里叶逆变换，求解出 $y_{zs}(t)$：
$$y_{zs}(t) = \frac{1}{2\pi}\int_{-\infty}^{+\infty} X(\omega)H(\omega)e^{j\omega t}d\omega$$

例 4.15 有一个因果线性时不变系统，其系统函数为 $H(\omega) = \dfrac{1}{j\omega+1}$，对于某一特定输入 $x(t)$，该系统的输出为
$$y(t) = e^{-3t}u(t) - e^{-4t}u(t)$$
求 $x(t)$。

解：首先对输出 $y(t)$ 进行傅里叶逆变换，可得
$$Y(\omega) = \frac{1}{j\omega+3} - \frac{1}{j\omega+4} = \frac{1}{(j\omega+3)(j\omega+4)}$$

由 $Y(\omega) = X(\omega)H(\omega)$ 可得

$$X(\omega) = \frac{Y(\omega)}{H(\omega)} = \frac{1}{j\omega + 4}$$

经傅里叶逆变换可得

$$x(t) = e^{-4t}u(t)$$

例 4.16 某稳定的连续线性时不变系统的频率响应为 $H(\omega) = \dfrac{1 - e^{-(j\omega+1)}}{j\omega + 1}$,求其单位阶跃响应 $g(t)$。

解:对 $H(\omega)$ 进行整理,有

$$H(\omega) = \frac{1 - e^{-(j\omega+1)}}{j\omega + 1} = \frac{1}{j\omega + 1} - e^{-1}\frac{1}{j\omega + 1}e^{-j\omega}$$

对上式进行傅里叶逆变换,有

$$h(t) = e^{-t}u(t) - e^{-1}e^{-(t-1)}u(t-1)$$

所以

$$\begin{aligned}g(t) &= h(t) * u(t) = e^{-t}u(t) * u(t) - e^{-1}e^{-(t-1)}u(t-1) * u(t)\\ &= (1 - e^{-t})u(t) - e^{-1}(1 - e^{-(t-1)})u(t-1)\end{aligned}$$

4.3.3 连续时间周期信号通过系统响应的频域分析

本节使用傅里叶变换的方法求解周期信号通过线性系统响应的相关问题。为此,设激励信号 $x(t)$ 是周期为 T 的周期信号,$x_1(t)$ 是 $x(t)$ 的一个周期内的信号,这样就可以使用 $x_1(t)$ 表示 $x(t)$,它们的关系如下:

$$x(t) = \sum_{n=-\infty}^{+\infty} x_1(t - nT) = x_1(t) * \sum_{n=-\infty}^{+\infty} \delta(t - nT) \tag{4.64}$$

上式表明周期信号 $x(t)$ 可以通过一个周期内的信号 $x_1(t)$ 与均匀冲激序列卷积而得。根据卷积的定义可得,周期信号的傅里叶变换满足

$$X(\omega) = \mathcal{F}(x(t)) = \mathcal{F}\left(x_1(t) * \sum_{n=-\infty}^{+\infty} \delta(t - nT)\right) = \mathcal{F}(x_1(t))\mathcal{F}\left(\sum_{n=-\infty}^{+\infty} \delta(t - nT)\right)$$

其中,$\mathcal{F}(x_1(t))$ 和 $\mathcal{F}\left(\sum\limits_{n=-\infty}^{+\infty} \delta(t - nT)\right)$ 分别为

$$\mathcal{F}(x_1(t)) = X_1(\omega) = \int_{-\infty}^{+\infty} x_1(t)e^{-j\omega t}dt$$

$$\mathcal{F}\left(\sum_{n=-\infty}^{+\infty} \delta(t - nT)\right) = \frac{2\pi}{T}\sum_{n=-\infty}^{+\infty} \delta(\omega - n\omega_1) = \omega_1 \delta_{\omega_1}(\omega) \quad \left(\omega_1 = \frac{2\pi}{T}\right)$$

这样,周期信号 $x(t)$ 的频谱函数可以表示为

$$X(\omega) = \mathcal{F}(x(t)) = X_1(\omega)\omega_1 \delta_{\omega_1}(\omega)$$

上式表明,周期信号 $x(t)$ 的频谱是由一系列冲激函数组成的,冲激函数的强度与 $x_1(t)$ 的傅里叶变换结果相关,也就是说 $x(t)$ 的频谱是离散的。

由系统函数 $H(\omega)$、激励信号的频谱函数 $X(\omega)$ 以及系统响应的频谱函数 $Y(\omega)$ 的关系可知,周期信号 $x(t)$ 送入系统中得到的系统响应的频谱函数为

$$Y(\omega) = H(\omega)X(\omega) = H(\omega)X_1(\omega)\omega_1 \delta_{\omega_1}(\omega)$$

$$= \omega_1 \sum_{-\infty}^{+\infty} H(n\omega) X_1(n\omega) \delta(\omega - n\omega_1) \tag{4.65}$$

从上面的分析可以发现，系统响应的频谱函数 $Y(\omega)$ 也是离散的，同样由一系列与 $Y(\omega)$ 相同间隔的冲激函数构成。对 $Y(\omega)$ 进行傅里叶逆变换可得到系统响应 $y(t)$：

$$y(t) = \frac{1}{2\pi} \int_{-\infty}^{+\infty} Y(\omega) e^{j\omega t} d\omega = \frac{\omega_1}{2\pi} \int_{-\infty}^{+\infty} \left(\sum_{-\infty}^{+\infty} H(n\omega) X_1(n\omega) \delta(\omega - n\omega_1) e^{j\omega t} \right) d\omega$$

$$= \frac{1}{T} \sum_{-\infty}^{+\infty} H(n\omega) X_1(n\omega) e^{j\omega t} \int_{-\infty}^{+\infty} \delta(\omega - n\omega_1) d\omega = \frac{1}{T} \sum_{-\infty}^{+\infty} H(n\omega) X_1(n\omega) e^{j\omega t}$$

例 4.17 已知系统的输入为如图中 4.27(a) 所示的周期信号 $x(t)$，系统函数 $H(\omega)$ 如图 4.27(b) 所示，其相位特性 $\varphi(\omega) = 0$，求系统响应 $y(t)$。

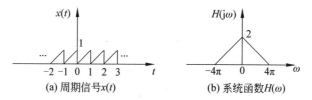

图 4.27 周期信号 $x(t)$ 与系统函数 $H(\omega)$

解：将周期信号 $x(t)$ 用傅里叶级数形式展开。因为 $x(t) = t, 0 < t < 1, T = 1, \omega = 2\pi$，所以

$$a_0 = \frac{2}{T} \int_0^T x(t) dt = 2 \int_0^1 t \, dt = 1$$

$$a_k = \frac{2}{T} \int_0^T x(t) e^{-jk\omega t} dt = 2 \int_0^1 t e^{-jk\omega t} dt$$

$$= 2 \left[-\frac{1}{j2k\pi} e^{-j2k\pi} - \frac{1}{(jk\omega)^2} e^{-j2k\pi} + \frac{1}{(jk\omega)^2} \right] = -\frac{1}{jk\pi}$$

$$x(t) = \frac{1}{2} \sum_{k=-\infty}^{+\infty} a_k e^{jk\omega t} = \frac{1}{2} \sum_{k=-\infty}^{+\infty} -\frac{1}{jk\pi} e^{j2k\pi t} = \frac{1}{2} - \sum_{k=-\infty}^{+\infty} \frac{1}{k\pi} e^{j2k\pi t}$$

$$H(k\omega) = \begin{cases} 2 - \dfrac{|k\omega|}{2\pi}, & |k\omega| < 4\pi \\ 0, & |k\omega| \geqslant 4\pi \end{cases}$$

因为 $H(k\omega) = 0, k\omega \geqslant 4\pi$，所以求响应时只需取 $k = 0, 1$ 即可。

当 $k = 0$ 时，$X_0 = \dfrac{1}{2}, H_0 = 2, Y_0 = X_0 H_0 = 1$。

当 $k = 1$ 时，$X_{1m} = -\dfrac{1}{\pi}, H_1 = 1, Y_{1m} = X_{1m} H_1 = -\dfrac{1}{\pi}$。

可得

$$y(t) = 1 - \frac{1}{\pi} \sin 2\pi t \quad (-\infty < t < +\infty)$$

4.3.4 无失真传输理论

一般情况下，信号通过线性系统进行传输时会发生失真，这种失真主要包括幅度失真和相位失真。幅度失真是指系统使信号中各频率分量的幅度产生不同程度的衰减，使相应的各频率分量的相对幅度产生变化,从而引起幅度上的差异;相位失真是指系统对各频率分量产生的响应不与频率成正比,从而导致相应的各频率分量在时间轴上的相对位置产生变化。幅度失真与相位失真通常不会产生新的频率分量,因此是一种线性失真。在实际应用中,人们往往希望信号在传输的过程中不发生信号的失真,但这是无法做到的。本节讨论信号在通过线性系统时不产生失真的理想条件。

设输入激励信号为 $x(t)$,系统为 $h(t)$,它的输出响应信号为 $y(t)$。如果信号在传输的过程中没有发生失真,那么输入激励信号 $x(t)$ 应和输出响应信号 $y(t)$ 保持一致。但是这并非完全一致,当输入激励信号 $x(t)$ 通过线性系统时必然会发生振幅和相位的变化。图 4.28 给出了这一过程。

图 4.28　输入激励信号 $x(t)$ 和输出响应信号 $y(t)$

通过图 4.28 可以发现,当输入激励信号 $x(t)$ 和输出响应信号 $y(t)$ 满足下面的关系时,就称信号在传输过程中并没有发生失真。

$$y(t) = Kx(t - t_0)$$

产生这一现象很好解释,信号通过系统时会产生一定的延迟,该延迟时间为 t_0,同时信号的能量在传输过程中也会发生一定的损耗,因此其输出响应信号 $y(t)$ 的幅值也会发生一定的变化。

下面在频域上进行分析。首先假设输入激励信号 $x(t)$ 所对应的频谱为 $X(\omega)$,根据延时特性可得

$$Y(\omega) = KX(\omega)\mathrm{e}^{-\mathrm{j}\omega t_0}$$

因为

$$Y(\omega) = X(\omega)H(\omega)$$

所以在信号不失真传输的情况下,系统函数应满足

$$H(\omega) = \frac{Y(\omega)}{X(\omega)} = K\mathrm{e}^{-\mathrm{j}\omega t_0} \tag{4.66}$$

式(4.66)表明,如果信号并未发生失真,那么系统函数的幅值应该等于常数 K,其幅角为 $-\omega t_0$。其幅度频谱图和相位频谱图如图 4.29 所示。

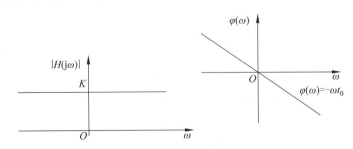

图 4.29　理想无失真传输系统函数的幅度频谱图和相位频谱图

当信号没有发生失真时,还需要保证每个波形中包含的各分量在时间轴上的相对位置不发生改变,即响应中各分量的滞后时间是相同的。为说明这一问题,设信号 $x(t)$ 为下面的

形式：
$$x(t)=E_1\sin\omega_0 t+E_2\sin 2\omega_0 t$$

$x(t)$中包含了基波信号和二次谐波信号，图 4.30 给出了这一信号在时域上的形式，其中实线表示 $x(t)$，虚线表示两个分量信号。这样可以假设：如果一个系统允许基波通过而滤除二次谐波，就会导致振幅条件不满足，信号就会发生失真；同样，如果一个系统对基波分量和二次谐波分量的延迟时间不同，那么响应的波形也会发生一定的失真。

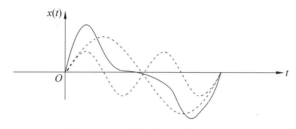

图 4.30　$x(t)$信号及两个分量信号

为了满足上述条件，必须保证 $x(t)$ 信号中的所有分量在通过系统时的延迟时间与其频率成正比。设输出响应 $y(t)$如下：

$$y(t)=KE_1\sin(\omega_0 t-\varphi_1)+KE_2\sin(2\omega_0 t-\varphi_2)$$
$$=KE_1\sin\omega_0\left(t-\frac{\varphi_1}{\omega_0}\right)+KE_2\sin 2\omega_0\left(t-\frac{\varphi_2}{\omega_0}\right)$$

若基波与二次谐波得到相同的延迟时间，则

$$\frac{\varphi_1}{\omega_0}=\frac{\varphi_2}{\omega_0}=t_0$$

上式中的 t_0 为一个常数，谐波相位移动的 φ_1 和 φ_2 必须满足

$$\frac{\varphi_1}{\varphi_2}=\frac{\omega_0}{2\omega_0}=\frac{1}{2}$$

将上述分析推广至高次谐波可得到同样的结果：信号通过系统的相位移动必须与频率成正比，其系统的相频特征必须为一条经过原点的直线，其斜率为

$$t_0=-\frac{\mathrm{d}\varphi(\omega)}{\mathrm{d}\omega} \tag{4.67}$$

综上所述，如果一个信号通过线性系统不产生波形的失真，则该系统必须满足以下两个条件：

（1）系统的幅频特征中要求幅度为与频率无关的常数 K，即系统的通频带为无限宽。

（2）系统的相频特性与频率成正比，是一条经过原点的负斜率直线。

能满足上述两个条件的线性系统有两种。第一种是由纯电阻构成的系统，这种系统中没有电抗元件，它对所有的频率分量都呈现同样的系统函数，没有频率的选择作用。另外，这种系统中没有储能元件，所以系统在某一时刻的瞬时响应只取决于此时的瞬时激励，因此信号的延迟时间为 0。第二种是终端接有匹配负载的非色散传输线，这里的非色散是指任何频率的电波沿传输线的传输速度都相同，此时传输线上只有行波。值得强调的是，在实际应用中，信号是无法实现无失真传输的，为此可以在失真允许的范围内调整频谱特性。

例 4.18　已知一个模拟滤波器的幅频特性和相频特性如图 4.31 所示。下面的信号通过该滤波器后波形是否发生失真？如果发生失真，是幅度失真、相位失真还是两者兼而有之？

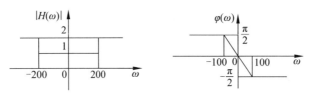

图 4.31 模拟滤波器的幅频特性和相频特性

(1) $x_1(t)=\cos 20t+\cos 60t$。
(2) $x_2(t)=\cos 20t+\cos 140t$。
(3) $x_3(t)=\cos 20t+\cos 220t$。

解：(1) 根据信号 x_1 和滤波器的幅频特性可知，在 $\omega=20$ 和 $\omega=60$ 时的 $H(\omega)$ 均为 1，其 $\varphi(\omega)$ 在 $\omega\in(-100,100)$ 区间为 $-\dfrac{\pi\omega}{200}$，这样，$\varphi(20)=-\dfrac{\pi}{10}$，$\varphi(60)=-\dfrac{3\pi}{10}$。因此信号 x_1 送入系统后的输出 y_s 满足以下关系：

$$y_s=\cos\left(20t-\frac{\pi}{10}\right)+\cos\left(60t-\frac{3\pi}{10}\right)=\cos\left(20\left(t-\frac{\pi}{200}\right)\right)+\cos\left(60\left(t-\frac{\pi}{200}\right)\right)$$

可以看出，输出信号只是在 x_1 的基础上向右平移了 $\dfrac{\pi}{200}$ 个单位，因此属于无失真传输。

(2) 根据信号 x_2 和滤波器的幅频特性可知，在 $\omega=20$ 和 $\omega=140$ 时的 $H(\omega)$ 均为 1，$\varphi(20)=-\dfrac{\pi}{10}$，$\varphi(140)=-\dfrac{\pi}{2}$。因此信号 x_2 送入系统后的输出 y_s 满足以下关系：

$$y_s=\cos\left(20t-\frac{\pi}{10}\right)+\cos\left(140t-\frac{\pi}{2}\right)=\cos\left(20\left(t-\frac{\pi}{200}\right)\right)+\cos\left(140\left(t-\frac{\pi}{280}\right)\right)$$

可以看出，输出信号的延迟时间并不匹配，因此该信号存在相位失真，但不存在幅度失真。

(3) 根据信号 x_3 和滤波器的幅频特性可知，在 $\omega=20$ 和 $\omega=220$ 时的 $H(\omega)$ 分别为 1 和 2，$\varphi(20)=-\dfrac{\pi}{10}$，$\varphi(220)=-\dfrac{\pi}{2}$。因此信号 x_3 送入系统后的输出 y_s 满足以下关系：

$$y_s=\cos\left(20t-\frac{\pi}{10}\right)+\cos\left(220t-\frac{\pi}{2}\right)=\cos\left(20\left(t-\frac{\pi}{200}\right)\right)+2\cos\left(220\left(t-\frac{\pi}{440}\right)\right)$$

可以看出，输出信号的延迟时间和幅度并不匹配，因此该信号既存在相位失真也存在幅度失真。

为了保证较高的通信质量，就必须减少通信过程中的各种失真，因此无失真传输理论在通信应用中有重要的应用。

4.3.5　理想模拟滤波器

在不同的应用场景中，往往需要改变一个信号中各频率分量的相对大小，或消除某些频率分量，这一过程称为滤波。用于改变频谱形状的线性时不变系统往往称为频率成形滤波器，而无失真地传播某些频率并衰减或消除一些指定频率的滤波器称为频率选择滤波器。滤波器的任务就是恰当地选取系统的频率响应。

频率成形滤波器的应用场景之一就是音响系统，这一系统中包含线性时不变滤波器，可以改变声音中高低频率分量的相对大小，从而通过音调控制改变其系统的频率响应特征。频率选择滤波器的应用场景之一就是音频录制系统，录音时如果噪声的频率高于音乐本身，就可以通过频率选择滤波器消除这些噪声。在数字图像处理中,可以利用频率选择滤波器对一幅图像进行微分滤波,该滤波器的特点是突出数字图像中相邻像素点差异较大的像素点,从而可以在图像中确定边界。在通信中,幅度调制系统就是利用许多频率选择滤波器把来自不同信源的各种发送信号安排在不同的频带范围内,在接收端再通过频率选择滤波器在单一信道内提取出各路信号。

根据常见的应用场景,可以将频率选择滤波器分为低通滤波器、高通滤波器、带通滤波器和带阻滤波器。低通滤波器是指低频率的信号可以通过,而高频率的信号会被阻止或衰减。高通滤波器与低通滤波器正好相反,高频率的信号可以通过,但低频率信号会被阻止或衰减。带通滤波器是指某一范围内的频率信号会通过,其余频率的信号会被阻止或衰减。带阻滤波器与带通滤波器相对应,是指某一范围内的频率信号会被阻止或衰减,其余信号会通过。上述滤波器都具有通带和阻带,通带的信号可以通过,阻带的信号会被阻止或衰减。

首先考虑理想低通滤波器的频域特性和冲激响应。这类滤波器通常满足:低于某一频率ω_c的信号被传送,并且不发生任何失真;高于ω_c的信号完全被截止。通常将这一频率叫作截止频率。理想低通滤波器的系统函数的幅频特性和相频特性如图 4.32 所示。

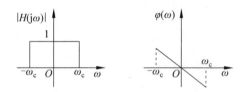

图 4.32 理想低通滤波器的幅频特性和相频特性

理想低通滤波器的系统函数可以表示为

$$H(\omega) = \begin{cases} 1 \times e^{-j\omega t_0}, & |\omega| < \omega_c \\ 0, & |\omega| > \omega_c \end{cases} \quad (4.68)$$

其中,

$$|H(\omega)| = \begin{cases} 1, & |\omega| < \omega_c \\ 0, & |\omega| > \omega_c \end{cases}$$

$$\varphi(\omega) = -\omega t_0$$

ω_c 为理想低通滤波器的截止频率,同时也为理想低通滤波器的通频带。信号 ω 在 $0 \sim \omega_c$ 的低频段内可以实现无失真传输。接下来对系统函数进行傅里叶逆变换,可以求得系统的冲激响应,具体方法如下:

$$h(t) = \mathcal{F}^{-1}[H(\omega)] = \frac{1}{2\pi} \int_{-\infty}^{+\infty} H(\omega) e^{j\omega t} d\omega = \frac{1}{2\pi} \int_{-\omega_c}^{\omega_c} 1 \times e^{-j\omega t_0} e^{j\omega t} d\omega$$

$$= \frac{1}{2\pi} \int_{-\omega_c}^{\omega_c} 1 \times e^{j\omega(t-t_0)} d\omega = \frac{1}{2\pi} \times \frac{1}{j(t-t_0)} e^{j\omega(t-t_0)} \Big|_{-\omega_c}^{\omega_c}$$

$$= \frac{1}{\pi} \times \frac{1}{t-t_0} \times \frac{1}{2j} (e^{j\omega_c(t-t_0)} - e^{-j\omega_c(t-t_0)})$$

$$= \frac{\omega_c}{\pi} \times \frac{\sin \omega_c(t-t_0)}{\omega_c(t-t_0)} = \frac{\omega_c}{\pi} \text{Sa}(\omega_c(t-t_0))$$

理想低通滤波器的冲激响应波形如图 4.33 所示。

观察图 4.33 可以发现,系统在 $t=0$ 时刻送入冲激信号,但是该冲激信号送入理想低通滤

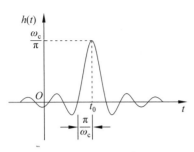

图 4.33 理想低通滤波器的冲激响应波形

波器后的冲激响应却在 t 为负的时刻就已经有了数值,显然系统是不可能提前预测冲激信号何时到来的。事实上这只是一个理想状态,在实际应用中不可能发生。

另外,还可以发现,冲激信号 $\delta(t)$ 送入理想低通滤波器后失真较为严重,这是因为冲激信号在频域上的各分量中均有幅值,而理想低通滤波器的通频带有限。若要对冲激信号进行无失真传输,只能使系统的通频带为无穷大,也就是系统为全通网络。

下面讨论理想低通滤波器的阶跃响应。通过前面的学习已经知道,当信号随着时间的改变而发生急剧改变时,信号的频谱中将包含大量的高频分量,这样信号在通过理想低通滤波器时不连续点的输出将会变得圆滑。阶跃信号属于理想信号,在 $t=0$ 时信号的幅值由 0 瞬时变为 1,当阶跃信号送入理想低通滤波器后其输出会变得缓慢,不会再出现瞬时上升的情况。阶跃信号的响应上升时间与截止频率 ω_c 有一定的关系。

设激励信号为阶跃信号,其时域特性如下:

$$x(t)=u(t) \leftrightarrow \pi\delta(\omega)+\frac{1}{j\omega}$$

设理想低通滤波器的系统函数为

$$h(t) \leftrightarrow H(\omega)=\begin{cases} 1\times e^{-j\omega t_0}, & |\omega|<\omega_c \\ 0, & |\omega|>\omega_c \end{cases} \quad (4.69)$$

在频域中,系统为

$$Y(\omega)=U(\omega)H(\omega)$$

使用傅里叶逆变换可得

$$y(t)=\mathcal{F}^{-1}[R(\omega)]=\frac{1}{2\pi}\int_{-\omega_c}^{\omega_c}\left(\pi\delta(\omega)+\frac{1}{j\omega}\right)e^{-j\omega t_0}e^{j\omega t}d\omega$$

$$=\frac{1}{2\pi}\int_{-\omega_c}^{\omega_c}\pi\delta(\omega)e^{j\omega(t-t_0)}d\omega+\frac{1}{2\pi}\int_{-\omega_c}^{\omega_c}\frac{e^{j\omega(t-t_0)}}{j\omega}d\omega$$

$$=\frac{1}{2}+\frac{2}{2\pi}\int_0^{\omega_c}\frac{\sin\omega(t-t_0)}{\omega}d\omega$$

令 $x=\omega(t-t_0)$,则

$$y(t)=\frac{1}{2}+\frac{1}{\pi}\int_0^{\omega_c(t-t_0)}\frac{\sin x}{x}dx$$

上式中的 $\frac{\sin x}{x}$ 的积分称为正弦积分,通常以 $\mathrm{Si}(y)$ 表示,该函数的积分下限为 0,为奇函数,最大值出现在 $x=\pi$ 处,最小值出现在 $x=-\pi$ 处,即

$$\mathrm{Si}(y)=\int_0^y\frac{\sin x}{x}dx$$

使用正弦积分可以将阶跃信号的输出响应化简为

$$y(t)=\frac{1}{2}+\frac{1}{\pi}\mathrm{Si}(\omega_c(t-t_0))$$

图 4.34 中给出了阶跃信号及其在理想低通滤波器中的响应。由图可知,其输出响应的最

大值位置为 $t_0+\dfrac{\pi}{\omega_c}$，最小值位置为 $t_0-\dfrac{\pi}{\omega_c}$，这里面的 t_0 为系统的延迟时间。定义输出响应的上升时间为由最小值到最大值所经历的时间，记为 t_r。B 是将角频率折合为频率的滤波器带宽（截止频率），即 B 和 t_r 满足下面的关系：

$$B=\frac{\omega_c}{2\pi}=f_c$$

$$t_r=2\times\frac{\pi}{\omega_c}=\frac{1}{B}$$

这样就得到了一个重要的结论：阶跃响应的上升时间 t_r 与系统的截止频率 ω_c 成反比，此结论不仅适用于低通滤波器，同时也适用于其他低通滤波器。一般情况下，滤波器的阶跃响应的上升时间与 t_r 和带宽 B 不能同时减小，两者的乘积取不同的常数值。

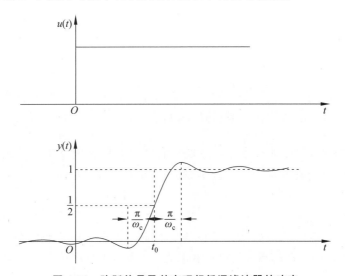

图 4.34 阶跃信号及其在理想低通滤波器的响应

最后再来看理想低通滤波器对矩形脉冲信号的响应。设激励信号为矩形脉冲信号，其在时域上表示为

$$x(t)=u(t)-u(t-\tau)$$

根据叠加定理和阶跃信号的响应分析可知，矩形脉冲信号的响应为

$$y(t)=\frac{1}{\pi}\text{Si}(\omega_c(t-t_0))-\frac{1}{\pi}\text{Si}(\omega_c(t-t_0-\tau))$$

矩形脉冲信号和通过理想低通滤波器的响应如图 4.35 所示。

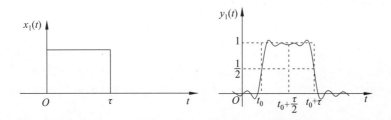

图 4.35 矩形脉冲信号和通过理想低通滤波器的响应

需要注意的是，此时理想低通滤波器的截止频率 ω_c 与脉宽 τ 之间应该满足 $\dfrac{2\pi}{\omega_c} \ll \tau$。如果不满足这一条件，其输出的响应信号会接近正弦信号，也就是说矩形脉冲信号经过理想低通滤波器时其脉宽和滤波器的截止频率必须相适应。如果 τ 或 ω_c 过小，则输出响应的上升和下降将会混在一起，从而失去了矩形脉冲信号原有的形态。

观察图 4.35 可以发现，矩形脉冲信号在跳变时刻有一个小的凸起，在前面的学习中已经知道，当对一个周期信号进行傅里叶分解后，傅里叶级数中的项越多，其逼近的信号越接近原始信号。也就是说，对于具有不连续点的波形，傅里叶级数中的项数增多，近似波形的方差虽然可以减少，但在跳变点处的凸起值不会减小，该凸起随着项数的增多逐渐向跳变点靠近，而凸起值趋向跳变值的 9%，这一现象称为吉布斯现象。

通过以上的分析可知，理想低通滤波器在物理上是不可能实现的，在实际应用中往往需要使系统的传输特性接近理想滤波器。那么，什么样的滤波器在物理上可以实现，什么样的滤波器在物理上不能实现呢？实际上，在时域中一个物理上可以实现的系统的冲激响应 $h(t)$ 必须在 $t<0$ 时为 0，或者说冲激响应 $h(t)$ 必须是有起因的，不能在冲激信号未发出以前就产生响应，这一条件称为系统的因果条件。

佩利和维纳证明了对于幅度函数 $|H(\omega)|$ 而言系统物理上可以实现的必要条件如下：

$$\int_{-\infty}^{+\infty} \frac{\left| \ln |H(\omega)| \right|}{1+\omega^2} \mathrm{d}\omega < +\infty$$

该准则称为佩利-维纳准则，即物理可实现系统的幅频特性必须是平方可积的。若一个系统不满足该准则，则它的冲激响应是无起因的，即响应超前于 $t=0$ 的时刻。从该准则中可以发现，如果一个系统在某一限定频带内的幅度特性为 0，此时 $\left| \ln |H(\omega)| \right|$ 会趋于无穷大，此时积分不收敛，因此违背了佩利-维纳准则。因此通过该准则也可以证明理想低通滤波器是不可实现的。对因果系统，只允许幅频特性在某些不连续点为 0，而不允许在一个有限频带内为 0。另外，当系统的幅频特性的衰减速度过快时也是非因果的系统。

值得强调的是，佩利-维纳准则只从系统的幅频特性角度提出了要求，而对相位没有限制。如果将一个系统的冲激响应向左平移一定的单位，使其在 $t<0$ 时就出现了响应，那么该系统也是非因果系统，因此佩利-维纳准则只能是系统在物理上可以实现的必要条件而非充分条件。当一个系统在幅频特性上满足佩利-维纳准则时，只要找到适当的相位函数 $\varphi(\omega)$，就可以构成一个物理上可以实现的系统。

4.4 连续时间信号与系统分析的 MATLAB 仿真

4.4.1 连续时间信号频谱分析的 MATLAB 仿真

1. 利用 MATLAB 求解连续时间周期信号的傅里叶级数分解

一个连续时间周期信号可以分解成若干三角函数之和的形式，并且其谐波分量越多，其合成的信号越逼近原始信号。下面使用 MATLAB 绘制相关图形并分析这一过程。

例 4.19 使用 MATLAB 探究傅里叶级数的谐波分量与原始信号之间的关系。

$$x(t) = \begin{cases} 1, & 0 < t < \dfrac{T}{2} \\ -1, & \dfrac{T}{2} < t < T \end{cases}$$

$$x(t) = \frac{4}{\pi}\left(\sin \Omega t + \frac{1}{3}\sin 3\Omega t + \frac{1}{5}\sin 5\Omega t + \cdots\right)$$

解：令上式中的 $\Omega = 200\pi$，则 $T = \dfrac{2\pi}{\Omega} = 0.01$，其频率 $f = 100$。可以利用下面的代码绘制该方波在时域中的示意图，其代码如下：

```
clc
clear
close all
E=1;                            %方波的最大幅值
f=100;                          %方波信号的频率,数值可以为1Hz,10Hz,100Hz,…
T=1/f;                          %两个信号周期
N=1024;                         %两个周期采集1024点,平均每个周期为512点
x=linspace(0,2*T,N);            %绘制两个周期内的图像
y=E*square(2*pi*f*x);           %绘制方波
plot(x,y);
```

程序运行结果如图 4.36 所示。

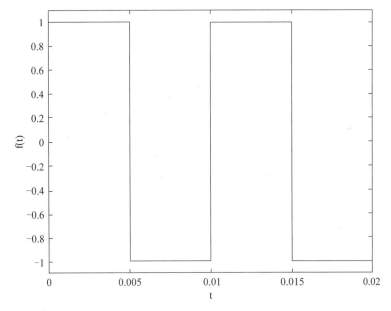

图 4.36 方波图形

上面的代码中使用了 square 函数，该函数的主要作用是生成一个周期性的方波，其语法如下：

```
y=square(t,duty)
```

它产生一个周期为 2π、幅值为 ± 1 的方波，duty 表示占空比（duty cycle）。

下面让三角函数形式的傅里叶级数展开式不断趋近方波，具体代码如下：

```
figure
y1=(4/pi)*sin(2*pi*f*x);        %基波分量
subplot(4,1,1);
```

```
plot(x,y1);
xlabel('t');
ylabel('f(t)');
y2=y1+(4/pi) * 1/3 * sin(3 * 2 * pi * f * x);   %基波和 3 次谐波分量
subplot(4,1,2);
plot(x,y2);
xlabel('t');
ylabel('f(t)');
y3=y2+(4/pi) * 1/5 * sin(5 * 2 * pi * f * x);   %基波、3 次谐波分量和 5 次谐波分量
subplot(4,1,3);
plot(x,y3);
xlabel('t');
ylabel('f(t)');
y4=y3+(4/pi) * 1/7 * sin(7 * 2 * pi * f * x);   %基波、3 次谐波分量、5 次谐波分量和 7 次谐波分量
subplot(4,1,4);
plot(x,y4);
xlabel('t');
ylabel('f(t)');
```

程序运行结果如图 4.37 所示。

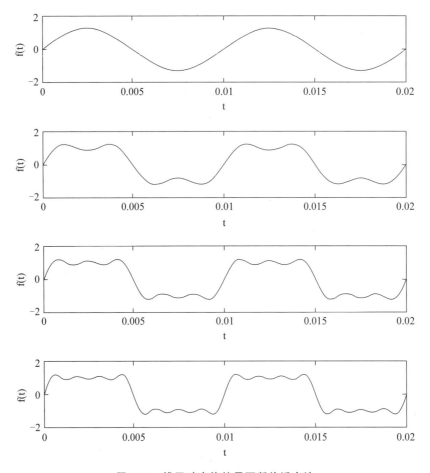

图 4.37　傅里叶变换结果不断趋近方波

通过上述分析可以发现,谐波分量的数量越多,其信号越接近方波信号。当信号的谐波分量达到无穷多个时,其通过三角函数合成的信号将无限趋近方波信号。

2. 利用 MATLAB 对连续非周期信号进行傅里叶变换与逆变换

在 MATLAB 中对信号进行傅里叶变换和逆变换使用 fourier 函数和 ifourier 函数。fourier 函数的语法如下：

```
fourier(f)
fourier(f,transVar)
fourier(f,var,transVar)
```

其中：
- f 为输入，可以是表达式、函数、向量或矩阵等。
- var 为变量，一般为时间变量或空间变量。如果不设置该变量，一般使用函数中的符号变量作为默认值。
- transVar 为转换变量，可以是符号变量、表达式、向量或矩阵，该变量通常称为频率变量。

在 MATLAB 中通常使用符号函数表示一个解析式，符号函数和符号变量需要用 sym 进行声明。下面的例子中的所有信号函数都使用符号函数进行描述。

例 4.20 使用 MATLAB 对 $f(t)$ 信号进行傅里叶变换，并绘制幅度谱和相位谱。

$$f(t) = \frac{\sin 2\pi(t-1)}{\pi(t-1)}$$

解：代码如下。

```
clc
clear
close all
ft=sym('sin(2*pi*(t-1))/(pi*(t-1))');    %使用符号函数声明信号函数
Fw=simplify(fourier(ft));                 %通过fourier函数对信号函数进行傅里叶变换
subplot(1,2,1)
ezplot(abs(Fw));                          %绘制幅度谱
grid on;
title('幅度谱');
phase=atan(imag(Fw)/real(Fw));            %计算频谱的相位
subplot(1,2,2);
ezplot(phase);                            %绘制相位谱
grid on;
title('相位谱')
```

上面的代码中绘制幅度谱和相位谱使用的函数为 ezplot。仿真结果如图 4.38 所示。

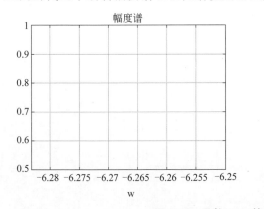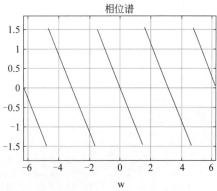

图 4.38 函数 $f(t)$ 的幅度谱和相位谱

例 4.21 使用 MATLAB 求解下列函数的傅里叶变换式。
$$f(t) = e^{-t^2-x^2}$$

解：代码如下。

```
clc
clear
close all
syms t x
f=exp(-t^2-x^2);
f1=fourier(f)
syms y
f2=fourier(f,y)
f3=fourier(f,t,y)
```

仿真结果如下：

```
f1 =
pi^(1/2) * exp(- t^2 - w^2/4)
f2 =
pi^(1/2) * exp(- t^2 - y^2/4)
f3 =
pi^(1/2) * exp(- x^2 - y^2/4)
```

ifourier 函数的语法如下：

```
ifourier(f)
ifourier(f,transVar)
ifourier(f,var,transVar)
```

ifourier 函数的参数与 fourier 函数相同，这里不再赘述。

例 4.22 用 MATLAB 求下列信号的傅里叶逆变换，并绘制时域图。

(1) $F_1(w) = \dfrac{10}{3+wi} - \dfrac{4}{5+wi}$。

(2) $F_2(w) = e^{-4w^2}$。

解：代码如下。

```
clc
clear
close all
syms t
Fw1=sym('10/(3+w*i)-4/(5+w*i)');      %使用符号函数表示 F1(w)
ft=ifourier(Fw1,t);                    %使用傅里叶逆变换求解时域信号 f1(t)
subplot(1,2,1);
ezplot(ft);                            %绘制时域图
title('f1(t)');
grid on;
Fw2=sym('exp(-4*w^2)');                %使用符号函数表示 F2(w)
ft2=ifourier(Fw2,t);                   %使用傅里叶逆变换求解时域信号 f2(t)
subplot(1,2,2);
```

```
ezplot(ft2);           %绘制时域图
title('f2(t)');
grid on;
```

仿真结果如图 4.39 所示。

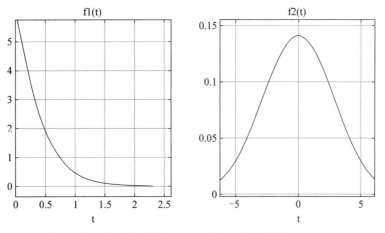

图 4.39 函数 $f_1(t)$ 与 $f_2(t)$ 的时域图

4.4.2 连续时间系统频率特性分析的 MATLAB 仿真

在 MATLAB 中创建一个系统函数（滤波器），可以使用 freqs 函数，该函数可以返回一个模拟滤波器的频域响应和复频域响应（第 6 章的拉普拉斯变换）。其具体语法如下：

```
h = freqs(b,a,w)
[h,w] = freqs(b,a)
[h,w] = freqs(b,a,f)
freqs(b,a)
```

说明：

h=freqs(b,a,w)根据系数向量 **b** 和 **a** 计算返回模拟滤波器的频域响应。freqs 计算在复平面虚轴上的频率响应 h，角频率 w 确定了输入的实向量，因此必须包含至少一个频率点。

[h,w]=freqs(b,a)自动挑选 200 个频率点计算频率响应 h。

[h,w]=freqs(b,a,f)挑选 f 个频率点计算频率响应 h。

b 与 **a** 满足下面的式子：

$$H(\omega) = \frac{B(\omega)}{A(\omega)} = \frac{b[1](j\omega)^n + b[2](j\omega)^{n-1} + \cdots + b[n+1]}{a[1](j\omega)^m + a[2](j\omega)^{m-1} + \cdots + a[m+1]}$$

例如，一个系统函数为

$$H(\omega) = \frac{1}{0.08(j\omega)^2 + 0.4j\omega + 1}$$

则 $\boldsymbol{a} = [0.08\ 0.4\ 1], \boldsymbol{b} = [1]$

例 4.23 已知二阶低通滤波器电路的系统函数为

$$H(\omega) = \frac{(j\omega)^2 + 22\,500}{(j\omega)^2 + 200j\omega + 20\,000}$$

用 MATLAB 绘制幅度响应曲线和相位响应曲线,并分析该系统的频率特性。

解:在生成系统函数前需要声明系统函数的系数,显然

$$\boldsymbol{b} = \begin{bmatrix} 1 & 0 & 22\,500 \end{bmatrix}, \quad \boldsymbol{a} = \begin{bmatrix} 1 & 200 & 20\,000 \end{bmatrix}$$

代码如下。

```
clc
clear
close all
w=linspace(0,50,200);
b=[1 0 22500];          %创建系数 a
a=[1 200 20000];        %创建系数 b
[h,w]=freqs(b,a,w);     %生成系统函数
subplot(2,1,1);
plot(w,abs(h));         %绘制幅度响应曲线
xlabel('w');
ylabel('H(w)');
grid on;
subplot(2,1,2);
plot(w,angle(h));       %绘制相位响应曲线
xlabel('w');
ylabel('φ(w)');
```

程序运行结果如图 4.40 所示。

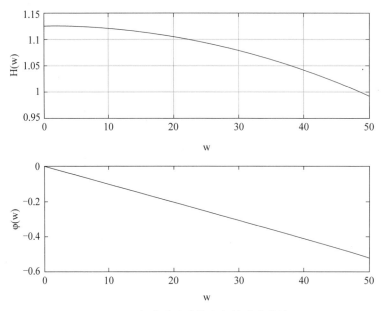

图 4.40 幅度响应曲线和相位响应曲线

例 4.24 给定一个连续线性时不变系统,下面的微分方程描述其输入与输出之间的关系:

$$\frac{d^2 y(t)}{dt^2} + 3 \frac{dy(t)}{dt} + 2y(t) = x(t)$$

用 MATLAB 绘制该系统的幅度响应、相位响应以及频率响应的实部和虚部。

解:需要使用 freqs 生成系统函数。

代码如下。

```
clc
b = [1];                    %创建系数向量b
a = [1 3 2];                %创建系数向量a
[H,w] = freqs(b,a);         %生成系统函数H(w)
Hm = abs(H);                %计算系统函数的幅度
phai = angle(H);            %计算系统函数的相位
Hr = real(H);               %计算系统函数的频率响应的实部
Hi = imag(H);               %计算系统函数的频率响应的虚部
subplot(2,2,1)
plot(w,Hm);
grid on;
title('幅度响应');
xlabel('w');
subplot(2,2,3)
plot(w,phai);
grid on;
title('相位响应');
xlabel('w');
subplot(2,2,2);
plot(w,Hr);
grid on;
title('频率响应的实部');
xlabel('w');
subplot(2,2,4);
plot(w,Hi); grid on;
title('频率响应的虚部');
xlabel('w');
```

程序运行结果如图 4.41 所示。

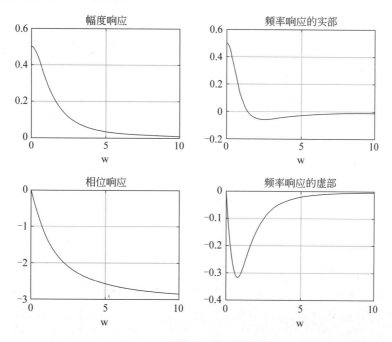

图 4.41 幅频特性和相频特性

延伸阅读

[1] SANDBERG H, MOLLERSTEDT E. Frequency-domain analysis of linear time-periodic systems[J]. IEEE Transactions on Automatic Control, 2005, 50(12): 1971-1983.

[2] CHAKAROV A, SANKARANARAYANAN S, FAINEKOS G. Combining time and frequency domain specifications for periodic signals[C]//International Conference on Runtime Verification. Berlin Heidelberg: Springer, 2011: 294-309.

[3] ELFATAOUI M, MIRCHANDANI G. A frequency-domain method for generation of discrete-time analytic signals[J]. IEEE Transactions on Signal Processing, 2006, 54(9): 3343-3352.

[4] PINTELON R, SCHOUKENS J, ROLAIN Y. Frequency-domain approach to continuous-time system identification: some practical aspects[J]. Identification of Continuous-Time Models from Sampled Data, 2008: 215-248.

[5] SANDBERG H, MOLLERSTEDT E, BERNHARDSSON B. Frequency-domain analysis of linear time-periodic systems[C]//Proceedings of the 2004 American Control Conference. IEEE, 2004: 3357-3362.

[6] AKAN A, CURA O K. Time-frequency signal processing: today and future[J]. Digital Signal Processing. DOI: 10.1016/j.dsp.2021.103216.

习题与考研真题

4.1 已知周期矩形脉冲信号 $f(t)$ 的脉冲宽度 $\tau=1\mathrm{ms}$,周期 $T=2\mathrm{ms}$,则该信号的谱线间隔是多少?(湖南大学 2004 年考研真题)

4.2 已知奇函数信号的表达式如下:
$$f(t)=\begin{cases}\mathrm{e}^{-at}, & t>0 \\ -\mathrm{e}^{at}, & t<0\end{cases}$$
上式中的 a 为正实数,求该奇函数的频谱。(湖南大学 2006 年考研真题)

4.3 设一个非周期连续信号满足
$$f(t)\overset{\mathrm{F}}{\leftrightarrow}F(\omega)$$
若
$$f_1(t)\overset{\mathrm{F}}{\leftrightarrow}\frac{1}{2}F\left(\mathrm{j}\frac{\omega}{2}\right)\mathrm{e}^{-\mathrm{j}\frac{5}{2}\omega}$$
求 $f_1(t)$。(武汉科技大学 2017 年考研真题)

4.4 信号 $x(t)$ 的傅里叶变换为
$$X(\omega)=\begin{cases}1, & |\omega|<2 \\ 0, & |\omega|>2\end{cases}$$
求 $x(t)$。(西南交通大学 2014 年考研真题)

4.5 若周期信号 $x(n)$ 是实信号和奇信号,则傅里叶级数展开式系数 a_k 是(　　)。(西南交通大学 2014 年考研真题)

  A. 实且偶   B. 实且奇   C. 纯虚且偶   D. 纯虚且奇

4.6 频谱函数 $\cos\omega$ 所对应的时间函数为_____。(北京邮电大学 2016 年考研真题)

4.7 已知某周期信号为
$$x(t)=2\cos(2\pi t-3)+\sin 6\pi t$$

求其平均功率。(北京交通大学2015年考研真题)

4.8 已知周期信号

$$f(t)=1-\frac{1}{2}\cos\left(\frac{\pi}{4}t-\frac{2\pi}{3}\right)+\frac{1}{4}\sin\left(\frac{\pi}{3}t-\frac{\pi}{6}\right)$$

(1) 求信号 $f(t)$ 的基波周期。
(2) 画出 $f(t)$ 三角函数形式的振幅谱和相位谱(单边谱)。
(3) 确定 $f(t)$ 的功率。(西安电子科技大学2017年考研真题)

4.9 某因果信号 $x(t)=x(t)u(t)$ 的傅里叶变换为 $X(\omega)=R(\omega)+jI(\omega)$,请问 $R(\omega)$ 和 $I(\omega)$ 有何对称性?$R(\omega)$ 和 $I(\omega)$ 之间有什么关系?如有,写出关系表达式。(中国科学技术大学2021年考研真题)

4.10 信号 $x(t)=\mathrm{e}^{at}u(-t)+\mathrm{e}^{-at}u(t)$ 的傅里叶变换存在条件是( )。(华南理工大学2008年考研真题)

  A. $a<0$ B. $a>0$ C. 不存在   D. 无法确定

4.11 下列系统中( )可以实现无失真信号传输。(山东大学2019年考研真题)

  A. $h(t)=3\delta(t-1)$ B. $h(t)=\mathrm{e}^{-t}u(t)$
  C. $H(j\omega)=2g_6(\omega)\mathrm{e}^{-j\omega}$

4.12 一个理想低通滤波器的频率响应 $H(j\omega)$ 的表达式为

$$H(j\omega)=\begin{cases}1-\dfrac{|\omega|}{3},&|\omega|<3\mathrm{rad/s}\\0,&|\omega|>3\mathrm{rad/s}\end{cases}$$

若输入满足

$$f(t)=\sum_{n=-\infty}^{+\infty}3\mathrm{e}^{jn\left(t-\frac{\pi}{2}\right)}$$

求输出 $y(t)$。(武汉科技大学2017年考研真题)

4.13 已知一个系统如图4.42(a)所示,其 $f(t)$ 的傅里叶变换 $F(j\omega)$ 如图4.42(b)所示,子系统的 $H(j\omega)=j\mathrm{sgn}(\omega)$,求零状态响应 $y(t)$。(武汉科技大学2017年考研真题)

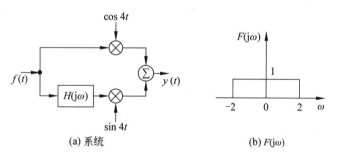

图4.42 题4.13用图

4.14 已知某信号存在工频干扰,通常会用( )去除。(中山大学2018年考研真题)

  A. 低通滤波器   B. 高通滤波器
  C. 带通滤波器   D. 陷阱滤波器

4.15 设有如图4.43所示的系统。
其中,

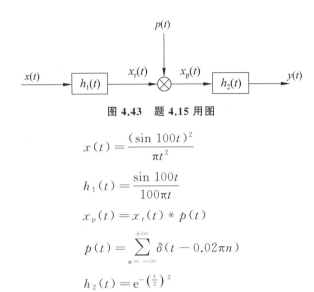

图 4.43 题 4.15 用图

$$x(t) = \frac{(\sin 100t)^2}{\pi t^2}$$

$$h_1(t) = \frac{\sin 100t}{100\pi t}$$

$$x_p(t) = x_r(t) * p(t)$$

$$p(t) = \sum_{n=-\infty}^{+\infty} \delta(t - 0.02\pi n)$$

$$h_2(t) = e^{-\left(\frac{t}{2}\right)^2}$$

(1) 求 $x(t)$，即 $h_1(t)$ 的傅里叶变换。

(2) 求 $x_r(t)$、$p(t)$ 以及 $x_p(t)$ 的频谱函数，并画出频谱图。

(3) 求 $y(t)$。（华中科技大学 2012 年考研真题）

4.16 输入信号 $x(t)$ 是周期信号，基本周期为 $T=1$，线性时不变系统的频率响应 $H(j\omega)$ 如图 4.44 所示，若输出 $y(t)=x(t)$，证明输入信号 $x(t)$ 的傅里叶级数展开式系数 a_k 应满足 $a_k = 0 (|k| \neq 1$ 且 $|k| \neq 2)$。（电子科技大学 2013 年考研真题）

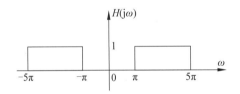

图 4.44 系统频率响应 $H(j\omega)$

4.17 已知某连续线性时不变系统的频率响应为

$$H(j\omega) = \begin{cases} 1 \times e^{-j\omega t_d}, & |\omega| < \omega_c \\ 0, & \text{其他} \end{cases}$$

则其冲激响应 $h(t) = $ _____。（北京交通大学 2015 年考研真题）

第 5 章　离散时间信号与系统的频域分析

在第 4 章中,介绍了连续时间周期信号的傅里叶级数分解形式以及连续时间非周期信号的傅里叶变换形式,分析了连续时间信号在频域上的各种特性。这些特性对于分析连续时间信号与系统具有非常大的应用价值。本章介绍离散时间周期信号的傅里叶级数分解形式和离散时间非周期信号的傅里叶变换形式。近些年来人们更关注离散时间信号和离散时间系统,这是因为大多数电子产品均已数字化,这些产品处理的信号均为离散时间信号,其系统均属于离散时间系统。离散时间信号与系统的频域分析方法为后面学习复频域分析方法中的 z 变换做了一定的铺垫。

离散时间信号在时间上呈现离散性,按照时域离散性频域周期性的对应关系可知离散时间信号在频域上呈现周期性。在本章中,分析连续时间信号时所使用的积分会变成求和,导数会变成差分,离散时间信号与连续时间信号有很多相同点,读者可以对比第 4 章的内容学习本章的知识内容。

5.1　离散时间周期信号的频域分析

与连续时间信号的频域分析一样,也可以在频域上分析离散时间信号。一方面,通过频域分析能进一步认识离散时间信号的特性,并深刻理解连续时间信号经过采样离散化在频域发生了什么样的变化,即它的谐波组成发生了怎样的变化;另一方面,离散时间信号的傅里叶级数分解和傅里叶变换是应用计算机进行信号处理的重要工具,它不仅对信号处理的理论研究有重要的意义,而且在运算方法上起重要作用。

5.1.1　离散时间周期信号的傅里叶级数及频谱

为了引出离散时间周期信号的傅里叶级数,十分有必要回顾信号周期性与离散和连续之间的关系。从第 4 章的学习中已经知道,当一个信号是连续时间非周期信号时,其频谱是连续的非周期函数;当一个信号是连续时间周期信号时,其频谱是离散的非周期函数。从上面的结论可以看出,一个信号在时域上是周期的还是非周期的会影响其在频域上的频谱是离散的还是连续的。因此可以大胆猜测:当一个信号在时域上是离散的且是周期信号时,这个信号在频域上应该是周期的且离散的;当一个信号在时域上是离散的且是非周期信号时,这个信号在频域上应该是周期的且连续的。上述连续性与周期性的关系如表 5.1 所示。

表 5.1　时域与频域中连续/离散和周期/非周期之间的关系

时　域	连续和非周期	连续和周期	离散和非周期	离散和周期
频　域	非周期和连续	非周期和离散	周期和连续	周期和离散

与连续时间周期信号相似,可以用式(5.1)的形式定义离散时间周期信号。为了强调该信号是周期且离散的特点,使用 $\tilde{x}(n)$ 符号表示离散时间周期信号。

$$\tilde{x}(n) = \tilde{x}(n+rN) \tag{5.1}$$

在式(5.1)中,N 为周期,r 为任意整数。同连续时间周期信号一样,可以使用傅里叶级数表示离散时间周期信号,也就是说,可以使用周期为 N 的复指数序列 $e^{j\left(\frac{2\pi}{N}\right)kn}$ 表示离散时间周期信号,这个复指数序列可以表示为

$$e_k(n) = e^{j\left(\frac{2\pi}{N}\right)kn} = e_{k+rN}(n) \tag{5.2}$$

这个复指数序列是与连续时间周期信号类比而来的。在第 4 章中,连续时间周期信号的基频信号可以表示为 $e^{j\left(\frac{2\pi}{T_0}\right)t}$,其周期为 T_0,基频为 $\frac{2\pi}{T_0}$,k 次谐波为 $e^{j\left(\frac{2\pi}{T_0}\right)kt}$;离散时间周期信号的基频信号可以表示为 $e^{j\left(\frac{2\pi}{N}\right)n}$,其周期为 N,基频为 $\frac{2\pi}{N}$,k 次谐波为 $e^{j\left(\frac{2\pi}{N}\right)kt}$。也就是说,式(5.2)中的 $e_k(n)$ 即是离散周期信号的 k 次谐波。其基频信号为

$$e_0(n) = e^{j\left(\frac{2\pi}{N}\right)n} \tag{5.3}$$

看上去,离散时间周期信号的傅里叶级数形式与连续时间周期信号的傅里叶级数形式十分相似,但两者还是有一定的区别。最主要的区别就是:连续时间周期信号的傅里叶级数拥有无穷多个谐波分量,而离散时间周期信号的傅里叶级数只有有限个谐波分量,其个数为 N,式(5.2)中的 k 值只能取集合 $\{0,1,\cdots,N-1\}$ 中的某个元素。这样,一个离散时间周期信号 $\tilde{x}(n)$ 就可以展开成

$$\tilde{x}(n) = \frac{1}{N} \sum_{k=0}^{N-1} \tilde{X}(k) e^{j\frac{2\pi}{N}kn} \tag{5.4}$$

下面考虑如何求解系数 $\tilde{X}(k)$,这里要用到以下性质:

$$\frac{1}{N}\sum_{n=0}^{N-1} e^{j\frac{2\pi}{N}rn} = \frac{1}{N} \times \frac{1-e^{j\frac{2\pi}{N}rN}}{1-e^{j\frac{2\pi}{N}r}} = \begin{cases} 1, & r=mN, m \in \mathbf{Z} \\ 0, & \text{其他} \end{cases}$$

将式(5.4)的等号两边同时乘以 $e^{-j\frac{2\pi}{N}rn}$,然后对 $n=0\sim N-1$ 进行一个周期内的求和运算,可得

$$\sum_{n=0}^{N-1} \tilde{x}(n) e^{-j\frac{2\pi}{N}rn} = \frac{1}{N}\sum_{n=0}^{N-1}\sum_{k=0}^{N-1} \tilde{X}(k) e^{j\frac{2\pi}{N}(k-r)n} = \sum_{k=0}^{N-1} \tilde{X}(k) \left[\frac{1}{N}\sum_{n=0}^{N-1} e^{j\frac{2\pi}{N}(k-r)n}\right] = \tilde{X}(r)$$

令 $r=k$,可得

$$\tilde{X}(k) = \sum_{n=0}^{N-1} \tilde{x}(n) e^{-j\frac{2\pi}{N}kn} \tag{5.5}$$

令式(5.5)中的 $k=k+mN$,可得

$$\tilde{X}(k+mN) = \sum_{n=0}^{N-1} \tilde{x}(n) e^{-j\frac{2\pi}{N}(k+mN)n} = \sum_{n=0}^{N-1} \tilde{x}(n) e^{-j\frac{2\pi}{N}kn} = \tilde{X}(k)$$

也就是说,$\tilde{X}(k)$ 也是以 N 为周期的序列。另外,通过该式也可以看出,离散傅里叶级数

只有 N 个不同的系数,这与前面的分析是一致的,即离散时间周期信号的傅里叶级数展开式系数 $\widetilde{X}(k)$ 也是一个周期序列。因此,在考虑 $\widetilde{X}(k)$ 时,只考虑其一个周期内的值就可以了。

通过上述分析可以知道,离散型傅里叶级数展开式中包含 $e^{-j\frac{2\pi}{N}}$ 项。为了方便起见,可以用以下的形式替换这一项:

$$W_N = e^{-j\frac{2\pi}{N}}$$

这样,离散时间周期信号的傅里叶级数就可以表示为

$$\widetilde{X}(k) = \sum_{n=0}^{N-1} \widetilde{x}(n) W_N^{nk} \tag{5.6}$$

$$\widetilde{x}(n) = \frac{1}{N} \sum_{n=0}^{N-1} \widetilde{X}(k) W_N^{-nk} \tag{5.7}$$

后面将大量使用 W_N 这一函数,因此十分有必要了解其性质,通过 W_N 的定义式不难看出该函数具有共轭对称性、周期性、可约性以及正交性。

(1) 共轭对称性:

$$W_N^n = (W_N^{-n})^*$$

(2) 周期性:

$$W_N^n = W_N^{n+iN}$$

(3) 可约性:

$$W_N^{in} = W_{N/i}^n$$

$$W_{iN}^{in} = W_N^n$$

(4) 正交性:

$$\frac{1}{N} \sum_{n=0}^{N-1} W_N^{nk} (W_N^n)^* = \frac{1}{N} \sum_{n=0}^{N-1} W_N^{(n-m)k} = \begin{cases} 1, & n-m = iN \\ 0, & n-m \neq iN \end{cases}$$

另外,很多书中都使用 DFS(Discrete Fourier Series)和 IDFS(Inverse Discrete Fourier Series)表示离散傅里叶级数变换和离散傅里叶级数逆变换,也就是说 $\widetilde{X}(k)$ 和 $\widetilde{x}(n)$ 满足

$$\widetilde{X}(k) = \text{DFS}[\widetilde{x}(n)] = \sum_{n=0}^{N-1} \widetilde{x}(n) e^{-j\frac{2\pi}{N}kn} = \sum_{n=0}^{N-1} \widetilde{x}(n) W_N^{nk} \tag{5.8}$$

$$\widetilde{x}(n) = \text{IDFS}[\widetilde{X}(k)] = \frac{1}{N} \sum_{k=0}^{N-1} \widetilde{X}(k) e^{j\frac{2\pi}{N}kn} = \frac{1}{N} \sum_{n=0}^{N-1} \widetilde{X}(k) W_N^{-nk} \tag{5.9}$$

式(5.8)和式(5.9)就是离散时间周期信号的傅里叶级数变换对,DFS 是离散时间周期信号的傅里叶级数变换,IDFS 是离散时间周期信号的傅里叶级数逆变换。

例 5.1 已知离散时间周期信号 $\widetilde{x}(n)$ 如图 5.1 所示,其周期 $N=10$,求它的傅里叶级数展开式系数 $\widetilde{X}(k)$。

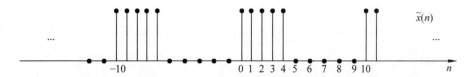

图 5.1 离散时间周期信号 $\widetilde{x}(n)$

解：由离散时间周期信号的傅里叶级数展开式可知

$$\widetilde{X}(k) = \sum_{n=0}^{10-1} \widetilde{x}(n) W_{10}^{nk} = \sum_{n=0}^{4} e^{-j\frac{2\pi}{10}nk}$$

$$= e^{-j\frac{2\pi}{10}k \times 0} + e^{-j\frac{2\pi}{10}k \times 1} + e^{-j\frac{2\pi}{10}k \times 2} + e^{-j\frac{2\pi}{10}k \times 3} + e^{-j\frac{2\pi}{10}k \times 4}$$

$$= \frac{1 - e^{-j\pi k}}{1 - e^{-j\frac{\pi k}{5}}} = \frac{e^{-j\pi k/2}(e^{j\pi k/2} - e^{-j\pi k/2})}{e^{-j\pi k/10}(e^{j\frac{\pi k}{10}} - e^{-j\frac{\pi k}{10}})} = e^{-j2\pi k/5} \frac{\sin \pi k/2}{\sin \pi k/5}$$

例 5.2 如果 $\widetilde{x}(n)$ 是一个周期为 N 的周期序列,那么它也是周期为 $2N$ 的周期序列。把 $\widetilde{x}(n)$ 看作周期为 N 的周期序列,有 $\widetilde{x}(n) \leftrightarrow \widetilde{X}_1(k)$（周期为 N）；把 $\widetilde{x}(n)$ 看作周期为 $2N$ 的周期序列,有 $\widetilde{x}(n) \leftrightarrow \widetilde{X}_2(k)$（周期为 $2N$）。如何用 $\widetilde{X}_1(k)$ 表示 $\widetilde{X}_2(k)$?

解：
$$\widetilde{X}_1(k) = \sum_{n=0}^{N-1} \widetilde{x}(n) W_N^{kn} = \sum_{n=0}^{N-1} \widetilde{x}(n) e^{-j\frac{2\pi}{N}kn}$$

$$\widetilde{X}_2(k) = \sum_{n=0}^{2N-1} \widetilde{x}(n) W_{2N}^{kn} = \sum_{n=0}^{N-1} \widetilde{x}(n) e^{-j\frac{2\pi}{N}\frac{k}{2}n} + \sum_{n=N}^{2N-1} \widetilde{x}(n) e^{-j\frac{2\pi}{N}\frac{k}{2}n}$$

令 $n = n' + N$,则

$$\widetilde{X}_2(k) = \sum_{n=0}^{N-1} \widetilde{x}(n) e^{-j\frac{2\pi}{N}\frac{k}{2}n} + \sum_{n'=0}^{N-1} \widetilde{x}(n' + N) e^{-j\frac{2\pi}{N}\frac{k}{2}(n'+N)}$$

$$= (1 + e^{-j\pi k}) \sum_{n=0}^{N-1} \widetilde{x}(n) e^{-j\frac{2\pi}{N}\frac{k}{2}n} = (1 + e^{-j\pi k}) \widetilde{X}\left(\frac{k}{2}\right)$$

所以
$$X_2(k) = \begin{cases} 2\widetilde{X}_1\left(\dfrac{k}{2}\right), & k \text{ 为偶数} \\ 0, & k \text{ 为奇数} \end{cases}$$

后面还会介绍如何使用 z 变换求解离散时间周期信号的傅里叶级数展开式,本节就不再展开叙述了。

5.1.2 离散时间周期信号的傅里叶级数的基本性质

本节介绍离散时间周期信号的傅里叶级数的相关性质,这些性质不仅可以用于离散时间周期信号的傅里叶级数求解,而且可以引出有限长序列的离散傅里叶变换的各种相关性质。

1. 线性

线性的前提条件是离散时间周期信号 $\widetilde{x}_1(n)$ 和 $\widetilde{x}_2(n)$ 的周期均为 N。若两个信号的 DFS 运算满足以下关系：

$$\widetilde{X}_1(k) = \text{DFS}[\widetilde{x}_1(n)]$$
$$\widetilde{X}_2(k) = \text{DFS}[\widetilde{x}_2(n)]$$

则将这两个信号进行线性相加时,可得

$$\text{DFS}[a\widetilde{x}_1(n) + b\widetilde{x}_2(n)] = a\widetilde{X}_1(k) + b\widetilde{X}_2(k) \tag{5.10}$$

其中的 a、b 为任意实数。该性质可以通过离散时间周期信号的傅里叶级数的定义直接证明,这里不再赘述。

2. 序列移位性质

序列移位性质主要考虑将离散周期信号左右平移时的傅里叶级数展开式系数的结果。

若
$$\widetilde{X}_1(k) = \mathrm{DFS}[\widetilde{x}_1(n)]$$

则将 $\widetilde{x}_1(n)$ 左右平移后,其傅里叶级数展开式系数 $\widetilde{X}_1(k)$ 的结果将变为

$$\mathrm{DFS}[\widetilde{x}(n-m)] = W_N^{mk}\widetilde{X}(k) = \mathrm{e}^{-\mathrm{j}\frac{2\pi}{N}mk}\widetilde{X}(k) \tag{5.11}$$

$$\mathrm{DFS}[\widetilde{x}(n+m)] = W_N^{-mk}\widetilde{X}(k) = \mathrm{e}^{\mathrm{j}\frac{2\pi}{N}mk}\widetilde{X}(k) \tag{5.12}$$

其中,式(5.11)是将 $\widetilde{x}_1(n)$ 向左平移 m 个单位的结果,式(5.12)是将 $\widetilde{x}_1(n)$ 向右平移 m 个单位的结果。

证明:因为

$$\mathrm{DFS}[\widetilde{x}(n+m)] = \sum_{n=0}^{N-1}\widetilde{x}(n+m)W_N^{nk}$$

令 $n+m=i$,则有

$$\mathrm{DFS}[\widetilde{x}(i)] = \sum_{i=m}^{N-1+m}\widetilde{x}(i)W_N^{ik}W_N^{-mk}$$

因为 $\widetilde{x}(i)$ 和 W_N^{ik} 都是以 N 为周期的周期函数,因此可以将上式变为

$$\mathrm{DFS}[\widetilde{x}(n+m)] = \mathrm{DFS}[\widetilde{x}(i)] = W_N^{-mk}\sum_{i=0}^{N-1}\widetilde{x}(i)W_N^{ik} = W_N^{-mk}\widetilde{x}(k)$$

3. 调制性质

调制性质是指将离散时间周期信号 $\widetilde{x}_1(n)$ 的傅里叶级数展开式系数 $\widetilde{X}_1(k)$ 左右平移。

若
$$\widetilde{X}_1(k) = \mathrm{DFS}[\widetilde{x}_1(n)]$$

则在 $\widetilde{x}_1(n)$ 的基础上乘以 W_N^{mn} 便可以改变其 $\widetilde{X}_1(k)$,也就是

$$\mathrm{DFS}[W_N^{mn}\widetilde{x}(n)] = \widetilde{X}_1(k+m) \tag{5.13}$$

证明:

$$\mathrm{DFS}[W_N^{mn}\widetilde{x}(n)] = \sum_{i=0}^{N-1}W_N^{mn}\widetilde{x}(n)W_N^{nk} = \sum_{i=0}^{N-1}\widetilde{x}(n)W_N^{n(k+m)} = \widetilde{X}_1(k+m)$$

上式中的 W_N^{mn} 可以表示成

$$W_N^{mn} = \mathrm{e}^{-\mathrm{j}\frac{2\pi}{N}mn} = \mathrm{e}^{-\mathrm{j}\frac{2\pi}{N}nm} = (\mathrm{e}^{-\mathrm{j}\frac{2\pi}{N}n})^m$$

也就是说,时域乘以虚指数 $\mathrm{e}^{-\mathrm{j}\frac{2\pi}{N}n}$ 的 m 次幂时,其频域搬移 m 位,这一性质称为调制。

4. 对偶性

连续时间信号的傅里叶变换在时域中存在着对偶性。

若
$$\mathcal{F}[f(t)] = F(\omega)$$
则有
$$\mathcal{F}[F(t)] = 2\pi f(-\omega)$$

$f(t)$ 是连续时间非周期信号,其时域和频域均是连续的。离散时间周期信号的时域和频域均是离散的,从 DFS 和 IDFS 公式可以看出,它们只差 $1/N$ 因子和 W_N 的指数的正负号,因此也一定存在着时域和频域的对偶关系。

若离散时间周期信号 $\widetilde{x}(n)$ 的傅里叶级数展开式系数为 $\widetilde{X}(k)$,则对偶性的性质可以通过以下形式描述:

$$\mathrm{DFS}[\widetilde{x}(n)] = \widetilde{X}(k) \tag{5.14}$$

$$\mathrm{DFS}[\widetilde{X}(n)] = N\widetilde{x}(-k) \tag{5.15}$$

证明： 由离散时间周期信号的傅里叶级数的反变换关系可知

$$\widetilde{x}(n) = \text{IDFS}[\widetilde{X}(k)] = \frac{1}{N}\sum_{n=0}^{N-1}\widetilde{X}(k)W_N^{-nk}$$

等式左右两侧同时乘以 N，可得

$$N\widetilde{x}(-n) = \sum_{n=0}^{N-1}\widetilde{X}(k)W_N^{nk}$$

由于等式右边与 DFS 的表达式相同，故 n 和 k 互换，可得

$$N\widetilde{x}(-k) = \sum_{n=0}^{N-1}\widetilde{X}(n)W_N^{kn}$$

即周期序列 $\widetilde{X}(n)$ 的 DFS 系数是 $N\widetilde{x}(-k)$，因而存在以下对偶关系：

$$\text{DFS}[\widetilde{x}(n)] = \widetilde{X}(k)$$

$$\text{DFS}[\widetilde{X}(n)] = N\widetilde{x}(-k)$$

5. 周期卷积和性质

周期卷积和性质讨论的是将两个周期序列相乘以后的傅里叶级数结果。

设离散周期信号 $\widetilde{X}_1(k)$ 和 $\widetilde{X}_2(k)$ 满足以下关系：

$$\widetilde{X}_1(k) = \text{DFS}[\widetilde{x}_1(n)]$$

$$\widetilde{X}_2(k) = \text{DFS}[\widetilde{x}_2(n)]$$

如果
$$\widetilde{Y}(k) = \widetilde{X}_1(k)\widetilde{X}_2(k)$$

则离散周期信号 $\widetilde{y}(n)$ 可以写成式(5.16)或式(5.17)的形式：

$$\widetilde{y}(n) = \text{IDFS}[\widetilde{Y}(k)] = \sum_{m=0}^{N-1}\widetilde{x}_1(m)\widetilde{x}_2(n-m) \tag{5.16}$$

$$\widetilde{y}(n) = \text{IDFS}[\widetilde{Y}(k)] = \sum_{m=0}^{N-1}\widetilde{x}_2(m)\widetilde{x}_1(n-m) \tag{5.17}$$

证明：

$$\widetilde{y}(n) = \text{IDFS}[\widetilde{Y}(k)] = \text{IDFS}[\widetilde{X}_1(k)\widetilde{X}_2(k)] = \frac{1}{N}\sum_{k=0}^{N-1}\widetilde{X}_1(k)\widetilde{X}_2(k)W_N^{-nk}$$

$$= \frac{1}{N}\sum_{k=0}^{N-1}\sum_{m=0}^{N-1}\widetilde{x}_1(m)W_N^{mk}\widetilde{X}_2(k)W_N^{-nk}$$

$$= \sum_{m=0}^{N-1}\widetilde{x}_1(m)\frac{1}{N}\sum_{k=0}^{N-1}\widetilde{X}_2(k)W_N^{-(n-m)k}$$

$$= \sum_{m=0}^{N-1}\widetilde{x}_1(m)\widetilde{x}_2(n-m)$$

令上式中的 $n-m=m'$，则可以得到

$$\widetilde{y}(n) = \sum_{m'=0}^{N-1}\widetilde{x}_2(m')\widetilde{x}_1(n-m')$$

这一性质称为周期卷积和。它与线性卷积有以下两个区别：

(1) $\widetilde{x}_1(n)$、$\widetilde{x}_2(n)$ 都是以 N 为周期的序列，它们的移位序列也为周期序列。$\widetilde{y}(n)$ 同样也是以 N 为周期的序列。

(2) 周期卷积和只在一个周期内进行运算。

例 5.3 $\tilde{x}_1(n)$、$\tilde{x}_2(n)$ 分别是以 $x_1(n)$、$x_2(n)$ 为主值序列,以 $N=6$ 为周期的序列,求 $\tilde{x}_1(n)$ 与 $\tilde{x}_2(n)$ 的周期卷积和 $\tilde{y}(n)$。

$$x_1(n) = \begin{cases} 1, & 0 \leqslant n \leqslant 3 \\ 0, & \text{其他} \end{cases}$$

$$x_2(n) = [0,1,2,1,0,0] \quad (0 \leqslant n \leqslant 5)$$

解:首先画出 $x_1(m)$ 和 $x_2(m)$ 两个信号的图形,如图 5.2 所示。

接下来将 $\tilde{x}_2(m)$ 翻转,得到 $\tilde{x}_2(-m) = \tilde{x}_2(0-m)$,如图 5.3 所示。

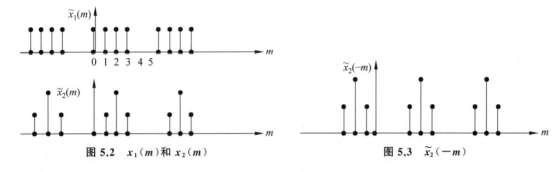

图 5.2 $x_1(m)$ 和 $x_2(m)$ 图 5.3 $\tilde{x}_2(-m)$

通过图 5.3 可以计算出 $\tilde{y}(0)$:

$$\tilde{y}(0) = \sum_{m=0}^{N-1} \tilde{x}_1(m) \tilde{x}_1(0-m) = \tilde{x}_1(0) \tilde{x}_2(0) + \tilde{x}_1(1) \tilde{x}_2(-1) + \cdots + \tilde{x}_1(5) \tilde{x}_2(-5)$$

$$= 1 \times 0 + 1 \times 0 + 1 \times 0 + 1 \times 1 + 0 \times 2 + 0 \times 1 = 1$$

将 $\tilde{x}_2(-m)$ 右移一位,得到 $\tilde{x}_2(1-m)$,如图 5.4 所示。

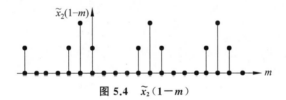

图 5.4 $\tilde{x}_2(1-m)$

通过图 5.4 可以计算出 $\tilde{y}(1)$:

$$\tilde{y}(1) = \sum_{m=0}^{N-1} \tilde{x}_1(m) \tilde{x}_1(1-m) = \tilde{x}_1(0) \tilde{x}_2(1) + \tilde{x}_1(1) \tilde{x}_2(0) + \cdots + \tilde{x}_1(5) \tilde{x}_2(-4) = 1$$

以此类推,可以求出 $\tilde{y}(3)=4, \tilde{y}(4)=4, \tilde{y}(5)=3$,因此 $\tilde{y}(n)$ 的主值序列为 $[1,1,3,4,4,3]$,并以 $N=6$ 为周期延拓。

类似地还可以得到频域卷积和定理,也就是当

$$\tilde{y}(n) = \tilde{x}_1(n) \tilde{x}_2(n)$$

时,有

$$\tilde{Y}(k) = \text{DFS}[\tilde{y}(n)] = \sum_{l=0}^{N-1} \tilde{y}(n) W_N^{kn} = \frac{1}{N} \sum_{l=0}^{N-1} \tilde{x}_1(l) \tilde{x}_2(k-l) = \frac{1}{N} \sum_{l=0}^{N-1} \tilde{x}_2(l) \tilde{x}_1(k-l)$$

5.2 离散时间非周期信号的频域分析

通过前面的学习已经知道,一个信号在时域上如果是离散的且为非周期信号,那么它在频域上应为连续的且为周期信号。本节介绍离散时间傅里叶变换,在学习的过程中需要注意离散时间傅里叶变换和傅里叶变换的区别和联系。

5.2.1 离散时间非周期信号的傅里叶变换及频谱

离散时间傅里叶变换(Discrete Time Fourier Transformation, DTFT)也称为序列的傅里叶变换,该变换方法是研究离散时间系统频域特性的主要工具之一。要引出该变换,可以从离散傅里叶级数入手。当一个连续时间周期信号的周期趋于无穷大时,其信号的频谱将变得无限密集,从而成为连续频谱。同样,当一个离散时间周期信号的周期趋于无穷大时,可以认为它变为离散时间非周期信号,该离散时间非周期信号的频谱就变成了一个连续的频谱。

周期信号 $\tilde{x}(n)$ 和离散时间周期信号的傅里叶级数展开式系数 $\tilde{X}(k)$ 可以表示为

$$\tilde{x}(n) = \frac{1}{N}\sum_{n=0}^{N-1}\tilde{X}(k)W_N^{nk} = \frac{1}{N}\sum_{k=0}^{N-1}\tilde{X}(k)e^{j\frac{2\pi}{N}kn}$$

$$\tilde{X}(k) = \sum_{n=0}^{N-1}\tilde{x}(n)W_N^{nk} = \sum_{n=0}^{N-1}\tilde{x}(n)e^{-j\frac{2\pi}{N}kn}$$

令 a_k 满足

$$a_k = \frac{1}{N}\sum_{n=0}^{N-1}\tilde{x}(n)e^{-j\frac{2\pi}{N}kn} \tag{5.18}$$

则可以将 $\tilde{x}(n)$ 变为

$$\tilde{x}(n) = \sum_{n=0}^{N-1}a_k W_N^{nk} = \sum_{n=0}^{N-1}a_k e^{j\frac{2\pi}{N}kn}$$

在式(5.18)的等号两侧同时乘以周期 N,可得

$$Na_k = \sum_{n=0}^{N-1}\tilde{x}(n)e^{-j\frac{2\pi}{N}kn}$$

当 $N \to \infty$ 时,令 $\frac{2\pi}{N}k = \omega$,$\lim_{N \to \infty} Na_k = X(e^{j\omega})$,则可以得到离散时间周期信号的傅里叶变换公式:

$$X(e^{j\omega}) = \sum_{n=-\infty}^{+\infty}x(n)e^{-j\omega n} \tag{5.19}$$

其中,$X(e^{j\omega})$ 对 ω 来说是以 2π 为周期的。通过式(5.19)可以将式(5.18)改写成

$$a_k = \frac{1}{N}\sum_{n=0}^{N-1}\tilde{x}(n)e^{-j\frac{2\pi}{N}kn} = \frac{1}{N}X(e^{j\omega}) \tag{5.20}$$

其中的 $\omega = \frac{2\pi}{N}k$。于是可以将离散时间周期信号 $\tilde{x}(n)$ 改写为

$$\tilde{x}(n) = \sum_{n=0}^{N-1}a_k e^{j\frac{2\pi}{N}kn} = \frac{1}{N}\sum_{n=0}^{N-1}X(e^{jk\omega})e^{j\omega kn} = \frac{1}{2\pi}\sum_{n=0}^{N-1}X(e^{jk\omega})e^{j\omega kn}\omega$$

当 $N \to \infty$ 时,$\tilde{x}(n) \to x(n)$,$\omega k \to \omega$,$\omega \to d\omega$,并把求和符号改为积分符号,可得

$$x(n) = \frac{1}{2\pi}\int_{-\pi}^{\pi} X(e^{j\omega}) e^{j\omega n} d\omega$$

上式便是离散时间傅里叶逆变换公式。使用 DTFT[ ] 和 IDTFT[ ] 运算符表示的离散时间傅里叶变换和逆变换公式如下:

$$X(e^{j\omega}) = \mathrm{DTFT}[x(n)] = \sum_{n=-\infty}^{+\infty} x(n) e^{-j\omega n} \tag{5.21}$$

$$x(n) = \mathrm{IDTFT}[X(e^{j\omega})] = \frac{1}{2\pi}\int_{-\pi}^{\pi} X(e^{j\omega}) e^{j\omega n} d\omega \tag{5.22}$$

对于离散时间傅里叶变换需要注意以下几方面:

(1) 由于 $x(n)$ 在时域上是离散的,因此频域上的 $X(e^{j\omega})$ 一定是以 2π 为周期的周期函数。

(2) 由于 $x(n)$ 是时域上的非周期函数,因此其对应的频域函数 $X(e^{j\omega})$ 一定是连续的。

(3) $X(e^{j\omega})$ 是 $x(n)$ 的频谱密度函数,简称频谱。它是复函数,可以分解为幅度谱和相位谱,这与前面的连续时间傅里叶变换是相似的。

例 5.4 已知离散时间非周期信号 $x(n)=a^{|n|}$($|a|<1$),通过离散时间傅里叶变换求解其频谱 $X(e^{j\omega})$。

解:首先可以将 $x(n)=a^{|n|}$ 改写为

$$x(n) = a^{-n} u(-n-1) + a^n u(n)$$

使用离散时间傅里叶变换公式可以对上述离散时间非周期信号进行变换:

$$\begin{aligned} X(e^{j\omega}) &= \mathrm{DTFT}(x(n)) = \sum_{n=-\infty}^{-1} a^{-n} e^{-j\omega n} + \sum_{n=0}^{+\infty} a^n e^{-j\omega n} \\ &= \frac{a e^{j\omega}}{1 - a e^{j\omega}} + \frac{1}{1 - a e^{-j\omega}} = \frac{1 - a^2}{1 + a^2 - 2a \cos\omega} \end{aligned}$$

本例中的 $x(n)$ 和 $|X(e^{j\omega})|$ 可以用图 5.5 表示。

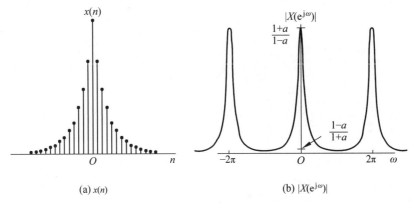

(a) $x(n)$

(b) $|X(e^{j\omega})|$

图 5.5 离散时间非周期信号 $x(n)$ 及其频谱 $|X(e^{j\omega})|$

并非所有的离散时间非周期信号 $x(n)$ 都可以进行离散时间傅里叶变换,讨论信号 $x(n)$ 的离散时间傅里叶变换的存在条件,其实就是讨论式(5.21)的收敛条件。当 $x(n)$ 是无限长的离散时间非周期信号时,$X(e^{j\omega})$ 的表达式是无穷项级数,因此讨论其收敛条件十分有必要。使其收敛的充分条件有以下两个:

(1) 一致性收敛。要求离散时间非周期信号 $x(n)$ 在 $(-\infty,+\infty)$ 上绝对可和,即

$$\sum_{-\infty}^{+\infty}|x(n)|<+\infty \tag{5.23}$$

(2) 均方收敛。要求 $x(n)$ 的能量有限,即

$$\sum_{-\infty}^{+\infty}|x(n)|^2<+\infty \tag{5.24}$$

例 5.5 已知离散时间非周期信号 $x(n)=a^n u(n)(|a|<1)$,通过离散时间傅里叶变换求解其频谱 $X(e^{j\omega})$,并绘制其幅频特性和相频特性。

解:由离散时间傅里叶变换公式可知

$$X(e^{j\omega})=\sum_{n=0}^{+\infty}a^n e^{-j\omega n}=\sum_{n=0}^{+\infty}(a e^{-j\omega})^n=\frac{1}{1-a e^{-j\omega}}$$

$X(e^{j\omega})$ 的幅值和幅角分别为

$$|X(e^{j\omega})|=\frac{1}{\sqrt{1+a^2-2a\cos\omega}}$$

$$\angle X(e^{j\omega})=-\tan^{-1}\frac{a\sin\omega}{1-a\cos\omega}$$

上面的频谱和幅角与 a 的大小相关,根据 a 值的不同,其 $x(n)$ 的形式并不相同。当 a 的值为 0~1 时,$x(n)$ 为单调指数衰减信号;当 a 的值为 -1~0 时,$x(n)$ 为摆动指数衰减信号。图 5.6(a) 给出了 a 为 0~1 时的幅频特性和相频特性,图 5.6(b) 给出了 a 为 -1~0 时的幅频特性和相频特性。

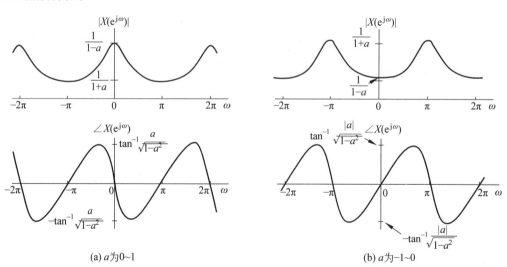

(a) a 为 0~1

(b) a 为 -1~0

图 5.6 信号 $x(n)$ 的幅频特性和相频特性

例 5.6 已知离散矩形脉冲信号 $x(n)=\begin{cases}1, & |n|\leqslant N_1\\ 0, & |n|>N_1\end{cases}$,通过离散时间傅里叶变换求其频谱 $X(e^{j\omega})$,并绘制当 $N_1=2$ 时的幅频特性。

解:由离散时间傅里叶变换公式可知

$$X(e^{j\omega})=\sum_{n=-\infty}^{+\infty}x(n)e^{-j\omega n}=\sum_{n=-N_1}^{N_1}e^{-j\omega n}=\frac{\sin\left(N_1+\frac{1}{2}\right)\omega}{\sin\frac{\omega}{2}}$$

根据 $X(e^{j\omega})$ 可知,当 $N_1=2$ 的信号 $x(n)$ 的时域图和幅频特性如图 5.7 所示。

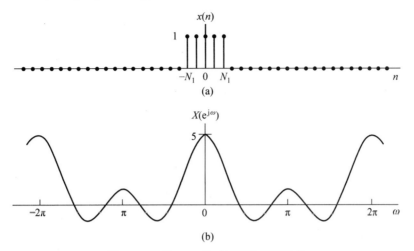

图 5.7 信号 $x(n)$ 的时域图和幅频特性

在例 5.1 中已经讲解了离散周期矩形脉冲的傅里叶级数的形式。其傅里叶级数满足

$$a_k = \frac{1}{N} \times \frac{\sin\frac{\pi}{N}k(2N_1+1)}{\sin\frac{\pi}{N}k} = \frac{1}{N} \times \frac{\sin\left(N_1+\frac{1}{2}\right)k\omega_0}{\sin\frac{k\omega_0}{2}}$$

对比例 5.6 可以发现,离散非周期矩形脉冲信号的傅里叶变换结果与离散周期矩形脉冲信号的傅里叶级数展开式系数之间满足以下关系:

$$a_k = \frac{1}{N} X(e^{j\omega})\Big|_{\omega=\frac{2\pi}{N}k}$$

在第 4 章中也讨论过连续时间矩形脉冲信号的傅里叶变换,其结果如下:

$$X(\omega) = \frac{2\sin\omega T_1}{\omega}$$

图 5.8 给出了连续时间非周期矩形脉冲信号与离散时间非周期矩形脉冲信号的幅频特性,其中图 5.8(a)中给出的是离散时间非周期信号的幅频特性,图 5.8(b)中给出的是连续时间非周期信号的幅频特性。

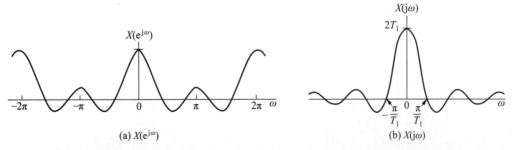

图 5.8 连续时间非周期矩形脉冲信号与离散时间非周期矩形脉冲信号的幅频特性

5.2.2 离散时间傅里叶变换的基本性质

本节介绍离散时间傅里叶变换的基本性质。

1. 周期性

离散时间傅里叶变换的结果具有周期性,其周期为 2π,这是因为

$$X(e^{j(\omega+2\pi)}) = \sum_{n=-\infty}^{+\infty} x(n)e^{-j\omega n} = X(e^{j\omega})$$

显然
$$X(e^{j(\omega+2\pi)}) = X(e^{j\omega}) \tag{5.25}$$

因此其傅里叶变换的结果呈现以 2π 为周期的性质。

2. 线性

若
$$X_1(e^{j\omega}) = \text{DTFT}[x_1(n)]$$
$$X_2(e^{j\omega}) = \text{DTFT}[x_2(n)]$$

则
$$ax_1(n) + bx_2(n) \leftrightarrow aX_1(e^{j\omega}) + bX_2(e^{j\omega}) \tag{5.26}$$

这一性质使用离散时间傅里叶变换的定义即可证明,因此不再赘述。

3. 时移与频移特性

若
$$X(e^{j\omega}) = \text{DTFT}[x(n)]$$

则有
$$x(n-n_0) \leftrightarrow X(e^{j\omega})e^{-j\omega n_0} \tag{5.27}$$
$$e^{j\omega_0 n} x(n) \leftrightarrow X(e^{j(\omega-\omega_0)}) \tag{5.28}$$

证明:若有

$$X(e^{j\omega}) = \text{DTFT}[x(n)] = \sum_{n=-\infty}^{+\infty} x(n)e^{-j\omega n}$$

则
$$\text{DTFT}[x(n-n_0)] = \sum_{n=-\infty}^{+\infty} x(n-n_0)e^{-j\omega n}$$

令 $k = n - n_0$,则 $n = k + n_0$,代入上式可得

$$\text{DTFT}[x(n-n_0)] = \sum_{n=-\infty}^{+\infty} x(k)e^{-j\omega(k+n_0)} = \sum_{n=-\infty}^{+\infty} x(k)e^{-j\omega k} e^{-j\omega n_0} = X(e^{j\omega})e^{-j\omega n_0}$$

同理,使用离散时间傅里叶变换定义即可证明其频域特性。

4. 时间反转性质

若
$$x(n) \leftrightarrow X(e^{j\omega})$$

则
$$x(-n) \leftrightarrow X(e^{-j\omega}) \tag{5.29}$$

5. 共轭对称性

若
$$x(n) \leftrightarrow X(e^{j\omega})$$

则有
$$x^*(n) \leftrightarrow X^*(e^{-j\omega}) \tag{5.30}$$

离散时间信号 $x(n)$ 的频谱 $X(e^{j\omega})$ 一般为复函数,它可以表示为幅度谱和相位谱两种形式:

$$X(e^{j\omega}) = |X(e^{j\omega})| e^{j\psi(\omega)}$$

也可以表示为实部和虚部:

$$X(e^{j\omega}) = X_r(e^{j\omega}) + jX_i(e^{j\omega})$$

这个性质可以从 $x(n)$ 的奇偶性的角度讨论。

(1) 当 $x(n)$ 是实序列时,$x^*(n) = x(n)$,此时 $X(e^{j\omega})$ 满足

$$X(e^{j\omega}) = X^*(e^{-j\omega})$$

如果对上式两边同时取共轭,可得

$$X^*(e^{j\omega}) = X(e^{-j\omega})$$

因此其幅值、幅角、实部、虚部满足以下关系：

$$\begin{cases} |X(e^{j\omega})| = |X(e^{-j\omega})| \\ \angle X(e^{j\omega}) = -\angle X(e^{-j\omega}) \end{cases} \begin{cases} \text{Re}(X(e^{j\omega})) = \text{Re}(X(e^{-j\omega})) \\ \text{Im}(X(e^{j\omega})) = -\text{Im}(X(e^{-j\omega})) \end{cases}$$

(2) 当 $x(n)$ 是实偶序列时，$x(n) = x^*(n) = x(-n)$。由于

$$x(n) \leftrightarrow X(e^{j\omega})$$

由共轭对称性可知

$$x^*(n) \leftrightarrow X^*(e^{-j\omega})$$

由时间反转性可知

$$x(-n) \leftrightarrow X(e^{-j\omega})$$

此时可以得到如下结论：

$$X(e^{j\omega}) = X^*(e^{j\omega}) = X(e^{-j\omega})$$

这样可得到一个重要结论：$x(n)$ 是实偶函数时，$X(e^{j\omega})$ 也是实偶信号。

(3) 若 $x(n)$ 是实奇信号，则 $x(n) = x^*(n) = -x(-n)$。根据虚实对称性可知其离散时间傅里叶变换的结果满足

$$X^*(e^{j\omega}) = X(e^{-j\omega}) = -X(e^{j\omega})$$

也就是说，当 $x(n)$ 是实奇函数时，$X(e^{j\omega})$ 是纯虚奇函数信号，且虚部满足奇对称性。

(4) 若实序列 $x(n)$ 可以表示为奇分量和偶分量之和，即

$$x(n) = \frac{x(n) + x(-n)}{2} + \frac{x(n) - x(-n)}{2} = x(n) + x(n) = x_e(n) + x_o(n)$$

则

$$X_e(j\omega) = \text{Re}(X(e^{j\omega}))$$
$$X_o(j\omega) = j\text{Im}(X(e^{j\omega}))$$

可以发现，上述结论和连续时间信号的情况完全一致。

6. 时域差分与求和

若 $$x(n) \leftrightarrow X(e^{j\omega})$$

则有 $$x(n) - x(n-1) \leftrightarrow (1 - e^{-j\omega}) X(e^{j\omega})$$

$$\sum_{k=-\infty}^{n} x(k) \leftrightarrow \frac{X(e^{j\omega})}{1 - e^{-j\omega}} + \pi X(e^{j0}) \sum_{k=-\infty}^{+\infty} \delta(\omega - 2\pi k) \tag{5.31}$$

例 5.7 已知冲激信号满足下面的关系：

$$\delta(n) \leftrightarrow 1$$

根据上述关系求解 $u(n) = \sum_{k=-\infty}^{n} \delta(k)$ 的离散时间傅里叶变换形式。

解：由积分时域求和的性质可以得到

$$u(n) \leftrightarrow \frac{1}{1 - e^{-j\omega}} + \pi \sum_{k=-\infty}^{+\infty} \delta(\omega - 2\pi k)$$

7. 卷积性质

离散时间信号卷积性质与连续时间信号的傅里叶变换的结论基本一致：两个信号在时域上进行卷积相当于在对应的频域上相乘，两个信号在时域上相乘相当于在频域上进行周期性

的卷积。即，若
$$x_1(n) \leftrightarrow X_1(e^{j\omega})$$
$$x_2(n) \leftrightarrow X_2(e^{j\omega})$$
则
$$x_1(n) * x_2(n) \leftrightarrow X_1(e^{j\omega}) X_2(e^{j\omega}) \tag{5.32}$$
$$x_1(n) x_2(n) \leftrightarrow \frac{1}{2\pi} \int_0^{2\pi} X_1(e^{j\theta}) X_2(e^{j(\omega-\theta)}) d\theta \tag{5.33}$$

例 5.8 已知 $c(n) = (-1)^n$，若 $c(n)$ 和 $x(n)$ 满足图 5.9 所示的关系，求 $Y(e^{j\omega})$。

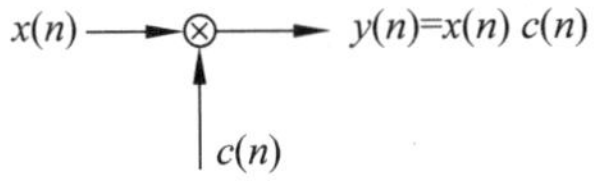

$$x(n) \longrightarrow \otimes \longrightarrow y(n) = x(n) c(n)$$
$$\uparrow c(n)$$

图 5.9 $c(n)$ 和 $x(n)$ 的关系

解：对 $c(n)$ 进行离散时间傅里叶变换可得
$$c(n) = (-1)^n = e^{j\pi n} \leftrightarrow C(e^{j\omega}) = 2\pi \sum_{k=-\infty}^{+\infty} \delta(\omega - \pi - 2k\pi)$$

由时域相乘相当于频域卷积的性质可知
$$Y(e^{j\omega}) = \frac{1}{2\pi} C(e^{j\omega}) \otimes X(e^{j\omega})$$
$$= \frac{1}{2\pi} \int_0^{2\pi} C(e^{j\theta}) X(e^{j(\omega-\theta)}) d\theta$$
$$= \int_0^{2\pi} \delta(\theta - \pi) X(e^{j(\omega-\theta)}) d\theta$$
$$= \int_{-\infty}^{+\infty} \delta(\theta - \pi) X(e^{j(\omega-\theta)}) d\theta$$
$$= X(e^{j(\omega-\pi)})$$

由此可见，周期卷积可以转换成非周期卷积求解。

8. 频域微分性质

若
$$x(n) \leftrightarrow X(e^{j\omega})$$
则
$$nx(n) \leftrightarrow j \frac{dX(e^{j\omega})}{d\omega} \tag{5.34}$$

9. 帕塞瓦尔定理

若
$$x(n) \leftrightarrow X(e^{j\omega})$$
则能量信号为
$$\sum_{n=-\infty}^{+\infty} |x(n)|^2 = \frac{1}{2\pi} \int_0^{2\pi} |X(e^{j\omega})|^2 d\omega \tag{5.35}$$

式(5.35)表明离散信号在时域的能量等于信号在频域的能量，也就是满足能量守恒。如果离散时间信号是周期性的，则其功率计算方法为
$$\frac{1}{N} \sum_{n=1,2,\cdots,N} |x(n)|^2 = \sum_{k=1,2,\cdots,N} |a_k|^2 \tag{5.36}$$

5.3 信号的时域抽样和频域抽样

将连续时间信号离散化时,必然需要对连续时间信号进行抽样处理。抽样的目的是让信号只在某些位置有数值,其余位置的数值均为 0。抽样后生成的离散时间信号不仅便于存储和具有更强的抗干扰性,而且可以让计算机等数字处理设备更好地进行信号的处理。对连续时间信号进行抽样并不困难,但是必须保证抽样生成的离散时间信号可以恢复成连续时间信号。本节讨论如何抽样可以保证信号在离散化后可以恢复成携带一定信息的连续时间信号。在本节中分别讨论时域和频域中的抽样方法以及抽样后生成的离散时间信号无失真地恢复成连续时间信号的条件。

5.3.1 信号的时域抽样

本节讨论理想抽样,它是一种理想的数学模型,有助于理解实际抽样。

理想抽样模型可以用图 5.10 的形式表示,其中的 $f(t)$ 是连续时间信号,$f_s(t)$ 为理想抽样信号,而 $\delta_T(t)$ 代表周期性的单位冲激信号。$\delta_T(t)$ 可以表示为

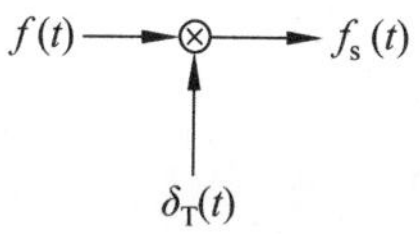

$$\delta_T(t) = \sum_{m=-\infty}^{+\infty} \delta_T(t-mT) \tag{5.37}$$

图 5.10 理想抽样模型

图 5.10 的理想抽样模型可以表示为

$$f_s(t) = f(t)\delta_T(t) \tag{5.38}$$

将式(5.37)代入式(5.38),可得

$$f_s(t) = f(t)\sum_{m=-\infty}^{+\infty} \delta_T(t-mT) = \sum_{m=-\infty}^{+\infty} f(t)\delta_T(t-mT) \tag{5.39}$$

因为抽样只在 $t=mT$ 处有意义,因此可以将 $f(t)$ 中的 t 换成 mT,这样就可以得到理想抽样信号 $f_s(t)$ 的形式:

$$f_s(t) = \sum_{m=-\infty}^{+\infty} f(mT)\delta_T(t-mT) \tag{5.40}$$

其中的 T 为抽样周期,抽样频率 $f_s=1/T$,抽样角频率为 $\Omega_s=2\pi f_s=2\pi/T$。图 5.11 表示了这一过程,图 5.11(a)给出了 $f(t)$ 的时域图,图 5.11(b)给出了 $\delta_T(t)$ 的时域图,通过上述方法抽样后的结果如图 5.11(c)所示。

下面考虑理想抽样信号的频谱。因为 $f(t)$ 属于连续时间信号,所以需要利用傅里叶变换将其转换为频域信号。假设 $f(t)$、$f_s(t)$ 以及 $\delta_T(t)$ 的傅里叶变换结果如下:

$$F(\omega) = \mathcal{F}(f(t))$$
$$F_s(\omega) = \mathcal{F}(f_s(t))$$
$$\Delta_T(\omega) = \mathcal{F}(\delta_T(t))$$

根据傅里叶变换的性质,两个信号在时域上相乘相当于在频域上做卷积运算。因此可以将式(5.38)变为

$$F_s(\omega) = \frac{1}{2\pi}[F(\omega) * \Delta_T(\omega)] \tag{5.41}$$

$\delta_T(t)$ 是周期函数,可以通过指数形式的傅里叶级数展开:

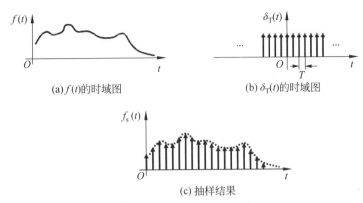

图 5.11 连续时间信号的抽样

$$\delta_T(t) = \sum_{k=-\infty}^{+\infty} a_k e^{jk\omega t}$$

上式中的 a_k 可以通过傅里叶级数展开式系数的计算公式求得,其值等于 $1/T$。因此上式可以变为

$$\delta_T(t) = \sum_{k=-\infty}^{+\infty} \frac{1}{T} e^{jk\omega t}$$

这样,$\Delta_T(\omega)$ 可以写为

$$\Delta_T(\omega) = \mathcal{F}\left(\sum_{k=-\infty}^{+\infty} \frac{1}{T} e^{jk\omega t}\right) = \frac{1}{T} \mathcal{F}\left(\sum_{k=-\infty}^{+\infty} e^{jk\omega t}\right)$$

根据表 4.2 中给出的常用信号的傅里叶变换可知

$$\mathcal{F}\left(\sum_{k=-\infty}^{+\infty} e^{jk\omega_0 t}\right) = 2\pi \sum_{k=-\infty}^{+\infty} \delta(\omega - k\omega_0)$$

将上式代入式(5.41),可得

$$F_s(\omega) = \frac{1}{2\pi}\left[\frac{2\pi}{T}\sum_{k=-\infty}^{+\infty}\delta(\omega - k\omega_0) * F(\omega)\right] = \frac{1}{T}\int_{-\infty}^{+\infty} F(\theta) \sum_{k=-\infty}^{+\infty} \delta(\omega - k\omega_0 - \theta) d\theta$$

$$= \frac{1}{T}\sum_{k=-\infty}^{+\infty}\int_{-\infty}^{+\infty} F(\theta)\delta(\omega - k\omega_0 - \theta)d\theta = \frac{1}{T}\sum_{k=-\infty}^{+\infty} F(\omega - k\omega_0)$$

$$= \frac{1}{T}\sum_{k=-\infty}^{+\infty} F\left(\omega - k\frac{2\pi}{T}\right)$$

由此可以看出,理想抽样信号的频谱是其被抽样的连续时间信号的频谱的周期延拓。其延拓周期 T_s 为

$$T_s = \frac{2\pi}{T} = 2\pi f_s$$

为了能够更加清楚地说明问题,假设 $F(\omega)$ 信号的频谱 $X(j\omega)$ 是一个频带有限信号,信号最高频率分量为 f_h,抽样频率为 $f_s = \frac{\omega_m}{2\pi}$,如图 5.12(a)所示,抽样后产生的频谱如图 5.12(b)所示。通过图 5.12(b)可以发现,由于周期延拓的距离较小,导致频谱之间出现了混叠。从时域上看,如果抽样信号之间的抽样间隔较大,则会造成抽样后生成的离散时间信号无法恢复成原始的连续时间信号。

为避免上述混叠现象,需要让抽样频率 f_s 与信号最高频率分量 f_h 满足以下关系:

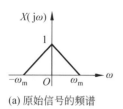
(a) 原始信号的频谱

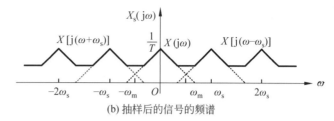
(b) 抽样后的信号的频谱

图 5.12 抽样后频谱的周期延拓

$$f_s \geqslant 2f_h \tag{5.42}$$

正是因为这个关系,通常也将 $f_s/2$ 的频率叫作折叠频率。上面的分析也引出了非常重要的时域抽样定理——奈奎斯特抽样定理:设 $f(t)$ 是频带宽度有限的信号,若要使抽样后的信号能够无失真地还原出原始信号,必须保证抽样频率 f_s 大于或等于 $f(t)$ 最高频率分量 f_h 的两倍。一般情况下把允许的最小抽样频率 f_s 称为奈奎斯特频率,把最大允许的抽样间隔 T_s 称为奈奎斯特间隔。

在实际应用中, $f(t)$ 并不一定都是频带宽度有限的信号。因此为了避免 $f(t)$ 的频带无限宽从而造成频谱的混叠,通常在抽样前加入一个低通滤波器,它可以将一个频带宽度无限的信号变为频带宽度有限的信号,其截止频率通常设置为 $f_s/2$,这样便可以保证其抽样过程满足奈奎斯特抽样定理。

例 5.9 已知实信号 $x(t)$ 的最高频率为 f_m,计算对信号 $x(3t)$ 抽样不混叠的最小抽样频率。

解: $x(3t)$ 相当于在时域上将 $x(t)$ 的横坐标压缩为原来的 $1/3$,其频谱扩展为原来的 3 倍。因此,对 $x(3t)$ 信号进行抽样时,最小抽样频率为 $2 \times 3f_m = 6f_m$。

例 5.10 已知信号 $f(t)$ 的上限频率为 1250 Hz,确定抽样频率应该满足的条件和相邻样点间的最大时间间隔。

解: 因为该信号的上限频率 $f_m \leqslant 1.25 \text{kHz}$,所以抽样频率 f_s 应满足

$$f_s \geqslant 2f_m = 2.5 \text{kHz}$$

相邻样点间的最大时间间隔

$$T_s = \frac{1}{f_s} = \frac{1}{2.5} \text{ms} = 0.4 \text{ms}$$

5.3.2 信号的频域抽样

5.3.1 节介绍了在时域上进行抽样的基本定理,其所得的离散序列的连续频谱是原始连续时间信号的周期延拓,也就是说,在时域上抽样时可以从频域角度分析。那么,在频域上进行抽样时,是否可以从时域角度分析呢?本节讨论在频域上进行抽样的情形,可以大胆猜测,在频域上抽样相当于在时域上进行周期延拓。

同时域采样一样,人们最关注的问题是在频域上进行采样后能否无失真地恢复出原始序列,这一问题可以通过频域采样定理解答。假设有限长离散时间信号 $x(n)$ 的长度为 M,该信号的离散时间傅里叶变换可以通过定义进行计算:

$$X(e^{j\omega}) = \sum_{n=-\infty}^{+\infty} x(n) e^{-j\omega n}$$

对上式进行频域采样可得

$$\widetilde{X}(k) = \sum_{n=-\infty}^{+\infty} x(n) W_N^{nk} \qquad (5.43)$$

为了判断这样抽样后是否可以无失真地恢复出原始信号,求上式的离散傅里叶逆变换:
$$\text{IDFT}[X(k)] = x_N(n) \quad (0 \leqslant n \leqslant N-1)$$
也就是说,如果要无失真地恢复出原始信号,需要满足 $x_N(n) = x(n)$。对上述 $X(k)$ 进行周期延拓,其结果为 $\widetilde{X}(k)$,为此可以对其使用离散傅里叶级数的逆变换,则有
$$\widetilde{x}_N(n) = \text{IDFS}[\widetilde{X}(k)] = \frac{1}{N}\sum_{k=0}^{N-1} \widetilde{X}(k) W_N^{-nk} = \frac{1}{N}\sum_{k=0}^{N-1} \widetilde{X}(k) \mathrm{e}^{\mathrm{j}\frac{2\pi}{N}kn} \qquad (5.44)$$

为了区分变量之间的差异,令式(5.43)中的 $n=m$,将式(5.43)代入式(5.44)可得
$$\widetilde{x}_N(n) = \frac{1}{N}\sum_{k=0}^{N-1} \widetilde{X}(m) W_N^{-nk} = \frac{1}{N}\sum_{k=0}^{N-1}\sum_{m=-\infty}^{+\infty} x(m) W_N^{mk} W_N^{-nk}$$
$$= \sum_{m=-\infty}^{+\infty} x(m) \left(\frac{1}{N}\sum_{k=0}^{N-1} W_N^{(m-n)k} \right)$$

由于上式中的
$$\frac{1}{N}\sum_{k=0}^{N-1} W_N^{k(m-n)} = \frac{1}{N}\sum_{k=0}^{N-1} \mathrm{e}^{\mathrm{j}\frac{2\pi}{N}k(m-n)} = \begin{cases} 1, & m = n + rN (r \in \mathbf{Z}) \\ 0, & \text{其他} \end{cases}$$

所以
$$\widetilde{x}_N(n) = \sum_{m=-\infty}^{+\infty} x(m) = \sum_{m=-\infty}^{+\infty} x(n+rN) \qquad (5.45)$$

由式(5.45)可知,在频域上进行抽样相当于在时域上对非周期离散信号进行了周期延拓,延拓后的周期是 N 的整数倍,这里 N 代表抽样的点数。这一结论和前面的猜测完全一致。

根据上述分析可以发现,如果一个离散时间非周期信号在时域上是无限长的,那么必然会造成在频域上抽样后将其还原成原始信号时出现信号混叠现象。从频域上抽样的点数上考虑,如果一个有限长离散时间非周期信号在时域上的长度越大,就要让其在频域上的抽样点数越多,这样才会使时域的混叠现象减少。具体来说,假设有限长离散时间信号在时域上的长度为 M,当频域抽样点数 $N < M$ 时,这种混叠现象仍然会出现,此时只在 $M - N \leqslant n \leqslant N-1$ 的范围内是没有混叠失真的。当 $N \geqslant M$ 时,
$$x_N(n) = \sum_{r=-\infty}^{+\infty} x(n+rN) R_N(n) = x(n)$$

也就是说,利用 $x_N(n)$ 可以无失真地恢复出 $x(n)$。根据上述分析可以得到频域抽样定理:若序列长度为 M,频域采样点数(或 DFT 的长度)为 N,且 $M < N$,则在频域上采样后可无失真地恢复原始序列;但若 $M \geqslant N$,会产生时域混叠,在频域上采样后不能无失真地恢复原始序列。

例 5.11 已知有限长离散时间信号 $x(n) = \{1,2,3,4,5,6\}$。对其进行离散时间傅里叶变换后对结果进行 6 点抽样和 4 点抽样,观察并讨论其离散时间傅里叶逆变换的结果是否失真,并分析原因。

解:为了便于分析,首先绘制信号 $x(n)$ 的时域图形,其结果如图 5.13(a)所示。然后对信号 $x(n)$ 求离散时间傅里叶变换,可得
$$X(\mathrm{e}^{\mathrm{j}\omega}) = \sum_{n=1}^{6} x(n) \mathrm{e}^{-\mathrm{j}\omega n} = 1 + 2\mathrm{e}^{-\mathrm{j}\omega} + 3\mathrm{e}^{-\mathrm{j}2\omega} + 4\mathrm{e}^{-\mathrm{j}3\omega} + 5\mathrm{e}^{-\mathrm{j}4\omega} + 6\mathrm{e}^{-\mathrm{j}5\omega}$$

当抽样点数为 6 时,相当于令上式中的 $\omega = \dfrac{2\pi}{6}k$,根据频域抽样定理可知,其时域结果相当于

$$\widetilde{x}_6(n) = \sum_{r=-\infty}^{+\infty} x(n+6r)$$

也就是相当于对 $x(n)$ 进行了周期延拓,并未发生失真现象,其结果如图 5.13(b)所示。

当抽样点数为 4 时,相当于在变换式中令 $\omega = \dfrac{2\pi}{4}k$,根据频域抽样定理可知,其时域结果相当于

$$\widetilde{x}_4(n) = \sum_{r=-\infty}^{+\infty} x(n+4r)$$

此时

$$\widetilde{x}_4(1) = \cdots + x(1+8) + x(1+4) + x(1) + x(1-4) + x(1-8) \cdots = 6$$
$$\widetilde{x}_4(2) = \cdots + x(2+8) + x(2+4) + x(2) + x(2-4) + x(2-8) \cdots = 8$$
$$\widetilde{x}_4(3) = \cdots + x(3+8) + x(3+4) + x(3) + x(3-4) + x(3-8) \cdots = 3$$
$$\widetilde{x}_4(4) = \cdots + x(4+8) + x(4+4) + x(4) + x(4-4) + x(4-8) \cdots = 4$$
$$\widetilde{x}_4(5) = \cdots + x(5+8) + x(5+4) + x(5) + x(5-4) + x(5-8) \cdots = 6$$
$$\vdots$$

其结果如图 5.13(c)所示,因此其结果发生了失真。

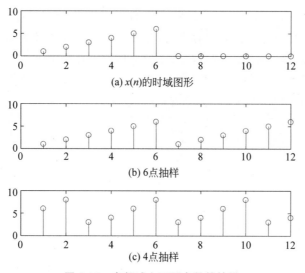

图 5.13 在频域上不同点数的抽样

根据信号的时域抽样定理和频域抽样定理可知,信号的时域和频域之间存在着内在的联系。若对连续时间信号进行抽样使其离散化,则频谱函数就是原始频谱的周期延拓;若在频域上对连续频谱进行抽样使其离散化,则时域函数信号就是原始信号的周期延拓。这两个定理为信号的数字化处理和分析奠定了理论基础,同时也在数字化通信中有重要的应用。

5.4 离散线性时不变系统的频域分析

在第 4 章中讨论了连续线性时不变系统的频域分析,主要讨论了连续时间非周期信号和连续时间周期信号通过系统时的频域响应。本节讨论离散线性时不变系统的频域分析,主要包括离散线性时不变系统的频域响应、离散时间周期信号和非周期信号通过系统时的频域分析、线性相位离散线性时不变系统,并简要介绍数字滤波器。

5.4.1 离散线性时不变系统的频率响应

为了分析离散线性时不变系统的频率响应,可以分析复指数信号 $e^{j\omega n}$ 通过稳定的离散线性时不变系统的相关特性。

假设离散线性时不变系统的单位脉冲响应为 $h(n)$,系统的输入信号是虚指数信号,其形式为

$$x(n) = e^{j\omega n} \quad (-\infty < n < \infty)$$

在时域中,根据系统函数与输入信号之间的关系,可知其系统的零状态响应

$$y_{zs}(n) = x(n) * h(n) = e^{j\omega n} * h(n) = \sum_{k=-\infty}^{+\infty} e^{j\omega(n-k)} h(n) = e^{j\omega n} H(e^{j\omega}) \tag{5.46}$$

其中,$H(e^{j\omega})$ 为离散线性时不变系统的频率响应,其形式为

$$H(e^{j\omega}) = \text{DTFT}(h(n)) = \sum_{n=-\infty}^{+\infty} e^{j\omega n} h(n)$$

与连续时间系统相似,离散时间系统的频率响应 $H(e^{j\omega})$ 表征了系统的频域特性,它可以通过离散时间傅里叶变换进行求解。通过式(5.46)可以发现,虚指数信号通过稳定的离散线性时不变系统后仍为同频率的虚指数信号,虚指数信号的幅度和相位的改变由 $H(e^{j\omega})$ 决定,因此 $H(e^{j\omega})$ 表示了离散线性时不变系统对不同频率的虚指数信号的传输特性。$H(e^{j\omega})$ 可以表示为 ω 的复值函数,可以用幅度和相位表示:

$$H(e^{j\omega}) = | H(e^{j\omega}) | e^{j\varphi(\omega)} \tag{5.47}$$

式(5.47)经常用在离散时间傅里叶变换的求解当中。接下来讨论输入信号送入系统的零状态响应。对于输入信号为 $x(n)$、单位脉冲响应为 $h(n)$ 的离散线性时不变系统,其零状态响应 $y_{zs}(n)$ 为

$$y_{zs}(n) = x(n) * h(n) \tag{5.48}$$

根据时域卷积等价于频域相乘这一性质,在频域中应满足以下关系:

$$Y_{zs}(e^{j\omega}) = X(e^{j\omega}) H(e^{j\omega})$$

其中的 $Y_{zs}(e^{j\omega})$、$X(e^{j\omega})$、$H(e^{j\omega})$ 对应的是 $y_{zs}(n)$、$x(n)$ 与 $h(n)$ 的离散时间傅里叶变换。根据上面的关系,可以通过除法求出 $H(e^{j\omega})$:

$$H(e^{j\omega}) = \frac{Y_{zs}(e^{j\omega})}{X(e^{j\omega})} \tag{5.49}$$

利用上面的结论可以求解离散线性时不变系统的频率响应 $H(e^{j\omega})$ 和单位脉冲响应 $h(n)$,具体地说就是对于输入信号 $x(n)$ 和输出响应 $y(n)$ 通过离散时间傅里叶变换求出 $X(e^{j\omega})$ 和 $Y(e^{j\omega})$,并通过式(5.49)求出 $H(e^{j\omega})$,最后使用离散时间傅里叶逆变换求出 $h(n)$。

例 5.12 设稳定的离散线性时不变系统的差分方程为

$$6y(n) - 5y(n-1) + y(n-2) = x(n)$$

求系统的频率响应 $H(e^{j\omega})$ 和单位脉冲响应 $h(n)$。

解：根据离散时间傅里叶变换的时域位移特性，可以对上述差分方程求解离散时间傅里叶变换：

$$6Y(e^{j\omega}) - 5e^{-j\omega}Y(e^{j\omega}) + e^{-2j\omega}Y(e^{j\omega}) = X(e^{j\omega})$$

提取公因式 $Y(e^{j\omega})$ 得

$$(6 - 5e^{-j\omega} + e^{-2j\omega})Y(e^{j\omega}) = X(e^{j\omega})$$

根据式(5.49)可得

$$H(e^{j\omega}) = \frac{Y(e^{j\omega})}{X(e^{j\omega})} = \frac{1}{(6 - 5e^{-j\omega} + e^{-2j\omega})}$$

对上式的分母进行因式分解，并将分式裂项为两项相减的形式，可得

$$H(e^{j\omega}) = \frac{1}{(3 - e^{-j\omega})(2 - e^{-j\omega})} = \frac{k_1}{(3 - e^{-j\omega})} + \frac{k_2}{(2 - e^{-j\omega})}$$

上式中的 k_1 和 k_2 属于待定系数，因此需要通分以确定其具体值，通分结果如下：

$$\frac{2k_1 + 3k_2 - k_1 e^{-j\omega} - k_2 e^{-j\omega}}{(3 - e^{-j\omega})(2 - e^{-j\omega})} = \frac{1}{(3 - e^{-j\omega})(2 - e^{-j\omega})}$$

因此 k_1 和 k_2 满足以下关系：

$$\begin{cases} -k_1 - k_2 = 1 \\ 2k_1 + 3k_2 = 0 \end{cases}$$

解得

$$k_1 = -3, \quad k_2 = 2$$

代入 $H(e^{j\omega})$ 可得

$$H(e^{j\omega}) = \frac{-3}{3\left(1 - \frac{1}{3}e^{-j\omega}\right)} + \frac{2}{2\left(1 - \frac{1}{2}e^{-j\omega}\right)}$$

根据指数序列的离散时间傅里叶变换，对上式进行离散时间傅里叶逆变换可得

$$h(n) = \left(\frac{1}{2}\right)^n u(n) - \left(\frac{1}{3}\right)^n u(n)$$

对于不稳定的离散线性时不变系统，单位脉冲响应 $h(n)$ 存在，但频率响应 $H(e^{j\omega})$ 一般不存在。对于稳定的离散线性时不变系统来说，可以通过差分方程求解系统的频率响应。

根据离散时间傅里叶变换的时域位移特性，可以给出根据 n 阶稳定离散线性时不变系统差分方程直接求解 $H(e^{j\omega})$ 的通用方法。描述系统的 n 阶稳定离散线性时不变系统的差分方程为

$$y(n) + a_1 y(n-1) + a_2 y(n-2) + \cdots + a_k y(n-k)$$
$$= b_0 x(n) + b_1 x(n-1) + b_2 x(n-2) + \cdots + b_m x(n-m)$$

对上式的等号两边同时进行离散时间傅里叶变换，其结果为

$$(1 + a_1 e^{-j\omega} + a_2 e^{-2j\omega} + \cdots + a_k e^{-kj\omega})Y(e^{j\omega})$$
$$= (b_0 + b_1 e^{-j\omega} + b_2 e^{-2j\omega} + \cdots + b_k e^{-kj\omega})X(e^{j\omega})$$

对上式等号两边进行整理，可以得出其系统频率响应 $H(e^{j\omega})$ 的具体表达式：

$$H(e^{j\omega}) = \frac{(b_0 + b_1 e^{-j\omega} + b_2 e^{-2j\omega} + \cdots + b_k e^{-kj\omega})}{(1 + a_1 e^{-j\omega} + a_2 e^{-2j\omega} + \cdots + a_k e^{-kj\omega})} \tag{5.50}$$

通过式(5.50)可知,系统频率响应 $H(e^{j\omega})$ 与输入和输出没有关系,只与系统本身有关。

5.4.2 离散时间非周期信号通过系统响应的频域分析

本节讨论离散时间非周期信号通过系统的响应。

假设一个离散时间非周期信号 $x(n)$ 存在离散时间傅里叶变换,变换结果为 $X(e^{j\omega})$,它们之间满足以下关系:

$$x(n) = \text{IDTFT}(X(e^{j\omega})) = \frac{1}{2\pi}\int_{-\pi}^{\pi} X(e^{j\omega})e^{j\omega n}d\omega$$

根据输入激励 $x(n)$、单位脉冲响应 $h(n)$ 以及零状态响应 $y_{zs}(n)$ 三者在时域上的关系可得

$$y_{zs}(n) = \frac{1}{2\pi}\int_{-\pi}^{\pi} X(e^{j\omega})H(e^{j\omega})e^{j\omega n}d\omega$$

其中 $X(e^{j\omega})$、$H(e^{j\omega})$ 分别对应 $x(n)$、$h(n)$ 的离散时间傅里叶变换。由离散时间傅里叶逆变换可得

$$Y(e^{j\omega}) = X(e^{j\omega})H(e^{j\omega}) \tag{5.51}$$

根据式(5.51),可以得到求解离散时间非周期信号 $x(n)$ 通过系统后的零状态响应的方法。首先求解输入激励 $x(n)$ 的离散时间傅里叶变换 $X(e^{j\omega})$,然后将其与系统频率响应 $H(e^{j\omega})$ 相乘,最后对结果进行离散时间傅里叶逆变换,就可以求出离散时间非周期信号通过系统后的零状态响应。

例 5.13 描述某稳定的离散线性时不变系统的差分方程为

$$y(n) - 0.75y(n-1) + 0.125y(n-2) = 4x(n) + 3x(n-1)$$

如果系统的输入离散时间非周期信号为 $x(n) = (0.75)^n u(n)$,求系统的零状态响应 $y_{zs}(n)$。

解:根据离散时间傅里叶变换的时域位移特性,对系统的差分方程等号两边进行离散时间傅里叶变换,可得

$$Y(e^{j\omega}) - 0.75e^{-j\omega}Y(e^{j\omega}) + 0.125e^{-2j\omega}Y(e^{j\omega}) = 4X(e^{j\omega}) + 3e^{-j\omega}X(e^{j\omega})$$

提取公因式,可得

$$(1 - 0.75e^{-j\omega} + 0.125e^{-2j\omega})Y(e^{j\omega}) = (4 + 3e^{-j\omega})X(e^{j\omega})$$

通过上式可求系统的频率响应 $H(e^{j\omega})$:

$$H(e^{j\omega}) = \frac{Y(e^{j\omega})}{X(e^{j\omega})} = \frac{4 + 3e^{-j\omega}}{1 - 0.75e^{-j\omega} + 0.125e^{-2j\omega}}$$

对 $x(n) = (0.75)^n u(n)$ 进行离散时间傅里叶变换,可得

$$X(e^{j\omega}) = \text{DTFT}(x(n)) = \text{DTFT}((0.75)^n u(n)) = \frac{1}{1 - 0.75e^{-j\omega}}$$

根据式(5.51)可以求出 $Y(e^{j\omega})$:

$$Y(e^{j\omega}) = H(e^{j\omega})X(e^{j\omega}) = \frac{4 + 3e^{-j\omega}}{1 - 0.75e^{-j\omega} + 0.125e^{-2j\omega}} \times \frac{1}{1 - 0.75e^{-j\omega}}$$

$$= \frac{8}{1 - 0.25e^{-j\omega}} + \frac{-40}{1 - 0.5e^{-j\omega}} + \frac{36}{1 - 0.75e^{-j\omega}}$$

对 $Y(e^{j\omega})$ 进行离散时间傅里叶逆变换,可得

$$y_{zs}(n) = 8 \times (0.25)^n u(n) - 40 \times (0.5)^n u(n) + 36 \times (0.75)^n u(n)$$

通过本例可以发现,若使用离散时间傅里叶变换求解系统的零状态响应,就要求频率响应

$H(\mathrm{e}^{\mathrm{j}\omega})$ 和输入序列的 $X(\mathrm{e}^{\mathrm{j}\omega})$ 必须都存在。

5.4.3 离散时间周期信号通过系统响应的频域分析

离散时间周期信号需要使用离散时间傅里叶级数进行频谱表示。假设离散线性时不变系统的输入序列 $\widetilde{x}(n)$ 的周期为 N,根据离散时间傅里叶级数可以将 $\widetilde{x}(n)$ 表示为

$$\widetilde{x}(n) = \frac{1}{N}\sum_{m=0}^{N-1}\widetilde{X}(m)\mathrm{e}^{\mathrm{j}\frac{2\pi}{N}mn}$$

其中的 $\widetilde{X}(m)$ 为序列 $\widetilde{x}(n)$ 的频谱,由离散线性时不变系统的线性特性可以求出系统的零状态响应 $\widetilde{y}(k)$:

$$\widetilde{y}(k) = T\{\widetilde{x}(k)\} = \frac{1}{N}\sum_{m=0}^{N-1}\widetilde{X}(m)T\{\mathrm{e}^{\mathrm{j}\frac{2\pi}{N}mk}\} = \frac{1}{N}\sum_{m=0}^{N-1}\widetilde{X}(m)H(\mathrm{e}^{\mathrm{j}\frac{2\pi}{N}m})\mathrm{e}^{\mathrm{j}\frac{2\pi}{N}mk}$$

从上式可以看出,周期为 N 的序列通过离散线性时不变系统后仍为周期为 N 的序列。下面假设离散线性时不变系统的输入是一个余弦序列,即

$$x(n) = \cos(\omega n + \theta)$$

根据欧拉公式,可将上式分解为

$$x(n) = \frac{1}{2}(\mathrm{e}^{\mathrm{j}(\omega n+\theta)} + \mathrm{e}^{-\mathrm{j}(\omega n+\theta)})$$

根据 5.4.1 节可知

$$y(n) = x(n) * h(n) = \mathrm{e}^{\mathrm{j}\omega n}H(\mathrm{e}^{\mathrm{j}\omega})$$

因此,正弦序列送入离散线性时不变系统的输出响应为

$$y(n) = \frac{1}{2}(\mathrm{e}^{\mathrm{j}(\omega n+\theta)}H(\mathrm{e}^{\mathrm{j}\omega}) + \mathrm{e}^{-\mathrm{j}(\omega n+\theta)}H(\mathrm{e}^{-\mathrm{j}\omega}))$$

将系统的频率响应表示为指数形式并将其合并,可得

$$y(n) = \frac{1}{2}(|H(\mathrm{e}^{\mathrm{j}\omega})|\mathrm{e}^{\mathrm{j}(\omega n+\theta+\varphi(\omega))} + |H(\mathrm{e}^{-\mathrm{j}\omega})|\mathrm{e}^{-\mathrm{j}(\omega n+\theta-\varphi(-\omega))})$$

若系统的脉冲响应 $h(n)$ 为实信号,根据离散时间傅里叶变换的对称性可知

$$H(\mathrm{e}^{\mathrm{j}\omega}) = H^*(\mathrm{e}^{-\mathrm{j}\omega})$$

这样,系统的频率响应的幅度和相位分别满足偶对称和奇对称的性质,也就是

$$|H(\mathrm{e}^{\mathrm{j}\omega})| = |H(\mathrm{e}^{-\mathrm{j}\omega})|$$
$$\varphi(\omega) = -\varphi(-\omega)$$

将 $y(n)$ 进一步化简可得

$$y(n) = |H(\mathrm{e}^{\mathrm{j}\omega})|\cos(\omega n + \theta + \varphi(\omega)) \tag{5.52}$$

如果将 $x(n)$ 换成 $\sin(\omega n + \theta)$,也可以得到类似的结论:

$$y(n) = |H(\mathrm{e}^{\mathrm{j}\omega})|\sin(\omega n + \theta + \varphi(\omega)) \tag{5.53}$$

利用上面的结论可以快速计算正弦或余弦序列送入离散线性时不变系统的输出响应,其结果表明当输入信号为正弦或余弦序列时,该信号送入离散线性时不变系统的结果也为频率相同的正弦或余弦序列,系统的频率响应 $H(\mathrm{e}^{\mathrm{j}\omega})$ 只会改变输出序列的幅值和相位。

例 5.14 若一个离散线性时不变系统是稳定的,其脉冲响应 $h(n)$ 满足以下关系:

$$h(n) = (0.5)^n u(n)$$

则当输入序列 $x(n)=\sin 0.9\pi n (n\in \mathbf{Z})$ 时,求 $x(n)$ 送入系统 $h(n)$ 的响应 $y(n)$。

解:因为其输入序列为正弦信号的形式,可以使用正弦信号通过线性时不变系统的模型求解其响应结果。为此首先求出脉冲响应 $h(n)$ 的离散时间傅里叶变换结果:

$$H(e^{j\omega}) = \frac{1}{1-0.5e^{-j\omega}}$$

然后将 $\omega=2\pi$ 代入上式并转换成指数形式,可得

$$H(e^{2j\pi}) = \frac{1}{1-0.5e^{-0.9j\pi}} = 0.674e^{-j0.1043}$$

根据式(5.53)可知

$$y(n) = |H(e^{j\omega})| \sin(\omega n + \theta + \varphi(\omega)) = 0.674\sin(0.5\pi n - 0.1043)$$

5.4.4 线性相位离散线性时不变系统

如果一个离散线性时不变系统的相位响应 $\varphi(\omega)$ 是一个关于 ω 的线性函数,则该系统被称为线性相位系统,其 $\varphi(\omega)$ 与 ω 满足

$$\varphi(\omega) = -k_0\omega \tag{5.54}$$

根据系统的群延迟定义可知,线性系统的群延迟为

$$-\frac{d\varphi(\omega)}{d\omega} = k_0 \tag{5.55}$$

因此,线性相位系统的群延迟为一个常数,线性相位系统也可以称为群延迟为常数的系统。

设一个具有线性相位的离散线性时不变系统的输入信号为 $x(n)$,根据离散时间傅里叶逆变换可以建立 $x(n)$ 与 $X(e^{j\omega})$ 之间的关系:

$$x(n) = \frac{1}{2\pi}\int_{-\pi}^{\pi} X(e^{j\omega})e^{j\omega n} d\omega$$

将 $x(n)$ 送入系统后的零状态响应可以表示为

$$y_{zs}(n) = T\{x(n)\} = \frac{1}{2\pi}\int_{-\pi}^{\pi} X(e^{j\omega}) T\{e^{j\omega n}\} d\omega = \frac{1}{2\pi}\int_{-\pi}^{\pi} X(e^{j\omega}) H(e^{j\omega}) e^{j\omega n} d\omega$$

将 $H(e^{j\omega})$ 写成指数形式:

$$y_{zs}(n) = \frac{1}{2\pi}\int_{-\pi}^{\pi} X(e^{j\omega}) |H(e^{j\omega})| e^{j\omega(n-n_0)} d\omega$$

上式表明,一个信号通过线性相位的离散时不变系统后的幅度频谱由系统本身的幅度响应确定,因为系统满足线性相位特性,所以不同频率分量通过系统的延迟是相同的。

5.4.5 数字滤波器概述

在第4章中介绍了理想模拟滤波器的相关知识。在离散时间信号的系统中,要改变信号的频谱或波形,就需要使用数字滤波器。数字滤波器是一个用有限精度算法实现的线性时不变离散系统,它实质就是一个运算过程,可以实现各种变换和处理。它将输入的数字信号通过特定的运算转变为输出的数字序列。因此,任何一个线性时不变系统都可以看作数字滤波器,是对离散信号的一种运算。

数字滤波一般可以通过两种方法实现:第一种方法是通过软件编程实现;第二种方法是通过硬件或数字信号处理器实现。

传统数字滤波器的主要应用是对模拟滤波器的功能进行模拟,其主要功能是对信号的特定频率进行选择。传统数字滤波器的基本结构如图 5.14 所示。

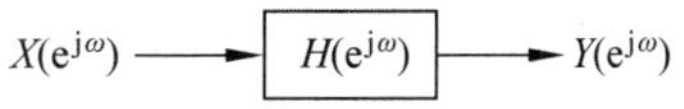

图 5.14 中的 $X(e^{j\omega})$ 为输入信号的频谱函数,$Y(e^{j\omega})$ 为输出信号的频谱函数,$H(e^{j\omega})$ 为数字滤波器本身,三者之间的关系如下:

$$Y(e^{j\omega}) = X(e^{j\omega})H(e^{j\omega}) \tag{5.56}$$

图 5.14 传统数字滤波器的基本结构

由上述分析可知,只要按照输入信号频谱的特点适当选择 $H(e^{j\omega})$,就可以达到数字滤波的目的,传统数字滤波器通常可以使用硬件和数字信号处理器实现。

随着计算机技术的不断发展,数字滤波器越来越多地在计算机上得以实现,计算机中常见的信号类型都可以使用数字滤波器进行处理,例如,对图像信号使用数字滤波器去除噪声,对声音信号使用数字滤波器提取特征等。这也促使数字滤波器的算法不断发展,以适应计算机处理数据的特点。

一个数字滤波器的基本运算单元包括加法器、乘法器以及延迟器。当使用计算机实现对信号的数字滤波时,可以把数字滤波器看成软件算法;当使用专用数字硬件实现数字滤波器时,可以将滤波器结构表示为硬件的逻辑框图。图 5.15 是数字滤波器的逻辑框图和信号流图。图 5.15 中的 3 种运算从上到下分别为延迟、乘法以及加法。图 5.15(b)中的 z^{-1} 是后面要学习的 z 变换。

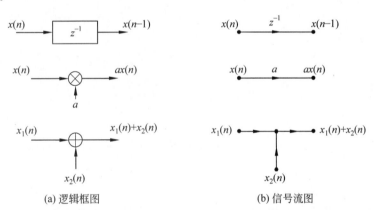

(a) 逻辑框图　　　　　　　　(b) 信号流图

图 5.15　数字滤波器的 3 种基本运算的逻辑框图和信号流图

实现一个系统的方法并不是唯一的,可以用多种不同的网络结构进行描述;不同的网络结构也可能描述的是功能完全一致的数字滤波器。在选择数字滤波器的结构时要考虑以下几方面:首先是计算复杂度,各种运算的次数会直接影响算法的复杂度,因此会影响其计算的速度;其次是存储量,主要包括输入信号、中间计算结果以及输出信号的存储;再次是运算误差,这是因为在运算的过程中会受到二进制编码长度的限制,因此就会产生各种量化误差;最后是频率响应调节的方便程度,主要是在零点、极点处的调节方便程度。

实现数字滤波器有 4 个基本步骤:

(1) 根据任务的需求,确定滤波器的性能指标。

(2) 用一个因果的、稳定的 LSI 系统函数取逼近这一性能要求,可以使用无限冲激响应系统函数及有限冲激响应系统函数。

(3) 使用有限精度算法实现系统函数,包括选择运算结构等步骤。

(4) 使用实际的技术实现,包括使用通用计算机软件或 DSP 处理器等。

数字滤波器按照系统冲激响应可以分成无限冲激响应(Infinite Impulse Response,IIR)型以及有限冲激响应(Finite Impulse Response,FIR)型。IIR 型数字滤波器的冲激响应 $h(n)$ 是无限长的,而 FIR 型数字滤波器的冲激响应 $h(n)$ 是有限长的。这些内容是数字信号处理课程涵盖的。

5.5 离散时间信号与系统分析的 MATLAB 仿真

5.5.1 离散时间信号频谱分析的 MATLAB 仿真

1. 使用 MATLAB 对信号进行离散时间傅里叶变换

在 MALTAB 中,离散时间傅里叶变换可以按照其定义实现。

例 5.15 已知 $x(n)=(-0.9)^n$,$-10 \leqslant n \leqslant 10$,绘制 $x(n)$ 的幅度谱和相位谱。

解:由于计算机属于数字信号处理设备,无法存储连续频谱,因此必须对其频谱进行离散化。假设频谱以 $\dfrac{2\pi}{100}$ 为间隔进行取值,其离散时间傅里叶变换的 MATLAB 代码如下。

```
clc
clear
close all
n=-10:10;                               %创建序列横坐标,并规定其长度
x=(-0.9).^n;                            %生成序列纵坐标值 x(n)
k=-200:200;
w=(pi/100)*k;                           %生成频谱横坐标
X=x*(exp(-j*pi/100)).^(n'*k);           %按照定义对信号 x 进行离散时间傅里
                                        %叶变换
magX=abs(X);                            %生成幅度谱
angX=angle(X);                          %生成相位谱
subplot(2,1,1);
plot(w,magX);
xlabel('频率');
ylabel('|X|');grid on;
subplot(2,1,2);
plot(w,angX);
xlabel('频率');
ylabel('幅角');grid on;
```

程序运行结果如图 5.16 所示。

例 5.16 已知序列 $x(n)=[1,2,3,4,5]$,$x(0)=1$,$(-2\pi,2\pi)$ 区间需要分成 500 份。画出离散信号 $x(n)$,并绘制其离散时间傅里叶变换的幅度谱和相位谱。

解:MATLAB 代码如下。

```
clc
clear
close all
x=[1,2,3,4,5];                          %生成离散序列
N=length(x);                            %确定序列的长度
n=0:1:N-1;
```

```
w=linspace(-2*pi,2*pi,500);      %按照题意生成频谱间隔
X=x*exp(-1j*n'*w);               %离散时间傅里叶变换的定义
subplot(3,1,1);
stem(n,x)                        %绘制原始离散时间信号
title('原始离散信号');
subplot(3,1,2);
plot(w,abs(X));
title('幅度谱')
subplot(3,1,3);
plot(w,angle(X))
title('相位谱')
```

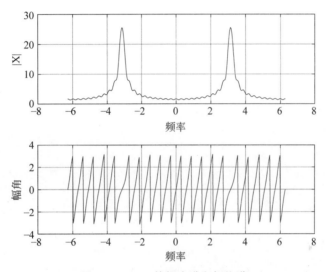

图 5.16 $x(n)$ 的幅度谱和相位谱

程序运行结果如图 5.17 所示。

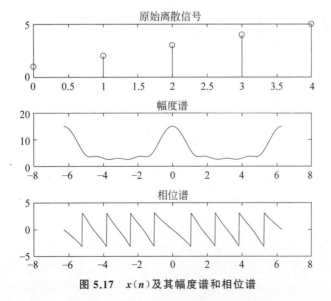

图 5.17 $x(n)$ 及其幅度谱和相位谱

2. 使用 MATLAB 对信号进行时域抽样

根据时域抽样定理,其信号抽样频率 f 只有大于或等于基带信号的最高频率 f_m 的两倍时才可以在信号重建时不发生失真。

例 5.17 在区间 $[0,0.1]$ 内以 $50\mathrm{Hz}$ 的抽样频率对下面 3 个信号进行抽样,画出抽样结果的示意图,并分析抽样生成的离散信号是否可以无失真地恢复原始信号。

(1) $x_1(t)=\cos(2\pi\times 10t)$。

(2) $x_2(t)=\cos(2\pi\times 50t)$。

(3) $x_3(t)=\cos(2\pi\times 100t)$。

解:MATLAB 代码如下:

```
clc
clear
close all
t0=0:0.001:0.1;
Fs=50;                              %设置抽样频率
t=0:1/Fs:0.1;                       %根据抽样频率生成抽样序列
x1=cos(2*pi*10*t0);                 %生成连续时间信号 x1
subplot(1,3,1)
plot(t0,x1,'r')
hold on
x=cos(2*pi*10*t);                   %对连续时间信号进行抽样
stem(t,x);                          %在连续时间信号的图形中绘制抽样点,生成抽样后的离散时间序列
hold off
xlabel('t')
ylabel('x1')
subplot(1,3,2)
x2=cos(2*pi*50*t0);
plot(t0,x2,'r')
hold on
x=cos(2*pi*50*t);
stem(t,x);
hold off
xlabel('t')
ylabel('x2')
subplot(1,3,3)
x3=cos(2*pi*100*t0);
plot(t0,x3,'r')
hold on
x=cos(2*pi*100*t);
stem(t,x);
hold off
xlabel('t')
ylabel('x3')
```

程序运行结果如图 5.18 所示。

图 5.18(b) 和图 5.18(c) 均在三角函数取得最高点处进行了抽样,这样在将抽样信号还原成原始信号时必然会发生失真,成为直流信号,三角函数信号的周期波动特性在抽样后完全消失。图 5.18(a) 所对应的信号 $x_1(t)$ 的基带频率为 10,抽样频率为 50,满足时域抽样定理;图 5.18(b) 和图 5.18(c) 所对应的信号 $x_2(t)$ 和 $x_3(t)$ 的基带频率分别为 50 和 100,抽样频率为 50,不满足时域抽样定理,因此信号发生了失真。

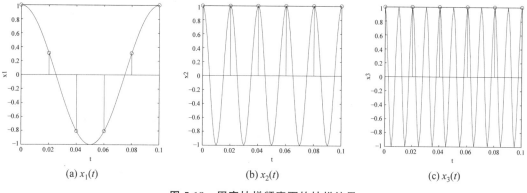

图 5.18 固定抽样频率下的抽样结果

5.5.2 离散线性时不变系统频率特性分析的 MATLAB 仿真

1. 使用 MATLAB 分析离散线性时不变系统的频率响应

在 MATLAB 中可以绘制离散线性时不变系统的幅度响应和相位响应,以便分析其系统的特性。

例 5.18 已知一个离散线性时不变系统的频率响应为

$$H(\mathrm{e}^{\mathrm{j}w}) = \frac{1 + \mathrm{e}^{-\mathrm{j}w}}{1 - \mathrm{e}^{-\mathrm{j}w} + 0.5\mathrm{e}^{-2\mathrm{j}w}}$$

画出该离散线性时不变系统的幅度响应 $|H(\mathrm{e}^{\mathrm{j}w})|$ 和相位响应 $\varphi(w)$。

解:在使用 MALTAB 构建离散线性时不变系统时,可以使用 freqz 函数,其格式如下:

```
[H,w]=freqz(B,A,N);              %N的默认值为512
[H,w]=freqz(B,A,N,'whole');
[H,w]=freqz(B,A,[自定义区间]);
```

其中,B 和 A 分别对应离散系统的系统函数 $H(z)$ 的分子多项式和分母多项式的系数向量。例如,本例中这两个向量分别为

$$\boldsymbol{B} = [1, 1]$$
$$\boldsymbol{A} = [1, -1, 0.5]$$

MATLAB 代码如下:

```
clc
clear
close all
a=[0.0181, 0.0543, 0.0543, 0.0181];     %构建系统频率响应输入信号前面的系数矩阵
b=[1.00, -1.7600, 1.1829, -0.2781];     %构建系统频率响应输出信号前面的系数矩阵
m=0:length(a)-1;
l=0:length(b)-1;
N=500;
k=0:N;
w=pi*k/N;
num=a*exp(-j*m'*w);                     %构建频率响应计算公式中的分子
den=b*exp(-j*l'*w);                     %构建频率响应计算公式中的分母
H=num./den;                             %频率响应计算公式
```

```
magH=abs(H);                              %求出频率响应的幅值
angH=angle(H);                            %求出频率响应的相位
subplot(2,1,1);
plot(w/pi,magH,'LineWidth',1);
xlabel('w/pi');
ylabel('幅度响应');grid on;
subplot(2,1,2);
plot(w/pi,angH,'LineWidth',1);
xlabel('w/pi');
ylabel('相位响应');grid on;
```

程序运行结果如图 5.19 所示。

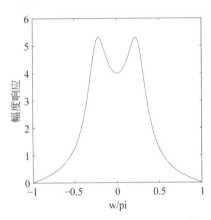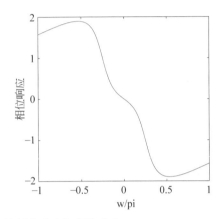

图 5.19 例 5.20 的系统的幅度响应和相位响应

2. 使用 MATLAB 求解离散线性时不变系统的频率响应

例 5.19 一个低通滤波器的输入信号与输出信号之间满足

$$y(n)-1.76y(n-1)+1.1829y(n-2)-0.2781y(n-3)$$
$$=0.0181x(n)+0.0543x(n-1)+0.0543x(n-2)+0.0181x(n-3)$$

画出这个滤波器的幅度响应和相位响应。

解：MATLAB 代码如下：

```
clc
clear
close all
a=[0.0181, 0.0543, 0.0543, 0.0181];      %构建系统频率响应输入信号前面的系数矩阵
b=[1.00, -1.7600, 1.1829, -0.2781];      %构建系统频率响应输出信号前面的系数矩阵
m=0:length(a)-1;
l=0:length(b)-1;
N=500;
k=0:N;
w=pi*k/N;
num=a*exp(-j*m'*w);                      %构建频率响应计算公式中的分子
den=b*exp(-j*l'*w);                      %构建频率响应计算公式中的分母
H=num./den;                              %频率响应计算公式
magH=abs(H);                             %求出频率响应的幅值
angH=angle(H);                           %求出频率响应的相位
```

```
subplot(2,1,1);
plot(w/pi,magH,'LineWidth',1);
xlabel('w/pi');
ylabel('幅度响应');grid on;
subplot(2,1,2);
plot(w/pi,angH,'LineWidth',1);
xlabel('w/pi');
ylabel('相位响应');grid on;
```

程序结果如图 5.20 所示。

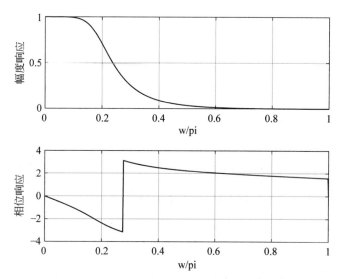

图 5.20 例 5.21 的低通滤波器的幅度响应和相位响应

延伸阅读

[1] ORLOWSKI P. Frequency domain analysis of uncertain time-varying discrete-time systems[J]. Circuits, Systems & Signal Processing, 2007, 26: 293-310.

[2] SANDRYHAILA A, MOURA J M F. Discrete signal processing on graphs: frequency analysis[J]. IEEE Transactions on Signal Processing, 2014, 62(12): 3042-3054.

[3] RAO K D. Frequency domain analysis of discrete-time signals and systems[J]. Signals and Systems, 2018. DOI: 10.1007/978-3-319-68675-2_7.

[4] RICHMAN M S, PARKS T W, SHENOY R G. Discrete-time, discrete-frequency, time-frequency analysis[J]. IEEE Transactions on Signal Processing, 1998, 46(6): 1517-1527.

[5] PONOMAREV A V. Systems analysis of discrete two-dimensional signal processing in Fourier bases[J]. Advances in Signal Processing: Theories, Algorithms, and System Control, 2020. DOI: 10.1007/978-3-030-40312-6_7.

[6] WANG Z H, JIANG Y L, XU K L. Time domain and frequency domain model order reduction for discrete time-delay systems[J]. International Journal of Systems Science, 2020, 51(12): 2134-2149.

[7] SULEESATHIRA R, CHAPARRO L F, AKAN A. Discrete evolutionary transform for time-frequency signal analysis[J]. Journal of the Franklin Institute, 2000, 337(4): 347-364.

[8] LI L, XU L, LIN Z. Stability and stabilisation of linear multidimensional discrete systems in the

frequency domain[J]. International Journal of Control, 2013, 86(11): 1969-1989.

[9] ZHONG G X, YANG G H. Fault detection for discrete-time switched systems in finite-frequency domain[J]. Circuits, Systems, and Signal Processing, 2015, 34: 1305-1324.

习题与考研真题

5.1 已知信号 $x(t)$ 的频谱带限于 1000Hz，现对信号 $x(3t)$ 进行抽样，使 $x(3t)$ 不失真的最小抽样频率为（　　）。（中国科学院 2012 年考研真题）

  A. 1000Hz   B. (2000/3)Hz   C. 2000Hz   D. 6000Hz

5.2 信号 $x(t)$ 的最高频率为 250Hz，则利用冲激串抽样得到的抽样信号 $x(nT)$ 能唯一表示出原信号的最大抽样周期为（　　）。（中山大学 2018 年考研真题）

  A. 0.001s   B. 0.002s   C. 0.01s   D. 0.1s

5.3 已知语音信号 $x(t)$ 的带宽是 4kHz，对其进行理想抽样，最低抽样频率为 _____ kHz。对 $x(t)\cos 8000\pi t$ 进行理想抽样，则最低抽样频率为 _____ kHz。（北京邮电大学 2016 年考研真题）

5.4 设 $\tilde{X}(m) = \mathrm{DFS}(\tilde{x}(n))$，$\tilde{Y}(m) = \mathrm{DFS}(\tilde{y}(n))$，已知

$$\tilde{Y}(m) = W_4^{-m} \tilde{X}(m)$$

若

$$\tilde{x}(n) = \{\cdots, \overset{\downarrow}{4}, 3, 2, 1, \cdots\}$$

则 $\tilde{y}(n)$ 的主值区间为 $\{$ _____ $; n = 0, 1, 2, 3\}$。（北京交通大学 2015 年考研真题）

5.5 序列 $x_1(n)$ 和序列 $x_2(n)$ 都有一个周期为 $N=4$ 的序列，假设其对应的傅里叶级数是

$$x_1(n) \leftrightarrow a_k$$
$$x_2(n) \leftrightarrow b_k$$

其中，$a_0 = a_3 = \frac{1}{2} a_1 = \frac{1}{2} a_2$，$b_0 = b_1 = b_2 = b_3 = 1$。

利用傅里叶级数相乘的性质，确定信号 $g(n) = x_1(n) x_2(n)$ 的傅里叶级数展开式系数 c_k。

5.6 用离散时间傅里叶变换的定义求解下列序列的傅里叶变换，并画出一个周期内的幅度谱。

(1) $\delta(n-1) + \delta(n+1)$。

(2) $\delta(n+2) - \delta(n-2)$。

5.7 已知 $f(t)$ 的频谱

$$F(j\omega) = \begin{cases} 2, & |\omega| < 2 \\ 0, & |\omega| > 2 \end{cases}$$

分别求信号 $f_1(t) = f(2t)$，$f_2(t) = f(t)\cos 2t$ 和 $f_3(t) = f\left(\dfrac{t}{2}\right) * f(t)$ 的奈奎斯特角频率。

（西安电子科技大学 2017 年考研真题）

5.8 已知描述离散线性时不变系统的差分方程如下：

$$y(k) = x(k) + 2x(k-1) + x(k-2)$$

求系统的频率响应 $H(e^{j\omega})$ 和单位脉冲响应 $h(k)$。

5.9 求下面的离散时间周期信号 $x(n)$ 在区间 $-\pi<\omega<\pi$ 上的傅里叶变换。
$$x(n)=\sin\left(\frac{\pi}{3}n+\frac{\pi}{4}\right)$$

5.10 求下面的频谱的离散时间傅里叶逆变换。
$$X(e^{j\omega})=\begin{cases}2j, & 0<\omega\leqslant\pi \\ -2j, & -\pi<\omega\leqslant 0\end{cases}$$

5.11 若 $f(t)$ 的奈奎斯特角频率为 ω_0,则 $f(t)\cos\omega_0 t$ 的奈奎斯特角频率为( )。(中山大学 2010 年考研真题)

A. ω_0 B. $2\omega_0$ C. $3\omega_0$ D. $4\omega_0$

5.12 序列 $x(n)$ 的傅里叶变换为 $X(e^{j\omega})$,求下列各序列的傅里叶变换。

(1) $x^*(n)$。

(2) $j\text{Im}(x(n))$。

(3) $x^2(n)$。

5.13 计算下列各信号的傅里叶变换。

(1) $2^n u(-n)$。

(2) $\left(\frac{1}{4}\right)^n u(n+2)$。

(3) $\delta(4-2n)$。

(4) $n\left(\frac{1}{2}\right)^{|n|}$。

5.14 设 $x(n)=R_4(n)$,将 $x(n)$ 以 $N=8$ 进行周期延拓,得到周期序列 $\tilde{x}(n)$,周期为 8,求 $\text{DFS}(\tilde{x}(n))$。

5.15 已知信号 $x(t)$ 的最高频率为 f_0(单位为 Hz),则对信号 $x(t)x(2t)$ 抽样时,其频谱不混叠的最大抽样间隔 $T_{\max}$ 为_____。(北京交通大学 2015 年考研真题)

5.16 考察周期非均匀间隔抽样系统,如图 5.21 所示。

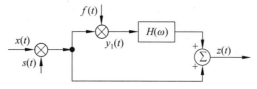

图 5.21 题 5.16 用图

假设:

(1) $x(t)$ 是带限的,截止角频率 $\omega_m=2\pi f_m$,其频谱如图 5.22(a)所示。

(2) $s(t)$ 是周期非均匀间隔的单位冲激序列,其频谱如图 5.22(b)所示,其中 $T=\dfrac{1}{4f_m}$。

(3) $f(t)=\cos\dfrac{\pi t}{T}$,$H(\omega)=\begin{cases}j, & \omega>0 \\ 0, & \omega=0 \\ -j, & \omega<0\end{cases}$。

求解以下问题:

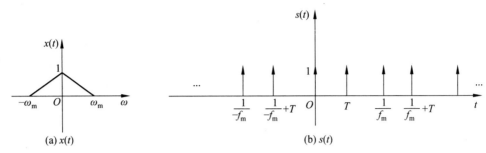

图 5.22　$x(t)$ 和 $s(t)$ 的频谱

(1) 求 $s(t)$ 的傅里叶变换 $S(\omega)$。
(2) 求 $S(t)f(t)$ 的傅里叶变换。
(3) 求 $z(t)$ 在频率范围 $[-2\omega_m, 2\omega_m]$ 内的幅度谱。(清华大学 2007 年考研真题)

第6章 连续时间信号与系统的复频域分析

复频域分析是动态电路的一种分析方法,这种方法不是在时域里直接进行分析和求解,而是变换到复频域的范围内求解,它使用的数学工具就是拉普拉斯变换理论。拉普拉斯变换理论(又称为运算微积分或算子微积分)是在19世纪末发展起来的。英国工程师亥维赛德(O.Heaviside)发明了用运算法解决当时电工计算中出现的一些问题,但是缺乏严密的数学论证。后来,法国数学家拉普拉斯(P.S.Laplace)给出了严密的数学定义,所以称之为拉普拉斯变换方法。从此,拉普拉斯变换方法在电学、力学等众多的工程与科学领域中得到广泛应用。尤其是在电路理论的研究中,在相当长的时期内,人们几乎无法把电路理论与拉普拉斯变换分开来讨论。20世纪70年代以后,电子线路计算机辅助设计(CAD)技术迅速发展,利用CAD程序(例如SPICE程序)可以很方便地求解电路分析问题,因而,拉普拉斯变换在这方面的应用相对减少。此外,离散系统、非线性系统、时变系统的研究与应用日益广泛,而拉普拉斯变换方法在这些方面是无能为力的,于是,它长期占据的传统重要地位正在让给一些新的方法。然而,利用拉普拉斯变换建立的系统函数及其零点、极点分析的概念仍在发挥着重要作用,在连续线性时不变系统分析中,拉普拉斯变换仍然是不可缺少的强有力工具。此外,还应注意到,与拉普拉斯变换类似的概念和方法在离散时间系统的z变换分析中得到应用。运用拉普拉斯变换方法,可以对线性时不变系统的时域模型简便地进行变换,经求解再还原为时间函数。从数学角度看,拉普拉斯变换方法是求解常系数线性微分方程的工具,它的优点如下:

(1) 求解的步骤得到简化,同时可以给出微分方程的特解和补解(齐次解),而且初始条件自动地包含在变换式里。

(2) 拉普拉斯变换分别将微分和积分运算转换为乘法和除法运算,即把微积分方程转换为代数方程。这种变换与初等数学中的对数变换很相似,后者将乘除法转换为加减法运算。当然,对数变换所处理的对象是数,而拉普拉斯变换所处理的对象是函数。

(3) 指数函数、超越函数以及有不连续点的函数经拉普拉斯变换可转换为简单的初等函数。对于某些非周期性的具有不连续点的函数,用古典法求解比较烦琐,而用拉普拉斯变换方法就很简便。

(4) 拉普拉斯变换把时域中两个函数的卷积运算转换为变换域中两个函数的乘法运算,在此基础上建立了系统函数的概念,这一重要概念的应用为研究信号经线性系统传输的问题提供了许多方便。

(5) 利用系统函数零点、极点分布可以简明、直观地表达系统性能的许多规律。系统的时域、频域特性集中地以其系统函数零点、极点特征表现出来。从系统的观点看,往往不关心组成系统内部的结构和参数,只需从零点、极点特性考察和处理各种问题。

6.1 连续时间信号的复频域分析

除了可以在时域及频域中分析信号特性外,还可以在复频域中分析信号特性。基于傅里叶变换的理念及其局限性,引出了拉普拉斯变换。拉普拉斯变换是通过变换将时间变量转换为复频率变量,将时域特性的描述转换为复频域特性的描述。它类似于在频域中分析信号,是在复频域内分析信号特性、系统特性及其系统响应的方法。

6.1.1 从傅里叶变换到拉普拉斯变换

当函数 $f(t)$ 满足狄利克雷条件时,便可构成一对傅里叶变换式:

$$F(\omega) = \int_{-\infty}^{+\infty} f(t) e^{-j\omega t} dt$$

$$f(t) = \frac{1}{2\pi} \int_{-\infty}^{+\infty} F(\omega) e^{j\omega t} d\omega$$

考虑到在实际问题中遇到的总是因果信号,令信号起始时刻为 0,于是在 $t<0$ 的时间范围内 $f(t)$ 等于 0,这样,正变换式的积分下限可从 0 开始:

$$F(\omega) = \int_{0}^{+\infty} f(t) e^{-j\omega t} dt \tag{6.1}$$

但 $F(\omega)$ 仍包含 $-\omega$ 与 $+\omega$ 两个分量,因此逆变换式的积分限不改变。再考虑狄利克雷条件。在此条件中,绝对可积的要求限制了某些增长信号[如 $e^{at}(a>0)$]的傅里叶变换的存在。而阶跃信号、周期信号虽未受此约束,但其变换式中出现了冲激函数 $\delta(\omega)$。为使更多的函数存在傅里叶变换,并简化某些变换形式或运算过程,引入一个衰减因子 $e^{-\sigma t}$(σ 为任意实数),使它与 $f(t)$ 相乘,于是 $e^{-\sigma t} f(t)$ 得以收敛,绝对可积条件就容易满足。按此原理,写出 $e^{-\sigma t} f(t)$ 的傅里叶变换:

$$F_1(\omega) = \int_{0}^{+\infty} f(t) e^{-\sigma t} e^{-j\omega t} dt = \int_{0}^{+\infty} f(t) e^{-(\sigma+j\omega)t} dt \tag{6.2}$$

将式(6.2)中的 $\sigma+j\omega$ 用符号 s 代替,令

$$s = \sigma + j\omega$$

式(6.2)就可以写为

$$F(s) = \int_{0}^{+\infty} f(t) e^{-st} dt \tag{6.3}$$

下面由傅里叶逆变换式求 $f(t) e^{-\sigma t}$,再寻找由 $F(s)$ 求 $f(t)$ 的一般表达式。

$$f(t) e^{-\sigma t} = \frac{1}{2\pi} \int_{-\infty}^{+\infty} F_1(\omega) e^{j\omega t} d\omega \tag{6.4}$$

等式两边各乘以 $e^{\sigma t}$,因为它不是 ω 的函数,可放到积分号内,于是得到

$$f(t) = \frac{1}{2\pi} \int_{-\infty}^{+\infty} F_1(\omega) e^{(\sigma+j\omega)t} d\omega \tag{6.5}$$

已知 $s=\sigma+j\omega$,所以 $ds=d\sigma+jd\omega$。若 σ 为选定的常量,则 $ds=jd\omega$,以此代入式(6.5),并相应地改变积分上下限,得到

$$f(t) = \frac{1}{2\pi j} \int_{\sigma-j\infty}^{\sigma+j\infty} F(s) e^{st} ds \tag{6.6}$$

式(6.3)和式(6.6)就是一对拉普拉斯变换式(或称为拉普拉斯变换对)。两式中的 $f(t)$ 称为原

函数,$F(s)$ 称为象函数。已知 $f(t)$ 求 $F(s)$ 可以利用式(6.3),称为拉普拉斯变换;反之,利用式(6.6)由 $F(s)$ 求 $f(t)$ 称为拉普拉斯逆变换。常用记号 $L[f(t)]$ 表示拉普拉斯变换,用记号 $L^{-1}[F(s)]$ 表示拉普拉斯逆变换。于是,式(6.3)和式(6.6)可分别写作

$$L[f(t)] = F(s) = \int_0^{+\infty} f(t)e^{-st}dt$$

$$L^{-1}[F(s)] = f(t) = \frac{1}{2\pi j}\int_{\delta-j\infty}^{\delta+j\infty} F(s)e^{st}ds$$

拉普拉斯变换与傅里叶变换定义的表达式形式相似,以后将要讲到,它们的性质也有许多相同之处。拉普拉斯变换与傅里叶变换的基本差别在于:傅里叶变换将时域函数 $f(t)$ 变换为频域函数 $F(\omega)$,或作相反变换,时域中的变量 t 和频域中的变量 ω 都是实数;而拉普拉斯变换是将时间函数 $f(t)$ 变换为复变函数 $F(s)$,或作相反变换,这时,时域变量 t 虽是实数,$F(s)$ 的变量 s 却是复数,与 ω 相比较,变量 s 可称为复频率。傅里叶变换建立了时域和频域间的联系,而拉普拉斯变换则建立了时域与复频域(s 域)间的联系。

在以上讨论中,$e^{-\sigma t}$ 衰减因子的引入是一个关键问题。从数学意义看,这是将函数 $f(t)$ 乘以因子 $e^{-\sigma t}$,使之满足绝对可积条件;从物理意义看,这是将频率 ω 变换为复频率 s,ω 只能描述振荡的重复频率,而 s 不仅能给出重复频率,还可以表示振荡幅度的增长速率或衰减速率。

此外,还应指出,在引入衰减因子之前曾把正变换积分下限由 $-\infty$ 限制为 0。如果不作这一改变,则将出现形式为 $\int_{-\infty}^{+\infty} f(t)e^{-st}dt$ 的正变换定义。为区分以上两种情况,前者称为单边拉普拉斯变换,后者称为双边拉普拉斯变换。

6.1.2 单边拉普拉斯变换的收敛域

从以上讨论可知,当函数 $f(t)$ 乘以衰减因子 $e^{-\sigma t}$ 以后,就有可能满足绝对可积条件。然而,是否一定满足,还要看 $f(t)$ 的性质与 σ 值的相对关系而定。

例如,为使 $f(t) = e^{at}$ 收敛,衰减因子 $e^{-\sigma t}$ 中的 σ 必须满足 $\sigma > a$,否则,$e^{at}e^{-\sigma t}$ 在 $t \to \infty$ 时仍不能收敛。下面分析关于这一特性的一般规律。

函数 $f(t)$ 乘以因子 $e^{-\sigma t}$ 以后,取时间 $t \to \infty$ 的极限。当 $\sigma > \sigma_0$ 时,若该极限等于 0,则函数 $f(t)e^{-\sigma t}$ 在 $\sigma > \sigma_0$ 的整个范围内是收敛的,其积分存在,可以进行拉普拉斯变换。这一关系可表示为

$$\lim_{t\to\infty} f(t)e^{-\sigma t} = 0 \quad (\sigma > \sigma_0) \tag{6.7}$$

σ_0 与函数 $f(t)$ 的性质有关,它指出了收敛条件。根据 σ_0 的数值,可将 s 平面划分为两个区域,如图 6.1 所示。通过 σ_0 的垂直线是收敛区的边界,称为收敛轴,σ_0 在 s 平面内称为收敛坐标。满足式(6.7)的函数称为指数阶函数。指数阶函数若具有发散特性,可借助于指数函数的衰减成为收敛函数。能量有限的信号,如单个脉冲信号,其收敛坐标落于 $-\infty$,整个 s 平面都属于收敛区,即有界的非周期信号的拉普拉斯变换一定存在。如果信号的幅度既不增长也不衰减而等于稳定值,则其收敛坐标落在原点,s 右半平面属于收敛区。即对任何周期信号只要稍加衰减就可收敛。

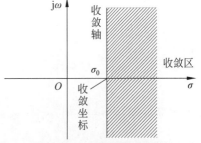

图 6.1 s 平面中的收敛区

不难证明
$$\lim_{t\to\infty} t e^{-\sigma t} = 0 \quad (\sigma > 0)$$
所以任何随时间成正比增长的信号,其收敛坐标都落于原点。同样,由于
$$\lim_{t\to\infty} t^n e^{-\sigma t} = 0 \quad (\sigma > 0)$$
所以与 t^n 成比例增长的函数,收敛坐标也落在原点。

如果函数按指数 e^{at} 增长,前已述及,只有当 $\sigma > a$ 时才满足
$$\lim_{t\to\infty} e^{at} e^{-\sigma t} = 0 \quad (\sigma > a)$$
所以收敛坐标为
$$\sigma_0 = a$$

对于一些比指数函数增长得更快的函数,不能找到它们的收敛坐标,因而,不能进行拉普拉斯变换。例如,e^{t^2} 或 $t e^{t^2}$(定义域为 $0 \leqslant t \leqslant \infty$)就不是指数阶函数,但是,若把这种函数限定在有限时间范围之内,还是可以找到收敛坐标,进行拉普拉斯变换的,例如:
$$f(t) = \begin{cases} e^{t^2}, & 0 \leqslant t \leqslant T \\ 0, & t < 0, t > T \end{cases}$$
它的拉普拉斯变换存在。

以上研究了单边拉普拉斯变换的收敛条件。双边拉普拉斯变换的收敛问题比较复杂,收敛条件受到更多限制。由于单边拉普拉斯变换的收敛问题比较简单,一般情况下,求函数单边拉普拉斯变换时不再加注其收敛范围。

6.1.3 典型信号的拉普拉斯变换

下面按拉普拉斯变换的定义式推导几个常用函数的变换式。

1. 阶跃函数

$$L[u(t)] = \int_0^\infty e^{-st} dt = -\frac{e^{-st}}{s} \bigg|_0^\infty = \frac{1}{s} \tag{6.8}$$

2. 指数函数

$$L[e^{-at}] = \int_0^\infty e^{-at} e^{-st} dt = -\frac{e^{-(a+s)t}}{a+s} \bigg|_0^\infty = \frac{1}{a+s} \quad (\sigma > -a) \tag{6.9}$$

显然,令式(6.9)中的常数 a 等于 0,也可得出式(6.8)的结果。

3. t^n

$$L[t^n] = \int_0^\infty t^n e^{-st} dt$$

其中,n 是正整数。用分部积分法,得

$$L[t^n] = \int_0^\infty t^n e^{-st} dt = -\frac{t^n}{s} e^{-st} \bigg|_0^\infty + \frac{n}{s} \int_0^\infty t^{n-1} e^{-st} dt = \frac{n}{s} \int_0^\infty t^{n-1} e^{-st} dt$$

所以

$$L[t^n] = \frac{n}{s} L[t^{n-1}] \tag{6.10}$$

容易求得,当 $n = 1$ 时

$$L[t] = \frac{1}{s^2} \tag{6.11}$$

当 $n=2$ 时

$$L[t^2] = \frac{2}{s^3} \tag{6.12}$$

以此类推:

$$L[t^n] = \frac{n!}{s^{n+1}} \tag{6.13}$$

必须注意到,这里所讨论的单边拉普拉斯变换是从零点开始积分的,因此 $t<0$ 区间的函数值与变换结果无关。例如,图 6.2 中函数 $f_1(t)$、$f_2(t)$、$f_3(t)$ 都具有相同的变换式:

$$F(s) = \frac{1}{s+a} \tag{6.14}$$

当取式(6.14)的逆变换时,只能给出在 $t \geqslant 0$ 时间范围内的函数值:

$$L^{-1}\left[\frac{1}{s+a}\right] = e^{-at} \quad (t \geqslant 0) \tag{6.15}$$

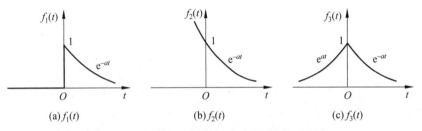

图 6.2 3 个具有相同单边拉普拉斯变换的函数

以后将会看到,单边变换的这一特点并未给它的应用带来不便,因为在系统分析问题中往往也是只需求解 $t \geqslant 0$ 的系统响应,而 $t<0$ 的情况由激励接入以前系统的状态决定。

此外,从图 6.2(a)中可以看到,函数 $f_1(t)$ 在 $t=0$ 时产生了跳变,这样,初始条件 $f(0)$ 容易发生混淆,为使 $f(0)$ 有明确意义,仍以 $f(0_-)$ 与 $f(0_+)$ 分别表示 t 从左、右两端趋近 0 时所得的 $f(0)$ 值。显然,对于图 6.2(a),$f(0_-)=0$,$f(0_+)=1$。当函数 $f(t)$ 在 $t=0$ 时有跳变时,其导数 $\dfrac{\mathrm{d}f(t)}{\mathrm{d}t}$ 将出现冲激函数项。为便于研究在 $t=0$ 时发生的跳变现象,本书规定单边拉普拉斯变换的定义式的积分下限从 0_- 开始:

$$L[f(t)] = F(s) = \int_{0_-}^{\infty} f(t)e^{-st}\,\mathrm{d}t \tag{6.16}$$

这样定义的好处是把 $t=0$ 处冲激函数的作用考虑到变换之中,当利用拉普拉斯变换方法解微分方程时,可以直接引用已知的初始状态 $f(0_-)$ 而求得全部结果,无须专门计算由 0_- 至 0_+ 的跳变。若取积分下限从 0_+ 开始,对于 t 从 0_- 至 0_+ 发生的变化还需另行处理。以上两种规定分别称为拉普拉斯变换的 0_- 系统和拉普拉斯变换的 0_+ 系统。本书中在一般情况下采用 0_- 系统。今后,未加标注的 $t=0$ 均指 $t=0_-$。

4. 冲激函数

由以上规定有

$$L[\delta(t)] = \int_{0_-}^{\infty} \delta(t)e^{-st}\,\mathrm{d}t = 1 \tag{6.17}$$

如果冲激出现在 $t=t_0$ 时刻($t_0 > 0$),有

$$L[\delta(t-t_0)] = \int_{0}^{\infty} \delta(t-t_0)e^{-st}\,\mathrm{d}t = e^{-st_0} \tag{6.18}$$

常用函数的拉普拉斯变换如表 6.1 所示。在分析电路问题时会经常用到表 6.1。

表 6.1 常用函数的拉普拉斯变换

$f(t)$ $(t>0)$	$F(s)=L[f(t)]$	$f(t)$ $(t>0)$	$F(s)=L[f(t)]$
冲激 $\delta(t)$	1	$e^{-at}\cos\omega t$	$\dfrac{s+a}{(s+a)^2+\omega^2}$
阶跃 $u(t)$	$\dfrac{1}{s}$	te^{-at}	$\dfrac{1}{(s+a)^2}$
e^{-at}	$\dfrac{1}{s+a}$	$t^n e^{-at}$ (n 是正整数)	$\dfrac{n!}{(s+a)^{n+1}}$
t^n (n 是正整数)	$\dfrac{n!}{s^{n+1}}$	$t\sin\omega t$	$\dfrac{2\omega s}{(s^2+\omega^2)^2}$
$\sin\omega t$	$\dfrac{\omega}{s^2+\omega^2}$	$t\cos\omega t$	$\dfrac{s^2-\omega^2}{(s^2+\omega^2)^2}$
$\cos\omega t$	$\dfrac{s}{s^2+\omega^2}$	$\sinh at$	$\dfrac{a}{s^2-a^2}$
$e^{-at}\sin\omega t$	$\dfrac{\omega}{(s+a)^2+\omega^2}$	$\cosh at$	$\dfrac{s}{s^2-a^2}$

6.1.4 单边拉普拉斯变换的性质

虽然,由拉普拉斯变换的定义可以求得一些常用信号的拉普拉斯变换结果,但是在实际应用中常常不作积分运算,而是利用拉普拉斯变换的一些基本性质(或称定理)得出它们的变换式。这种方法在傅里叶变换的分析中曾被采用。下面将要看到,对于拉普拉斯变换,在掌握了一些性质之后,可以很方便地求得变换式。

1. 叠加性

函数之和的拉普拉斯变换等于各函数拉普拉斯变换之和。当函数乘以常数 K 时,其变换式也乘以相同的常数 K。

这个性质的数学形式如下:

若 $L[f_1(t)]=F_1(s)$,$L[f_2(t)]=F_2(s)$(K_1、K_2 为常数),则

$$L[K_1 f_1(t)+K_2 f_2(t)]=K_1 F_1(s)+K_2 F_2(s) \tag{6.19}$$

证明:

$$\begin{aligned}
L[K_1 f_1(t)+K_2 f_2(t)] &= \int_0^\infty (K_1 f_1(t)+K_2 f_2(t))e^{-st}\,dt \\
&= \int_0^\infty K_1 f_1(t)e^{-st}\,dt + \int_0^\infty K_2 f_2(t)e^{-st}\,dt \\
&= K_1 F_1(s)+K_2 F_2(s)
\end{aligned} \tag{6.20}$$

例 6.1 求 $f(t)=\sin\omega t$ 的拉普拉斯变换 $F(s)$。

解:已知

$$f(t)=\sin\omega t=\frac{1}{2j}(e^{j\omega t}-e^{-j\omega t})$$

$$L[e^{j\omega t}]=\frac{1}{s-j\omega}$$

$$L[e^{-j\omega t}]=\frac{1}{s+j\omega}$$

所以由叠加性可知

$$L[\sin \omega t] = \frac{1}{2j}\left(\frac{1}{s-j\omega} - \frac{1}{s+j\omega}\right) = \frac{\omega}{s^2+\omega^2}$$

用同样的方法可求得

$$L[\cos \omega t] = \frac{s}{s^2+\omega^2}$$

2. 原函数微分性质

若 $L[f(t)] = F(s)$，则

$$L\left[\frac{\mathrm{d}f(t)}{\mathrm{d}t}\right] = sF(s) - f(0) \tag{6.21}$$

其中，$f(0)$ 是 $f(t)$ 在 $t=0$ 时的起始值。

这里介绍如何用算子符号法解微分方程。采用这种方法可将函数 $f(t)$ 的微分运算表示为 $f(t)$ 与算子 p 相乘的形式。现在设想为函数 $f(t)$ 建立某种变换关系，这种变换关系应具有如下特性：如果把 t 变量的函数 $f(t)$ 变换为 s 变量的函数 $F(s)$，那么，$\frac{\mathrm{d}f(t)}{\mathrm{d}t}$ 的变换式应为 $sF(s)$。以 → 表示变换，则有

$$f(t) \to F(s)$$
$$\frac{\mathrm{d}f(t)}{\mathrm{d}t} \to sF(s) \tag{6.22}$$

假定此变换关系可通过以下所示积分运算完成：

$$F(s) = \int_0^\infty f(t)h(t,s)\mathrm{d}t \tag{6.23}$$

这表明，在 $0\sim\infty$ 范围内对变量 t 积分，即可得到变量 s 的函数。现在的问题是如何选择一个合适的 $h(t,s)$，使它满足式(6.23)的要求，即

$$sF(s) = \int_0^\infty f'(t)h(t,s)\mathrm{d}t \tag{6.24}$$

利用分部积分展开得到

$$\int_0^\infty f'(t)h(t,s)\mathrm{d}t = f(t)h(t,s)\Big|_0^\infty - \int_0^\infty f(t)h'(t,s)\mathrm{d}t \tag{6.25}$$

为确定式中第一项，应代入 t 的初值与终值，要保证 $f(t)h(t,s)$ 的积分收敛，规定 $t\to\infty$ 时此项等于 0；此外，选择初值为最简单的形式代入，即 $f(0)=0$（$f(0)$ 为其他任意值的情况下面还要讨论）。按上述条件求得

$$sF(s) = \int_0^\infty f'(t)h(t,s)\mathrm{d}t = -\int_0^\infty f(t)h'(t,s)\mathrm{d}t$$

$$s\int_0^\infty f(t)h(t,s)\mathrm{d}t = -\int_0^\infty f(t)h'(t,s)\mathrm{d}t$$

故

$$sh(t,s) = -h'(t,s) = -\frac{\mathrm{d}h(t,s)}{\mathrm{d}t}$$

$$\frac{\mathrm{d}h(t,s)}{h(t,s)} = -s\mathrm{d}t$$

$$\ln(h(t,s)) = -st$$

$$h(t,s) = \mathrm{e}^{-st} \tag{6.26}$$

将找到的 $h(t,s)$ 函数 e^{-st} 代入式(6.23)，可得

$$F(s) = \int_0^\infty f(t)\mathrm{e}^{-st}\,\mathrm{d}t$$

显然这就是拉普拉斯变换的定义式(6.3)。

下面考虑 $f(0)\neq 0$ 的情况。这时,由式(6.25)可写出 $f'(t)$ 的拉普拉斯变换:

$$\int_0^\infty f'(t)\mathrm{e}^{-st}\,\mathrm{d}t = f(t)\mathrm{e}^{-st}\Big|_0^\infty - \int_0^\infty -sf(t)\mathrm{e}^{-st}\,\mathrm{d}t = -f(0) + sF(s) \tag{6.27}$$

此结果表明,当 $f(0)\neq 0$ 时,$\dfrac{\mathrm{d}f(t)}{\mathrm{d}t}$ 的拉普拉斯变换并非 $sF(s)$,而是 $sF(s)-f(0)$。在算子符号法中,如果未能表示出初始条件的作用,就只好在运算过程中作出一些规定,限制某些因子相消。现在,这里的 s 虽与算子符号 p 处于类似的地位,然而,拉普拉斯变换法可以把初始条件的作用计入,这就避免了算子符号法分析过程中的一些限制,便于把微分方程转换为代数方程,使求解过程简化。

此处需要指出,当 $f(t)$ 在 $t=0$ 处不连续时,$\dfrac{\mathrm{d}f(t)}{\mathrm{d}t}$ 在 $t=0$ 处有冲激信号 $\delta(t)$ 存在。按 6.1.3 节的规定,式(6.23)进行拉普拉斯变换时,积分下限要从 0_- 开始,这时 $f(0)$ 应写作 $f(0_-)$,即

$$L\left[\frac{\mathrm{d}f(t)}{\mathrm{d}t}\right] = sF(s) - f(0_-) \tag{6.28}$$

例 6.2 已知流经电感的电流 $i_L(t)$ 的拉普拉斯变换为 $L[i_L(t)] = I_L(s)$,求电感电压 $v_L(t)$ 的拉普拉斯变换。

解:因为
$$v_L(t) = L\frac{\mathrm{d}i_L}{\mathrm{d}t}$$

所以
$$V_L(s) = L[v_L(t)] = L\left[L\frac{\mathrm{d}i_L}{\mathrm{d}t}\right] = sLI_L(s) - Li_L(0)$$

这里 $i_L(0)$ 是电流 $i_L(t)$ 的起始值。如果 $i_L(0) = 0$,则

$$V_L(s) = sLI_L(s)$$

这个结论和正弦稳态分析中的相量法形式相似。后者电感的电压相量与电流相量的关系为

$$\dot{V}_L = \mathrm{j}\omega L \dot{I}_L$$

在拉普拉斯变换式中的 s 对应相量法中的 $\mathrm{j}\omega$。拉普拉斯变换把微分运算变为乘法。

上述一阶导数的微分性质可推广到高阶导数。对 $\dfrac{\mathrm{d}^2 f(t)}{\mathrm{d}t^2}$ 的拉普拉斯变换以分部积分展开,得到

$$\begin{aligned} L\left[\frac{\mathrm{d}^2 f(t)}{\mathrm{d}t^2}\right] &= \mathrm{e}^{-st}\frac{f(t)}{\mathrm{d}t}\Big|_0^\infty + s\int_0^\infty \frac{\mathrm{d}f(t)}{\mathrm{d}t}\mathrm{e}^{-st}\,\mathrm{d}t \\ &= -f'(0) + s(sF(s) - f(0)) \\ &= s^2 F(s) - sf(0) - f'(0) \end{aligned} \tag{6.29}$$

其中,$f'(0)$ 是 $\dfrac{\mathrm{d}f(t)}{\mathrm{d}t}$ 在 0_- 时刻的取值。

重复以上过程,可导出一般公式如下:

$$L\left[\frac{\mathrm{d}^n f(t)}{\mathrm{d}t^n}\right] = s^n F(s) - \sum_{r=0}^{n-1} s^{n-r-1} f^{(r)}(0) \tag{6.30}$$

其中，$f^{(r)}(0)$ 是 r 阶导数 $\dfrac{\mathrm{d}^r f(t)}{\mathrm{d}t^r}$ 在 0_- 时刻的取值。

3. 原函数的积分性质

若 $L[f(t)] = F(s)$，则

$$L\left[\int_{-\infty}^{t} f(\tau)\mathrm{d}\tau\right] = \frac{F(s)}{s} + \frac{f^{(-1)}(0)}{s} \tag{6.31}$$

其中，$f^{(-1)}(0) = \int_{-\infty}^{0} f(\tau)\mathrm{d}\tau$ 是 $f(t)$ 积分式在 $t=0$ 时刻的取值。与前面类似，考虑积分式在 $t=0$ 时刻可能有跳变，取 0_- 值，即 $f^{(-1)}(0_-)$。

证明： 由于

$$L\left[\int_{-\infty}^{t} f(\tau)\mathrm{d}\tau\right] = L\left[\int_{-\infty}^{0} f(\tau)\mathrm{d}\tau + \int_{0}^{t} f(\tau)\mathrm{d}\tau\right]$$

而其中第一项为常量，即

$$\int_{-\infty}^{0} f(\tau)\mathrm{d}\tau = f^{(-1)}(0)$$

所以

$$L\left[\int_{-\infty}^{0} f(\tau)\mathrm{d}\tau\right] = \frac{f^{(-1)}(0)}{s}$$

第二项可借助分部积分求得：

$$L\left[\int_{0}^{t} f(\tau)\mathrm{d}\tau\right] = \int_{0}^{\infty}\left(\int_{0}^{t} f(\tau)\mathrm{d}\tau\right)\mathrm{e}^{-st}\mathrm{d}t$$

$$= \left(-\frac{\mathrm{e}^{-st}}{s}\int_{0}^{t} f(\tau)\mathrm{d}\tau\right)\bigg|_{0}^{\infty} + \frac{1}{s}\int_{0}^{\infty} f(t)\mathrm{e}^{-st}\mathrm{d}t = \frac{1}{s}F(s)$$

所以

$$L\left[\int_{-\infty}^{t} f(\tau)\mathrm{d}\tau\right] = \frac{F(s)}{s} + \frac{f^{(-1)}(0)}{s}$$

例 6.3 已知流经电容的电流 $i_C(t)$ 的拉普拉斯变换为 $L[i_C(t)] = I_C(s)$，求电容电压 $v_C(t)$ 的变换式。

解： 因为

$$v_C(t) = \frac{1}{C}\int_{-\infty}^{t} i_C(\tau)\mathrm{d}\tau$$

所以

$$V_C(s) = L\left[\frac{1}{C}\int_{-\infty}^{t} i_C(\tau)\mathrm{d}\tau\right]$$

其中

$$i_C^{(-1)}(0) = \int_{-\infty}^{0} i_C(\tau)\mathrm{d}\tau$$

它的物理意义是电容两端的起始电荷量。$v_C(0)$ 是起始电压。

如果 $i_C^{(-1)}(0) = 0$（电容初始无电荷），可得

$$v_C(s) = \frac{I_C(s)}{sC}$$

把这个结果和相量形式的运算规律相比较，后者电容的电压和电流关系式为

$$V_C = \frac{I_C}{\mathrm{j}\omega C}$$

仍有 s 与 $\mathrm{j}\omega$ 相对应的规律。

下面说明如何用拉普拉斯变换的方法求解微分方程。

例 6.4 图 6.3 所示电路在 $t=0$ 时开关 S 闭合，求输出信号 $v_C(t)$。

解：首先列写微分方程。
$$Ri(t) + v_C(t) = Eu(t)$$
$$v_C(t)\big|_{t=0} = 0$$

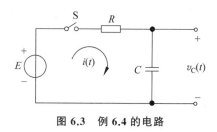

图 6.3　例 6.4 的电路

将此式改写为只含有一个未知函数 $v_C(t)$ 的形式：
$$RC\frac{dv_C(t)}{dt} + v_C(t) = Eu(t)$$

然后对上式中的各项进行拉普拉斯变换，得到
$$RCsV_C(s) + V_C(s) = \frac{E}{s}$$

解此代数方程，可得
$$V_C(s) = \frac{E}{s(1+RCs)} = \frac{E}{RCs\left(s+\dfrac{1}{RC}\right)}$$

最后求 $V_C(s)$ 的逆变换，将 $V_C(s)$ 表达式分解为以下形式：
$$V_C(s) = E\left(\frac{1}{s} - \frac{1}{s+\dfrac{1}{RC}}\right)$$

$$v_C(t) = L^{-1}[V_C(s)] = E(1 - e^{-\frac{t}{RC}}) \quad (t \geqslant 0)$$

4. 延时性质

若 $L[f(t)] = F(s)$，则
$$L[f(t-t_0)u(t-t_0)] = e^{-st_0}F(s) \tag{6.32}$$

证明：
$$L[f(t-t_0)u(t-t_0)] = \int_0^\infty f(t-t_0)u(t-t_0)e^{-st}dt = \int_{t_0}^\infty f(t-t_0)e^{-st}dt$$

令 $\tau = t - t_0$，则有 $t = \tau + t_0$，代入上式可得
$$L[f(t-t_0)u(t-t_0)] = \int_0^\infty f(\tau)e^{-s\tau}e^{-st_0}d\tau = e^{-st_0}F(s)$$

此性质表明，若波形延迟 t_0，则它的拉普拉斯变换应乘以 e^{-st_0}。例如，延迟 t_0 时间的单位阶跃函数 $u(t-t_0)$ 的拉普拉斯变换式为 $\dfrac{e^{-st_0}}{s}$。

例 6.5　求图 6.4(a) 所示矩形脉冲的拉普拉斯变换。矩形脉冲 $f(t)$ 的宽度为 t_0，幅度为 E，它可以分解为阶跃信号 $Eu(t)$ 与延迟阶跃信号 $Eu(t-t_0)$ 之差，如图 6.4(b) 和图 6.4(c) 所示。

解：已知
$$f(t) = Eu(t) - Eu(t-t_0)$$

则
$$L[Eu(t)] = \frac{E}{s}$$

由延时性质可得
$$L[Eu(t-t_0)] = e^{-st_0}\frac{E}{s}$$

所以
$$L[f(t)] = L[Eu(t) - Eu(t-t_0)] = \frac{E}{s}(1 - e^{-st_0})$$

5. s 域平移性质

若 $L[f(t)] = F(s)$，则

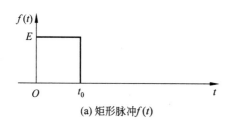
(a) 矩形脉冲 $f(t)$

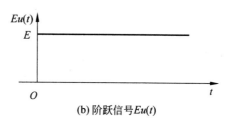
(b) 阶跃信号 $Eu(t)$

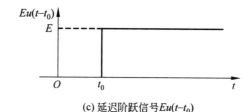
(c) 延迟阶跃信号 $Eu(t-t_0)$

图6.4 矩形脉冲分解为两个阶跃信号之差

$$L[f(t)e^{-at}] = F(s+a) \tag{6.33}$$

证明:

$$L[f(t)e^{-at}] = \int_0^\infty f(t)e^{-(s+a)t}dt = F(s+a)$$

此性质表明,时间函数乘以 e^{-at},相当于拉普拉斯变换式在 s 域内平移 a。

例 6.6 求 $e^{-at}\sin\omega t$ 和 $e^{-at}\cos\omega t$ 的拉普拉斯变换。

解: 已知
$$L[\sin\omega t] = \frac{\omega}{s^2+\omega^2}$$

由 s 域平移性质可得

$$L[e^{-at}\sin\omega t] = \frac{\omega}{(s+a)^2+\omega^2}$$

同理,因为
$$L[\cos\omega t] = \frac{s}{s^2+\omega^2}$$

所以
$$L[e^{-at}\cos\omega t] = \frac{s+a}{(s+a)^2+\omega^2}$$

6. 尺度变换性质

若 $L[f(t)] = F(s)$,则

$$L[f(at)] = \frac{1}{a}F\left(\frac{s}{a}\right) \tag{6.34}$$

证明:

$$L[f(at)] = \int_0^\infty f(at)e^{-st}dt$$

令 $\tau = at$,则上式变成

$$L[f(at)] = \int_0^\infty f(\tau)e^{-\frac{s}{a}\tau}d\frac{\tau}{a}$$

$$= \frac{1}{a}\int_0^\infty f(\tau)e^{-\frac{s}{a}\tau}d\tau$$

$$= \frac{1}{a}F\left(\frac{s}{a}\right)$$

例 6.7 已知 $L[f(t)] = F(s)$，若 $a>0, b>0$，求 $L[f(at-b)u(at-b)]$。

解：此问题既用到尺度变换性质，也用到延时性质。

先利用延时性质求得

$$L[f(t-b)u(t-b)] = F(s)e^{-bs}$$

再利用尺度变换性质即可求出所需结果：

$$L[f(at-b)u(at-b)] = \frac{1}{a}F\left(\frac{s}{a}\right)e^{-s\frac{b}{a}}$$

另一种方法是先利用尺度变换性质再利用延时性质。这时首先得到

$$L[f(at)u(at)] = \frac{1}{a}F\left(\frac{s}{a}\right)$$

然后利用延时性质求出

$$L\left\{f\left[a\left(t-\frac{b}{a}\right)\right]u\left[a\left(t-\frac{b}{a}\right)\right]\right\} = \frac{1}{a}F\left(\frac{s}{a}\right)e^{-s\frac{b}{a}}$$

即

$$L[f(at-b)u(at-b)] = \frac{1}{a}F\left(\frac{s}{a}\right)e^{-s\frac{b}{a}}$$

两种方法结果一致。

7. 初值性质

若函数 $f(t)$ 及其导数 $\frac{\mathrm{d}f(t)}{\mathrm{d}t}$ 可以进行拉普拉斯变换，$f(t)$ 的变换式为 $F(s)$，则

$$\lim_{t \to 0_+} f(t) = f(0_+) = \lim_{s \to \infty} sF(s) \tag{6.35}$$

证明：由原函数微分定理可知

$$sF(s) - f(0_-) = L\left[\frac{\mathrm{d}f(t)}{\mathrm{d}t}\right]$$

$$= \int_{0_-}^{\infty} \frac{\mathrm{d}f(t)}{\mathrm{d}t} e^{-st} \mathrm{d}t$$

$$= \int_{0_-}^{0_+} \frac{\mathrm{d}f(t)}{\mathrm{d}t} e^{-st} \mathrm{d}t + \int_{0_+}^{\infty} \frac{\mathrm{d}f(t)}{\mathrm{d}t} e^{-st} \mathrm{d}t$$

$$= f(0_+) - f(0_-) + \int_{0_+}^{\infty} \frac{\mathrm{d}f(t)}{\mathrm{d}t} e^{-st} \mathrm{d}t$$

所以

$$sF(s) = f(0_+) + \int_{0_+}^{\infty} \frac{\mathrm{d}f(t)}{\mathrm{d}t} e^{-st} \mathrm{d}t \tag{6.36}$$

当 $s \to \infty$ 时，上式右边第二项的极限为

$$\lim_{s \to \infty} \left[\int_{0_+}^{\infty} \frac{\mathrm{d}f(t)}{\mathrm{d}t} e^{-st} \mathrm{d}t\right] = \int_{0_+}^{\infty} \frac{\mathrm{d}f(t)}{\mathrm{d}t} [\lim_{s \to \infty} e^{-st}] \mathrm{d}t = 0$$

因此，对式(6.36)取 $s \to \infty$ 的极限，有

$$\lim_{s \to \infty} sF(s) = f(0_+)$$

式(6.35)得证。

若 $f(t)$ 包含冲激函数 $k\delta(t)$，则上述性质需作修改，此时

$$L[f(t)] = F(s) = k + F_1(s)$$

其中，$F_1(s)$ 为真分式。在导出式(6.36)时，等式右边还应包含 ks 项，初值性质应表示为

$$f(0_+) = \lim_{s \to \infty}[sF(s) - ks] \tag{6.37}$$

或
$$f(0_+) = \lim_{s \to \infty} sF_1(s) \tag{6.38}$$

8. 终值性质

若函数 $f(t)$ 及其导数 $\dfrac{\mathrm{d}f(t)}{\mathrm{d}t}$ 可以进行拉普拉斯变换，$f(t)$ 的变换式为 $F(s)$，而且 $\lim\limits_{t \to \infty} f(t)$ 存在，则

$$\lim_{t \to \infty} f(t) = \lim_{s \to 0} sF(s) \tag{6.39}$$

证明：利用式(6.36)，取 $s \to 0$ 的极限，有

$$\lim_{s \to 0} sF(s) = f(0_+) + \lim_{s \to 0} \int_{0_+}^{\infty} \frac{\mathrm{d}f(t)}{\mathrm{d}t} \mathrm{e}^{-st} \mathrm{d}t$$

$$= f(0_+) + \lim_{t \to \infty} f(t) - f(0_+)$$

因此
$$\lim_{t \to \infty} f(t) = \lim_{s \to 0} sF(s)$$

初值性质表明，只要知道变换式 $F(s)$，就可直接求得 $f(0_+)$ 值；而利用终值性质，可从 $F(s)$ 求 $t \to \infty$ 时的 $f(t)$ 值。

关于终值性质的应用条件还需作些说明，$\lim\limits_{t \to \infty} f(t)$ 是否存在可从 s 域作出判断，即，仅当 $sF(s)$ 在 s 平面的虚轴上及右半个平面（原点除外）都为解析式时，才可应用终值性质。例如，$L[\sin \omega t] = \dfrac{\omega}{s^2 + \omega^2}$ 变换式分母的根在虚轴上 $\pm \mathrm{j}\omega$ 处不能应用此性质，显然 $\sin \omega t$ 振荡不止，当 $t \to \infty$ 时极限不存在。而 $L[\mathrm{e}^{at}] = \dfrac{1}{s-a}$ 分母多项式的根是在右半个平面实轴 a 点上，此性质也不能应用。在后面会引入零点、极点的概念，这种关系的说明将更为方便。

当电路较为复杂时，初值性质与终值性质的方便之处将更为突出，因为它不需要作逆变换，即可直接求出原函数的初值和终值。在对某些反馈系统的研究（例如锁相环路系统的稳定性分析）中，这一点尤为明显。

假如以符号 s 与算子 $\mathrm{j}\omega$ 相对照，关于上述两个性质的物理意义可作如下解释：$s \to 0 (\mathrm{j}\omega \to 0)$ 相当于直流状态，因而得到电路稳定的终值 $f(\infty)$；而 $s \to \infty (\mathrm{j}\omega \to \infty)$ 相当于接入信号的突变（高频分量），它可以给出相应的初值 $f(0_+)$。

9. 卷积性质

拉普拉斯变换的卷积性质与傅里叶变换的卷积性质的形式类似。

若 $L[f_1(t)] = F_1(s)$，$L[f_2(t)] = F_2(s)$，则有

$$L[f_1(t) * f_2(t)] = F_1(s)F_2(s) \tag{6.40}$$

可见，两个函数卷积的拉普拉斯变换等于两个函数拉普拉斯变换的乘积。对于单边变换，考虑到 $f_1(t)$ 与 $f_2(t)$ 均为有始信号，即 $f_1(t) = f_1(t)u(t)$，$f_2(t) = f_2(t)u(t)$，由卷积的定义可得

$$L[f_1(t) * f_2(t)] = \int_0^{\infty} \int_0^{\infty} f_1(\tau) u(\tau) f_2(t-\tau) u(t-\tau) \mathrm{d}\tau \mathrm{e}^{-st} \mathrm{d}t$$

交换积分次序并引入符号 $x = t - \tau$，得到

$$L[f_1(t) * f_2(t)] = \int_0^{\infty} f_1(\tau) \left(\int_0^{\infty} f_2(t-\tau) u(t-\tau) \mathrm{e}^{-st} \mathrm{d}t \right) \mathrm{d}\tau$$

$$= \int_0^{\infty} f_1(\tau) \left(\mathrm{e}^{-s\tau} \int_0^{\infty} f_2(x) \mathrm{e}^{-sx} \mathrm{d}x \right) \mathrm{d}\tau$$

$$= F_1(s)F_2(s)$$

式(6.40)得证。此式为时域卷积性质。同理可得 s 域卷积性质:

$$L[f_1(t)f_2(t)] = \frac{1}{2\pi j}(F_1(s) * F_2(s))$$

$$= \frac{1}{2\pi j}\int_{\sigma-j\infty}^{\sigma+j\infty} F_1(p)F_2(s-p)dp \quad (6.41)$$

后面将进一步讨论卷积性质在电路分析中的应用,并借助卷积性质建立系统函数的概念。

表 6.2 总结了拉普拉斯变换的主要性质。其中关于对 s 微分和对 s 积分两个性质的证明留作练习。

表 6.2 拉普拉斯变换的性质

性　　质	结　　论
线性(叠加)	$L[K_1 f_1(t) + K_2 f_2(t)] = K_1 F_1(s) + K_2 F_2(s)$
对 t 微分	$L\left[\dfrac{df(t)}{dt}\right] = sF(s) - f(0)$ $L\left[\dfrac{d^n f(t)}{dt}\right] = s^n F(s) - \sum_{r=0}^{n-1} s^{n-r-1} f^{(r)}(0)$
对 t 积分	$L\left[\int_{-\infty}^{\tau} f(\tau)d\tau\right] = \dfrac{F(s)}{s} + \dfrac{f^{(-1)}(0)}{s}$
延时	$L[f(t-t_0)u(t-t_0)] = e^{-st_0} F(s)$
s 域平移	$L[f(t)e^{-at}] = F(s+a)$
尺度变换	$L[f(at)] = \dfrac{1}{a} F\left(\dfrac{s}{a}\right)$
初值	$\lim\limits_{t \to 0} f(t) = \lim\limits_{s \to \infty} sF(s)$
终值	$\lim\limits_{t \to \infty} f(t) = \lim\limits_{s \to 0} sF(s)$
卷积	$L\left[\int_0^t f_1(\tau)f_2(t-\tau)dt\right] = F_1(s)F_2(s)$
相乘	$\dfrac{1}{2\pi j}\int_{\sigma-j\infty}^{\sigma+j\infty} F_1(p)F_2(s-p)dp = L[f_1(t)f_2(t)]$
对 s 微分	$L[-tf(t)] = \dfrac{dF(s)}{ds}$
对 s 积分	$L\left[\dfrac{f(t)}{t}\right] = \int_s^{\infty} F(s)ds$

6.1.5 拉普拉斯逆变换

由例 6.4 已经看到,利用拉普拉斯变换方法分析电路问题时,最后需要求象函数的逆变换。由拉普拉斯变换的定义可知,$F(s)$ 的逆变换可按式(6.6)进行复变函数积分(用留数定理)求得。实际上,往往可借助一些代数运算将 $F(s)$ 表达式分解,分解后各项 s 函数式的逆变换可从表 6.1 查出,使求解过程大大简化,无须进行积分运算。这种分解方法称为部分分式分解(或部分分式展开)。

1. 部分分式分解

微分算子的变换式中要出现 s,而积分算子包含 $\dfrac{1}{s}$,因此,含有高阶导数的线性常系数微分(或积分)方程式将变换成 s 的多项式,或变换成两个 s 的多项式之比,称为 s 的有理分式,一般具有如下形式:

$$F(s)=\frac{A(s)}{B(s)}=\frac{a_m s^m + a_{m-1} s^{m-1} + \cdots + a_0}{b_n s^n + b_{n-1} s^{n-1} + \cdots + b_0} \tag{6.42}$$

其中,系数 a_i 和 b_i 是实数,m 和 n 是正整数。

为便于分解,将 $F(s)$ 的分母 $B(s)$ 写为

$$B(s)=b_n(s-p_1)(s-p_2)\cdots(s-p_n) \tag{6.43}$$

其中,$p_1,p_2,\cdots,p_n$ 为 $B(s)=0$ 方程式的根,即,当 s 等于任一根值时,$B(s)$ 等于 0,$F(s)$ 等于无穷大。$p_1,p_2,\cdots,p_n$ 称为 $F(s)$ 的极点。

同理,$A(s)$ 也可改写为

$$A(s)=a_m(s-z_1)(s-z_2)\cdots(s-z_m) \tag{6.44}$$

其中,$z_1,z_2,\cdots,z_m$ 称为 $F(s)$ 的零点,它们是 $A(s)=0$ 方程式的根。

按照极点之不同特点,部分分式分解方法有以下几种情况。

1) 极点为实数且无重根

例如,考虑如下变换式,求其逆变换。

$$F(s)=\frac{A(s)}{(s-p_1)(s-p_2)(s-p_3)} \tag{6.45}$$

其中,$p_1,p_2,\cdots,p_n$ 是不相等的实数。先分析 $m<n$ 的情况,即分母多项式的阶次高于分子多项式的阶次。这时,$F(s)$ 可分解为以下形式:

$$F(s)=\frac{K_1}{s-p_1}+\frac{K_2}{s-p_2}+\frac{K_3}{s-p_3} \tag{6.46}$$

显然,查表 6.1 可求得逆变换:

$$f(t)=L^{-1}\left[\frac{K_1}{s-p_1}\right]+L^{-1}\left[\frac{K_2}{s-p_2}\right]+L^{-1}\left[\frac{K_3}{s-p_3}\right]$$
$$=K_1 e^{p_1 t}+K_2 e^{p_2 t}+K_3 e^{p_3 t} \tag{6.47}$$

为求得 K_1,以 $s-p_1$ 乘以式(6.46)两边:

$$(s-p_1)F(s)=K_1+\frac{(s-p_1)K_2}{s-p_2}+\frac{(s-p_1)K_3}{s-p_3} \tag{6.48}$$

令 $s=p_1$,代入式(6.48),得到

$$K_1=(s-p_1)F(s)\Big|_{s=p_1} \tag{6.49}$$

同理可以求得任意极点 p_i 所对应的系数 K_i:

$$K_i=(s-p_i)F(s)\Big|_{s=p_i} \tag{6.50}$$

例 6.8 求以下函数的逆变换。

$$F(s)=\frac{10(s+2)(s+5)}{s(s+1)(s+3)}$$

解:将 $F(s)$ 写成部分分式展开形式:

$$F(s)=\frac{K_1}{s}+\frac{K_2}{s+1}+\frac{K_3}{s+3}$$

分别求 K_1、K_2、K_3:

$$K_1=sF(s)\Big|_{s=0}=\frac{10\times 2\times 5}{1\times 3}=\frac{100}{3}$$

$$K_1 = (s+1)F(s)|_{s=-1} = \frac{10 \times (-1+2) \times (-1+5)}{(-1) \times (-1+3)} = -20$$

$$K_3 = (s+3)F(s)|_{s=-3} = \frac{10 \times (-3+2) \times (-3+5)}{(-3) \times (-3+1)} = -\frac{10}{3}$$

因此
$$f(t) = \frac{100}{3} - 20e^{-t} - \frac{10}{3}e^{-3t} \quad (t \geqslant 0)$$

在以上讨论中，假定 $F(s) = \dfrac{A(s)}{B(s)}$ 表达式中 $A(s)$ 的阶次低于 $B(s)$ 的阶次，即 $m < n$。如果不满足此条件，式(6.46)将不成立。对于 $m \geqslant n$ 的情况，可用长除法将分子中的高次项提出，余下的部分满足 $m < n$，仍按以上方法分析。

例 6.9 求以下函数的逆变换。

$$F(s) = \frac{s^3 + 5s^2 + 9s + 7}{(s+1)(s+3)}$$

解：用分子除以分母（长除法），得到

$$F(s) = s + 2 + \frac{s+3}{(s+1)(s+2)}$$

现在式中最后一项满足 $m < n$ 的要求，可按前述部分分式展开方法分解：

$$F(s) = s + 2 + \frac{2}{s+1} - \frac{1}{s+2}$$

$$f(t) = \delta'(t) + 2\delta(t) + 2e^{-t} - e^{-2t} \quad (t \geqslant 0)$$

这里，$\delta'(t)$ 是冲激函数 $\delta(t)$ 的导数。

2) 包含共轭复数的极点

这种情况仍可采用上述实数极点求分解系数的方法，当然计算要麻烦一些，但根据共轭复数的特点可以采用一些巧妙的方法。

例如，考虑以下函数的分解：

$$F(s) = \frac{A(s)}{D(s)((s+\alpha)^2 + \beta^2)} = \frac{A(s)}{D(s)(s+\alpha-j\beta)(s+\alpha+j\beta)} \tag{6.51}$$

其中，共轭极点出现在 $-\alpha \pm j\beta$ 处，$D(s)$ 表示分母多项式中的其余部分。引入符号 $F_1(s) = \dfrac{A(s)}{D(s)}$，则式(6.51)改写为

$$F(s) = \frac{F_1(s)}{(s+\alpha-j\beta)(s+\alpha+j\beta)} = \frac{K_1}{s+\alpha-j\beta} + \frac{K_2}{s+\alpha+j\beta} \tag{6.52}$$

利用式(6.50)求得 K_1、K_2：

$$K_1 = (s+\alpha-j\beta)F(s)|_{s=-\alpha+j\beta} = \frac{F_1(-\alpha+j\beta)}{2j\beta} \tag{6.53}$$

$$K_2 = (s+\alpha+j\beta)F(s)|_{s=-\alpha-j\beta} = \frac{F_1(-\alpha-j\beta)}{-2j\beta} \tag{6.54}$$

不难看出，K_1 与 K_2 为共轭关系。假定

$$K_1 = A + jB \tag{6.55}$$

则
$$K_2 = A - jB = K_1^* \tag{6.56}$$

如果把式(6.52)中共轭复数极点有关部分的逆变换以 $f_c(t)$ 表示，则

$$f_c(t) = L^{-1}\left[\frac{K_1}{s+\alpha-\mathrm{j}\beta} + \frac{K_2}{s+\alpha+\mathrm{j}\beta}\right] = \mathrm{e}^{-at}(K_1\mathrm{e}^{\mathrm{j}\beta t} + K_1^*\,\mathrm{e}^{-\mathrm{j}\beta t})$$
$$= 2\mathrm{e}^{-at}[A\cos\beta t - B\sin\beta t] \tag{6.57}$$

例 6.10 求以下函数的逆变换。

$$F(s) = \frac{s^2+3}{(s^2+2s+5)(s+2)}$$

解：
$$F(s) = \frac{s^2+3}{(s+1+\mathrm{j}2)(s+1-\mathrm{j}2)(s+2)}$$
$$= \frac{K_0}{s+2} + \frac{K_1}{s+1-\mathrm{j}2} + \frac{K_2}{s+1+\mathrm{j}2}$$

分别求系数 K_0、K_1、K_2：

$$K_0 = (s+2)F(s)\Big|_{s=-2} = \frac{7}{5}$$

$$K_1 = \frac{s^2+3}{(s+1+\mathrm{j}2)(s+2)}\Big|_{s=-1+\mathrm{j}2} = \frac{-1+\mathrm{j}2}{5}$$

即 $A = \dfrac{-1}{5}, B = \dfrac{2}{5}$。利用式(6.57)得到 $F(s)$ 的逆变换式：

$$f(t) = \frac{7}{5}\mathrm{e}^{-2t} - 2\mathrm{e}^{-t}\left(\frac{1}{5}\cos 2t + \frac{2}{5}\sin 2t\right)$$

例 6.11 求以下函数的逆变换。

$$F(s) = \frac{s+\gamma}{(s+\alpha)^2+\beta^2}$$

解： 显然，此函数式具有共轭复数极点，不必用部分分式展开求系数的方法。将 $F(s)$ 改写为

$$F(s) = \frac{s+\gamma}{(s+\alpha)^2+\beta^2} = \frac{s+\alpha}{(s+\alpha)^2+\beta^2} - \frac{\alpha-\gamma}{\beta} \times \frac{\beta}{(s+\alpha)^2+\beta^2}$$

对照表 6.1 容易得到

$$f(t) = \mathrm{e}^{-at}\cos\beta t - \frac{\alpha-\gamma}{\beta}\mathrm{e}^{-at}\sin\beta t \quad (t \geqslant 0)$$

3) 有多阶极点

考虑以下函数的分解：

$$F(s) = \frac{A(s)}{B(s)} = \frac{A(s)}{(s-p_1)^k D(s)} \tag{6.58}$$

在 $s=p_1$ 处，分母多项式 $B(s)$ 有 k 重根，即 k 阶极点。将 $F(s)$ 写成展开式：

$$F(s) = \frac{K_{11}}{(s-p_1)^k} + \frac{K_{12}}{(s-p_1)^{k-1}} + \cdots + \frac{K_{1k}}{s-p_1} + \frac{E(s)}{D(s)} \tag{6.59}$$

这里，$\dfrac{E(s)}{D(s)}$ 表示展开式中与极点 p_1 无关的其余部分。可利用式(6.59)求出 K_{11}：

$$K_{11} = (s-p_1)^k F(s)\Big|_{s=p_1} \tag{6.60}$$

然而，要求得 $K_{12}, K_{13}, \cdots, K_{1k}$ 等系数，不能再采用类似于求 K_{11} 的方法，因为这样做将导致分母中出现 0 值，而得不出结果。为解决这一矛盾，引入符号 $F_1(s)$：

$$F_1(s) = (s-p_1)^k F(s) \tag{6.61}$$

于是
$$F_1(s) = K_{11} + K_{12}(s-p_1) + \cdots + K_{1k}(s-p_1)^{k-1} + \frac{E(s)}{D(s)}(s-p_1)^k \tag{6.62}$$

对式(6.62)微分得到
$$\frac{d}{ds}F_1(s) = K_{12} + 2K_{13}(s-p_1) + \cdots + K_{1k}(k-1)(s-p_1)^{k-2} + \cdots \tag{6.63}$$

很明显,可以给出
$$K_{12} = \frac{d}{ds}F_1(s)\big|_{s=p_1} \tag{6.64}$$

$$K_{13} = \frac{1}{2} \times \frac{d^2}{ds^2}F_1(s)\big|_{s=p_1} \tag{6.65}$$

一般形式为
$$K_{1i} = \frac{1}{(i-1)!} \times \frac{d^{i-1}}{ds^{i-1}}F_1(s)\big|_{s=p_1} \tag{6.66}$$

其中,$i = 1, 2, \cdots, k$。

例 6.12 求以下函数的逆变换。
$$F(s) = \frac{s-2}{s(s+1)^3}$$

解:将 $F(s)$ 展开为
$$F(s) = \frac{K_{11}}{(s+1)^3} + \frac{K_{12}}{(s+1)^2} + \frac{K_{13}}{s+1} + \frac{K_2}{s}$$

容易求得
$$K_2 = sF(s)\big|_{s=0} = -2$$

为求出与重根有关的各系数,令
$$F_1(s) = (s+1)^3 F(s) = \frac{s-2}{s}$$

利用式(6.60)、式(6.64)和式(6.65)得到
$$K_{11} = \frac{s-2}{s}\bigg|_{s=-1} = 3$$

$$K_{12} = \frac{d}{ds}\left(\frac{s-2}{s}\right)\bigg|_{s=-1} = 2$$

$$K_{13} = \frac{1}{2} \times \frac{d^2}{ds^2}\left(\frac{s-2}{s}\right)\bigg|_{s=-1} = 2$$

于是有
$$F(s) = \frac{3}{(s+1)^3} + \frac{2}{(s+1)^2} + \frac{2}{s+1} - \frac{2}{s}$$

逆变换为
$$f(t) = \frac{3}{2}t^2 e^{-t} + 2t e^{-t} + 2e^{-t} - 2 \quad (t \geqslant 0)$$

2. 用留数定理求逆变换

现在讨论如何从式(6.6)按复变函数积分求拉普拉斯逆变换。为便于讨论,将该式重写在下面:
$$f(t) = \frac{1}{2\pi j}\int_{\delta-j\infty}^{\delta+j\infty} F(s)e^{st} ds \quad (t \geqslant 0)$$

为求出此积分,可从积分限 $\delta-j\infty$ 到 $\delta+j\infty$ 补足一条积分路径以构成一闭合围线。现在

的积分路径是半径为无限大的圆弧,如图 6.5 所示。

这样,就可以应用留数定理。式(6.6)的积分式等于围线中被积函数 $F(s)\mathrm{e}^{st}$ 所有极点的留数之和,可表示为

$$L^{-1}[F(s)] = \sum_{\text{极点}}[F(s)\mathrm{e}^{st} \text{ 的留数}]$$

设在极点 $s=p_i$ 处的留数为 r_i,并设 $F(s)\mathrm{e}^{st}$ 在围线中共有 n 个极点,则

$$L^{-1}[F(s)] = \sum_{i=1}^{n} r_i \qquad (6.67)$$

若 p_i 为一阶极点,则

$$r_i = ((s-p_i)F(s)\mathrm{e}^{st})\big|_{s=p_i} \qquad (6.68)$$

若 p_i 为 k 阶极点,则

$$r_i = \frac{1}{(k-1)!}\left(\frac{\mathrm{d}^{k-1}}{\mathrm{d}s^{k-1}}(s-p_i)^k F(s)\mathrm{e}^{st}\right)\bigg|_{s=p_i} \qquad (6.69)$$

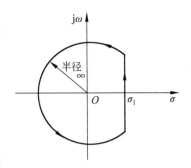

图 6.5 $F(s)$ 的围线积分路径

将以上结果与部分分式展开相比较,不难看出,两种方法所得结果是一样的。具体说,对一阶极点而言,部分分式的系数与留数的差别仅在于因子 e^{st} 的有无,经逆变换后的部分分式就与留数相同了;对高阶极点而言,由于留数公式中含有因子 e^{st},在取其导数时,所得不止一项,就与部分分式展开法结果相同了。

从以上分析可以看出,当 $F(s)$ 为有理分式时,可利用部分分式分解和查表的方法求得逆变换,无须引用留数定理;当 $F(s)$ 为有理分式与 e^{st} 相乘时,可再借助延时性质得出逆变换;当 $F(s)$ 为无理函数时,需利用留数定理求逆变换,然而这种情况在电路分析中几乎不会遇到。

6.2 连续线性时不变系统的复频域分析

当要分析的系统(或网络)具有较多结点或回路时,s 域模型的方法比列写微分方程再进行变换的方法大为简化。

6.2.1 连续线性时不变系统的系统函数

在初始条件为 0 的情况下,s 域元件模型可以得到简化,这时,描述动态元件(L,C)初始状态的电压源或电流源将不存在,各元件方程式都可写为以下的简单形式:

$$V(s) = Z(s)I(s)$$

或

$$I(s) = Y(s)V(s)$$

其中,$Z(s)$ 为 s 域阻抗,$Y(s)$ 为 s 域导纳。在此情况下,网络任意端口激励信号的变换式与任意端口响应信号的变换式之比仅由系统(或网络)元件的阻抗、导纳特性决定,可用系统函数(或网络函数)描述这一特性。它的定义如下:

系统零状态响应的拉普拉斯变换与激励的拉普拉斯变换之比称为系统函数(或网络函数),以 $H(s)$ 表示。

例 6.13 图 6.6 所示电路在 $t=0$ 时开关 S 闭合,接入信号源 $e(t)=V_\mathrm{m}\sin\omega t$,电感初始电流等于 0,求电流 $i(t)$。

解:假定输入信号的变换式写作

$$E(s) = L[V_\mathrm{m}\sin\omega t]$$

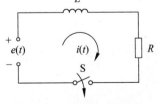

图 6.6 例 6.13 的电路

那么,可以将 $I(s)$ 表示为

$$I(s) = \frac{1}{Ls+R}E(s)$$

下一步需要求逆变换,用卷积性质找出 $I(s)$ 的原函数 $i(t)$,为此引入以下符号:

$$\frac{1}{Ls+R} = L\left[\frac{1}{L}e^{-\frac{R}{L}t}\right]$$

由卷积性质可知

$$i(t) = \frac{1}{L}e^{-\frac{R}{L}t} * V_m\sin\omega t = \int_0^t V_m\sin\omega\tau \frac{1}{L}e^{-\frac{R}{L}(t-\tau)}d\tau = \frac{V_m}{L}e^{-\frac{R}{L}t}\int_0^t \sin\omega\tau e^{\frac{R}{L}\tau}d\tau$$

$$= \frac{V_m}{L}e^{-\frac{R}{L}t}\frac{1}{\omega^2+\left(\frac{R}{L}\right)^2}\left(e^{\frac{R}{L}\tau}\left(\frac{R}{L}\sin\omega\tau - \omega\cos\omega\tau\right)\right)\bigg|_0^t$$

$$= \frac{V_m}{L}e^{-\frac{R}{L}t}\frac{1}{\omega^2+\left(\frac{R}{L}\right)^2}\left(e^{\frac{R}{L}t}\left(\frac{R}{L}\sin\omega t - \omega\cos\omega t\right) + \omega\right)$$

$$= \frac{V_m}{\omega^2 L^2 + R^2}\left((R\sin\omega t - \omega L\cos\omega t) + \omega L e^{-\frac{R}{L}t}\right)$$

$$= \frac{V_m}{\omega^2 L^2 + R^2}\left(\omega L e^{-\frac{R}{L}t} + \sqrt{R^2+\omega^2 L^2}\sin(\omega t - \varphi)\right)$$

其中
$$\varphi = \arctan\frac{\omega L}{R}$$

波形如图 6.7 所示。

在本例中,系统函数 $H(s)$ 为

$$H(s) = \frac{I(s)}{E(s)} = \frac{1}{Ls+R} \tag{6.70}$$

在求解过程中利用了卷积性质。当然也可不用卷积,将 $I(s)$ 表达式展开:

$$I(s) = \frac{1}{Ls+R} \times \frac{V_m\omega}{s^2+\omega^2}$$

$$= \frac{V_m\omega}{L}\left(\frac{K_0}{s+\frac{R}{L}} + \frac{K_1}{s-j\omega} + \frac{K_2}{s+j\omega}\right)$$

其中
$$K_0 = \frac{1}{s^2+\omega^2}\bigg|_{s=-\frac{R}{L}} = \frac{1}{\omega^2+\left(\frac{R}{L}\right)^2}$$

$$K_1 = \left(\frac{1}{s+\frac{R}{L}}\right)\left(\frac{1}{s+j\omega}\right)\bigg|_{s=+j\omega}$$

$$= \frac{1}{2\left(\omega^2+\left(\frac{R}{L}\right)\right)}\left(-1-j\frac{R}{\omega L}\right)$$

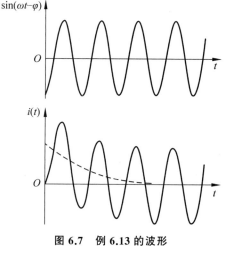

图 6.7 例 6.13 的波形

而 K_2 与 K_1 共轭,参照表 6.1 求逆变换即可得到 $i(t)$,与前面的方法得到的结果相同。

6.2.2 连续线性时不变系统响应的复频域分析

进一步研究在例 6.13 求解过程中引用卷积的实质。一般情况下,若线性时不变系统的激励、零状态响应和冲激响应分别为 $e(t)$、$r(t)$、$h(t)$,它们的拉普拉斯变换分别为 $E(s)$、$R(s)$、$H(s)$,由时域分析可知

$$r(t) = h(t) * e(t) \tag{6.71}$$

借助卷积性质可得

$$R(s) = H(s)E(s) \tag{6.72}$$

或

$$H(s) = \frac{R(s)}{E(s)} \tag{6.73}$$

而冲激响应 $h(t)$ 与系统函数 $H(s)$ 构成变换对,即

$$H(s) = L[h(t)] \tag{6.74}$$

$h(t)$ 和 $H(s)$ 分别从时域和 s 域表征了系统的特性。

例 6.13 中的 $H(s)$ 是电流与电压之比,即导纳。一般在系统分析中,由于激励与响应既可以是电压,也可以是电流,因此系统函数可以是阻抗(电压比电流),也可以是导纳(电流比电压),还可以是数值比(电流比电流或电压比电压)。此外,若激励与响应在同一端口,则系统函数称为策动点函数(或驱动点函数),如图 6.8 中的 $V_i(s)$ 与 $I_i(s)$;若激励与响应不在同一端口,则系统函数称为转移函数(或传输函数),如图 6.8 中的 $V_i(s)$[或 $I_i(s)$]与 $V_j(s)$[或 $I_j(s)$]。显然,策动点函数只可能是阻抗或导纳,而转移函数可以是阻抗、导纳或比值。例如,式(6.70)是策动点导纳函数。

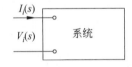

(a) 激励与响应在同一端口　　　(b) 激励与响应不在同一端口

图 6.8　策动点函数与转移函数

不同条件下系统函数名称列于表 6.3。在一般的系统分析中,对于这些名称往往不加区分,统称为系统函数。

表 6.3　不同条件下的系统函数名称

激励与响应的位置	激　励	响　应	系统函数名称
在同一端口(策动点函数)	电流	电压	策动点阻抗
	电压	电流	策动点导纳
不在同一端口(转移函数)	电流	电压	转移阻抗
	电压	电流	转移导纳
	电压	电压	转移电压比(电压传输函数)
	电流	电流	转移电流比(电流传输函数)

当利用 $H(s)$ 求解系统响应时,首先需要求 $H(s)$。然后有两种方法:一种方法是取 $H(s)$ 的逆变换得到 $h(t)$,由 $h(t)$ 与 $e(t)$ 的卷积求得 $r(t)$;另一种方法是将 $R(s) = H(s)E(s)$ 用部分

分式法展开，逐项求出逆变换，即得到 $r(t)$。无论用哪种方法，求 $H(s)$ 都是关键的一步。下面讨论在系统分析中求 $H(s)$ 的一般方法。

求 $H(s)$ 的方法是：将待求解的系统作出 s 域元件模型图，按照元件约束特性和拓扑约束特性（KCL 和 KVL）写出响应函数 $R(s)$ 与激励函数 $E(s)$ 之比，即 $H(s)$ 表达式。通常，这种方法具体表现为利用电路元件的串并联简化或分压、分流等概念求解电路，必要时可利用戴维宁定理、诺顿定理、叠加定理以及 Y-Δ 转换等间接方法。列写系统的回路电压方程式或结点电流方程式，可以给出求 $H(s)$ 的一般表达式。现以回路方程为例说明这种方法，设待求解网络有 l 个回路，可列出 l 个方程式：

$$\begin{aligned} Z_{11}(s)I_1(s) + Z_{12}(s)I_2(s) + \cdots + Z_{1l}(s)I_l(s) &= V_1(s) \\ Z_{21}(s)I_1(s) + Z_{22}(s)I_2(s) + \cdots + Z_{2l}(s)I_l(s) &= V_2(s) \\ &\vdots \\ Z_{l1}(s)I_1(s) + Z_{l2}(s)I_2(s) + \cdots + Z_{ll}(s)I_l(s) &= V_l(s) \end{aligned} \tag{6.75}$$

其中包含 l 个电流 $I(s)$ 和 l 个电压 $V(s)$，而 $Z(s)$ 为各回路的 s 域互阻抗或自阻抗，写成矩阵形式为

$$\mathbf{V} = \mathbf{Z}\mathbf{I} \tag{6.76}$$

$$\mathbf{I} = \mathbf{Z}^{-1}\mathbf{V} \tag{6.77}$$

这里，$\mathbf{V}$ 和 $\mathbf{I}$ 分别为列向量，$\mathbf{Z}$ 是方阵。

可以解出，第 k 个回路电流 I_k 表达式为

$$I_k(s) = \frac{\Delta_{1k}}{\Delta}V_1(s) + \frac{\Delta_{2k}}{\Delta}V_2(s) + \cdots + \frac{\Delta_{lk}}{\Delta}V_l(s) \tag{6.78}$$

其中 Δ 为 $\mathbf{Z}$ 方阵的行列式，称为网络的回路分析行列式（或特征方程），而 Δ_{jk} 是行列式 Δ 中元素 Δ_{jk} 的代数补式[或称代数余子式，在 Δ 行列式中去掉第 j 行 k 列再乘以 $(-1)^{j+k}$]。注意，对于互易网络，因 $\mathbf{Z}$ 为对称方阵，因而 $\Delta_{jk} = \Delta_{kj}$。

如果在所研究的问题中，仅 $V_j(s) \neq 0$，其余 $V(s)$ 都等于 0（其他回路没有激励信号接入），则可求出

$$I_k(s) = \frac{\Delta_{jk}}{\Delta}V_j(s) \tag{6.79}$$

即，网络函数 $H(s)$ 为

$$Y_{kj}(s) = \frac{I_k(s)}{V_j(s)} = \frac{\Delta_{jk}}{\Delta} \tag{6.80}$$

当 $k \neq j$ 时，该函数为转移导纳函数；当 $k = j$ 时，该函数为策动点导纳函数。类似地，可由列写结点方程找到式(6.79)的对偶形式，求转移阻抗或策动点阻抗。

以上结果表明，网络行列式（特征方程）Δ 反映了 $H(s)$ 的特性。实际上，常常利用特征方程的根描述系统的有关性能。后面将介绍利用特征方程的根进行系统分析的方法。

例 6.14 图 6.9 所示电路中电容均为 1F，电阻均为 1Ω，求电路的转移导纳函数 $Y_{21}(s) = \dfrac{I_2(s)}{V_1(s)}$。

解：在图 6.9 中标注了各回路电流 $I_1(s)$、$I_2(s)$、$I_3(s)$，依此列写回路方程式。

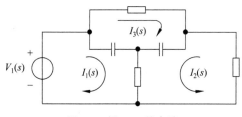

图 6.9 例 6.14 的电路

$$\left(\frac{1}{s}+1\right)I_1(s)+I_2(s)-\frac{1}{s}I_3(s)=V_1(s)$$

$$I_1(s)+\left(\frac{1}{s}+2\right)I_2(s)+\frac{1}{s}I_3(s)=0$$

$$-\frac{1}{s}I_1(s)+\frac{1}{s}I_2(s)+\left(\frac{2}{s}+1\right)I_3(s)=0$$

为求得 $Y_{21}(s)=\dfrac{I_2(s)}{V_1(s)}$，分别求出 Δ 和 Δ_{12}：

$$\Delta=\begin{vmatrix}\frac{1}{s}+1 & 1 & -\frac{1}{s} \\ 1 & \frac{1}{s}+2 & \frac{1}{s} \\ -\frac{1}{s} & \frac{1}{s} & \frac{2}{s}+1\end{vmatrix}=\frac{s^2+5s+2}{s^2}$$

$$\Delta_{12}=-\begin{vmatrix}1 & \frac{1}{s} \\ -\frac{1}{s} & \frac{2}{s}+1\end{vmatrix}=-\frac{s^2+2s+1}{s^2+5s+2}$$

于是得到

$$Y_{21}(s)=\frac{\Delta_{12}}{\Delta}=-\frac{s^2+2s+1}{s^2+5s+2}$$

需要指出，系统函数 $H(s)$ 的形式与传输算子 $H(p)$ 类似，但是它们之间存在着概念上的区别。$H(p)$ 是一个算子，p 不是变量。而 $H(s)$ 是变量 s 的函数。在 $H(s)$ 中分子和分母的公因子可以消去，而在 $H(p)$ 表达式中则不准相消。只有当 $H(p)$ 的分母与分子没有公因子的条件下，$H(p)$ 与 $H(s)$ 的形式才完全对应。$H(p)$ 既可用来说明零状态特性又可用来说明零输入特性，而 $H(s)$ 只能用来说明零状态特性。

6.3 连续线性时不变系统的系统特性

拉普拉斯变换将时域函数 $f(t)$ 变换为 s 域函数 $F(s)$，拉普拉斯逆变换将 $F(s)$ 变换为相应的 $f(t)$。由于 $f(t)$ 与 $F(s)$ 之间存在一定的对应关系，因此可以从函数 $F(s)$ 的典型形式了解 $f(t)$ 的内在性质。当 $F(s)$ 为有理函数时，其分子多项式均分母多项式均可分解为因子形式，各项因子指明了 $F(s)$ 零点和极点的位置，显然，从这些零点与极点的分布情况便可确定原函数的性质。

6.3.1 系统函数的零点和极点分布

系统函数 $H(s)$ 零点和极点的定义与一般象函数 $F(s)$ 零点和极点定义在 6.1.5 节中有所提及，即，$H(s)$ 分母多项式的根是极点，分子多项式的根是零点。零点和极点还可按以下方式定义：若 $\lim\limits_{s\to p_1}H(s)=\infty$，但 $((s-p_1)H(s))|_{s=p_1}$ 等于有限值，则 $s=p_1$ 处有一阶极点。若 $((s-p_1)^k H(s))|_{s=p_1}$ 直到 $K=n$ 时才等于有限值，则 $H(s)$ 在 $s=p_1$ 处有 n 阶极点。

$\dfrac{1}{H(s)}$ 的极点即 $H(s)$ 的零点。当 $\dfrac{1}{H(s)}$ 有 n 阶极点时,即 $H(s)$ 有 n 阶零点。

例如,若

$$H(s)=\frac{s((s-1)^2+1)}{(s+1)^2(s^2+4)}=\frac{s(s-1+\mathrm{j}1)(s-1-\mathrm{j}1)}{(s+1)^2(s+\mathrm{j}2)(s-\mathrm{j}2)}$$

那么,它的极点位于

$$\begin{cases} s=-1 & (二阶) \\ s=-\mathrm{j}2 & (一阶) \\ s=+\mathrm{j}2 & (一阶) \end{cases}$$

而它的零点位于

$$\begin{cases} s=0 & (一阶) \\ s=1+\mathrm{j}1 & (一阶) \\ s=1-\mathrm{j}1 & (一阶) \\ s=\infty & (一阶) \end{cases}$$

系统函数 $H(s)$ 的零极点图如图 6.10 所示,○ 表示零点,× 表示极点。在同一位置画两个相同的符号表示二阶,例如 $s=-1$ 处有二阶极点。

由于系统函数 $H(s)$ 与冲激响应 $h(t)$ 是一对拉普拉斯变换式,因此,只要知道 $H(s)$ 在 s 平面中零点、极点的分布情况,就可预言该系统在时域方面 $h(t)$ 波形的特性。对于集总参数线性时不变系统,其系统函数 $H(s)$ 可表示为两个多项式之比:

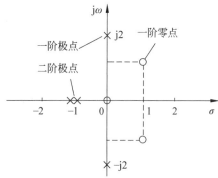

图 6.10 $H(s)$ 的零极点图

$$H(s)=\frac{K\prod\limits_{j=1}^{m}(s-z_j)}{\prod\limits_{i=1}^{n}(s-p_i)} \tag{6.81}$$

其中,z_j 表示第 j 个零点的位置,p_i 表示第 i 个极点的位置。零点有 m 个,极点有 n 个。K 是一个系数。如果把 $H(s)$ 展开部分分式,那么,$H(s)$ 每个极点将决定一项对应的时间函数。具有一阶极点 $p_1,p_2,\cdots,p_n$ 的系统函数,其冲激响应形式如下:

$$h(t)=L^{-1}[H(s)]=L^{-1}\left[\sum_{i=1}^{n}\frac{K_i}{s-p_i}\right]=L^{-1}\left[\sum_{i=1}^{n}H_i(s)\right]$$

$$=\sum_{i=1}^{n}h_i(t)=\sum_{i=1}^{n}K_i\mathrm{e}^{p_i t} \tag{6.82}$$

这里 p_i 可以是实数,但一般情况下 p_i 以共轭复数形式出现。各项响应的幅值由系数 K_i 决定,而 K_i 则与零点分布情况有关。

下面研究几种典型情况的极点分布与原函数波形的对应关系。

(1) 若极点位于 s 平面坐标原点,$H_i(s)=\dfrac{1}{s}$,那么,冲激响应就为阶跃函数,$h_i(t)=u(t)$。

(2) 若极点位于 s 平面的实轴上,则冲激响应具有指数函数形式。例如,$H_i(s)=\dfrac{1}{s+a}$,

则 $h_i(t)=\mathrm{e}^{-at}$,此时,极点为负实数($p_i=-a<0$),冲激响应是指数衰减(单调减幅)形式;又如 $H_i(s)=\dfrac{1}{s-a}$,则 $h_i(t)=\mathrm{e}^{at}$,这时,极点是正实数($p_i=a>0$),对应的冲激响应是指数增长(单调增幅)形式。

(3) 虚轴上的共轭极点给出等幅振荡。显然,$L^{-1}\left[\dfrac{\omega}{s^2+\omega^2}\right]=\sin\omega t$,它的两个极点位于 $p_1=+\mathrm{j}\omega$ 和 $p_2=-\mathrm{j}\omega$。

(4) 落于 s 左半平面内的共轭极点对应于衰减振荡。例如:

$$L^{-1}\left[\dfrac{\omega}{(s+a)^2+\omega^2}\right]=\mathrm{e}^{-at}\sin\omega t$$

它的两个极点是 $p_1=-a+\mathrm{j}\omega$,$p_1=-a-\mathrm{j}\omega$,这里 $a<0$。落于 s 右半平面内的共轭极点对应于增幅振荡。例如:

$$L^{-1}\left[\dfrac{\omega}{(s-a)^2+\omega^2}\right]=\mathrm{e}^{at}\sin\omega t$$

它的两个极点是 $p_1=a+\mathrm{j}\omega$,$p_1=a-\mathrm{j}\omega$,这里 $a>0$。

以上讨论的一阶极点分布与原函数波形的对应关系如表 6.4 所示。

表 6.4 一阶极点分布与原函数波形的对应关系

$H(s)$	s 平面上的零点、极点	t 平面上的波形	$h(t)(t\geqslant 0)$
$\dfrac{1}{s}$			$u(t)$
$\dfrac{1}{s+a}$			e^{-at}
$\dfrac{1}{s-a}$			e^{at}
$\dfrac{\omega}{s^2+\omega^2}$			$\sin\omega t$

续表

$H(s)$	s 平面上的零点、极点	t 平面上的波形	$h(t)(t\geqslant 0)$
$\dfrac{\omega}{(s+a)^2+\omega^2}$	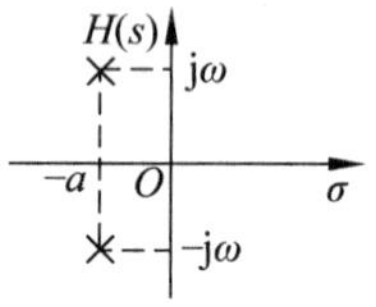 极点在 $-a\pm j\omega$	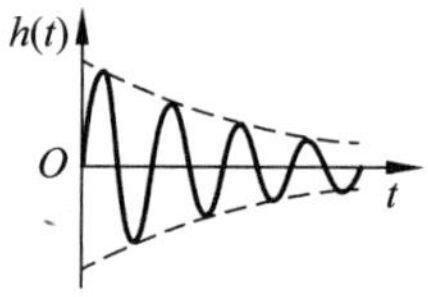 衰减正弦振荡	$e^{-at}\sin\omega t$
$\dfrac{\omega}{(s-a)^2+\omega^2}$	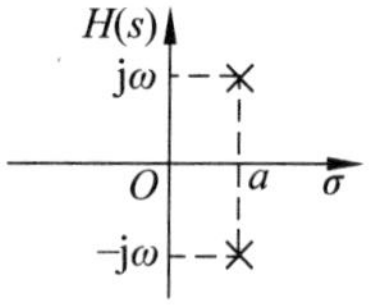 极点在 $a\pm j\omega$	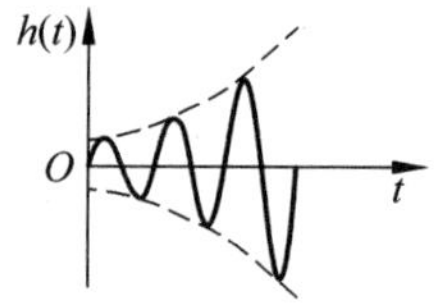 增长正弦振荡	$e^{at}\sin\omega t$

若 $H(s)$ 具有多阶极点，则部分分式展开式各项所对应的时间函数可能具有 $t,t^2,t^3,\cdots$ 与指数函数相乘的形式，t 的幂次由极点阶次决定。几种典型情况如下：

(1) 位于 s 平面坐标原点的二阶或三阶极点分别给出时间函数 t 或 $\dfrac{t^2}{2}$。

(2) 实轴上的二阶极点给出 t 与指数函数的乘积。例如：

$$L^{-1}\left[\frac{1}{(s+a)^2}\right]=t\,e^{-at}$$

(3) 虚轴上的二阶共轭极点。例如：

$$L^{-1}\left[\frac{2\omega s}{(s^2+\omega^2)^2}\right]=t\sin\omega t$$

这是幅度按线性增长的正弦振荡。

以上讨论的多阶极点分布与原函数波形的对应关系如表 6.5 所示。

表 6.5 多阶极点分布与原函数波形的对应关系

$H(s)$	s 平面上的零点、极点	t 平面上的波形	$h(t)(t\geqslant 0)$
$\dfrac{1}{s^2}$	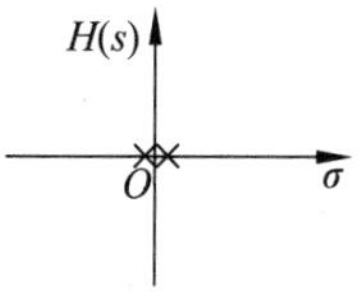 原点二阶极点	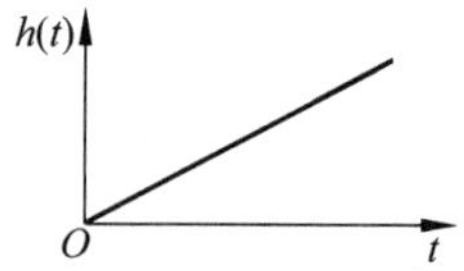 线性增长	t
$\dfrac{1}{(s+a)^2}$	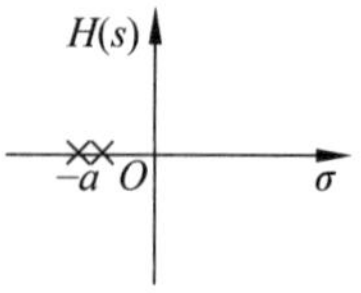 $-a$ 处二阶极点	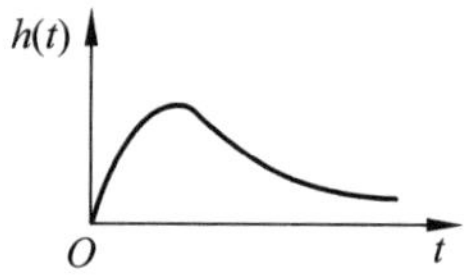 先升后降	$t\,e^{-at}$
$\dfrac{2\omega s}{(s^2+\omega^2)^2}$	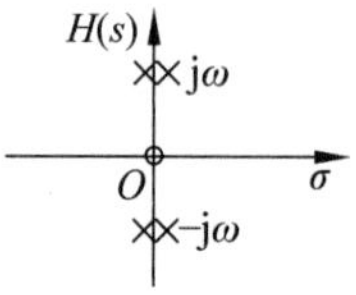 $\pm j\omega$ 处二阶极点	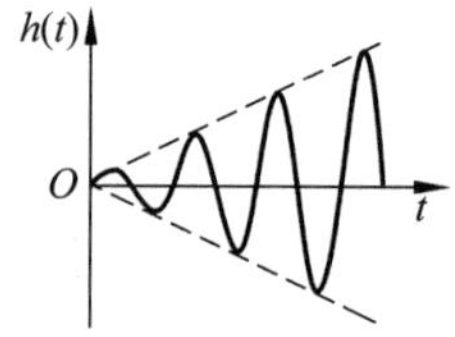 幅度线性增长的正弦振荡	$t\sin\omega t$

由表 6.4 与表 6.5 可以看出,若 $H(s)$ 极点落于 s 左半平面,则 $h(t)$ 波形为衰减形式;若 $H(s)$ 极点落于 s 右半平面,则 $h(t)$ 波形为增长形式;落于虚轴上的一阶极点对应的 $h(t)$ 波形为等幅振荡或阶跃形式;而落于虚轴上的二阶极点将使 $h(t)$ 波形为增长形式。在系统理论研究中,按照 $h(t)$ 呈现衰减或增长的两种情况将系统划分为稳定系统与非稳定系统两大类型。显然,根据 $H(s)$ 极点出现于左半平面或右半平面即可判断系统是否稳定。

以上分析了 $H(s)$ 极点分布与时域函数的对应关系。$H(s)$ 零点分布的情况则只影响时域函数的幅度和相位,s 平面上的零点变动对于 t 平面上的波形的形式没有影响。例如,对于图 6.11 所示的 $H(s)$ 零点、极点分布以及 $h(t)$ 波形,其表达式可以写为

$$L^{-1}\left[\frac{(s+a)}{(s+a)^2+\omega^2}\right]=\mathrm{e}^{-at}\cos\omega t \tag{6.83}$$

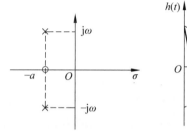
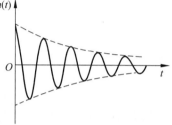

(a) s 平面上的零点、极点   (b) t 平面上的波形

图 6.11 式(6.83)系统函数的 s 平面上的零点、极点与 t 平面上的波形

假定保持极点不变,只移动零点 a 的位置,那么 $h(t)$ 波形将仍呈衰减振荡形式,振荡频率也不改变,只是幅度和相位有变化。例如,将零点移至原点,则有

$$L^{-1}\left[\frac{s}{(s+a)^2+\omega^2}\right]=\mathrm{e}^{-at}\left(\cos\omega t-\frac{a}{\omega}\sin\omega t\right) \tag{6.84}$$

6.3.2 系统函数与系统的时域特性

本节从 s 域的角度,即从 $E(s)$ 与 $H(s)$ 的极点分布特性的角度讨论完全响应中的自由分量和强迫分量。

在 s 域中,系统响应 $R(s)$ 与激励信号 $E(s)$、系统函数 $H(s)$ 满足

$$R(s)=H(s)E(s)$$

系统响应的时域特性为

$$r(t)=L^{-1}[R(s)] \tag{6.85}$$

显然,$R(s)$ 的零点、极点由 $H(s)$ 与 $E(s)$ 的零点、极点决定。在式(6.85)中,$H(s)$ 和 $E(s)$ 可以分别写作以下形式:

$$H(s)=\frac{\prod\limits_{j=1}^{m}(s-z_j)}{\prod\limits_{i=1}^{n}(s-p_i)} \tag{6.86}$$

$$E(s)=\frac{\prod\limits_{l=1}^{u}(s-z_l)}{\prod\limits_{k=1}^{v}(s-p_k)} \tag{6.87}$$

其中，z_j 和 z_l 分别表示 $H(s)$ 的第 j 个零点和 $E(s)$ 的第 l 个零点，零点数目分别为 m 与 u；p_i 和 p_k 分别表示 $H(s)$ 的第 i 个极点和 $E(s)$ 的第 k 个极点，极点数目分别为 n 与 v。此外，为讨论方便，还假定 $H(s)$ 与 $E(s)$ 两式前面的系数等于 1。

如果在 $R(s)$ 函数式中不含有多阶极点，而且 $H(s)$ 与 $E(s)$ 没有相同的极点，那么将 $R(s)$ 用部分分式展开后即可得到

$$R(s) = \sum_{i=1}^{n} \frac{K_i}{s-p_i} + \sum_{k=1}^{k} \frac{K_k}{s-p_k} \tag{6.88}$$

K_i 和 K_k 分别表示部分分式展开各项的系数。

不难看出，$R(s)$ 的极点来自两方面：一是系统函数的极点 p_i；二是激励信号的极点 p_k。取 $R(s)$ 的逆变换，写出响应函数的时域表达式：

$$r(t) = \sum_{i=1}^{n} K_i e^{p_i t} + \sum_{k=1}^{v} K_k e^{p_k t} \tag{6.89}$$

响应函数 $r(t)$ 由两部分组成：前一部分是由系统函数的极点形成的，称为自由响应；后一部分则是由激励函数的极点形成的，称为强迫响应。自由响应中的极点 p_i 只由系统本身的特性决定，与激励函数的形式无关。然而，系数 K_i 则与 $H(s)$ 和 $E(s)$ 都有关系。同样，系数 K_k 不仅由 $E(s)$ 决定，而且与 $H(s)$ 有关。即，自由响应时间函数的形式仅由 $H(s)$ 决定，而其幅度与相位却受 $H(s)$ 与 $E(s)$ 两方面的影响；同样，强迫响应时间函数的形式只取决于激励函数 $E(s)$，而其幅度与相位却与 $E(s)$ 和 $H(s)$ 都有关系。另外，对于有多阶极点的情况可以得到与此类似的结果。

为便于表征系统特性，定义系统行列式（特征方程）的根为系统的固有频率（或称自由频率、自然频率）。由式(6.80)可看出，行列式 Δ 位于 $H(s)$ 的分母，因而 $H(s)$ 的极点 p_i 都是系统的固有频率。可以说，自由响应的函数形式应由系统的固有频率决定。必须注意，当把系统行列式作为分母写出 $H(s)$ 时，有可能出现 $H(s)$ 的极点与零点因子相消的现象，这时，被消去的固有频率在 $H(s)$ 极点中将不再出现。这一现象再次说明，系统函数 $H(s)$ 只能用于研究系统的零状态响应，$H(s)$ 包含了系统为零状态响应提供的全部信息。但是，它不包含零输入响应的全部信息，这是因为，当 $H(s)$ 的零点、极点相消时，某些固有频率会丢失，而在零输入响应中要求表现出全部固有频率的作用。

例 6.15 电路如图 6.12 所示，输入信号 $v_1(t) = 10\cos 4t \, u(t)$，求输出电压 $v_2(t)$，并指出 $v_2(t)$ 中的自由响应与强迫响应。

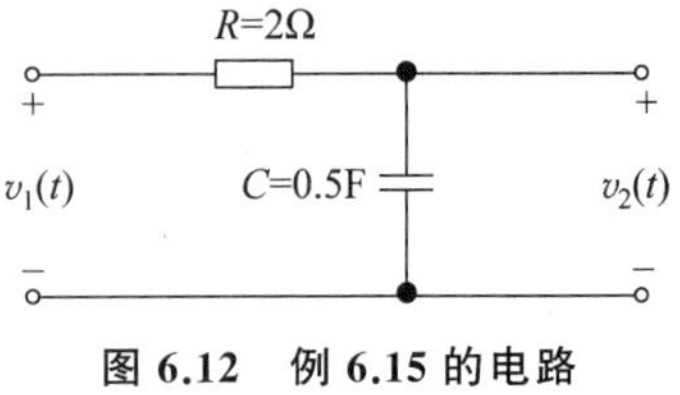

图 6.12 例 6.15 的电路

解：系统函数的表达式为

$$H(s) = \frac{V_2(s)}{V_1(s)} = \frac{\frac{1}{Cs}}{R + \frac{1}{Cs}} = \frac{1}{1+RCs} = \frac{1}{s+1}$$

$v_1(t)$ 的变换式为

$$V_1(s) = L[10\cos 4t] = \frac{10s}{s^2+16}$$

输出信号的变换式为

$$V_2(s) = H(s)V_1(s) = \frac{10s}{(s^2+16)(s+1)}$$

将 $V_2(s)$ 作部分分式展开：

$$V_2(s) = \frac{As+B}{s^2+16} + \frac{C}{s+1}$$

分别求系数 A、B、C：

$$C = (s+1)V_2(s)\big|_{s=-1} = \frac{10s}{s^2+16}\bigg|_{s=-1} = \frac{-10}{17}$$

将所得 C 代回原式，经整理后得

$$10s = (As+B)(s+1) - \frac{10}{17}(s^2+16)$$

$$= As^2 + Bs + As + B - \frac{10}{17}s^2 - \frac{160}{17}$$

取等式两端同幂次 s 的系数相等，得

$$A - \frac{10}{17} = 0, \quad B - \frac{160}{17} = 0$$

于是

$$A = \frac{10}{17}, \quad B = \frac{160}{17}$$

所以

$$V_2(s) = \frac{\frac{10}{17}s + \frac{160}{17}}{s^2+16} - \frac{\frac{10}{17}}{s+1}$$

取逆变换：

$$v_2(t) = L^{-1}\left[\frac{-\frac{10}{17}}{s+1} + \frac{\frac{10}{17}s}{s^2+16} + \frac{\frac{160}{17}}{s^2+16}\right] = -\frac{10}{17}e^{-t} + \frac{10}{17}\cos 4t + \frac{40}{17}\sin 4t$$

$$= \underbrace{-\frac{10}{17}e^{-t}}_{\text{自由响应}} + \underbrace{\frac{10}{\sqrt{17}}\cos(4t - 76°)}_{\text{强迫响应}}$$

如果把正弦稳态分析中的相量法用于本例，所得结果将与这里的强迫响应函数一致。与自由响应和强迫响应有着密切联系而且又容易发生混淆的另一对名词是瞬态响应和稳态响应。

瞬态响应是指激励信号接入以后完全响应中瞬时出现的有关成分。随着时间 t 增大，它将消失。由完全响应中减去瞬态响应分量即得到稳态响应分量。

一般情况下，对于稳定系统，$H(s)$ 极点的实部都小于 0，即 $\text{Re}[p_i] < 0$（极点在 s 左半平面），故自由响应函数呈衰减形式，在此情况下，自由响应就是瞬态响应。若 $E(s)$ 极点的实部大于或等于 0，即 $\text{Re}[p_k] \geqslant 0$，则强迫响应就是稳态响应。例如正弦激励信号，它的 $\text{Re}[p_k] = 0$，正弦稳态响应就是正弦信号作用下的强迫响应。若激励是非正弦周期信号，仍属 $\text{Re}[p_k] = 0$ 的情况，用拉普拉斯变换求解电路的过程将相当烦琐，然而极点特征与响应分量的对应规律仍然成立。此时，可借助电子线路 CAD 程序（如 SPICE）利用计算机求得详细结果。

下面一些情况在实际问题中很少遇到，但从 $H(s)$ 或 $E(s)$ 极点的不同类型来看还是有可能出现的。如果激励信号本身为衰减函数，即 $\text{Re}[p_k] < 0$，例如 e^{-at}、$e^{-at}\sin \omega t$ 等，在时间 t

趋于无穷大以后,强迫响应也等于0,这时,强迫响应与自由响应一起组成瞬态响应,而系统的稳态响应等于0。当 $\text{Re}[p_i]=0$ 时,其自由响应就是无休止的等幅振荡(如无损 LC 谐振电路),于是,自由响应也成为稳态响应,这是一种特例(称为边界稳定系统)。若 $\text{Re}[p_i]>0$,则自由响应是增幅振荡,这属于不稳定系统。还有一种值得说明的情况,这就是 $H(s)$ 的零点与 $E(s)$ 的极点相同(出现 $z_j=p_k$),此时对应因子相消,与 p_k 相应的稳态响应不复存在。

6.3.3 系统函数与系统的稳定性

前面讨论了 $H(s)$ 的零点、极点分布与系统时域特性、频响特性的关系作为 $H(s)$ 的零点、极点分析的另一重要应用是借助它研究线性系统的稳定性。按照研究问题的不同类型和不同角度,系统稳定性的定义有不同形式,涉及的内容相当丰富,本节只作初步介绍,后续课程中将作进一步研究。

稳定性是系统自身的性质之一,系统是否稳定与激励信号的情况无关。系统的冲激响应 $h(t)$ 或系统函数 $H(s)$ 集中表征了系统的本性,当然,它们也反映了系统是否稳定。判断系统是否稳定,可从时域或 s 域两方面进行。对于因果系统观察在时间 t 趋于无穷大时 $h(t)$ 是增长还是趋于有限值或者消失,这样可以确定系统的稳定性。研究 $H(s)$ 在 s 平面中极点分布的位置,也可以很方便地给出有关稳定性的结论。从稳定性考虑,因果系统可划分为稳定系统、不稳定系统、临界稳定(边界稳定)系统 3 种。

(1) 稳定系统。如果 $H(s)$ 全部极点落于 s 左半平面(不包括虚轴),则可以满足

$$\lim_{t\to\infty} h(t) = 0 \tag{6.90}$$

系统是稳定的(参看表 6.4、表 6.5)。

(2) 不稳定系统。如果 $H(s)$ 的极点落于 s 右半平面,或在虚轴上具有二阶以上的极点,则在足够长时间以后,$h(t)$ 仍继续增长,系统是不稳定的。

(3) 临界稳定系统。如果 $H(s)$ 的极点落于 s 平面虚轴上,且只有一阶,则在足够长时间以后,$h(t)$ 趋于一个非零的数值或形成一个等幅振荡。这是上述两种类型的临界情况。

稳定系统的另一种定义如下:若系统对任意的有界输入其零状态响应也是有界的,则称此系统为稳定系统。也可称为有界输入有界输出(BIBO)稳定系统。上述定义可由以下数学表达式说明。对所有的激励信号 $e(t)$,若

$$|e(t)| \leqslant M_e \tag{6.91}$$

其响应 $r(t)$ 满足

$$|r(t)| \leqslant M_r \tag{6.92}$$

则称该系统是稳定的。其中,M_e、M_r 为有界正值。按此定义,对各种可能的 $e(t)$,逐个检验式(6.91)与式(6.92)判断系统稳定性过于烦琐,也是不现实的,为此导出稳定系统的充分必要条件:

$$\int_{-\infty}^{+\infty} |h(t)| \, \mathrm{d}t \leqslant M \tag{6.93}$$

其中,M 为有界正值。或者说,若冲激响应 $h(t)$ 绝对可积,则系统是稳定的。

证明:对任意有界输入 $e(t)$,系统的零状态响应为

$$r(t) = \int_{-\infty}^{+\infty} h(\tau) e(t-\tau) \mathrm{d}\tau \tag{6.94}$$

$$|r(t)| \leqslant \int_{-\infty}^{+\infty} |h(\tau)| |e(t-\tau)| \, \mathrm{d}\tau \tag{6.95}$$

代入式(6.91),得到

$$|r(t)| \leqslant M_e \int_{-\infty}^{+\infty} |h(\tau)| d\tau \tag{6.96}$$

如果 $h(t)$ 满足式(6.93),即 $h(t)$ 绝对可积,则

$$|r(t)| \leqslant M_e M$$

取 $M_e M = M_r$,这就是式(6.92)。至此,式(6.93)的充分性得到证明。下面研究它的必要性。

如果 $\int_{-\infty}^{+\infty} |h(t)| dt$ 无界,则至少有一个有界的 $e(t)$ 产生无界的 $r(t)$。选择具有如下特性的激励信号 $e(t)$:

$$e(-t) = \mathrm{sgn}[h(t)] = \begin{cases} -1, & h(t) < 0 \\ 0, & h(t) = 0 \\ 1, & h(t) > 0 \end{cases}$$

这表明,$e(-t)h(t) = |h(t)|$。响应 $r(t)$ 的表达式为

$$r(t) = \int_{-\infty}^{+\infty} h(\tau) e(t-\tau) d\tau$$

$$r(0) = \int_{-\infty}^{+\infty} h(\tau) e(-\tau) d\tau = \int_{-\infty}^{+\infty} |h(\tau)| d\tau$$

此式表明,若 $\int_{-\infty}^{+\infty} |h(\tau)| d\tau$ 无界,则 $r(0)$ 也无界,即式(6.93)的必要性得证。

在以上分析中并未涉及系统的因果性,这表明无论因果稳定系统或非因果稳定系统都要满足式(6.93)的条件。对于因果系统,式(6.93)可改写为

$$\int_{-\infty}^{+\infty} |h(t)| dt \leqslant M \tag{6.97}$$

对于因果系统,从 BIBO 稳定性定义考虑与考察 $H(s)$ 极点分布判断稳定性具有统一的结果,仅在类型划分方面略有差异。当 $H(s)$ 的极点位于 s 左半平面时,$h(t)$ 绝对可积,系统稳定;而当 $H(s)$ 的极点位于 s 右半平面或在虚轴具有二阶以上极点时,$h(t)$ 不满足绝对可积条件,系统不稳定;当 $H(s)$ 极点位于虚轴且只有一阶时称为临界稳定系统,$h(t)$ 处于不满足绝对可积的临界状况,从 BIBO 稳定性划分来看,由于未规定临界稳定类型,因而这种情况可属于不稳定范围。

例 6.16 已知两个因果系统的系统函数分别为 $H_1(s) = \dfrac{1}{s}$ 和 $H_2(s) = \dfrac{s}{s^2 + \omega_0^2}$,激励信号分别为 $e_1(t) = u(t)$ 和 $e_2(t) = \sin(\omega_0 t) u(t)$,求这两种情况的响应 $r_1(t)$ 和 $r_2(t)$,并讨论系统稳定性。

解:容易求得激励信号的拉普拉斯变换分别为 $\dfrac{1}{s}$ 和 $\dfrac{\omega_0}{s^2 + \omega_0^2}$,响应的拉普拉斯变换分别为

$$R_1(s) = \frac{1}{s} \times \frac{1}{s} = \frac{1}{s^2}$$

$$R_2(s) = \frac{\omega_0}{s^2 + \omega_0^2} \times \frac{s}{s^2 + \omega_0^2}$$

对应的时域表达式为

$$r_1(t) = t u(t)$$

$$r_2(t) = \frac{1}{2} t \sin \omega_0 t \, u(t)$$

在本例中,激励信号 $u(t)$ 和 $\sin \omega_0 t \, u(t)$ 都是有界信号,却都产生无界信号的输出,因而,

从 BIBO 稳定性判据可知，两种情况都属于不稳定系统。当然，也可检验 $h_1(t)=u(t)$ 和 $h_2(t)=\cos\omega_0 t\ u(t)$ 都未能满足绝对可积的条件，于是得出同样结论。若从系统函数极点分布来看，$H_1(s)$ 和 $H_2(s)$ 都具有虚轴上的一阶极点，属于临界稳定类型。

对应电路分析的实际问题，通常不含受控源的 RLC 电路构成稳定系统。不含受控源也不含电阻（无损耗），只由 LC 元件构成的电路会出现 $H(s)$ 极点位于虚轴的情况，$h(t)$ 呈等幅振荡。从物理概念上讲，上述两种情况都是无源网络，它们不能对外部供给能量，响应函数幅度是有限的，属于稳定或临界稳定系统。含受控源的反馈系统可出现稳定、临界稳定和不稳定几种情况，实际上由于电子器件的非线性作用，电路往往可从不稳定状态逐步调整至临界稳定状态，利用此特点产生自激振荡。

例 6.17 假定图 6.13 所示放大器的输入阻抗等于无穷大。输出信号 $V_o(s)$ 与差分输入信号 $V_1(s)$ 和 $V_2(s)$ 之间满足关系式 $V_o(s)=A(V_2(s)-V_1(s))$。

(1) 求系统函数 $H(s)=\dfrac{V_o(s)}{V_1(s)}$。

(2) 由 $H(s)$ 的极点分布判断 A 满足怎样的条件时系统是稳定的。

解：

$$\frac{V_2(s)}{V_o(s)}=\frac{\dfrac{1}{sC}}{R+\dfrac{1}{sC}}$$

$$V_o(s)=A(V_2(s)-V_1(s))=\frac{\dfrac{1}{sC}}{R+\dfrac{1}{sC}}AV_2(s)-AV_1(s)$$

$$H(s)=\frac{V_o(s)}{V_1(s)}=\frac{A}{1-\dfrac{\dfrac{A}{sC}}{R+\dfrac{1}{sC}}}=-\frac{\left(s+\dfrac{1}{RC}\right)A}{s+\dfrac{1-A}{RC}}$$

为使此系统稳定，$H(s)$ 的极点应落于 s 左半平面，故应有

$$\frac{1-A}{RC}>0$$

即，若 $A<1$，则系统稳定；若 $A\geqslant 1$，则为临界稳定或不稳定系统。

例 6.18 对于图 6.14 所示的线性反馈系统，讨论当 K 从 0 增长时系统稳定性的变化。

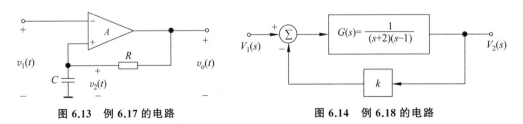

图 6.13 例 6.17 的电路 图 6.14 例 6.18 的电路

解：

$$V_2(s)=[V_1(s)-KV_2(s)]G(s)$$

$$\frac{V_2(s)}{V_1(s)} = \frac{G(s)}{1+KG(s)} = \frac{\frac{1}{(s-1)(s+2)}}{1+\frac{K}{(s-1)(s+2)}} = \frac{1}{(s-1)(s+2)+K}$$

$$= \frac{1}{s^2+s-2+K} = \frac{1}{(s-p_1)(s+p_2)}$$

求得极点位置:

$$p_1 = -\frac{1}{2} - \sqrt{\frac{9}{4}-K},$$

$$p_2 = -\frac{1}{2} + \sqrt{\frac{9}{4}-K}$$

$K=0$, $p_1=-2$, $p_2=1$

$K=2$, $p_1=-1$, $p_2=0$

$K=\frac{9}{4}$, $p_1=p_2=-\frac{1}{2}$

$K>\frac{9}{4}$, 有共轭复根,在 s 左半平面

因此,$K>2$ 时系统稳定,$K=2$ 时系统临界稳定,$K<2$ 时系统不稳定。K 增长时极点在 s 平面上的移动过程如图 6.15 所示。

在线性时不变系统(包括连续与离散)分析中,系统函数方法占据重要地位。以上各节研究了利用 $H(s)$ 求解电路以及由 $H(s)$ 的零点、极点分布决定系统的时域、频域特性和稳定性等各类问题。在后面的内容中还会看到系统函

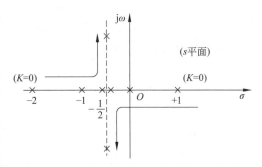

图 6.15 K 增长时极点在 s 平面上的移动过程

数的广泛应用,可以从多种角度理解和认识它的作用。然而,必须注意到应用这一概念的局限性。系统函数只能针对零状态响应描述系统的外部特性,不能反映系统内部性能。此外,对于相当多的工程实际问题,难以建立确切的系统函数模型。对高阶线性系统求出严格的系统函数过于烦琐,对于非线性系统、时变系统以及许多模糊现象则不能采用系统函数的方法。近年来,人工神经网络和模糊控制等方法的出现为解决这类问题开辟了新的途径。这些新方法在构成原理和处理问题的出发点等方面与本章给出的系统函数方法有着重大区别。

6.3.4 系统函数零点、极点与系统频率响应

所谓频率响应特性是指系统在正弦信号激励之下稳态响应随信号频率的变化情况。这包括幅度随频率的响应以及相位随频率的响应两方面。在电路分析课程中,正弦稳态分析采用的方法是相量法。现在从系统函数的观点来考察系统的正弦稳态响应,并借助零点、极点分布图来研究频率响应特性。

设系统函数以 $H(s)$ 表示,正弦激励源 $e(t)$ 的函数式写为

$$e(t) = E_m \sin \omega_0 t \qquad (6.98)$$

其变换式为

$$E(s) = \frac{E_m \omega_0}{s^2 + \omega_0^2} \tag{6.99}$$

于是,系统响应的变换式 $R(s)$ 可写为

$$R(s) = \frac{E_m \omega_0}{s^2 + \omega_0^2} H(s)$$

$$= \frac{K_{-j\omega_0}}{s + j\omega_0} + \frac{K_{j\omega_0}}{s - j\omega_0} + \frac{K_1}{s - p_1} + \frac{K_2}{s - p_2} + \cdots - \frac{K_n}{s - p_n} \tag{6.100}$$

其中,$p_1, p_2, \cdots, p_n$ 是 $H(s)$ 的极点 $K_1, K_2, \cdots, K_n$ 为部分分式分解各项的系数,而

$$K_{-j\omega_0} = (s + j\omega_0) R(s) \big|_{s=-j\omega_0} = \frac{E_m \omega_0 H(-j\omega_0)}{-2j\omega_0} = \frac{E_m H_0 e^{-j\varphi_0}}{-2j}$$

$$K_{j\omega_0} = (s - j\omega_0) R(s) \big|_{s=j\omega_0} = \frac{E_m \omega_0 H(j\omega_0)}{2j\omega_0} = \frac{E_m H_0 e^{j\varphi_0}}{2j}$$

这里引入了以下两个符号:

$$H(j\omega_0) = H_0 e^{j\varphi_0}$$
$$H(-j\omega_0) = H_0 e^{-j\varphi_0}$$

至此可以求得

$$\frac{K_{-j\omega_0}}{s + j\omega_0} + \frac{K_{j\omega_0}}{s - j\omega_0} = \frac{E_m H_0}{2j} \left(-\frac{e^{-j\varphi_0}}{s + j\omega_0} + \frac{e^{j\varphi_0}}{s - j\omega_0} \right) \tag{6.101}$$

式(6.100)前两项的逆变换为

$$L^{-1} \left[\frac{K_{-j\omega_0}}{s + j\omega_0} + \frac{K_{j\omega_0}}{s - j\omega_0} \right] = \frac{E_m H_0}{2j} (-e^{-j\varphi_0} e^{-j\omega_0 t} + e^{j\varphi_0} e^{j\omega_0 t})$$

$$= E_m H_0 \sin(\omega_0 t + \varphi_0) \tag{6.102}$$

系统的完全响应是

$$r(t) = L^{-1}[R(s)] = E_m H_0 \sin(\omega_0 t + \varphi_0) + K_1 e^{p_1 t} + K_2 e^{p_2 t} + \cdots + K_n e^{p_n t} \tag{6.103}$$

对于稳定系统,其固有频率 $p_1, p_2, \cdots, p_n$ 的实部必小于 0,式(6.103)中各指数项均为指数衰减函数,当 $t \to \infty$ 时,它们都趋于 0,所以稳态响应 $r_{ss}(t)$ 就是式中的第一项:

$$r_{ss}(t) = E_m H_0 \sin(\omega_0 t + \varphi_0) \tag{6.104}$$

可见,在频率为 ω_0 的正弦激励信号作用之下,系统的稳态响应仍为同频率的正弦信号,但幅度乘以系数 H_0,相位移动中 φ_0、H_0 和 φ_0 由系统函数在 $j\omega_0$ 处的取值所决定:

$$H(s) \big|_{s=j\omega_0} = H(j\omega_0) = H_0 e^{j\varphi_0} \tag{6.105}$$

当正弦激励信号的频率 ω 改变时,将变量 ω 代入 $H(s)$ 中,即可得到频率响应特性:

$$H(s) \big|_{s=j\omega} = H(j\omega) = |H(j\omega)| e^{j\varphi(\omega)} \tag{6.106}$$

其中,$|H(j\omega)|$ 是幅频响应特性,φ 是相频响应特性(或相移特性)。为便于分析,常将式(6.106)的结果绘制成频率响应曲线,这时横坐标为变量 ω,纵坐标分别为 $|H(j\omega)|$ 和 φ。

在通信、控制以及电力系统中,一种重要的组成部件是滤波网络,而滤波网络的研究需要从它的频率响应特性入手。

滤波网络按照幅频特性形式的不同可以划分为低通、高通、带通、带阻等类型,相应的幅频响应曲线如图 6.16 所示。在图 6.16 中,虚线表示理想的滤波特性,实线给出可能实现的某种实际特性。对于低通滤波网络,当 $\omega < \omega_c$ 时,$|H(j\omega)|$ 取得较大的数值,网络允许信号通过;而在 $\omega \geq \omega_c$ 以后,$|H(j\omega)|$ 的数值相对减小,以致非常微弱,网络不允许信号通过,将这些频

率的信号滤除。这里，ω_c 称为截止频率，$\omega<\omega_c$ 的频率范围称为通带，$\omega\geqslant\omega_c$ 则称为阻带。对于高通滤波网络，其通带、阻带的范围则与低通的情况相反。带通滤波网络的通带范围在 ω_{c1} 与 ω_{c2} 之间，带阻滤波网络则与之相反。图 6.16 中用阴影表示各种滤波特性的通带范围。

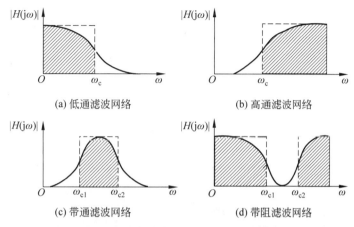

图 6.16 滤波网络幅频响应特性示例

对于滤波网络的特性分析，有时要从相频响应特性着手，有时要从时域特性着手。从广义上说，滤波网络的作用及其类型应涉及滤波、时延、均衡、形成等许多方面。

从本章开始将涉及与滤波器有关的问题，包括理想化模型、实现和构成原理、性能分析以及各种类型的应用。而系统的频率响应特性分析是研究这些问题的基础。

根据系统函数 $H(s)$ 在 s 平面的零点、极点分布可以绘制频率响应特性曲线，包括幅频特性 $|H(j\omega)|$ 曲线和相频特性 $\varphi(\omega)$ 曲线。下面介绍这种方法的原理。

假定系统函数 $H(s)$ 的表达式为

$$H(s)=\frac{K\prod\limits_{j=1}^{m}(s-z_j)}{\prod\limits_{i=1}^{n}(s-p_i)} \tag{6.107}$$

取 $s=j\omega$，即在 s 平面中 s 沿虚轴移动，得到

$$H(j\omega)=\frac{K\prod\limits_{j=1}^{m}(j\omega-z_j)}{\prod\limits_{i=1}^{n}(j\omega-p_i)} \tag{6.108}$$

容易看出，频率特性取决于零点、极点的分布，即取决于 z_j、p_i 的位置，而式(6.108)中的 K 是系数，对于频率特性的研究无关紧要。$j\omega-p_i$ 相当于由极点 p_i 引向虚轴上某点 $j\omega$ 的一个向量，$j\omega-z_j$ 相当于由零点 z_j 引至虚轴上某点 $j\omega$ 的一个向量。图 6.17 中画出了由零点 z_1 和极点 p_1 与 $j\omega$ 点连接构成的两个向量，N_1、M_1 分别表示向量的模，Ψ_1、θ_1 分别表示向量的辐角。对于

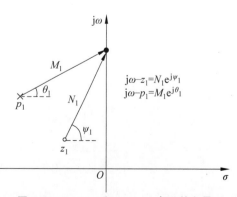

图 6.17 $j\omega-z_1$ 和 $j\omega-p_1$ 表示的向量

任意零点 z_j、极点 p_i，相应的复数因子(向量)都可表示为

$$j\omega - z_j = N_j e^{j\varphi_j} \tag{6.109}$$

$$j\omega - p_i = M_i e^{j\theta_i} \tag{6.110}$$

这里，N_j、M_i 分别表示两个向量的模，φ_j、θ_i 则分别表示它们的辐角。

于是，式(6.108)可以改写为

$$H(j\omega) = K \frac{N_1 e^{j\varphi_1} N_2 e^{j\varphi_2} \cdots N_m e^{j\varphi_m}}{M_1 e^{j\theta_1} M_2 e^{j\theta_2} \cdots M_n e^{j\theta_n}} = K \frac{N_1 N_2 \cdots N_m}{M_1 M_2 \cdots M_n} e^{j((\varphi_1 + \varphi_2 + \cdots + \varphi_m) - (\theta_1 + \theta_2 + \cdots + \theta_n))}$$

$$= |H(j\omega)| e^{j\varphi(\omega)} \tag{6.111}$$

其中

$$|H(j\omega)| = K \frac{N_1 N_2 \cdots N_m}{M_1 M_2 \cdots M_n} \tag{6.112}$$

$$\varphi(\omega) = (\varphi_1 + \varphi_2 + \cdots + \varphi_m) - (\theta_1 + \theta_2 + \cdots + \theta_n) \tag{6.113}$$

当 ω 沿虚轴移动时，各复数因子(向量)的模和辐角都随之改变，由此可以得出幅频特性曲线和相频特性曲线。这种方法也称为 s 平面几何分析。先讨论 $H(s)$ 极点位于 s 平面实轴的情况，包括一阶与二阶系统。后面专门研究极点为共轭复数的情况。

一阶系统只含有一个储能元件(或将几个同类储能元件简化等效为一个储能元件)。系统转移函数只有一个极点，且位于实轴上。系统转移函数(电压比或电流比)的一般形式为 $K\dfrac{s-z_1}{s-p_1}$，其中 z_1、p_1 分别为它的零点与极点，如果零点位于原点，则函数形式为 $K\dfrac{s}{s-p_1}$；也可能除了 $s=\infty$ 处有零点之外，在 s 平面其他位置均无零点，于是函数形式为 $\dfrac{K}{s-p_1}$。现以简单的 RC 网络为例，分析一阶低通、高通滤波网络。

例 6.19 研究图 6.18 所示 RC 高通滤波网络的频率响应特性。

解：网络转移函数为

$$H(s) = \frac{V_2(s)}{V_1(s)} = \frac{R}{R + \dfrac{1}{sC}} = \frac{s}{s + \dfrac{1}{RC}}$$

它有一个零点在坐标原点，而极点位于 $-\dfrac{1}{RC}$ 处，即 $z_1 = 0$，$p_1 = -\dfrac{1}{RC}$，零点、极点在 s 平面上的分布如图 6.19 所示。

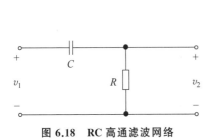

图 6.18 RC 高通滤波网络

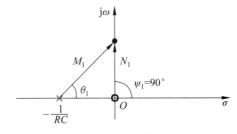

图 6.19 RC 高通滤波网络的 s 平面分析

将 $H(s)|_{s=j\omega} = H(j\omega)$ 以向量因子 $N_1 e^{j\psi_1}$，$M_1 e^{j\theta_1}$ 表示：

$$H(j\omega) = \frac{N_1 e^{j\psi_1}}{M_1 e^{j\theta_1}} = \frac{V_2}{V_1} e^{j\varphi(\omega)}$$

其中

$$\frac{V_2}{V_1} = \frac{N_1}{M_1}$$

$$\varphi = \psi_1 - \theta_1$$

现在分析当 ω 从 0 沿虚轴向 ∞ 增长时 $H(j\omega)$ 如何随之改变。当 $\omega = 0$ 时，$N_1 = 0$，$M_1 = 1/RC$，所以 $N_1/M_1 = 0$，即 $V_2/V_1 = 0$；又因为 $\theta_1 = 0$，$\psi_1 = 90°$，所以 $\varphi = 90°$。当 $\omega = 1/RC$ 时，$N_1 = 1/RC$，$\theta_1 = 45°$，所以 $\varphi = 45°$，而且 $M_1 = \sqrt{2}/RC$，于是 $V_2/V_1 = N_1/M_1 = 1/\sqrt{2}$，此点为高通滤波网络的截止频率点。最后，当 ω 趋于 ∞ 时，N_1/M_1 趋近 1，即 $V_2/V_1 = 1$，θ_1 趋近 $90°$，所以 φ 趋近 $0°$。按照上述分析绘出幅频特性与相频特性曲线，如图 6.20 所示。

例 6.20 绘出图 6.21 所示 RC 低通滤波网络的频率响应特性曲线。

解：网络转移函数为

$$H(s) = \frac{V_2(s)}{V_1(s)} = \frac{1}{RC} \times \frac{1}{s + \frac{1}{RC}}$$

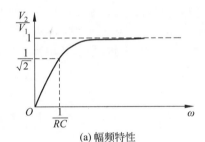

(a) 幅频特性

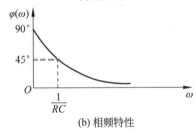

(b) 相频特性

图 6.20 RC 高通滤波网络的频率响应特性曲线

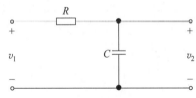

图 6.21 RC 低通滤波网络

极点位于 $p_1 = -\dfrac{1}{RC}$ 处，如图 6.22 所示。$H(j\omega)$ 表达式写为

$$H(j\omega) = \frac{1}{RC} \times \frac{1}{M_1 e^{j\theta_1}} = \frac{V_2}{V_1} e^{j\varphi(\omega)}$$

其中

$$\frac{V_2}{V_1} = \frac{1}{RC} \times \frac{1}{M_1}$$

频率响应曲线如图 6.23 所示。这是一个低通网络，截止频率位于 $\omega = \dfrac{1}{RC}$ 处。

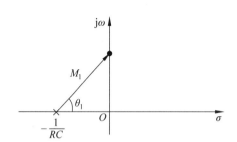

图 6.22 RC 低通滤波网络的 s 平面分析

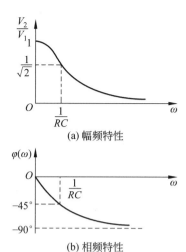

图 6.23 RC 低通滤波网络的频率响应特性曲线

对于一阶系统,经常遇到的电路还有简单的 RL 电路以及含有多个电阻而仅含有一个储能元件的 RC、RL 电路。对于它们都可采用类似的方法进行分析。只要系统函数的零点、极点分布相同,就会具有一致的时域、频域特性。从系统的观点来看,要抓住系统特性的一般规律,必须从零点、极点分布入手研究。由同一类型储能元件构成的二阶系统(如含有两个电容或两个电感),它们的两个极点都落在实轴上,即不出现共轭复数极点,为非谐振系统。系统转移函数电压比(或电流比)的一般形式为 $K\dfrac{(s-z_1)(s-z_2)}{(s-p_1)(s-p_2)}$,其中 z_1、z_2 是两个零点,p_1、p_2 是两个极点,也可出现 $K\dfrac{s-z_1}{(s-p_1)(s-p_2)}$ 或者 $K\dfrac{1}{(s-p_1)(s-p_2)}$ 等形式。由于零点数目以及零点、极点位置的不同,它们可以分别构成低通、高通、带通、带阻等滤波特性。它们的 s 平面几何分析方法与一阶系统的方法类似,不需要建立新概念。

例 6.21 分析图 6.24 所示二阶 RC 系统的频率响应特性。

注意,kv_3 是受控电压源,且 $R_1C_1\ll R_2C_2$。

解:系统转移函数为

$$H(s)=\frac{V_2(s)}{V_1(s)}=\frac{k}{R_1C_1}\times\frac{s}{\left(s+\dfrac{1}{R_1C_1}\right)\left(s+\dfrac{1}{R_2C_2}\right)}$$

它的极点是 $p_1=-\dfrac{1}{R_1C_1}$ 和 $p_2=-\dfrac{1}{R_2C_2}$,只有一个零点在原点,如图 6.25 所示。这里注意到给定的条件 $R_1C_1\ll R_2C_2$,故 $-\dfrac{1}{R_2C_2}$ 靠近原点,而 $-\dfrac{1}{R_1C_1}$ 则离原点较远。以 $j\omega$ 代入 $H(s)$,写为向量因子形式:

$$H(j\omega)=\frac{k}{R_1C_1}\times\frac{N_1e^{j\psi_1}}{M_1e^{j\theta_1}M_2e^{j\theta_2}}$$

$$=\frac{k}{R_1C_1}\times\frac{N_1}{M_1M_2}e^{j(\psi_1-\theta_1-\theta_2)}$$

$$=\frac{V_1}{V_2}e^{j\varphi(\omega)}$$

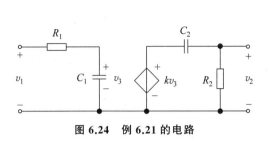

图 6.24 例 6.21 的电路

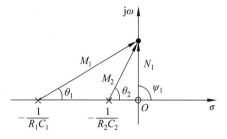

图 6.25 例 6.21 系统的零点、极点分布

由图 6.25 看出,当 ω 较低时,$M_1 \approx \dfrac{1}{R_1C_1}$,$\theta_1 \approx 0$,几乎都不随频率而变,这时 M_2、θ_2、N_1、ψ_1 的作用(即极点 p_2 与零点 z_1 的作用)与一阶 RC 高通系统相同,构成图 6.26 中 ω 低端的高通特性;当 ω 较高时,$M_2 \approx N_1$,$\theta_2 \approx \psi_1$,也可近似认为它们不随 ω 而改变,于是 M_1、θ_1 的作用(即极点 p_1 的作用)与一阶 RC 低通系统一致,构成图 6.26 中 ω 高端的低通特性;当 ω 位于中间频率范围时,同时满足 $M_1 \approx \dfrac{1}{R_1C_1}$,$\theta_1 \approx 0$,$M_2 \approx N_1 = |j\omega|$,$\theta_2 \approx \psi_1 = 90°$,那么 $H(j\omega)$ 可近似写为

$$H(j\omega)\Big|_{\left(\frac{1}{R_2C_2}<\omega<\frac{1}{R_1C_1}\right)} \approx \frac{k}{R_1C_1} \times \frac{j\omega}{\dfrac{1}{R_1C_1}j\omega} = k$$

这时的频率响应特性近于常数。

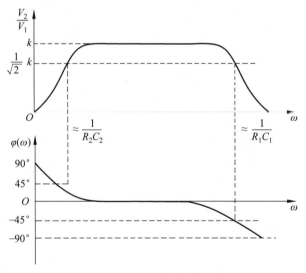

图 6.26 例 6.21 的频率响应曲线

从物理概念上讲,在低频段,主要是 R_2C_2 的高通特性起作用;在高频段,则是 R_1C_1 的低通特性起主要作用;在中频段,C_1 相当于开路,C_2 相当于短路,它们都不起作用,信号 v_1 经受控源放大为 k 倍后送往输出端,给出 v_2。可见此系统相当于低通与高通级联构成的带通系统。

6.4 连续时间系统的连接与模拟

线性连续系统的信号流图是由点和有向线段组成的,用来表示系统的输入输出关系,是系统的一种表示形式。在信号流图中,用点表示信号,用有向线段表示信号的传输方向和传输关系。关于信号流图,还有以下常用术语:

(1) 节点。信号流图中表示信号的点。
(2) 支路。连接两个节点的有向线段。写在支路旁边的函数称为支路的增益或传输函数。
(3) 源点与汇点。仅有输出支路的节点称为源点,仅有输入支路的节点称为汇点。
(4) 通路。从节点出发沿支路传输方向,连续经过支路和节点到达另一节点之间的路径。
(5) 开路。与经过的任一节点只相遇一次的通路。
(6) 环路或回路。起点和终点为同一节点,并且与经过的其余节点只相遇一次的通路。

6.4.1 连续时间系统的连接

连续时间系统有 3 种连接方式,分别是系统的级联、系统的并联、反馈环路。

1. 系统的级联

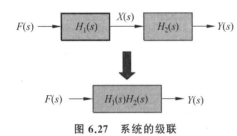

图 6.27 系统的级联

系统的级联如图 6.27 所示,将 $F(s)$ 输入系统函数为 $H_1(s)$ 的系统中得到 $X(s)$,再将 $X(s)$ 输入系统函数为 $H_2(s)$ 的系统中得到 $Y(s)$。此结果相当于将 $F(s)$ 输入系统函数为 $H_1(s)H_2(s)$ 的系统中得到 $Y(s)$。

式(6.114)描述了系统级联的过程:

$$Y(s) = H_2(s)W(s) = H_2(s)H_1(s)X(s) \tag{6.114}$$

两个系统级联后的系统函数相当于两个系统函数相乘:

$$H(s) = H_1(s)H_2(s) \tag{6.115}$$

2. 系统的并联

系统的并联如图 6.28 所示,将 $F(s)$ 分别输入系统函数为 $H_1(s)$、$H_2(s)$ 的系统中后再相加得到 $Y(s)$。此结果相当于将 $F(s)$ 输入系统函数为 $H_1(s)+H_2(s)$ 的系统中得到 $Y(s)$。

式(6.116)描述了系统并联的过程:

$$Y(s) = H_1(s)F(s) + H_2(s)F(s) = [H_1(s) + H_2(s)]F(s) \tag{6.116}$$

两个系统并联后的系统函数相当于两个系统函数相加:

$$H(s) = H_1(s) + H_2(s) \tag{6.117}$$

3. 反馈环路

反馈环路如图 6.29 所示,它引入了中间量 $E(s)$,$Y(s)$ 经过系统函数为 $\beta(s)$ 的系统后,将所得的输出与输入 $F(s)$ 相减后得到 $E(s)$,将 $E(s)$ 输入系统函数为 $K(s)$ 的系统后得到输出 $Y(s)$。

反馈环路的过程描述如下:

$$Y(s) = E(s)K(s) \tag{6.118}$$

$$E(s) = F(s) - \beta(s)Y(s) \tag{6.119}$$

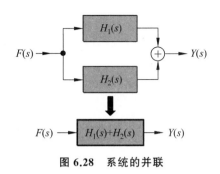

图 6.28　系统的并联

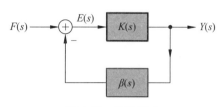

图 6.29　反馈环路

将式(6.119)代入(6.118)并整理可得

$$Y(s) = \frac{K(s)}{1+\beta(s)K(s)} F(s) \tag{6.120}$$

$$H(s) = \frac{K(s)}{1+\beta(s)K(s)} \tag{6.121}$$

6.4.2　连续时间系统的模拟

离散时间系统的模拟结构有 3 种，分别是直接型结构、并联型结构、级联型结构。

1. 直接型结构

设系统的微分方程为

$$y''(t) + a_1 y'(t) + a_0 y(t) = f(t) \tag{6.122}$$

对式(6.122)进行拉普拉斯变换：

$$s^2 Y(s) + a_1 s Y(s) + a_0 Y(s) = F(s) \tag{6.123}$$

或

$$s^2 Y(s) = -a_1 s Y(s) - a_0 Y(s) + F(s) \tag{6.124}$$

根据式(6.123)或式(6.124)即可画出该二阶系统直接型结构的 s 域模拟图，如图 6.30 所示。

根据式(6.123)可求出系统函数：

$$H(s) = \frac{Y(s)}{F(s)} = \frac{1}{s^2 + a_1 s + a_0} = \frac{s^{-2}}{1 + a_1 s^{-1} + a_0 s^{-2}} \tag{6.125}$$

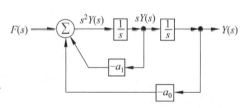

图 6.30　与式(6.122)对应的二阶系统直接型结构的 s 域模拟图

将式(6.124)与图 6.30 进行关联对照，不难看出，若系统函数 $H(s)$ 已知，根据 $H(s)$ 画出直接型结构的 s 域模拟图的方法也是一目了然的。

若系统的微分方程为

$$y''(t) + a_1 y'(t) + a_0 y(t) = b_2 f''(t) + b_1 f'(t) + b_0 f(t) \tag{6.126}$$

则系统函数（取 $m=n=2$）为

$$H(s) = \frac{Y(s)}{F(s)} = \frac{b_2 s^2 + b_1 s + b_0}{s^2 + a_1 s + a_0} = \frac{b_2 + b_1 s^{-1} + b_0 s^{-2}}{1 + a_1 s^{-1} + a_0 s^{-2}} \tag{6.127}$$

与式(6.127)对应的二阶系统直接型结构的 s 域模拟图如图 6.31 所示。

注意：直接型结构模拟图只适用于 $m \leqslant n$ 的情况，当 $m > n$ 时就无法模拟了。

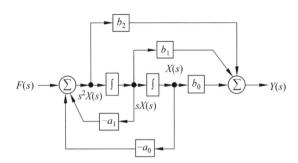

图 6.31　与式(6.127)对应的二阶系统直接型结构的 s 域模拟图

2. 并联型结构

设系统函数为

$$H(s)=\frac{b_2s^2+b_1s+b_0}{s^2+a_1s+a_0} \tag{6.128}$$

将式(6.128)化为真分式,并且将余式展开成部分分式：

$$H(s)=b_2+\frac{N_0(s)}{s^2+a_1s+a_0}=b_2+\frac{N_0(s)}{(s-p_1)(s-p_2)}=b_2+\frac{K_1}{(s-p_1)}+\frac{K_2}{(s-p_2)} \tag{6.129}$$

其中,p_1、p_2 为 $H(s)$ 单阶极点,K_1、K_2 为部分分式的待定系数,它们都是可以求得的。根据式(6.129)即可画出与之对应的二阶系统并联型结构的 s 域模拟图,如图 6.32 所示。

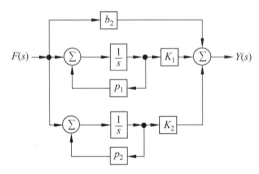

图 6.32　与式(6.129)对应的二阶系统并联型结构的 s 域模拟图

有一个特例,若 $b_2=0$,则图 6.32 中最上面的支路即断开了。若系统函数 $H(s)$ 为 N 阶的,则与之对应的并联型结构 s 域模拟图也可以按照类似的方法画出。并联结构 s 域模拟图的特点是：各子系统之间相互独立,互不干扰和影响。

注意：并联型结构 s 域模拟图也只适用于 $m \leqslant n$ 的情况。

3. 级联型结构

设系统函数为

$$H(s)=\frac{b_2s^2+b_1s+b_0}{s^2+a_1s+a_0} \tag{6.130}$$

$$H(s)=\frac{b_2(s-z_1)(s-z_2)}{(s-p_1)(s-p_2)}=b_2\frac{(s-z_1)}{(s-p_1)}\frac{(s-z_2)}{(s-p_2)} \tag{6.131}$$

其中,p_1、p_2 为 $H(s)$ 单阶极点,z_1、z_2 为 $H(s)$ 单阶零点,它们都是可以求得的。根据式(6.131)即可画出与之对应的二阶系统级联型结构 s 域模拟图,如图 6.33 所示。

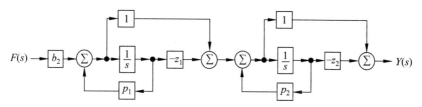

图 6.33 与式(6.131)对应的二阶系统级联型结构 s 域模拟图

若系统函数 $H(s)$ 为 n 阶的,则与之对应的级联型结构模拟图也可以按照类似的方法画出。

注意:级联型结构模拟图也只适用于 $m \leqslant n$ 的情况。

例 6.22 已知某系统的系统函数:

$$H(s) = \frac{2s+3}{s(s+3)(s+2)^2}$$

用级联形式、并联形式的框图表示此系统。

解:(1) 级联形式。将 $H(s)$ 改写成

$$H(s) = \frac{2s+3}{s(s+3)(s+2)^2} = \frac{1}{s} \times \frac{2s+3}{s+3} \times \frac{1}{(s+2)^2} = H_1(s)H_2(s)H_3(s)$$

$$H_1(s) = \frac{1}{s}, \quad H_2(s) = \frac{2s+3}{s+3}, \quad H_3(s) = \frac{1}{(s+2)^2}$$

其框图如图 6.34 所示。

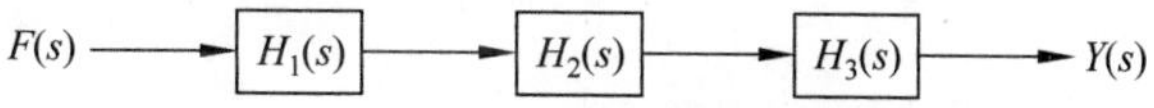

$$F(s) \longrightarrow \boxed{H_1(s)} \longrightarrow \boxed{H_2(s)} \longrightarrow \boxed{H_3(s)} \longrightarrow Y(s)$$

图 6.34 例 6.22 系统级联形式的框图

根据图 6.34 可得

$$Y(s) = F(s)H_1(s)H_2(s)H_3(s)$$

故

$$H(s) = \frac{Y(s)}{F(s)} = H_1(s)H_2(s)H_3(s)$$

(2) 并联形式。将 $H(s)$ 改写成

$$H(s) = \frac{\frac{1}{4}}{s} + \frac{1}{s+3} + \frac{-\frac{5}{4}}{s+2} + \frac{\frac{1}{2}}{(s+2)^2} = H_1(s) + H_2(s) + H_3(s) + H_4(s)$$

$$H_1(s) = \frac{\frac{1}{4}}{s}, \quad H_2(s) = \frac{1}{s+3}, \quad H_3(s) = \frac{-\frac{5}{4}}{s+2}, \quad H_4(s) = \frac{\frac{1}{2}}{(s+2)^2}$$

其框图如图 6.35 所示。

根据图 6.35 可得

$$Y(s) = F(s)H_1(s) + F(s)H_2(s) + F(s)H_3(s) + F(s)H_4(s)$$

故

$$H(s) = \frac{Y(s)}{F(s)} = H_1(s) + H_2(s) + H_3(s) + H_4(s)$$

例 6.23 求图 6.36 所示系统的系统函数。

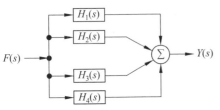

图 6.35 例 6.22 系统并联形式的框图

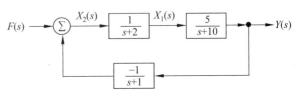

图 6.36 例 6.23 系统

解：引入中间变量 $X_1(s)$、$X_2(s)$，则

$$Y(s) = \frac{5}{s+10}X_1(s) = \frac{5}{s+10} \times \frac{1}{s+2}X_2(s) = \frac{5}{s+10} \times \frac{1}{s+2}\left(F(s) - \frac{1}{s+1}Y(s)\right)$$

$$H(s) = \frac{Y(s)}{F(s)} = \frac{5(s+1)}{(s+10)(s+2)(s+1)} = \frac{5s+5}{s^3+13s^2+32s+25}$$

6.5 连续时间信号与系统复频域分析仿真

6.5.1 连续时间信号复频域分析的 MATLAB 仿真

例 6.24 求函数 $f(x)=t^2$ 的拉普拉斯变换及逆变换。

解：MATLAB 仿真代码为

```
syms t s;
f=t^2;
Fs=laplace(f,t,s)            %对函数 y 进行拉普拉斯变换
ft=ilaplace(Fs,s,t)          %对函数 Ft 进行拉普拉斯逆变换
```

程序运行结果为

```
Fs =
2/s^3
ft =
t^2
```

例 6.25 分别求下列信号的拉普拉斯变换。

(1) $f(t)=e^{-t}\sin\omega t$。   (2) $f(t)=t^9 e^{-at}u(t)$。

解：(1) MATLAB 仿真代码为

```
syms t s w;
f=exp(-t)*sin(w*t);
Fs=laplace(f,t,s)
```

程序运行结果为

```
Fs =
    w/(s^2+2*s+1+w^2)
```

(2) MATLAB 仿真代码为

```
syms t s a;
f=t^9.*exp(-a.*t);
Fs=laplace(f,t,s)
```

程序运行结果为

```
Fs =
362880/(s+a)^10
```

例 6.26 用部分分式法求 $F(s)=\dfrac{s+2}{s^3+4s^2+3s}$ 的逆变换。

解：MATLAB 仿真代码为

```
format rat
num=[1 2];
den=[1 4 3 0];
[r,p]=residue(num,den)
```

程序中 format rat 将结果数据以分式的形式输出。程序运行结果为

```
r =
 -1/6
 -1/2
    2/3
p =
   -3
   -1
    0
```

6.5.2 连续时间系统复频域分析的 MATLAB 仿真

例 6.27 已知一线性时不变电路的转移函数为 $H(s)=\dfrac{u_0}{u_s}=\dfrac{10^4(s+6000)}{s^2+875s+88\times10^6}$，若 $u_s=12.5\cos 8000t$，求 u_0 的稳态响应。

解：MATLAB 代码为

```
syms t s;
Hs=str2sym('(10^4*(s+6000))/(s^2+875*s+88*10^6)');
Vs=laplace(12.5*cos(8000*t));
Vos=Hs*Vs;
Vo=ilaplace(Vos);
Vo=vpa(Vo,4);                          %Vo 表达式保留 4 位有效数字
ezplot(Vo,[1,1+5e-3]);hold on;         %仅显示稳态曲线
ezplot('12.5*cos(8000*t)',[1,1+5e-3]);
axis([1,1+2e-3,-50,50]);
```

运行程序可得到系统的稳态响应，如图 6.37 所示。

例 6.28 已知系统转移函数为 $H(s)=\dfrac{s^2-1}{s^3+2s^2+3s+2}$，画出零极点图。

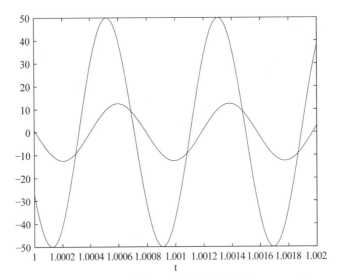

图 6.37 例 6.27 系统的稳态响应

解：MATLAB 仿真代码为

```
clear all
b=[1,0,-1];
a=[1,2,3,2];
zplane(b,a)
legend('零点','极点');
```

运行程序可得到零极点图，如图 6.38 所示。

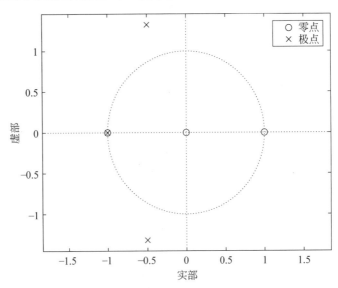

图 6.38 例 6.28 系统的零极点图

例 6.29 已知输入为 $F(s)=\dfrac{2(s-3)(s+3)}{(s-5)(s^2+10)}$，观察拉普拉斯变换零极点对曲面图的影响。

解：MATLAB 代码为

```
clf;clear all
a=-6:0.48:6;b=-6:0.48:6;
[a,b]=meshgrid(a,b);
c=a+i*b;
d=2*(c-3).*(c+3);
e=(c.*c+10).*(c-5);
c=d./e;
c=abs(c);
surf(a,b,c);
axis([-6,6,-6,6,0,4]);
title('拉普拉斯变换曲面');
colormap(hsv);
```

运行程序可得到拉普拉斯变换曲面，如图 6.39 所示。可见，信号拉普拉斯变换的零极点位置决定了其曲面的峰点和谷点位置。

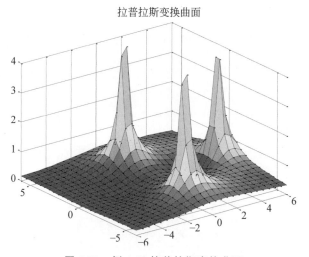

图 6.39　例 6.29 拉普拉斯变换曲面

例 6.30　已知某连续时间系统的系统函数为 $H(s) = \dfrac{1}{s^3 + 2s^2 + 2s + 1}$，用 MATLAB 画出系统的单位冲激响应和幅频响应。

解：MATLAB 仿真代码为

```
b=[1];
a=[1 2 2 1];
figure(1);zplane(b,a);
t=0:0.02:10;
w=0:0.02:5;
h=impulse(b,a,t);
figure(2);plot(t,h);
xlabel('time(s)');
title('Impulse Response');
H=freqs(b,a,w);
```

```
figure(3);plot(w,abs(H));
xlabel('Frequency');
title('Magnitude Response');
```

程序运行结果如图 6.40 所示。

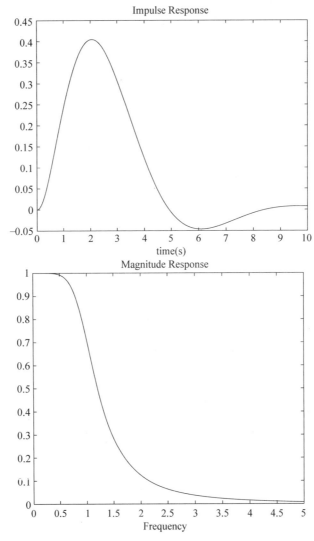

图 6.40 例 6.30 系统的单位冲击响应和幅频响应

延伸阅读

[1] HONIG G, HIRDES U. A method for the numerical inversion of Laplace transforms[J]. Journal of Computational and Applied Mathematics, 1984, 10(1): 113-132.

[2] PAPOULIS A. A new method of inversion of the Laplace transform[J]. Quarterly of Applied Mathematics, 1957, 14(4): 405-414.

[3] DE HOOG F R, KNIGHT J H, STOKES A N. An improved method for numerical inversion of Laplace transforms[J]. SIAM Journal on Scientific and Statistical Computing, 1982, 3(3): 357-366.

[4] CRUMP K S. Numerical inversion of Laplace transforms using a Fourier series approximation[J]. Journal of the ACM (JACM),1976,23(1):89-96.

[5] Ortigueira M D, Machado J A T. Revisiting the 1D and 2D Laplace transforms[J]. Mathematics,2020, 8(8):1330.

[6] BHANOTAR S A, KAABAR M K A. Analytical solutions for the nonlinear partial differential equations using the conformable triple Laplace transform decomposition method[J]. International Journal of Differential Equations,2021. DOI:10.1155/2021/9988160.

习题与考研真题

6.1 已知 $f(t)=tu(t-1)$,求 $F(s)$。

6.2 已知 $f(t)\leftrightarrow F(s)$,求 $f_1(t)=\mathrm{e}^{-\frac{t}{a}}f\left(\frac{t}{a}\right)$ 的象函数。

6.3 求如图 6.41 所示的阶梯函数的拉普拉斯变换。

6.4 求 $\mathrm{e}^{2t}u(t)$ 和 $\mathrm{e}^{-2t}u(t)$ 的拉普拉斯变换。

6.5 求如图 6.42 所示的三角脉冲函数 $f(t)$ 的象函数。

6.6 求 $f(t)=t\mathrm{e}^{-at}\sin tu(t)$ 的象函数 $F(s)$。

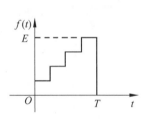
图 6.41 题 6.3 用图

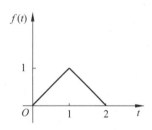
图 6.42 题 6.5 用图

6.7 已知 $F(s)=\dfrac{4}{s^2+4s+4}$,$\sigma>-2$,求其拉普拉斯逆变换。

6.8 求 $F(s)=\dfrac{s+4}{s^3+3s^2+2s}$ 的拉普拉斯逆变换。

6.9 求 $F(s)=\dfrac{3s+5}{(s+1)^2(s+3)}$,$\sigma>-1$ 的拉普拉斯逆变换。

6.10 求 $F(s)=\dfrac{s^3}{s^2+s+1}$,$\sigma>\dfrac{1}{2}$ 的拉普拉斯逆变换。

6.11 利用留数理论求 $F(s)=\dfrac{s+2}{s(s+3)(s+1)^2}$,$\sigma>0$ 的原函数。

6.12 已知某因果线性时不变系统的微分方程为
$$y''(t)+3y'(t)+2y(t)=f(t),\quad y(0)=3,\quad y'(0)=-5$$
求当 $f(t)=2u(t)$ 时系统的零输入响应、零状态响应及完全响应。

6.13 电路如图 6.43 所示,已知 $e(t)=\begin{cases}-E,&t<0\\E,&t>0\end{cases}$,利用 s 域模型求 $v_C(t)$。

6.14 已知系统 $\dfrac{\mathrm{d}^2r(t)}{\mathrm{d}t^2}+5\dfrac{\mathrm{d}r(t)}{\mathrm{d}t}+6r(t)=2\dfrac{\mathrm{d}^2e(t)}{\mathrm{d}t^2}+6\dfrac{\mathrm{d}e(t)}{\mathrm{d}t}$,激励为 $e(t)=(1+\mathrm{e}^{-t})u(t)$,

求系统的冲激响应和零状态响应。

6.15 求如图 6.44 所示电路的全响应 $i(t)$,已知 $v(t)=(1-e^{-at})u(t)$,$i(0)\neq 0$。

6.16 确定图 6.45 所示 RC 电路系统的频响特性。

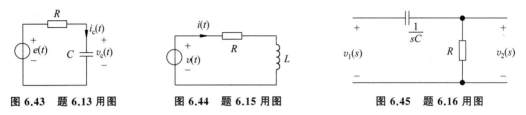

图 6.43 题 6.13 用图　　图 6.44 题 6.15 用图　　图 6.45 题 6.16 用图

6.17 求信号 $\sin\left(t-\dfrac{\pi}{4}\right)$,$t>0$ 的拉普拉斯变换。(四川大学 2008 年考研真题)

第7章　离散时间信号与系统的复频域分析

信号与系统的分析方法有两种，即时域分析方法和频域分析方法。对于模拟信号与系统，在时域中信号一般用连续变量时间的函数表示，系统则用微分方程描述；在频域中则用信号的傅里叶变换或拉普拉斯变换表示，其中傅里叶变换指的是序列的傅里叶变换，它和时域中的傅里叶变换是不一样的，但都是线性变换，很多性质是类似的。对于离散信号与系统，在时域中信号用离散序列表示，系统则用差分方程描述；在频域中则用信号的傅里叶变换或 z 变换表示。z 变换在离散时间系统中的作用同拉普拉斯变换在连续时间系统中的作用一样，它可把描述离散时间系统的差分方程转换为简单的代数方程，使其求解大大简化。本章介绍序列的 z 变换，以及利用 z 变换分析信号与系统的频域特性。本章内容是本书以及信号系统的理论基础。

很久以前，人们就已经认识了 z 变换方法的原理，其历史可以追溯至 18 世纪。早在 1730 年，英国数学家棣莫弗（De Moivre，1667—1754）将生成函数（generating function）的概念用于概率理论的研究，实质上，这种生成函数的形式与 z 变换相同。从 19 世纪的拉普拉斯至 20 世纪的沙尔（H.L.Seal）等在这方面不断做出贡献。20 世纪五六十年代，抽样数据控制系统和数字计算机的研究与实践为 z 变换的应用开辟了广阔的天地，从此，在离散信号与系统的理论研究中，z 变换成为一种重要的数学工具。它把离散时间系统的数学模型——差分方程转换为简单的代数方程，使其求解过程得以简化。因而，z 变换在离散时间系统中的地位与作用类似于连续时间系统中的拉普拉斯变换。

从本章开始陆续讨论 z 变换的定义、性质，在此基础上研究离散时间系统的 z 域分析，给出离散时间系统的系统函数与频率响应的概念。必须指出，类似于连续时间系统的 s 域分析，在离散时间系统的 z 域分析中，利用系统函数在 z 平面中零点、极点的分布特性研究系统的时域特性、频域特性以及稳定性等方法也具有同样的重要意义。

7.1　离散时间信号的复频域分析

在模拟信号和系统中，用傅里叶变换进行频域分析，拉普拉斯变换可作为傅里叶变换的推广，用于对信号与系统进行复频域分析。在时域离散信号与系统中，用序列的傅里叶变换进行频域分析，z 变换则是其推广，用于对序列和系统进行复频域分析。通过 z 变换，时域离散信号的卷积运算变成乘法运算，系统的差分方程变成代数方程，从而使分析更加方便。因此 z 变换在信号系统中同样起着很重要的作用。

7.1.1　单边 z 变换的定义及收敛域

序列 $x(n)$ 的 z 变换定义为

$$X(z) \stackrel{\text{def}}{=} \sum_{n=-\infty}^{+\infty} x(n)z^{-n} \tag{7.1}$$

其中,z 是一个复变量,它所在的复平面称为 z 平面。也可以将 $x(n)$ 的 z 变换表示为 $z[x(n)] = X(z)$。注意,在定义中,对 n 求和是在 $(-\infty, +\infty)$ 区间求和,称为双边 z 变换。还有一种称为单边 z 变换的定义:

$$X(z) \stackrel{\text{def}}{=} \sum_{n=0}^{+\infty} x(n)z^{-n} \tag{7.2}$$

这种单边 z 变换的求和区间是 $[0, \infty)$。因此,对于因果序列,用以上两种 z 变换计算的结果是一样的。

根据级数理论,级数收敛的充分必要条件是满足绝对可和条件,即式(7.1)定义的 z 变换存在的条件是等号右边级数收敛,即级数绝对可和:

$$\sum_{n=-\infty}^{+\infty} |x(n)z^{-n}| < \infty \tag{7.3}$$

z 变换并不是对所有序列或所有 z 值都是收敛的。对于任意给定的序列,使 z 变换收敛的 z 值集合称为收敛域。一般来说,z 变换将在 z 平面上的一个环状域中收敛,即式(7.3)成立时变量 z 取值的范围称为收敛域。一般收敛域为环状域,即

$$R_{x-} < |z| < R_{x+}$$

令 $z = re^{j\omega}$,代入上式得到 $R_{x-} < r < R_{x+}$,收敛域是分别以 R_{x-} 和 R_{x+} 为收敛半径的两个圆形成的环状域(图 7.1 中的斜线部分)。当然,R_{x-} 可以小到 0,R_{x+} 可以大到无穷大。

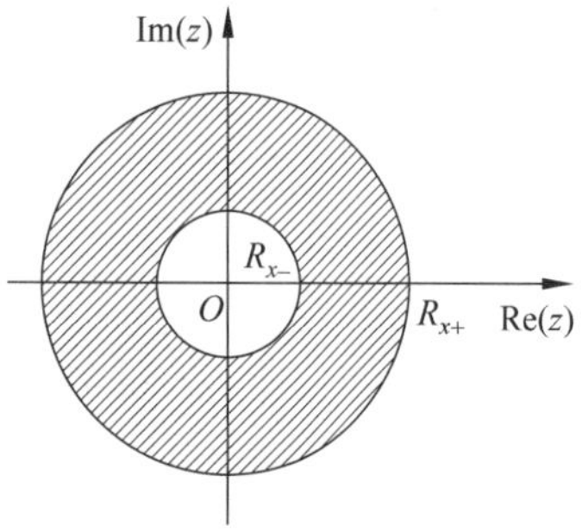

常用的 z 变换是一个有理函数,用两个多项式之比表示:

$$X(z) = \frac{P(z)}{Q(z)}$$

分子多项式 $P(z)$ 的根是 $X(z)$ 的零点,分母多项式 $Q(z)$ 的根是 $X(z)$ 的极点。在极点处 z 变换不存在,因此收敛域中没有极点,收敛域总是用极点限定其边界。

图 7.1 z 变换的收敛域

对比序列的傅里叶变换定义,很容易得到傅里叶变换和 z 变换之间的关系:

$$X(e^{j\omega}) = X(z) \Big|_{z=e^{j\omega}} \tag{7.4}$$

其中,$z = e^{j\omega}$ 表示在 z 平面上 $r = 1$ 的圆,该圆称为单位圆。式(7.4)表明单位圆上的 z 变换就是序列的傅里叶变换。如果已知序列的 z 变换,就可以用式(7.4)很方便地求出序列的傅里叶变换,条件是收敛域中包含单位圆。

例 7.1 $x(n) = u(n)$,求其 z 变换。

解:
$$X(z) = \sum_{n=-\infty}^{+\infty} u(n)z^{-n} = \sum_{n=0}^{+\infty} z^{-n}$$

$X(z)$ 存在的条件是 $|z^{-1}| < 1$,因此收敛域为 $|z| > 1$,由此可得

$$X(z) = \frac{1}{1 - z^{-1}} \quad (|z| > 1)$$

该式表明,极点是 $z = 1$,单位圆上的 z 变换不存在,或者说收敛域不包含单位圆,因此其傅里

叶变换不存在,更不能用式(7.4)求傅里叶变换。尽管该序列的傅里叶变换不存在,然而如果引进奇异函数 $\delta(\omega)$,其傅里叶变换就可以表示出来。本例同时说明一个序列的傅里叶变换可能不存在,但在一定收敛域内 z 变换是可能存在的。

例 7.2 求序列 $x_1(n)=a^n u(n)$ 和 $x_2(n)=-a^n u(-n-1)$ 的 z 变换。

解:
$$X_1(z)=\sum_{n=-\infty}^{+\infty}x_1(n)z^{-n}=\sum_{n=0}^{+\infty}a^n z^{-n}=\frac{1}{1-az^{-1}} \quad (|z|>|a|)$$

$$X_2(z)=\sum_{n=-\infty}^{+\infty}x_2(n)z^{-n}=\sum_{n=-1}^{-\infty}-a^n z^{-n}=\frac{1}{1-az^{-1}} \quad (|z|<|a|)$$

由此可以看出,虽然 $X_1(z)$ 和 $X_2(z)$ 的表达式相同,但由于收敛域不同而对应于不同的序列。因此,当给出 z 变换函数表达式的同时,必须在说明它的收敛域后才能单值地确定它所对应的序列。序列的特性决定了其 z 变换的收敛域,序列 $x(n)$ 的形式决定了 $X(z)$ 的收敛域。为了弄清楚收敛域和序列有何关系,先讨论一些特殊情况,对使用 z 变换是很有帮助的。

1. 有限长序列

设序列 $x(n)$ 满足

$$x(n)=\begin{cases}x(n), & n_1\leqslant n\leqslant n_2 \\ 0, & \text{其他}\end{cases}$$

即序列 $x(n)$ 从 n_1 到 n_2 的序列值不全为 0,此范围之外的序列值为 0,这样的序列称为有限长序列。有限长序列的示例如图 7.2 所示。

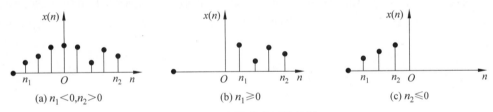

图 7.2 有限长序列的示例

有限长序列的 z 变换为

$$X(z)=\sum_{n=n_1}^{n_2}x(n)z^{-n}$$

设 $x(n)$ 为有界序列,由于是有限项求和,除 $z=0$ 与 $z=\infty$ 两点是否收敛与 n_1、n_2 取值情况有关外,整个 z 平面均收敛。如果 $n_1<0$,则收敛域不包括 $z=\infty$ 点;如果 $n_2>0$,则收敛域不包括 $z=0$ 点;如果是因果序列,收敛域包括 $z=\infty$ 点。有限长序列的收敛域表示为

$$n_1<0, \quad n_2\leqslant 0 \text{ 时}, \quad 0\leqslant|z|<\infty$$
$$n_1<0, \quad n_2>0 \text{ 时}, \quad 0<|z|<\infty$$
$$n_1\geqslant 0, \quad n_2>0 \text{ 时}, \quad 0<|z|\leqslant\infty$$

例 7.3 已知序列 $x(n)=\delta(n)$,求此序列的 z 变换及其收敛域。

解: 这是 $n_1=n_2=0$ 时有限长序列的特例,由于

$$X(z)=\sum_{n=-\infty}^{+\infty}\delta(n)z^{-n}=1 \quad (0\leqslant|z|\leqslant\infty)$$

所以整个收敛域应该是 z 的闭平面 $(0\leqslant|z|\leqslant\infty)$。

例 7.4 求 $x(n)=R_N(n)$ 的 z 变换及其收敛域。

解：
$$X(z) = \sum_{n=-\infty}^{+\infty} R_N(n) z^{-n} = \sum_{n=0}^{N-1} z^{-n} = \frac{1-z^{-N}}{1-z^{-1}}$$

这是一个因果的有限长序列，因此收敛域为 $0 < z \leq \infty$。但由结果的分母可以看出，似乎 $z=1$ 是 $X(z)$ 的极点，但同时分子多项式在 $z=1$ 时也有一个零点，极点和零点对消，$X(z)$ 在单位圆上仍存在，求 $R_N(n)$ 的傅里叶变换，可将 $z = e^{j\omega}$ 代入 $X(z)$ 得到，其结果是相同的。

2. 右边序列

右边序列是有始无终的序列，即，在 $n \geq n_1$ 时，序列值不全为 0；而在 $n < n_1$ 时，序列值全为 0。右边序列的 z 变换表示为

$$X(z) = \sum_{n=n_1}^{+\infty} x(n) z^{-n} = \sum_{n=n_1}^{-1} x(n) z^{-n} + \sum_{n=0}^{+\infty} x(n) z^{-n} \tag{7.5}$$

式(7.5)第二个等号右边第一项为有限长序列的 z 变换，按上面的讨论可知，它的收敛域为有限 z 平面；而第二项是 z 的负幂级数，按照级数收敛的阿贝尔定理可推知，存在一个收敛半径 R_{x-}，级数在以原点为中心、以 R_{x-} 为半径的圆外任意点都绝对收敛。只有这两项都收敛时级数才收敛。所以，如果 R_{x-} 是收敛域的最小半径，则右边序列 z 变换的收敛域为

$$R_{x-} < |z| < \infty$$

即右边序列的收敛域是半径为 R_{x-} 的圆外部分，如图 7.3 所示。如果 $n_1 \geq 0$，即序列是因果序列，z 变换在 $z = \infty$ 处收敛；如果 $n_1 < 0$，则它在 $z = \infty$ 处不收敛。因此，如果序列的 z 变换收敛域是一个圈的外部，那么它就是一个右边序列，而且，如果收敛域还包括 $z = \infty$，则它还是一个因果序列。

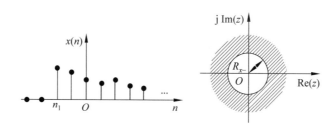

图 7.3 右边序列及其收敛域($n_1 < 0$, $|z| = \infty$ 除外)

因果序列是最重要的一种右边序列，即 $n_1 = 0$ 的右边序列。z 变换收敛域包括 $|z| = \infty$ 是因果序列的特征。

例 7.5 已知序列 $x(n) = a^n u(n)$，求其 z 变换及收敛域。

解： 这是一个因果序列，其 z 变换为

$$X(z) = \sum_{n=-\infty}^{+\infty} x(n) z^{-n} = \sum_{n=-\infty}^{+\infty} a^n u(n) z^{-n} = \sum_{n=0}^{+\infty} a^n z^{-n} = \sum_{n=0}^{+\infty} (az^{-1})^n = \frac{1}{1-az^{-1}}$$

这是一个无穷项的等比级数求和，只在 $|az^{-1}| < 1$ 即 $|z| > |a|$ 处收敛。在 $z = a$ 处有一个极点，在 $z = 0$ 处有一个零点，收敛域为极点所在圆 $|z| = |a|$ 的外部。

3. 左边序列

左边序列是无始有终的序列。即，当 $n \leq n_2$ 时，序列值不全为 0；当 $n > n_2$ 时，序列值全为 0，其 z 变换为

$$X(z) = \sum_{n=-\infty}^{n_2} x(n)z^{-n} = \sum_{n=-\infty}^{0} x(n)z^{-n} + \sum_{n=1}^{n_2} x(n)z^{-n} \quad (7.6)$$

式(7.6)第二个等号右边第二项是有限长序列的 z 变换,收敛域为有限 z 平面;第一项是正幂级数,按阿贝尔定理,必存在收敛半径 R_{x+},级数在以原点为中心、以 R_{x+} 为半径的圆内任意点都绝对收敛。如果 R_{x+} 为收敛域的最大半径,则左边序列 z 变换的收敛域为

$$0 < |z| < R_{x+}$$

即左边序列的收敛域是半径为 R_{x+} 的圆内部分,如图 7.4 所示。如果 $n_2 \leqslant 0$,即序列是反因果序列,式(7.6)第二个等号右边不存在第二项,则收敛域包括 $z=0$,即 $0 \leqslant |z| < R_{x+}$。

图 7.4 左边序列及其收敛域($n_2 > 0$, $|z| = 0$ 除外)

例 7.6 序列 $x(n) = -a^n u(-n-1)$,求其 z 变换及收敛域。

解:这是一个左边序列,其 z 变换为

$$X(z) = \sum_{n=-\infty}^{+\infty} x(n)z^{-n} = \sum_{n=-\infty}^{+\infty} -a^n u(-n-1)z^{-n} = \sum_{n=-\infty}^{-1} -a^n z^{-n} = \sum_{n=1}^{+\infty} -(a^{-1}z)^n$$

此等比级数在 $|a^{-1}z| < 1$,即 $|z| < |a|$ 处收敛,因此

$$X(z) = \frac{-a^{-1}z}{1 - a^{-1}z} = \frac{z}{z-a} = \frac{1}{1-az^{-1}} \quad (|z| < |a|)$$

由以上两例可以看出,一个左边序列与一个右边序列的 z 变换表达式是完全一样的。所以,只给出 z 变换的闭合表达式是不够的,不能正确得到原序列,必须同时给出收敛域,才能唯一地确定一个序列。这就说明了研究收敛域的重要性。

4. 双边序列

双边序列是从 $n = -\infty$ 延伸到 $n = +\infty$ 的序列,一般可以写成

$$X(z) = \sum_{n=-\infty}^{+\infty} x(n)z^{-n} = \sum_{n=-\infty}^{-1} x(n)z^{-n} + \sum_{n=0}^{+\infty} x(n)z^{-n} \quad (7.7)$$

显然,可以把它看成右边序列和左边序列的 z 变换叠加。

$$X(z) = \sum_{n=-\infty}^{+\infty} x(n)z^{-n} = X_1(z) + X_2(z)$$

$$X_1(z) = \sum_{n=-\infty}^{-1} x(n)z^{-n} \quad (0 \leqslant |z| < R_{x+})$$

$$X_2(z) = \sum_{n=0}^{+\infty} x(n)z^{-n} \quad (R_{x-} < |z| \leqslant \infty)$$

$X(z)$ 的收敛域是 $X_1(z)$ 和 $X_2(z)$ 的收敛域的交集,如果 $R_{x-} < R_{x+}$,则存在如下公共收敛域:

$$R_{x-} < |z| < R_{x+}$$

该收敛域是一个环状域。如果 $R_{x-} > R_{x+}$,两个收敛域没有交集,则没有公共收敛域,因此级

数不收敛,即在 z 平面的任何地方都没有有界的 $X(z)$ 值,也就不存在 z 变换的解析式,这种 z 变换就没有什么意义。所以,双边序列的收敛域通常是环状域。

例 7.7 已知序列 $x(n)=a^{|n|}$,a 为实数,求其 z 变换及收敛域。

解:这是一个双边序列,其 z 变换为

$$X(z) = \sum_{n=-\infty}^{+\infty} x(n)z^{-n} = \sum_{n=-\infty}^{-1} x(n)z^{-n} + \sum_{n=0}^{+\infty} x(n)z^{-n}$$

$$X_1(z) = \sum_{n=0}^{+\infty} a^n z^{-n} = \frac{1}{1-az^{-1}} \quad (|z|>|a|)$$

$$X_1(z) = \sum_{n=-\infty}^{-1} a^{-n} z^{-n} = \frac{az}{1-az} \quad \left(|z|<\frac{1}{|a|}\right)$$

若 $|a|<1$,则存在公共收敛域:

$$X(z) = X_1(z) + X_2(z) = \frac{1}{1-az^{-1}} + \frac{az}{1-az} = \frac{(1-a^2)z}{(z-a)(1-az)} \quad \left(|a|<|z|<\frac{1}{|a|}\right)$$

该序列及其收敛域如图 7.5 所示。

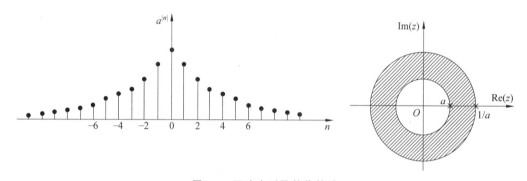

图 7.5 双边序列及其收敛域

若 $|a| \geqslant 1$,则无公共收敛域,因此也就不存在 z 变换的封闭函数,如图 7.6 所示。该序列两端都发散,显然这种序列是不现实的序列。

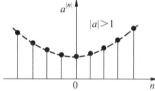

图 7.6 z 变换无收敛域的序列

我们注意到,例 7.5 和例 7.6 的序列是不同的,前者是右边序列,后者是左边序列,但其 z 变换 $X(z)$ 的函数表达式相同,仅收敛域不同。换句话说,同一个 z 变换函数表达式,收敛域不同,对应的序列是不相同的。所以,$X(z)$ 的函数表达式及其收敛域是一个不可分离的整体,求 z 变换就包括求其收敛域。

此外,收敛域中无极点,收敛域总是以极点为界的。如果求出序列的 z 变换,找出其极点,则可以根据序列的特性比较简单地确定其收敛域。例如,在例 7.5 中,其极点为 $z=a$,$x(n)$ 是一个因果序列,其收敛域必为 $|z|>|a|$;又如,在例 7.6 中,其极点为 $z=a$,但 $x(n)$ 是一个左边序列,收敛域一定在某个圆内,即 $|z|<|a|$。

上面讨论了各种序列的双边 z 变换的收敛域,显然,收敛域取决于序列的形式。为便于对比,将各种序列的双边 z 变换收敛域列为表 7.1。应当指出,任何序列的单边 z 变换收敛域和因果序列的收敛域类同,都是 $|z|<R_{x-}$。

表 7.1　各种序列的双边 z 变换收敛域

	序列形式		z 变换收敛域	
有限长序列	$n_1<0$ $n_2>0$			$\infty>|z|>0$
	$n_1\geqslant 0$ $n_2>0$			$|z|>0$
	$n_1<0$ $n_2\leqslant 0$			$\infty>|z|$
右边序列	$n_1<0$ $n_2=\infty$			$\infty>|z|>R_{x-}$
	$n_1\geqslant 0$ $n_2=\infty$ （因果序列）			$|z|>R_{x-}$
左边序列	① $n_1=-\infty$ 　　$n_2>0$ ② $n_1=-\infty$ 　　$n_2\leqslant 0$			$R_{x+}>|z|>0$ $R_{x+}>|z|$
双边序列	$n_1=-\infty$ $n_2=\infty$			$R_{x+}>|z|>R_{x-}$

例 7.8 已知序列 $x(n)=a^n u(n)-b^n u(-n-1)$，求其 z 变换并确定其收敛域（其中 $b>$

$a,b>0,a>0$)。

解：这是一个双边序列，其单边 z 变换为

$$X(z) = \sum_{n=0}^{+\infty} x(n)z^{-n} = \sum_{n=0}^{+\infty} (a^n u(n) - b^n u(-n-1))z^{-n} = \sum_{n=0}^{+\infty} a^n z^{-n}$$

如果 $|z|>a$，则上面的级数收敛，这样可得到

$$X(z) = \sum_{n=0}^{+\infty} a^n z^{-n} = \frac{z}{z-a}$$

其零点位于 $z=0$，极点位于 $z=a$，收敛域为 $|z|>a$。

该序列的双边 z 变换为

$$X(z) = \sum_{n=-\infty}^{+\infty} x(n)z^{-n} = \sum_{n=-\infty}^{+\infty} (a^n u(n) - b^n u(-n-1))z^{-n}$$

$$= \sum_{n=0}^{+\infty} a^n z^{-n} - \sum_{n=-\infty}^{-1} b^n z^{-n} = \sum_{n=0}^{+\infty} a^n z^{-n} + 1 - \sum_{n=0}^{+\infty} b^{-n} z^n$$

如果 $a<|z|<b$，则上面的级数收敛，即可以得到

$$X(z) = \frac{z}{z-a} + 1 + \frac{b}{z-b} = \frac{z}{z-a} + \frac{z}{z-b}$$

显然，该序列的双边 z 变换的零点位于 $z=0$ 及 $z=\frac{a+b}{2}$，极点位于 $z=a$ 及 $z=b$，收敛域为 $a<|z|<b$，如图 7.7 所示。由本例可以看出，由于 $X(z)$ 在收敛域内是解析的，因此收敛域内不应该包含任何极点。通常，收敛域以极点为边界。对于多个极点的情况，右边序列的收敛域是从 $X(z)$ 最外面(最大值)有限极点向外延伸至 $z \to \infty$（可能包括 ∞），左边序列的收敛域是从 $X(z)$ 最里面(最小值)非零极点向内延伸至 $z=0$（可能包括 $z=0$）。

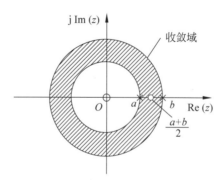

图 7.7 双边指数序列 $x(n) = a^n u(n) - b^n u(-n-1)$ 的 z 变换零极点与收敛域

7.1.2 典型离散时间信号的 z 变换

本节给出一些典型序列(单位样值函数、单位阶跃序列、斜变序列、单边指数序列、单边余弦与正弦序列)的 z 变换。

1. 单位样值函数

单位样值函数 $\delta(n)$ 定义为

$$\delta(n) = \begin{cases} 1, & n=0 \\ 0, & n \neq 0 \end{cases}$$

单位样值函数如图 7.8 所示。

其 z 变换为
$$Z[\delta(n)] = \sum_{n=-\infty}^{+\infty} \delta(n)z^{-n} = 1$$
可见,单位样值函数 $\delta(n)$ 的 z 变换与连续系统单位冲激函数 $\delta(t)$ 的拉普拉斯变换类似。单位样值函数 $\delta(n)$ 的 z 变换等于1。

2. 单位阶跃序列

单位阶跃序列 $u(n)$ 定义为
$$u(n) = \begin{cases} 1, & n \geqslant 0 \\ 0, & n < 0 \end{cases}$$
单位阶跃序列如图7.9所示。

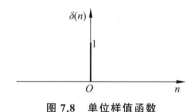

图7.8 单位样值函数

图7.9 单位阶跃序列

其 z 变换为
$$Z[u(n)] = \sum_{n=-\infty}^{+\infty} u(n)z^{-n} = \sum_{n=0}^{+\infty} z^{-n}$$
若 $|z|>1$,该几何级数收敛,因此
$$Z[u(n)] = \frac{z}{z-1} = \frac{1}{1-z^{-1}} \tag{7.8}$$

3. 斜变序列

斜变序列定义为
$$x(n) = nu(n)$$
斜变序列如图7.10所示。

其 z 变换为
$$Z[x(n)] = \sum_{n=0}^{+\infty} nz^{-n}$$
该 z 变换可以用下面的方法间接求得。由式(7.8),已知
$$\sum_{n=0}^{+\infty} z^{-n} = \frac{1}{1-z^{-1}} \quad (|z|>1)$$

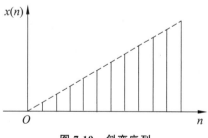

图7.10 斜变序列

将上式两边分别对 z^{-1} 求导,得到
$$\sum_{n=0}^{+\infty} n(z^{-1})^{n-1} = \frac{1}{(1-z^{-1})^2}$$
两边各乘以 z^{-1},便得到了斜变序列的 z 变换:
$$Z[nu(n)] = \sum_{n=0}^{+\infty} nz^{-n} = \frac{z}{(z-1)^2} \quad (|z|>1) \tag{7.9}$$
同样,若式(7.9)两边再对 z^{-1} 求导,还可得到

$$Z[n^2 u(n)] = \frac{z(z+1)}{(z-1)^3} \qquad (7.10)$$

$$Z[n^3 u(n)] = \frac{z(z^2+4z+1)}{(z-1)^4} \qquad (7.11)$$

4. 单边指数序列

单边指数序列定义为

$$x(n) = a^n u(n)$$

单边指数序列如图 7.11 所示。

由 $X(z) = \sum\limits_{n=-\infty}^{+\infty} x(n) z^{-n}$ 可求出它的 z 变换为

$$X(z) = \sum_{n=0}^{+\infty} x(n) z^{-n} = \sum_{n=0}^{+\infty} a^n z^{-n} = \sum_{n=0}^{+\infty} (az^{-1})^n$$

显然,此级数若满足 $|z| > |a|$,则可收敛为

$$Z[a^n u(n)] = \frac{1}{1-(az^{-1})} = \frac{z}{z-a} \quad (|z| > |a|) \qquad (7.12)$$

若令 $a = e^b$,当 $|z| > |e^b|$,则

$$Z[e^{bn} u(n)] = \frac{z}{z-e^b}$$

同样,若式(7.12)两边对 z^{-1} 求导,可以推出

$$Z[n a^n u(n)] = \frac{az^{-1}}{(1-az^{-1})^2} = \frac{az}{(z-a)^2} \qquad (7.13)$$

$$Z[n^2 a^n u(n)] = \frac{az(z+a)}{(z-a)^3} \qquad (7.14)$$

5. 单边余弦与正弦序列

单边余弦序列 $\cos \omega_0 n$ 如图 7.12 所示。

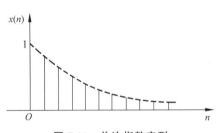

图 7.11 单边指数序列

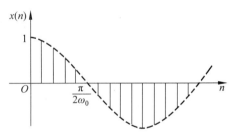

图 7.12 单边余弦序列

因 $\quad Z[e^{bn} u(n)] = \dfrac{z}{z-e^b} \quad (|z| > |e^b|)$

令 $b = j\omega_0$,则当 $|z| > |e^{j\omega_0}| = 1$ 时,得

$$Z[e^{j\omega_0 n} u(n)] = \frac{z}{z-e^{j\omega_0}}$$

同样,令 $b = -j\omega_0$,则得

$$Z[e^{-j\omega_0 n} u(n)] = \frac{z}{z-e^{-j\omega_0}}$$

将上面两式相加,得

$$Z[e^{j\omega_0 n}u(n)] + Z[e^{-j\omega_0 n}u(n)] = \frac{z}{z-e^{j\omega_0}} + \frac{z}{z-e^{-j\omega_0}}$$

由 z 变换的定义可知,两个序列之和的 z 变换等于各序列 z 变换之和。这样,根据欧拉公式,从上式可以直接得到单边余弦序列的 z 变换:

$$Z[\cos \omega_0 n\, u(n)] = \frac{1}{2}\left(\frac{z}{z-e^{j\omega_0}} + \frac{z}{z-e^{-j\omega_0}}\right) = \frac{z(z-\cos \omega_0)}{z^2 - 2z\cos \omega_0 + 1} \tag{7.15}$$

同理可得单边正弦序列的 z 变换:

$$Z[\sin \omega_0 n\, u(n)] = \frac{1}{2j}\left(\frac{z}{z-e^{j\omega_0}} + \frac{z}{z-e^{-j\omega_0}}\right) = \frac{z\sin \omega_0}{z^2 - 2z\cos \omega_0 + 1} \tag{7.16}$$

式(7.15)和式(7.16)的收敛域都为 $|z|>1$。可以看到,$\cos \omega_0 n\, u(n)$ 与 $\sin \omega_0 n\, u(n)$ 的 z 变换式的分母相同。

若令 $a = \beta e^{j\omega_0}$,则式(7.12)变为

$$Z[a^n u(n)] = Z[\beta^n e^{jn\omega_0} u(n)] = \frac{1}{1-\beta e^{j\omega_0} z^{-1}}$$

同样

$$Z[\beta^n e^{-jn\omega_0} u(n)] = \frac{1}{1-\beta e^{-j\omega_0} z^{-1}}$$

借助欧拉公式,由上面两式可以得到

$$Z[\beta^n \cos n\omega_0 u(n)] = \frac{1-\beta z^{-1}\cos \omega_0}{1 - 2\beta z^{-1}\cos \omega_0 + \beta^2 z^{-2}} = \frac{z(z-\beta\cos \omega_0)}{z^2 - 2\beta z\cos \omega_0 + \beta^2} \tag{7.17}$$

以及

$$Z[\beta^n \sin n\omega_0 u(n)] = \frac{\beta z^{-1}\sin \omega_0}{1 - 2\beta z^{-1}\cos \omega_0 + \beta^2 z^{-2}} = \frac{\beta z\sin \omega_0}{z^2 - 2\beta z\cos \omega_0 + \beta^2} \tag{7.18}$$

式(7.17)和式(7.18)是单边指数衰减($\beta<1$)及增幅($\beta>1$)的余弦序列和正弦序列的 z 变换,其收敛域为 $|z|>|\beta|$。

典型序列的 z 变换及其收敛域列为表 7.2。

表 7.2 典型序列的 z 变换及其收敛域

序 列	z 变 换	收 敛 域
$\delta(n)$	1	所有 z
$u(n)$	$\dfrac{1}{1-z^{-1}}$	$|z|>1$
$-u(-n-1)$	$\dfrac{1}{1-z^{-1}}$	$|z|<1$
$\delta(n-m)$	z^{-m}	全部 z,除去 $\begin{cases} 0, & m\geqslant 0 \\ \infty, & m<0 \end{cases}$
$a^n u(n)$	$\dfrac{1}{1-az^{-1}}$	$|z|>|a|$
$-a^n u(-n-1)$	$\dfrac{1}{1-az^{-1}}$	$|z|<|a|$
$na^n u(n)$	$\dfrac{az^{-1}}{(1-az^{-1})^2}$	$|z|>|a|$

续表

序　　列	z 变　换	收　敛　域
$-na^n u(-n-1)$	$\dfrac{az^{-1}}{(1-az^{-1})^2}$	$|z|<|a|$
$e^{-j\omega_0} u(n)$	$\dfrac{1}{1-e^{-j\omega_0}z^{-1}}$	$|z|>1$
$\sin n\omega_0\, u(n)$	$\dfrac{z^{-1}\sin\omega_0}{1-2z^{-1}\cos\omega_0+z^{-2}}$	$|z|>1$
$\cos n\omega_0\, u(n)$	$\dfrac{1-z^{-1}\cos\omega_0}{1-2z^{-1}\cos\omega_0+z^{-2}}$	$|z|>1$
$e^{-an}\sin n\omega_0\, u(n)$	$\dfrac{z^{-1}e^{-a}\sin\omega_0}{1-2z^{-1}e^{-a}\cos\omega_0+z^{-2}e^{-2a}}$	$|z|>e^{-a}$
$e^{-an}\cos n\omega_0\, u(n)$	$\dfrac{1-z^{-1}e^{-a}\cos\omega_0}{1-2z^{-1}e^{-a}\cos\omega_0+z^{-2}e^{-2a}}$	$|z|>e^{-a}$
$a^n R_N(n)$	$\dfrac{1-a^N z^{-N}}{1-az^{-1}}$	$|z|>0$

7.1.3　单边 z 变换的主要性质

z 变换及离散时间傅里叶变换有很多重要的性质和定理，它们在信号系统中，尤其是在信号通过系统的响应的研究中，是极有用的数学工具。

在以下讨论中，假定 $X(z)=Z[x(n)]$，收敛域为 $R_{x-}<|z|<R_{x+}$，这好像是针对双边序列的。实际上，当 $R_{x-}=0$ 时，就相当于左边序列；当 $R_{x+}=\infty$ 时，就相当于右边序列。

1. 线性

线性就是要满足比例性和可加性，z 变换的线性也是如此。若

$$Z[x(n)]=X(z) \quad (R_{x-}<|z|<R_{x+})$$

$$Z[y(n)]=Y(z) \quad (R_{y-}<|z|<R_{y+})$$

则

$$Z[ax(n)+by(n)]=aX(z)+bY(z) \quad (R_-<|z|<R_+)$$

其中，a、b 为任意常数。

相加后 z 变换的收敛域一般为两个相加序列的收敛域的重叠部分，即

$$R_-=\max(R_{x-},R_{y-}),\quad R_+=\min(R_{x+},R_{y+})$$

相加后序列的 z 变换收敛域一般为两个收敛域的重叠部分，即 R_- 取 R_{x-} 与 R_{y-} 中较大者，而 R_+ 取 R_{x+} 与 R_{y+} 中较小者，记作 $\max(R_{x-},R_{y-})<|z|<\min(R_{x+},R_{y+})$。然而，如果在这些线性组合中某些零点与极点相抵消，则收敛域可能会扩大。

例 7.9　序列 $x(n)=u(n)-u(n-3)$，求其 z 变换并确定其收敛域。

解：由式(7.8)可知

$$Z[u(n)]=\frac{z}{z-1} \quad (|z|>1)$$

又

$$Z[u(n-3)]=\sum_{n=-\infty}^{+\infty}u(n-3)z^{-n}=\sum_{n=3}^{+\infty}z^{-n}=\frac{z^{-3}}{1-z^{-1}}=\frac{z^{-2}}{z-1} \quad (|z|>1)$$

所以

$$Z[x(n)] = X(z) = Z[u(n)] - Z[u(n-3)] = \frac{z}{z-1} - \frac{z^{-2}}{z-1} = \frac{z^2+z+1}{z^2} \quad (|z|>0)$$

可以看出,收敛域扩大了。实际上,由于 $x(n)$ 是 $n \geq 0$ 的有限长矩形序列 $R_3(n)$,故收敛域是除了 $|z|=0$ 外的全部 z 平面。

例 7.10 求下列双曲余弦和双曲正弦序列的 z 变换:
$$x(n) = \cosh n\omega_0 \, u(n)$$
$$x(n) = \sinh n\omega_0 \, u(n)$$

解:由式(7.12)知
$$Z[e^{n\omega_0} u(n)] = \frac{z}{z - e^{\omega_0}} \quad (|z| > |e^{\omega_0}|)$$

$$Z[e^{-n\omega_0} u(n)] = \frac{z}{z - e^{-\omega_0}} \quad (|z| > |e^{-\omega_0}|)$$

根据 z 变换的线性特性和双曲函数的定义,可得
$$Z[\cosh n\omega_0 \, u(n)] = Z\left[\left(\frac{e^{n\omega_0} + e^{-n\omega_0}}{2}\right) u(n)\right] = \frac{1}{2} Z[e^{n\omega_0} u(n)] + \frac{1}{2} Z[e^{-n\omega_0} u(n)]$$
$$= \frac{z}{2(z - e^{\omega_0})} + \frac{z}{2(z - e^{-\omega_0})} = \frac{z(z - \cosh \omega_0)}{z^2 - 2z \cosh \omega_0 + 1}$$

同样可得
$$Z[\sinh n\omega_0 \, u(n)] = Z\left[\left(\frac{e^{n\omega_0} - e^{-n\omega_0}}{2}\right) u(n)\right] = \frac{1}{2} Z[e^{n\omega_0} u(n)] - \frac{1}{2} Z[e^{-n\omega_0} u(n)]$$
$$= \frac{z}{2(z - e^{\omega_0})} - \frac{z}{2(z - e^{-\omega_0})} = \frac{z \sinh \omega_0}{z^2 - 2z \cosh \omega_0 + 1}$$

上面两个 z 变换式的收敛域均为 $|z| > \max(|e^{\omega_0}|, |e^{-\omega_0}|)$,若 ω_0 为正实数,则为 $|z| > e^{\omega_0}$。

2. 位移性

位移性也称时移特性,表示序列位移后的 z 变换与原序列 z 变换的关系。在实际中可能遇到序列的左移(超前)或右移(延迟)两种不同情况,所取的变换形式又可能有单边 z 变换与双边 z 变换,它们的位移性基本相同,又各具特点。

为了求得差分方程的零输入响应和零状态响应(或者稳态响应和瞬态响应),必须涉及单边 z 变换及序列移位后的单边 z 变换。

(1) 在双边 z 变换情况下,若
$$Z[x(n)] = X(z)$$
则序列 $x(n)$ 右移 m 位后,它的双边 z 变换等于
$$Z[x(n-m)] = z^{-m} X(z)$$

证明:根据双边 z 变换的定义,可得
$$Z[x(n-m)] = \sum_{n=-\infty}^{+\infty} x(n-m) z^{-n} = z^{-m} \sum_{n=-\infty}^{+\infty} x(k) z^{-k} = z^{-m} X(z) \quad (7.19)$$

同样,序列 $x(n)$ 左移 m 位后,序列的双边 z 变换为
$$Z[x(n+m)] = \sum_{n=-\infty}^{+\infty} x(n+m) z^{-n} = z^{m} \sum_{n=-\infty}^{+\infty} x(k) z^{-k} = z^{m} X(z) \quad (7.20)$$

其中,m 为任意正整数。由式(7.19)、式(7.20)可以看出,序列位移只会使 z 变换在 $z=0$ 或 $z=\infty$ 处的零点、极点情况发生变化。如果 $x(n)$ 是双边序列,$X(z)$ 的收敛域为环形区域(即

$R_{x-}<|z|<R_{x+}$),在这种情况下序列位移并不会使 z 变换收敛域发生变化。

(1) 对双边序列,由于收敛域为环状域,不包括 $z=0$ 和 $z=\infty$,故序列移位后的收敛域不会变化。

(2) 对单边序列或有限长序列,移位后在 $x=0$ 或 $z=\infty$ 处收敛域可能会有变化。移位后序列若在 $n>0$ 时有值,则在 $z=0$ 处不收敛;若在 $n<0$ 时有值,则在 $z=\infty$ 处不收敛。

(3) 在单边 z 变换情况下,若序列 $x(n)$ 是双边序列,其单边 z 变换为

$$Z[x(n)u(n)] = X(z)$$

序列 $x(n)$ 左移 m 位后,序列的单边 z 变换为

$$Z[x(n+m)u(n)] = z^m \left[X(z) - \sum_{k=0}^{m-1} x(k) z^{-k} \right] \tag{7.21}$$

证明:根据单边 z 变换的定义,可得

$$Z[x(n+m)u(n)] = \sum_{n=0}^{+\infty} x(n+m) z^{-n} = z^m \sum_{n=0}^{+\infty} x(n+m) z^{-(n+m)}$$

$$= z^m \sum_{k=m}^{+\infty} x(k) z^{-k} = z^m \left[\sum_{k=0}^{+\infty} x(k) z^{-k} - \sum_{k=0}^{m-1} x(k) z^{-k} \right]$$

$$= z^m \left[X(z) - \sum_{k=0}^{m-1} x(k) z^{-k} \right]$$

同理,序列 $x(n)$ 右移 m 位后,则它的单边 z 变换为

$$Z[x(n-m)u(n)] = z^{-m} \left[X(z) + \sum_{k=-m}^{-1} x(k) z^{-k} \right] \tag{7.22}$$

证明:根据单边 z 变换的定义,可得

$$Z[x(n-m)u(n)] = \sum_{n=0}^{+\infty} x(n-m) z^{-n} = z^{-m} \sum_{n=0}^{+\infty} x(n-m) z^{-(n-m)}$$

$$= z^{-m} \sum_{k=-m}^{+\infty} x(k) z^{-k} = z^{-m} \left[\sum_{k=0}^{+\infty} x(k) z^{-k} + \sum_{k=-m}^{-1} x(k) z^{-k} \right]$$

$$= z^{-m} \left[X(z) + \sum_{k=-m}^{-1} x(k) z^{-k} \right]$$

其中,m 为正整数。对于 $m=1,2$ 的情况,式(7.21)、式(7.22)可以写为

$$Z[x(n+1)u(n)] = zX(z) - zx(0)$$

$$Z[x(n+2)u(n)] = z^2 X(z) - z^2 x(0) - zx(1)$$

$$Z[x(n-1)u(n)] = z^{-1} X(z) + x(-1)$$

$$Z[x(n-2)u(n)] = z^{-2} X(z) + z^{-1} x(-1) + x(-2)$$

如果 $x(n)$ 是因果序列,则式(7.22)右边的 $\sum_{k=-m}^{-1} x(k) z^{-k}$ 项都等于 0。于是右移序列的单边 z 变换变为

$$Z[x(n-m)u(n)] = z^{-m} X(z)$$

而左移序列的单边 z 变换仍为

$$Z[x(n+m)u(n)] = z^m \left[X(z) - \sum_{k=0}^{m-1} x(k) z^{-k} \right]$$

例 7.11 已知差分方程
$$y(n) - 0.9y(n-1) = 0.05u(n)$$
边界条件 $y(-1)=0$，用 z 变换方法求系统响应 $y(n)$。

解：对方程式两端分别取 z 变换：
$$Y(z) - 0.9z^{-1}Y(z) = \frac{0.05z}{z-1}$$
$$Y(z) = \frac{0.05z^2}{(z-0.9)(z-1)}$$

为求得逆变换，令
$$\frac{Y(z)}{z} = \frac{A_1}{z-0.9} + \frac{A_2}{z-1}$$

容易求得
$$A_1 = \left(\frac{0.05z}{z-1}\right)_{z=0.9} = -0.45$$
$$A_2 = \left(\frac{0.05z}{z-0.9}\right)_{z=1} = 0.5$$
$$Y(z) = \frac{-0.45z}{z-0.9} + \frac{0.5z}{z-1}$$

本例初步说明如何用 z 变换方法求解差分方程。这里，只需利用 z 变换的两个性质，即线性和位移性。

3. 序列的指数加权性质

若序列乘以指数序列 a^n，a 可以是非零实数和复数，z 变换将发生变化。

若 $X(z) = Z[x(n)]$ $(R_{x-} < |z| < R_{x+})$

则 $Z[a^n x(n)] = X\left(\dfrac{z}{a}\right)$ $|a|R_{x-} < |z| < |a|R_{x+}$ (7.23)

证明：按定义
$$Z[a^n x(n)] = \sum_{n=-\infty}^{+\infty} a^n x(n) z^{-n} = \sum_{n=-\infty}^{+\infty} x(n)\left(\frac{z}{a}\right)^{-n} = X\left(\frac{z}{a}\right) \quad \left(R_{x-} < \left|\frac{z}{a}\right| < R_{x+}\right)$$

从式(7.23)可以看出，非零的 a 是 z 平面的尺度变换因子(或称为压缩扩张因子)。同样可以得到下列关系式：

$$Z[a^{-n}x(n)] = X(az) \quad (R_{x-} < |az| < R_{x+}) \tag{7.24}$$
$$Z[(-1)^n x(n)] = X(-z) \quad (R_{x-} < |az| < R_{x+}) \tag{7.25}$$

例如，对于 $(-1)^n u(n)$，若取单边 z 变换，应有
$$Z[(-1)^n u(n)] = \frac{z}{z+1} \quad (|z|>1)$$

讨论：

(1) 如果 a 为非零的实数，则表示 z 平面的缩扩。如果 $z = z_1 = |z_1|e^{j\arg(z_1)}$ 是 $X(z)$ 的极点(或零点)，则 $X\left(\dfrac{z}{a}\right)$ 的极点(或零点)为 $z = az_1 = a|z_1|e^{j\arg(z_1)}$，实数 a 只令极点(或零点)在 z 平面径向移动。

(2) 如果 a 为复数，且 $|a|=1$，则 $X\left(\dfrac{z}{a}\right)$ 表示 z 平面上的旋转。例如，$a = e^{j\omega_0}$，则

$X\left(\dfrac{z}{a}\right)$ 的极点(或零点)变成 $z=|z_1|\mathrm{e}^{\mathrm{j}(\arg(z_1)+\omega_0)}$,即极点(或零点)在 z 平面上旋转,模是不变的。

(3) 如果 a 为一般的复数 $a=r\mathrm{e}^{\mathrm{j}\omega_0}$,$X\left(\dfrac{z}{a}\right)$ 表明 z 平面上既有幅度伸缩又有角度旋转,则 $X\left(\dfrac{z}{a}\right)$ 的极点(或零点)变成 $z=r|z_1|\mathrm{e}^{\mathrm{j}(\arg(z_1)+\omega_0)}$。

例 7.12 若已知 $Z[\cos n\omega_0\, u(n)]$,求序列 $\beta^n \cos n\omega_0\, u(n)$ 的 z 变换。

解:由式(7.15)已知

$$Z[\cos \omega_0 n\, u(n)] = \dfrac{z(z-\cos\omega_0)}{z^2-2z\cos\omega_0+1} \quad (|z|>1)$$

根据式(7.23)可以得到

$$Z[\beta^n \cos\omega_0 n\, u(n)] = \dfrac{\dfrac{z}{\beta}\left(\dfrac{z}{\beta}-\cos\omega_0\right)}{\left(\dfrac{z}{\beta}\right)^2-2\dfrac{z}{\beta}\cos\omega_0+1} = \dfrac{1-\beta z^{-1}\cos\omega_0}{1-2\beta z^{-1}\cos\omega_0+\beta^2 z^{-2}}$$

其收敛域为 $\left|\dfrac{z}{\beta}\right|>1$,即 $|z|>|\beta|$。

例 7.13 若已知 $Z[\cos n\omega_0\, u(n)]$,求序列 $\mathrm{e}^{-an}\cos n\omega_0 u(n)$ 的 z 变换。

解:由式(7.15)已知

$$Z[\cos \omega_0 n\, u(n)] = \dfrac{z(z-\cos\omega_0)}{z^2-2z\cos\omega_0+1} \quad (|z|>1)$$

根据(7.23)可以得到

$$Z[\mathrm{e}^{-an}\cos\omega_0 n\, u(n)] = \dfrac{1-\left(\dfrac{z}{\mathrm{e}^{-a}}\right)^{-1}\cos\omega_0}{1-2\left(\dfrac{z}{\mathrm{e}^{-a}}\right)^{-1}\cos\omega_0+\left(\dfrac{z}{\mathrm{e}^{-a}}\right)^{-2}} = \dfrac{1-z^{-1}\mathrm{e}^{-a}\cos\omega_0}{1-2z^{-1}\mathrm{e}^{-a}\cos\omega_0+\mathrm{e}^{-2a}z^{-2}}$$

4. 序列的线性加权性质

若已知 $\qquad X(z)=Z[x(n)] \quad (R_{x-}<|z|<R_{x+})$

则 $\qquad Z[nx(n)]=-z\dfrac{\mathrm{d}}{\mathrm{d}z}X(z) \quad (R_{x-}<|z|<R_{x+})$

证明:因为 $\qquad X(z)=\sum\limits_{n=0}^{+\infty}x(n)z^{-n}$

等式两端对 z 取导数:

$$\dfrac{\mathrm{d}X(z)}{\mathrm{d}z}=\dfrac{\mathrm{d}}{\mathrm{d}z}\sum_{n=0}^{+\infty}x(n)z^{-n}$$

交换求和、求导的次序,则可以得到

$$\dfrac{\mathrm{d}X(z)}{\mathrm{d}z}=\sum_{n=0}^{+\infty}-z^{-1}\dfrac{\mathrm{d}}{\mathrm{d}z}(z^{-n})=-z^{-1}\sum_{n=0}^{+\infty}nx(n)z^{-n}=-z^{-1}Z[nx(n)]$$

所以 $\qquad Z[nx(n)]=-z\dfrac{\mathrm{d}X(z)}{\mathrm{d}z} \qquad (7.26)$

因而序列的线性加权(乘以 n)等效于其 z 变换取导数再乘以 $-z$,同样可得

$$Z[n^2 x(n)]=Z[n^2 x(n)]=-z\dfrac{\mathrm{d}}{\mathrm{d}z}Z[nx(n)]=-z\dfrac{\mathrm{d}}{\mathrm{d}z}\left[-z\dfrac{\mathrm{d}}{\mathrm{d}z}X(z)\right]$$

$$= z^2 \frac{\mathrm{d}^2 X(z)}{\mathrm{d}z^2} + z \frac{\mathrm{d}}{\mathrm{d}z} X(z) \tag{7.27}$$

用同样的方法也可以得到

$$Z[n^m x(n)] = \left[-z \frac{\mathrm{d}}{\mathrm{d}z}\right]^m X(z) \tag{7.28}$$

其中,符号 $\left[-z \dfrac{\mathrm{d}}{\mathrm{d}z}\right]^m$ 表示

$$-z \frac{\mathrm{d}}{\mathrm{d}z}\left(-z \frac{\mathrm{d}}{\mathrm{d}z}\left(-z \frac{\mathrm{d}}{\mathrm{d}z} \cdots\left(-z \frac{\mathrm{d}}{\mathrm{d}z} X(z)\right)\right)\right)$$

共求导 m 次。

例 7.14 若已知 $Z[u(n)] = \dfrac{z}{z-1}$,求斜变序列 $nu(n)$ 的 z 变换。

解:由式(7.26)可得

$$Z[nu(n)] = -z \frac{\mathrm{d}}{\mathrm{d}z} Z[u(n)] = -z \frac{\mathrm{d}}{\mathrm{d}z}\left(\frac{z}{z-1}\right) = \frac{z}{(z-1)^2}$$

5. 序列共轭性质

一个复序列 $x(n)$ 的共轭序列为 $x^*(n)$,若

$$Z[x(n)] = X(z) \quad (R_{x-} < |z| < R_{x+})$$

则

$$Z[x^*(n)] = X^*(z^*) \quad (R_{x-} < |z| < R_{x+}) \tag{7.29}$$

证明:按定义

$$Z[x^*(n)] = \sum_{n=-\infty}^{+\infty} x^*(n) z^{-n} = \sum_{n=-\infty}^{+\infty} [x(n)(z^*)^{-n}]^* = \left[\sum_{n=-\infty}^{+\infty} x(n)(z^*)^{-n}\right]^*$$

$$= X^*(z^*) \quad (R_{x-} < |z| < R_{x+})$$

由此可得出,若 $x(n)$ 为实序列 $x(n) = x^*(n)$,则有

$$X(z) = X^*(z^*)$$

那么,若 $z = z_1$ 是 $X(z)$ 的极点(或零点),则 $z^* = z_1$ 即 $z = z_1^*$ 也是 $X(z)$ 的极点,如图 7.13 所示。所以实序列的 z 变换的非零的复数极点(或零点)一定是以共轭对的形式存在的。

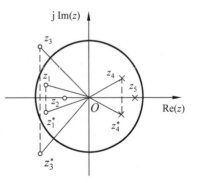

图 7.13 实序列可能有的零点、极点分布

6. 序列翻褶性质

若 $Z[x(n)] = X(z) \quad (R_{x-} < |z| < R_{x+})$

则 $Z[x(-n)] = X\left(\dfrac{1}{z}\right) \quad \left(\dfrac{1}{R_{x+}} < |z| < \dfrac{1}{R_{x-}}\right) \tag{7.30}$

证明:按定义

$$Z[x(-n)] = \sum_{n=-\infty}^{+\infty} x(-n) z^{-n} = \sum_{n=-\infty}^{+\infty} x(n) z^n = \sum_{n=-\infty}^{+\infty} x(n)(z^{-1})^{-n}$$

$$= X\left(\frac{1}{z}\right) \quad (R_{x-} < |z^{-1}| < R_{x+})$$

由于变量间为倒数关系,则极点间也为倒数关系,从而也可得到以上的收敛域关系。

利用序列翻褶性质可知,若 $x(n)$ 为偶对称序列,即 $x(n) = x(-n)$,或 $x(n)$ 为奇对称序

列,即 $x(n) = -x(-n)$,则分别有 $X(z) = X\left(\dfrac{1}{z}\right)$,$X(z) = -X\left(\dfrac{1}{z}\right)$。在这两种情况下,若 $x(n)$ 不是实序列,则 $X(z)$ 的极点(或零点)一定是成对的倒数关系,即,若 $z = z_1$ 是 $X(z)$ 的极点(或零点),则 $z = \dfrac{1}{z_1}$ 也一定是 $X(z)$ 的极点(或零点),如图 7.14 所示。

利用序列的共轭性及翻褶性质可以得出,若序列是实偶对称序列,即 $x(n) = x^*(n) = x(-n)$,或序列是实奇对称序列,即 $x(n) = x^*(n) = -x(-n)$,则分别有 $X(z) = X^*(z^*) = X\left(\dfrac{1}{z}\right)$ 及 $X(z) = X^*(z^*) = -X\left(\dfrac{1}{z}\right)$,在这两种情况下,$X(z)$ 的非零的极点(或零点)一定是以共轭倒数对的形式存在的,即既共轭又互为倒数。即,若 $z = z_1$ 是 $X(z)$ 的极点(或零点),则 $z = z_1^*$,$z = \dfrac{1}{z_1}$ 及 $z = \dfrac{1}{z_1^*}$ 都一定是 $X(z)$ 的极点(或零点),如图 7.15 所示。

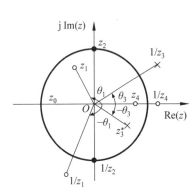

图 7.14 偶(或奇)对称复序列可能有的零点、极点分布

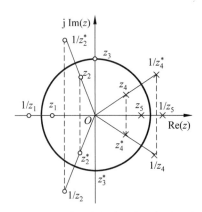

图 7.15 实偶(或实奇)对称序列可能有的零点、极点分布

7. 初值定理

对于因果序列 $x(n)$ 即 $x(n) = 0, n < 0$,有
$$\lim_{z \to \infty} X(z) = x(0) \tag{7.31}$$

证明:由于 $x(n)$ 是因果序列,则有
$$X(z) = \sum_{n=-\infty}^{+\infty} x(n)u(n)z^{-n} = \sum_{n=0}^{+\infty} x(n)x(n) = x(0) + x(1)z^{-1} + x(2)z^{-2} + x(3)z^{-3} + \cdots$$
故
$$\lim_{z \to \infty} X(z) = x(0)$$

根据初值定理,可直接用 z 变换 $X(z)$ 求因果序列的初值 $x(0)$,或利用它检验得到的 $X(z)$ 的正确性。

8. 终值定理

设 $x(n)$ 为因果序列,且 $X(z) = Z[x(n)]$ 的极点处于单位圆 $|z| = 1$ 以内(单位圆上最多在 $z = 1$ 处可有一阶极点),则
$$\lim_{n \to \infty} x(n) = \lim_{z \to 1}((z-1)X(z)) \tag{7.32}$$

证明:利用序列的移位性质可得
$$Z[x(n+1) - x(n)] = (z-1)X(z) = \sum_{n=-\infty}^{+\infty}(x(n+1) - x(n))z^{-n}$$

再利用 $x(n)$ 为因果序列可得

$$(z-1)X(z) = \sum_{n=-1}^{+\infty}(x(n+1)-x(n))z^{-n} = \lim_{n\to\infty}\sum_{m=-1}^{n}(x(m+1)-x(m))z^{-m}$$

由于已假设 $x(n)$ 为因果序列,且 $X(z)$ 极点在单位圆内最多只有 $z=1$ 处可能有一阶极点,在 $(z-1)X(z)$ 中因式 $z-1$ 将抵消 $z=1$ 处可能的极点,故 $(z-1)X(z)$ 在 $1 \leqslant |z| \leqslant \infty$ 上都收敛,所以可以取 z 趋近 1 的极限。

$$\begin{aligned}\lim_{z\to 1}[(z-1)X(z)] &= \lim_{n\to\infty}\sum_{m=-1}^{n}(x(m+1)-x(m)) \\ &= \lim_{n\to\infty}((x(0)-0)+(x(1)-x(0))+(x(2)-x(1))+\cdots+ \\ &\quad (x(n+1)-x(n))) \\ &= \lim_{n\to\infty}(x(n+1)) = \lim_{n\to\infty}x(n)\end{aligned}$$

由于等式左边即为 $X(z)$ 在 $z=1$ 处的留数,即

$$\lim_{z\to 1}((z-1)X(z)) = \mathrm{Res}(X(z))\big|_{z=1}$$

所以也可将式(7.32)写成

$$x(\infty) = \mathrm{Res}(X(z))\big|_{z=1}$$

终值定理适用于因果序列,且 $X(z) = Z[x(n)]$ 的极点必须在单位圆内,最多在 $z=1$ 处有一阶极点。但是在推导过程中看出,如果只看序列,则只有当 $\lim_{n\to\infty}x(n)$ 存在时才能应用终值定理。例如,$x(n) = u(n) + a^n u(n), |a|>1$,此时 $\lim_{n\to\infty}x(n)$ 是不存在的,但是由于 $X(z) = \frac{z}{z-1} + \frac{z}{z-a}$,故有 $\lim_{z\to 1}((z-1)X(z)) = 1 \neq \lim_{n\to\infty}x(n)$,因此不能用终值定理,这是因为此处的 $X(z)$ 在单位圆外 $z=a(|z|=|a|>1)$ 处有极点,不符合终值定理的要求。

9. 因果序列的累加性

设 $x(n)$ 为因果序列,即

$$x(n) = 0 \quad (n < 0)$$
$$X(z) = Z[x(n)] \quad (|z| > R_{x-})$$

则

$$Z\left[\sum_{m=0}^{n}x(m)\right] = \frac{z}{z-1}X(z) \quad (|z| > \max(R_{x-},1)) \tag{7.33}$$

证明:令 $y(n) = \sum_{m=0}^{n}[x(m)]$,则

$$Z[y(n)] = Z\left[\sum_{m=0}^{n}x(m)\right] = \sum_{n=0}^{+\infty}\left(\sum_{m=0}^{n}x(m)\right)z^{-n}$$

由于是因果序列的累加,故有 $n \geqslant 0$,由图 7.16 可知此求和范围为阴影区。改变求和次序,可得

$$\begin{aligned}Z\left[\sum_{m=0}^{n}x(m)\right] &= \sum_{m=0}^{+\infty}x(m)\sum_{n=m}^{+\infty}z^{-n} = \sum_{m=0}^{+\infty}x(m)\frac{z^{-m}}{1-z^{-1}} \\ &= \frac{1}{1-z^{-1}}\sum_{m=0}^{+\infty}x(m)z^{-m} \\ &= \frac{1}{1-z^{-1}}Z[x(n)]\end{aligned}$$

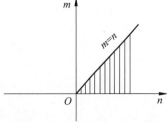

图 7.16 m、n 关系及求和范围

$$= \frac{z}{z-1}X(z) \quad (|z| > \max(R_{x-}, 1))$$

由于第一次求和 $\sum_{m=n}^{+\infty} z^{-n}$ 的收敛域为 $|z^{-1}| < 1$,即 $|z| > 1$,而 $\sum_{m=0}^{+\infty} x(m)z^{-m}$ 的收敛域为 $|z| > R_{x-}$,故收敛域为 $|z| > 1$ 及 $|z| > R_{x-}$ 的重叠部分 $|z| > \max(R_{x-}, 1)$。

例 7.15 设给定序列为

$$x(n) = a^n u(n) \quad (0 < a < 1)$$

求累加序列 $y(n) = \sum_{k=-\infty}^{n} x(k)$ 的 z 变换。

解:由于

$$X(z) = \sum_{n=-\infty}^{+\infty} a^n u(n) z^{-n} = \sum_{n=0}^{+\infty} (az^{-1})^n = \frac{1}{1-az^{-1}} = \frac{z}{z-a} \quad (|z| > a)$$

按式(7.33),有

$$Y(z) = Z[y(n)] = \frac{z}{z-1}X(z) = \frac{z^2}{(z-1)(z-a)} \quad (z > \max(a, 1) = 1)$$

10. 序列的卷积和定理

设 $y(n)$ 为 $x(n)$ 与 $h(n)$ 的卷积和:

$$y(n) = x(n) * h(n) = \sum_{m=-\infty}^{+\infty} x(m)h(n-m)$$

$$X(z) = Z[x(n)] \quad (R_{x-} < |z| < R_{x+})$$

$$H(z) = Z[h(n)] \quad (R_{h-} < |z| < R_{h+})$$

则 $\quad Y(z) = Z[y(n)] = H(z)X(z) \quad (\max(R_{x-}, R_{h-}) < |z| < \min(R_{x+}, R_{h+}))$

即

$$Z[x(n) * h(n)] = X(z)H(z) \tag{7.34}$$

也可以写成

$$x(n) * h(n) = Z^{-1}[X(z)H(z)] \tag{7.35}$$

若时域为卷积和,则等效于 z 变换域是相乘的。乘积的收敛域是 $X(z)$ 收敛域和 $H(z)$ 收敛域的重叠部分。如果收敛域边界上一个 z 变换的零点与另一个 z 变换的极点可互相抵消,则收敛域还可扩大。

证明:

$$Z[x(n) * h(n)] = \sum_{n=-\infty}^{+\infty} (x(n) * h(n))z^{-n}$$

$$= \sum_{n=-\infty}^{+\infty} \sum_{m=-\infty}^{+\infty} x(m)h(n-m)z^{-n}$$

$$= \sum_{m=-\infty}^{+\infty} x(m) \left(\sum_{n=-\infty}^{+\infty} h(n-m)z^{-n} \right)$$

$$= \sum_{m=-\infty}^{+\infty} x(m)z^{-m} H(z)$$

$$= X(z)H(z) \quad (\max(R_{x-}, R_{h-}) < |z| < \min(R_{x+}, R_{h+}))$$

在线性移不变系统中,如果输入为 $x(n)$,系统冲激响应为 $h(n)$,则输出 $y(n)$ 是 $x(n)$ 与

$h(n)$ 的卷积和,这是前面讨论过的卷积和定理。利用该定理,可以通过求 $X(z)H(z)$ 的 z 逆变换求出 $y(n)$。后面会看到,尤其是对于有限长序列,这样求解会更方便,因而该定理是很重要的。

例 7.16 求下面两个序列的卷积。

$$x(n) = u(n)$$
$$h(n) = a^n u(n) - a^{n-1} u(n-1)$$

解: 已知

$$X(z) = \frac{z}{z-1} \quad (|z| > 1)$$

由位移性知

$$H(z) = \frac{z}{z-a} - \frac{z}{z-a}z^{-1} = \frac{z-1}{z-a} \quad (|z| > |a|)$$

由式(7.34)得

$$Y(z) = X(z)H(z) = \frac{z}{z-1} \times \frac{z-1}{z-a} = \frac{z}{z-a} \quad (|z| > |a|)$$

其逆变换为

$$y(n) = x(n) * h(n) = Z^{-1}[Y(z)] = a^n u(n)$$

显然,$X(z)$ 的极点($z=1$)被 $H(z)$ 的零点抵消,若 $|a| < 1$,$Y(z)$ 的收敛域比 $X(z)$ 与 $H(z)$ 的收敛域的重叠部分要大,如图 7.17 所示。

利用 z 变换的时域卷积定理容易计算解卷积。由卷积表达式对应的 z 域关系式 $Y(z) = X(z)H(z)$ 可以看出,若已知 $Y(z)$、$H(z)$ 求 $X(z)$ 或已知 $Y(z)$、$X(z)$ 求 $H(z)$,都可以首先进行 z 变换式相除,然后取 $X(z)$ 或 $H(z)$ 的逆变换,即可得到时域表达式 $x(n)$ 或 $h(n)$。虽然从理论上讲这是一种比较方便的计算解卷积方法,然而在实际问题中却较少采用,

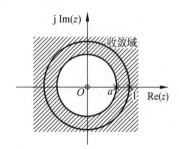

图 7.17 $(a^n u(n) - a^{n-1} u(n-1)) * u(n)$ 的 z 变换收敛域

这是因为,当两个 z 变换式相除求得另一 z 变换式时,收敛域的分析将遇到麻烦。这时,作为分母的 z 变换式不能有位于单位圆之外的零点(即满足最小相移函数的要求),否则,所得结果将出现单位圆外的极点,对应时域不能保证当 $n \to \infty$ 时函数收敛。

例 7.17 求下面两个序列的卷积。

$$x(n) = a^n u(n)$$
$$h(n) = b^n u(n) - ab^{n-1} u(n-1)$$

解:

$$X(z) = Z[x(n)] = \frac{z}{z-a} \quad (|z| > |a|)$$

$$H(z) = Z[h(n)] = \frac{z}{z-b} - \frac{a}{z-b} = \frac{z-a}{z-b} \quad (|z| > |b|)$$

所以

$$Y(z) = X(z)H(z) = \frac{z}{z-b} \quad (|z| > |b|)$$

其 z 逆变换为

$$y(n) = x(n) * h(n) = Z^{-1}[Y(z)] = b^n u(n)$$

显然,在 $z=a$ 处,$X(z)$ 的极点被 $H(z)$ 的零点所抵消,如果 $|b|<|a|$,则 $Y(z)$ 的收敛域比 $X(z)$ 与 $H(z)$ 的收敛域的重叠部分要大,如图 7.18 所示,$a^n u(n) * (b^n u(n) - ab^{n-1} u(n-1))$ 的 z 变换收敛域 $|b|<|a|$,故收敛域扩大了,$z=a$ 处零点与极点相抵消。

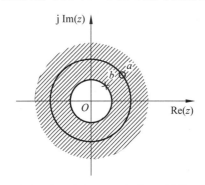

图 7.18　$a^n u(n) * (b^n u(n) - ab^{n-1} u(n-1))$ 的 z 变换收敛域

11. 序列相乘性质

若
$$y(n) = x(n)h(n)$$

且
$$X(z) = Z[x(n)] \quad (R_{x-} < |z| < R_{x+})$$
$$H(z) = Z[h(n)] \quad (R_{h-} < |z| < R_{h+})$$

则
$$Y(z) = Z[y(n)] = Z[x(n)h(n)]$$
$$= \frac{1}{2\pi j} \oint_c X\left(\frac{z}{v}\right) H(v) v^{-1} dv \quad (R_{x-} R_{h-} < |z| < R_{x+} R_{h+}) \tag{7.36}$$

若时域相乘,则 z 变换域是复卷积关系,这里 c 是哑变量 v 平面上 $X\left(\dfrac{z}{v}\right)$ 与 $H(v)$ 的公共收敛域内环绕原点的一条逆时针旋转的单封闭围线,它满足

$$\begin{cases} R_{h-} < |v| < R_{h+} \\ R_{x-} < \left|\dfrac{z}{v}\right| < R_{x+} \end{cases} \tag{7.37}$$

即
$$\frac{|z|}{R_{x+}} < |v| < \frac{|z|}{R_{x-}}$$

将式(7.37)的两个不等式相乘：
$$R_{x-} R_{h-} < |z| < R_{x+} R_{h+} \tag{7.38}$$

v 平面收敛域为
$$\max\left(R_{h-}, \frac{|z|}{R_{x+}}\right) < |v| < \min\left(R_{h+}, \frac{|z|}{R_{x-}}\right)$$

证明：

$$Y(z) = Z[y(n)] = Z[x(n)h(n)] = \sum_{n=-\infty}^{+\infty} x(n)h(n) z^{-n}$$
$$= \sum_{n=-\infty}^{+\infty} x(n) \left(\frac{1}{2\pi j} \oint_c H(v) v^{n-1} dv\right) z^{-n} = \frac{1}{2\pi j} \sum_{n=-\infty}^{+\infty} x(n) \left(\oint_c H(v) v^n \frac{dv}{v}\right) z^{-n}$$
$$= \frac{1}{2\pi j} \oint_c \left(H(v) \sum_{n=-\infty}^{+\infty} x(n) \left(\frac{z}{v}\right)^{-n}\right) \frac{dv}{v}$$

$$= \frac{1}{2\pi j} \oint_c H(v) X\left(\frac{z}{v}\right) v^{-1} dv \quad (R_{x-}R_{h-} < |z| < R_{x+}R_{h+}) \tag{7.39}$$

由推导过程可以看出，$H(v)$ 的收敛域就是 $H(z)$ 的收敛域，$X\left(\frac{z}{v}\right)$ 的收敛域 ($\frac{z}{v}$ 的区域) 就是 $X(z)$ 的收敛域 (z 的区域)，即式(7.37)成立，从而式(7.38)成立。收敛域也得到证明。

可以证明，由于乘积 $x(n)h(n)$ 的先后次序可以互调，故 X、H 的位置可以互换，因此下式同样成立：

$$Y(z) = Z[y(n)] = Z[x(n)h(n)]$$
$$= \frac{1}{2\pi j} \oint_c X(v) H\left(\frac{z}{v}\right) v^{-1} dv \quad (R_{x-}R_{h-} < |z| < R_{x+}R_{h+}) \tag{7.40}$$

而此时围线 c 所在收敛域为

$$\max\left(R_{x-}, \frac{|z|}{R_{h+}}\right) < |v| < \min\left(R_{x+}, \frac{|z|}{R_{h-}}\right) \tag{7.41}$$

复卷积公式可用留数定理求解，但关键在于正确决定围线所在收敛域。式(7.39)、式(7.40)类似于卷积积分。为了说明这一点，令围线是一个以原点为圆心的圆，即

$$v = \rho e^{j\theta}, \quad z = r e^{j\omega}$$

则式(7.39)变为

$$Y(r e^{j\omega}) = \frac{1}{2\pi j} \oint_c H(\rho e^{j\theta}) X\left(\frac{r}{\rho} e^{j(\omega-\theta)}\right) \frac{d(\rho e^{j\theta})}{\rho e^{j\theta}} \tag{7.42}$$

由于 c 是圆，故 θ 的积分限为 $-\pi \sim \pi$，式(7.42)变成

$$Y(r e^{j\omega}) = \frac{1}{2\pi} \int_{-\pi}^{\pi} H(\rho e^{j\theta}) X\left(\frac{r}{\rho} e^{j(\omega-\theta)}\right) d\theta \tag{7.43}$$

这可看成卷积积分，积分在 $-\pi \sim \pi$ 的一个周期上进行，故称为周期卷积。

例 7.18 设 $x(n) = a^n u(n)$，$h(n) = b^{n-1} u(n-1)$，求 $Y(z) = Z[x(n)h(n)]$。

解：

$$X(z) = Z[x(n)] = Z[a^n u(n)] = \frac{z}{z-a} \quad (|z| > |a|)$$

$$H(z) = Z[h(n)] = Z[b^{n-1} u(n-1)] = \frac{1}{z-b} \quad (|z| > |b|)$$

利用式(7.40)可得

$$Y(z) = Z[y(n)] = Z[x(n)h(n)]$$
$$= \frac{1}{2\pi j} \oint_c \left(\frac{v}{v-a} \times \frac{1}{\frac{z}{v}-b} \times \frac{1}{v}\right) dv$$

$$= \frac{1}{2\pi j} \oint_c \frac{v}{(v-a)(z-bv)} dv \quad (|z| > |ab|)$$

收敛域为 $|v| > |a|$ 与 $\left|\frac{z}{v}\right| > |b|$ 的重叠区，即 $|a| < |v| < \left|\frac{z}{b}\right|$，所以围线只包围一个极点，$v = a$，如图 7.19 所示。

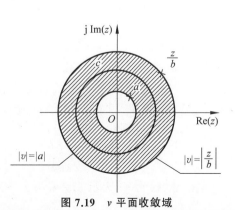

图 7.19 v 平面收敛域

利用留数定理可得

$$Y(z) = \frac{1}{2\pi j}\oint_c \frac{v}{(v-a)(z-bv)}dv$$
$$= \text{Res}\left[\frac{v}{(v-a)(z-bv)}\right]\bigg|_{v=a}$$
$$= \frac{a}{z-ab} \quad (|z|>|ab|)$$

其中收敛域是按式(7.38)得出的。

7.1.4 单边 z 逆变换

已知序列的 z 变换 $X(z)$ 及其收敛域,求原序列 $x(n)$ 的过程称为 z 逆变换。重写 $x(n)$ 的 z 变换定义式如下:

$$X(z) = \sum_{n=-\infty}^{+\infty} x(n)z^{-n} \quad (R_{x-}<|z|<R_{x+})$$

对上式两边乘以 z^{n-1},n 为任一整数,并在 $X(z)$ 的收敛域上进行积分,得

$$\oint_c X(z)z^{n-1}dz = \oint_c \left(\sum_{m=-\infty}^{+\infty} x(m)z^{-m}\right)z^{n-1}dz = \sum_{m=-\infty}^{+\infty} x(m)\oint_c z^{n-m-1}dz$$

其中,积分路径 c 是 $X(z)$ 收敛域中一条包围原点的逆时针方向的闭合围线,如图 7.20 所示。

根据复变函数理论中的柯西公式,只有当 $n-m-1=-1$,即 $m=n$ 时,$\oint_c z^{n-m-1}dz=2\pi j$;否则,$\oint_c z^{n-m-1}dz=0$。考虑到 m 是整数,所以,求和式中除了 $m=n$ 以外,其余各项全为 0,于是有

$$\oint_c X(z)z^{n-1}dz = 2\pi j x(n)$$

所以

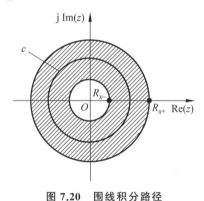

图 7.20 围线积分路径

$$x(n) = \text{IFT}[X(z)] = \frac{1}{2\pi j}\oint_c X(z)z^{n-1}dz \quad (7.44)$$

式(7.44)就是 z 逆变换公式。

求 z 逆变换的计算方法有 3 种:对式(7.44)作围线积分(也称留数法),或仿照拉普拉斯变换的方法将 $X(z)$ 函数式用部分分式展开,经查表求出逐项的逆变换再求和,此外,还可借助幂级数法(长除法)将 $X(z)$ 展开幂级数得到 $x(n)$。显然,部分分式展开法比较简便,因此应用最多。

1. 留数法

求 z 逆变换时,直接计算式(7.44)给出的围线积分是比较麻烦的,用留数定理求则很容易。为了书写简单,用 $F(z)$ 表示被积函数: $F(z) = X(z)z^{n-1}$。

如果 $F(z)$ 在围线 c 内的极点用 z_k 表示,根据留数定理有

$$\frac{1}{2\pi j}\oint_c X(z)z^{n-1}dz = \sum_k \text{Res}[F(z),z_k] \quad (7.45)$$

其中,$\text{Res}[F(z),z_k]$ 表示被积函数 $F(z)$ 在极点 $z=z_k$ 的留数,z 逆变换是围线 c 内所有极点的留数之和。

如果 z_k 是单阶极点,则根据留数定理有
$$\text{Res}[F(z), z_k] = (z - z_k)F(z)\big|_{z=z_k} \tag{7.46}$$
如果 z_k 是 m 阶极点,则根据留数定理有
$$\text{Res}[F(z), z_k] = \frac{1}{(m-1)!} \times \frac{d^{m-1}}{dz^{m-1}}((z-z_k)^m F(z))\big|_{z=z_k} \tag{7.47}$$

式(7.47)表明,对于 m 阶极点,需要求 $m-1$ 次导数,这是比较麻烦的。如果 c 内有多阶极点,而 c 外没有多阶极点,则可以根据留数定理改求 c 外的所有极点的留数之和,使问题简化。

如果 $F(z)$ 在 z 平面上有 N 个极点,在收敛域内的封闭曲线 c 将 z 平面上的极点分成两部分:一部分是 c 内极点,设有 N_1 个极点,用 z_{1k} 表示;另一部分是 c 外极点,设有 N_2 个,用 z_{2k} 表示。$N = N_1 + N_2$。根据留数定理,有

$$\sum_{k=1}^{N_1} \text{Res}[F(z), z_{1k}] = -\sum_{k=1}^{N_2} \text{Res}[F(z), z_{2k}] \tag{7.48}$$

式(7.48)成立的条件是 $F(z)$ 的分母阶次应比分子阶次高二阶或二阶以上。设 $X(z) = P(z)/Q(z)$,$P(z)$ 和 $Q(z)$ 分别是 z 的 M 和 N 阶多项式。式(7.48)成立的条件是
$$N - M - n + 1 \geqslant 2$$
因此要求
$$n < N - M \tag{7.49}$$

如果满足式(7.49),c 内极点中有多阶极点,而 c 外没有多阶极点,则 z 逆变换的计算可以按照式(7.48)改求 c 外极点的留数之和,最后加一个负号。

例 7.19 已知 $X(z) = (1 - az^{-1})^{-1}$,$|z| > |a|$,求其 z 逆变换 $x(n)$。

解:
$$x(n) = \frac{1}{2\pi j} \oint_c (1 - az^{-1})^{-1} z^{n-1} dz$$
$$F(z) = \frac{1}{1 - az^{-1}} z^{n-1} = \frac{z^n}{z - a}$$

为了用留数定理求解,先找出 $F(z)$ 的极点。显然,$F(z)$ 的极点与 n 的取值有关。

极点有两个:$z = a$。当 $n \geqslant 0$ 时,$z = 0$ 不是极点;当 $n < 0$ 时,$z = 0$ 是一个 n 阶极点。因此,分成 $n \geqslant 0$ 和 $n < 0$ 两种情况求 $x(n)$。

$n \geqslant 0$ 时,$F(z)$ 在 c 内只有一个极点:$z_1 = a$。

$n < 0$ 时,$F(z)$ 在 c 内有两个极点:$z_1 = a$,$z_2 = 0$(n 阶)。

所以,应当分段计算 $x(n)$。$n \geqslant 0$ 时,
$$x(n) = \text{Res}[F(z), a] = (z - a)\frac{z^n}{z - a}\bigg|_{z=a} = a^n$$

$n < 0$ 时,$z = 0$ 是 n 阶极点,不易求留数。采用留数定理求解,先检查式(7.49)是否满足。本例中 $N = M = 1$,$N - M = 0$,所以 $n < 0$ 时满足式(7.49),可以采用留数定理求解,改求 c 外极点的留数。但对于 $F(z)$,本例中 c 外没有极点(图 7.21),故 $n < 0$,$x(n) = 0$。最后得到本例的原序列:

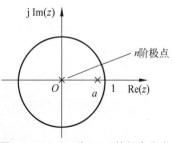

图 7.21 $n < 0$ 时 $F(z)$ 的极点分布

$$x(n) = a^n u(n)$$

事实上，本例由于收敛域是 $|z|>a$，根据前面分析的序列特性对收敛域的影响知道，$x(n)$ 一定是因果序列，这样 $n<0$ 部分一定为 0，无须再求。本例如此求解是为了证明留数定理的正确性。

例 7.20 已知 $X(z) = \dfrac{1-a^2}{(1-az)(1-az^{-1})}$，$|a|<1$，求其 z 逆变换 $x(n)$。

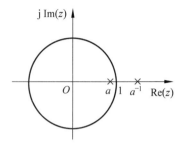

图 7.22 $X(z)$ 的极点

解：本例没有给定收敛域，为求出唯一的原序列 $x(n)$，必须先确定收敛域。分析 $X(z)$，得到其极点分布，如图 7.22 所示。图 7.22 中有两个极点 $z_1=a$ 与 $z_2=a^{-1}$，这样收敛域有 3 种选法：

(1) $|z|>|a^{-1}|$，对应的 $x(n)$ 是因果序列。
(2) $|z|<|a|$，对应的 $x(n)$ 是左序列。
(3) $|a|<|z|<|a^{-1}|$，对应的 $x(n)$ 是双边序列。

下面分别按照这 3 种收敛域求其 $x(n)$。

(1) 收敛域为 $|z|>|a^{-1}|$。

$$F(z) = \frac{1-a^2}{(1-az)(1-az^{-1})}z^{n-1} = \frac{1-a^2}{-a(z-a)(z-a^{-1})}z^n$$

这种情况的原序列是因果的右序列，无须求 $n<0$ 时的 $x(n)$。当 $n \geq 0$ 时，$F(z)$ 在 c 内有两个极点 $z_1=a$ 与 $z_2=a^{-1}$，因此

$$\begin{aligned} x(n) &= \text{Res}[F(z), a] + \text{Res}[F(z), a^{-1}] \\ &= \frac{(1-a^2)z^n}{(z-a)(1-az)}(z-a)\bigg|_{z=a} + \frac{(1-a^2)z^n}{-a(z-a)(z-a^{-1})}(z-a^{-1})\bigg|_{z=a^{-1}} \\ &= a^n - a^{-n} \end{aligned}$$

最后表示成 $x(n) = (a^n - a^{-n})u(n)$。

(2) 收敛域为 $|z|<|a|$。这种情况原序列是左序列，无须计算 $n \geq 0$ 的情况。实际上，当 $n \geq 0$ 时，围线 c 内没有极点，因此 $x(n)=0$；当 $n<0$ 时，c 内只有一个极点 $z=0$，且是 n 阶极点，改求 c 外极点的留数之和。

$n<0$ 时，$F(z)$ 满足式(7.49)，所以按式(7.48)计算 $x(n)$：

$$\begin{aligned} x(n) &= -\text{Res}[F(z), a] - \text{Res}[F(z), a^{-1}] \\ &= -\frac{(1-a^2)z^n}{-a(z-a)(z-a^{-1})}(z-a)\bigg|_{z=a} - \frac{(1-a^2)z^n}{-a(z-a)(z-a^{-1})}(z-a^{-1})\bigg|_{z=a^{-1}} \\ &= -a^n - (-a^{-n}) = a^{-n} - a^n \end{aligned}$$

最后将 $x(n)$ 表示成封闭式：

$$x(n) = (a^{-n} - a^n)u(-n-1)$$

(3) 收敛域为 $|a|<|z|<|a^{-1}|$。这种情况对应的 $x(n)$ 是双边序列。根据被积函数 $F(z)$，按 $n \geq 0$ 和 $n<0$ 两种情况分别求 $x(n)$。

$n \geq 0$ 时，c 内只有一个极点：$z=a$，因此

$$x(n) = \text{Res}[F(z), a] = a^n$$

$n<0$ 时，c 内极点有两个，其中 $z=0$ 是 n 阶极点，改求 c 外极点的留数，c 外极点只有

$z = a^{-1}$,因此

$$x(n) = -\text{Res}[F(z), a^{-1}] = a^{-n}$$

最后将 $x(n)$ 表示为

$$x(n) = \begin{cases} a^n, & n \geqslant 0 \\ a^{-n}, & n < 0 \end{cases}$$

即

$$x(n) = a^{|n|}$$

例 7.21 已知 $X(z) = \dfrac{z^2}{(z-1)(z-0.5)}$,$|z| > 1$,求其 z 逆变换 $x(n)$。

解:$X(z)$ 的 z 逆变换为

$$x(n) = \sum_m \text{Res}\left[\frac{z^{n+1}}{(z-1)(z-0.5)}\right]\bigg|_{z=z_m}$$

当 $n \geqslant -1$ 时在 $z=0$ 点没有极点,仅在 $z=1$ 和 $z=0.5$ 处有一阶极点,可求得

$$\text{Res}\left[\frac{z^{n+1}}{(z-1)(z-0.5)}\right]\bigg|_{z=1} = 2$$

$$\text{Res}\left[\frac{z^{n+1}}{(z-1)(z-0.5)}\right]\bigg|_{z=0.5} = -(0.5)^n$$

由此写出

$$x(n) = (2 - (0.5)^n) u(n+1)$$

实际上,当 $n = -1$ 时 $x(n) = 0$,因此上式可简写为

$$x(n) = (2 - (0.5)^n) u(n)$$

当 $n < -1$ 时,在 $z = 0$ 处有极点存在,不难求得与此点相应的留数和上面两个极点处的留数之和为 0,因此 $x(n)$ 都等于 0。本例的答案就是上面求得的因果序列 $x(n)$,这与收敛域条件 $|z| > 1$ 一致。

如果本例的 $X(z)$ 保持不变,而收敛域改为 $|z| < 0.5$,积分围线应选在半径为 0.5 的圆之内。当 $n > -1$ 时,围线积分等于 0,相应的 $u(n)$ 都为 0;而当 $n < -1$ 时,$z = 0$ 处有极点存在,求解围线积分后可得到 $u(n)$ 为左边序列,此结果也与收敛条件 $|z| < 0.5$ 一致。

另一种情况是收敛域为圆环 $(0.5 < |z| < 1)$。这时,积分围线应选在半径为 $0.5 \sim 1$ 的圆环之内,求得的 $x(n)$ 是双边序列。

综上所述,对于同一个 $X(z)$ 表达式,当给定的收敛域不同时,选择的积分围线也不相同,最后将得到不同的 z 逆变换序列 $x(n)$。

2. 部分分式法

在实际应用中,一般 $X(z)$ 是 z(或 z^{-1})的有理分式,可表示成 $X(z) = B(z)/A(z)$,$A(z)$ 及 $B(z)$ 都是变量 z(或 z^{-1})的实数系数多项式,并且没有公因式,则可将 $X(z)$ 展开为部分分式的形式,然后求每一个部分分式的 z 逆变换,将各 z 逆变换相加,就得到所求的 $x(n)$,即

$$X(z) = \frac{B(z)}{A(z)} = X_1(z) + X_2(z) + \cdots + X_k(z)$$

则 $x(n) = Z^{-1}[X(z)] = Z^{-1}[X_1(z)] + Z^{-1}[X_2(z)] + \cdots + Z^{-1}[X_k(z)]$

在利用部分分式求 z 逆变换时,必须使部分分式各项的形式能够比较容易地从已知的 z 变换表中识别出来,并且必须注意收敛域。

(1) 第一种求法。$X(z)$ 可以表示成 z 的负幂有理分式:

$$X(z) = \frac{B(z)}{A(z)} = \frac{b_0 + b_1 z^{-1} + b_2 z^{-2} + \cdots + b_M z^{-M}}{a_0 + a_1 z^{-1} + a_2 z^{-2} + \cdots + a_N z^{-N}}$$

$$= \frac{\sum_{k=0}^{M} b_k z^{-k}}{\sum_{k=0}^{N} a_k z^{-k}} = A \frac{\prod_{k=1}^{M}(1 - e_k z^{-1})}{\prod_{k=1}^{M}(1 - z_k z^{-1})} \tag{7.50}$$

$X(z)$ 可以由分母多项式的根展开成部分分式：

$$X(z) = \sum_{n=0}^{M-N} B_n z^{-n} + \sum_{k=1}^{N-r} \frac{A_k}{1 - z_k z^{-1}} + \sum_{j=1}^{r} \frac{c_j}{(1 - z_i z^{-1})^j} \tag{7.51}$$

其中，各个 z_k 是 $X(z)$ 的单阶极点($k=1,2,\cdots,N-r$)，A_k 是这些单阶极点的留数，z_i 为 $X(z)$ 的一个 r 阶极点，B_n 是 $X(z)$ 整式部分的系数，当 $M \geq N$ 时才存在 B_n(若 $M=N$，则只有常数 B_0 项)；当 $M < N$ 时，各个 $B_n = 0$。B_n 可用长除法求得。

根据留数定理，各单阶极点 $z_k (k=1,2,\cdots,N-r)$ 的系数 A_k 可用下式求得：

$$A_k = (1 - z_k z^{-1}) X(z) \Big|_{z=z_k} = (z - z_k) \frac{X(z)}{z} \Big|_{z=z_k} = \text{Res}\left[\frac{X(z)}{z}\right]\Big|_{z=z_k} \tag{7.52}$$

当 $M=N$ 时，式(7.51)的常数 B_0 也可用式(7.52)求得，相当于 $X(z)/z$ 的极点为 $z_0=0$。式(7.52)的最后一个等号后的 $\text{Res}[X(z)/z]$ 表示 $X(z)/z$ 在极点 $z=z_k$ 处的留数。各高阶极点的系数 c_j 可以用以下关系式求得：

$$c_j = \frac{1}{(-z_i)^{r-j}} \times \frac{1}{(r-j)!} \left(\frac{\mathrm{d}^{r-j}}{\mathrm{d}(z^{-1})^{r-j}} ((1 - z_i z^{-1})^r X(z)) \right) \Bigg|_{z=z_i} \tag{7.53}$$

其中，$j=1,2,\cdots,r$。式(7.53)中是对 z^{-1} 求导数，可以看成 $z^{-1} = \omega$，求对 ω 的导数后再用 z^{-1} 代替 ω 求解，则更加直观。

如果有多个高阶极点，例如有一个 r_1 阶极点和一个 r_2 阶极点，则只能有 $N - r_1 - r_2$ 个单阶极点，这样才能使分母中 z^{-1} 的阶数等于 N。

展开式诸项确定后，根据收敛域的情况，利用表 7.1 再分别求出式(7.51)各项的 z 逆变换，得到各相加序列之和，就是所求的序列。

(2) 第二种求法。将 $X(z)$ 表示成 z 的正幂有理分式：

$$X(z) = \frac{b_0 + b_1 z + b_2 z^2 + \cdots + b_M z^M}{a_0 + a_1 z + a_2 z^2 + \cdots + a_N z^N} \tag{7.54}$$

若 $x(n)$ 为因果序列，则必须有 $M \leq N$，才能保证 $z = \infty$ 时 $X(z)$ 也收敛。设 $M = N$，则可将 $X(z)/z$ 展开成部分分式：

$$\frac{X(z)}{z} = \frac{A_0}{z} + \sum_{k=1}^{N-r} \frac{A_k}{z - z_k} + \sum_{j=1}^{r} \frac{D_j}{(z - z_i)^j}$$

根据留数定理可求得 $X(z)/z$ 的各单阶极点 $z = z_k$ 处的留数 A_k，与式(7.52)相同，为

$$A_k = (z - z_k) \frac{X(z)}{z} \Big|_{z=z_k} = \text{Res}[X(z)]\Big|_{z=z_k} \quad (k=0,1,2,\cdots,N-r) \tag{7.55}$$

A_0 也可用式(7.56)求得(相当于 $X(z)/z$ 的极点为 $z_0 = 0$)。

而一个 r 阶极点 $z = z_i$ 处的各个系数 D_j 可用以下公式求得：

$$D_j = \frac{1}{(r-j)!} \left(\frac{\mathrm{d}^{r-j}}{\mathrm{d}z^{r-j}} \left((z - z_i)^r \frac{X(z)}{z} \right) \right) \Bigg|_{z=z_i} \quad (j=1,2,\cdots,r) \tag{7.56}$$

以上两种办法都可用来求解 $x(n)$。当然，利用第二种办法求解时可能更方便一些，但是

必须将 $X(z)$ 先化成 z 的正幂有理分式,然后利用 $X(z)/z$ 代入式(7.55)(单阶极点)或式(7.56)(r 阶极点)求各系数 A_k 及 D_j。

例 7.22 已知 $X(z) = \dfrac{4z^{-2}}{\left(1-\dfrac{1}{2}z^{-1}\right)\left(1+\dfrac{1}{4}z^{-1}\right)\left(1-\dfrac{1}{6}z^{-1}\right)^2}$,$|z| > \dfrac{1}{2}$,求其 z 逆变换 $x(n) = Z^{-1}[X(z)]$。

解:(1)利用部分分式的第二种求法,即用 z 的正幂有理分式求解,有

$$X(z) = \dfrac{4z^2}{\left(z-\dfrac{1}{2}\right)\left(z+\dfrac{1}{4}\right)\left(z-\dfrac{1}{6}\right)^2}$$

$$\dfrac{X(z)}{z} = \dfrac{4z}{\left(z-\dfrac{1}{2}\right)\left(z+\dfrac{1}{4}\right)\left(z-\dfrac{1}{6}\right)^2}$$

将 $\dfrac{X(z)}{z}$ 展成待定系数的部分分式:

$$\dfrac{X(z)}{z} = \dfrac{A}{z-\dfrac{1}{2}} + \dfrac{B}{z+\dfrac{1}{4}} + \dfrac{D_1}{z-\dfrac{1}{6}} + \dfrac{D_2}{\left(z-\dfrac{1}{6}\right)^2}$$

利用式(7.55)及式(7.56)可得待定系数为

$$A = \left(z-\dfrac{1}{2}\right)\dfrac{X(z)}{z}\bigg|_{z=\frac{1}{2}} = \dfrac{4z}{\left(z+\dfrac{1}{4}\right)\left(z-\dfrac{1}{6}\right)^2}\bigg|_{z=\frac{1}{2}} = 24$$

$$B = \left(z+\dfrac{1}{4}\right)\dfrac{X(z)}{z}\bigg|_{z=\frac{1}{4}} = \dfrac{4z}{\left(z-\dfrac{1}{2}\right)\left(z-\dfrac{1}{6}\right)^2}\bigg|_{z=-\frac{1}{4}} = 7.68$$

$$D_1 = \dfrac{\mathrm{d}}{\mathrm{d}z}\left(\left(z-\dfrac{1}{6}\right)^2\dfrac{X(z)}{z}\right)\bigg|_{z=\frac{1}{6}} = \dfrac{\mathrm{d}}{\mathrm{d}z}\left(\dfrac{4z}{\left(z-\dfrac{1}{2}\right)\left(z+\dfrac{1}{4}\right)}\right)\bigg|_{z=\frac{1}{6}}$$

$$= \dfrac{4\left(z-\dfrac{1}{2}\right)\left(z+\dfrac{1}{4}\right) - 4z\left(z-\dfrac{1}{2}+z+\dfrac{1}{4}\right)}{\left[\left(z-\dfrac{1}{2}\right)\left(z+\dfrac{1}{4}\right)\right]^2}\bigg|_{z=\frac{1}{6}} = -31.68$$

$$D_2 = \left(z-\dfrac{1}{6}\right)^2\dfrac{X(z)}{z}\bigg|_{z=\frac{1}{6}} = \dfrac{4z}{\left(z-\dfrac{1}{2}\right)\left(z+\dfrac{1}{4}\right)}\bigg|_{z=\frac{1}{6}} = -4.8$$

故有

$$X(z) = \dfrac{24z}{z-\dfrac{1}{2}} + \dfrac{7.68z}{z+\dfrac{1}{4}} - \dfrac{31.68z}{z-\dfrac{1}{6}} - \dfrac{4.8z}{\left(z-\dfrac{1}{6}\right)^2} \quad \left(|z|>\dfrac{1}{2}\right)$$

由于收敛域为模值最大的极点 $\left(z=\dfrac{1}{2}\right)$ 所在圆的外部,故所得序列为因果序列,根据移位性可得

$$x(n) = 24\left(\frac{1}{2}\right)^n u(n) + 7.68\left(-\frac{1}{4}\right)^n u(n) - 31.68\left(\frac{1}{6}\right)^n u(n) - 4.8n\left(\frac{1}{6}\right)^{n-1} u(n-1)$$

$$= 24\delta(n) + 12\left(\frac{1}{2}\right)^{n-1} u(n-1) + 7.68\delta(n) - 1.92\left(-\frac{1}{4}\right)^{n-1} u(n-1) -$$

$$31.68\delta(n) - 5.28\left(\frac{1}{6}\right)^{n-1} u(n-1) - 4.8n\left(\frac{1}{6}\right)^{n-1} u(n-1)$$

$$= \left(12\left(\frac{1}{2}\right)^{n-1} - 1.92\left(-\frac{1}{4}\right)^{n-1} - (5.28 + 4.8n)\left(\frac{1}{6}\right)^{n-1}\right) u(n-1)$$

(2) 利用部分分式的第一种求法，即用 z 的负幂表示：

$$X(z) = \frac{4z^{-2}}{\left(1 - \frac{1}{2}z^{-1}\right)\left(1 + \frac{1}{4}z^{-1}\right)\left(1 - \frac{1}{6}z^{-1}\right)^2}$$

将 $X(z)$ 展开成待定系数的部分分式（直接用 $X(z)$，不需要用 $\dfrac{X(z)}{z}$）：

$$X(z) = \frac{A}{1 - \frac{1}{2}z^{-1}} + \frac{B}{1 + \frac{1}{4}z^{-1}} + \frac{c_1}{1 - \frac{1}{6}z^{-1}} + \frac{c_2}{\left(1 - \frac{1}{6}z^{-1}\right)^2}$$

其中，

$$A = \left(1 - \frac{1}{2}z^{-1}\right) X(z) \bigg|_{z=\frac{1}{2}} = \left(z - \frac{1}{2}\right) \frac{X(z)}{z} \bigg|_{z=\frac{1}{2}} = 24$$

$$B = \left(1 + \frac{1}{4}z^{-1}\right) X(z) \bigg|_{z=-\frac{1}{4}} = \left(z + \frac{1}{4}\right) \frac{X(z)}{z} \bigg|_{z=-\frac{1}{4}} = 7.68$$

A、B 的求解与(1)中的解法实质上是一样的，结果当然一样。利用式(7.53)，可求得

$$c_1 = \frac{1}{-\frac{1}{6}} \left(\frac{d}{d(z^{-1})} \left(\left(1 - \frac{1}{6}z^{-1}\right)^2 X(z)\right)\right) \bigg|_{z=\frac{1}{6}}$$

$$= -6 \frac{d}{d(z^{-1})} \left(\frac{4z^{-2}}{\left(1 - \frac{1}{2}z^{-1}\right)\left(1 + \frac{1}{4}z^{-1}\right)}\right) \bigg|_{z=\frac{1}{6}}$$

$$= -\frac{8z^{-1}\left(1 - \frac{1}{4}z^{-1} - \frac{1}{8}z^{-2}\right) - 4z^{-2}\left(-\frac{1}{4} - \frac{1}{4}z^{-1}\right)}{\left(1 - \frac{1}{4}z^{-1} - \frac{1}{8}z^{-2}\right)^2} \bigg|_{z=\frac{1}{6}} = -\frac{72}{25} = -2.88$$

注意，这里是对 z^{-1} 变量求导数。如果令 $z^{-1} = \omega$，看成对 ω 求导数，最后代入 $\omega = \dfrac{1}{z_i}$ （即 $z = z_i = \dfrac{1}{6}$）可能会更直观一些。

$$c_2 = \left(\left(1 - \frac{1}{6}z^{-1}\right)^2 X(z)\right) \bigg|_{z=z_i} = \frac{4z^{-2}}{\left(1 - \frac{1}{2}z^{-1}\right)\left(1 + \frac{1}{4}z^{-1}\right)} \bigg|_{z=\frac{1}{6}} = -\frac{144}{5} = -28.8$$

由此求得

$$X(z) = \frac{24}{1 - \frac{1}{2}z^{-1}} + \frac{7.68}{1 + \frac{1}{4}z^{-1}} - \frac{2.88}{1 - \frac{1}{6}z^{-1}} - \frac{28.8}{\left(1 - \frac{1}{6}z^{-1}\right)^2}$$

$$= \frac{24z}{z-\frac{1}{2}} + \frac{7.68z}{z+\frac{1}{4}} - \frac{2.88z}{z-\frac{1}{6}} - \frac{28.8z^2}{\left(z-\frac{1}{6}\right)^2} \quad \left(|z|>\frac{1}{2}\right)$$

利用表 7.2 可求得

$$x(n) = 24\left(\frac{1}{2}\right)^n u(n) + 7.68\left(-\frac{1}{4}\right)^n u(n) - 2.88\left(\frac{1}{6}\right)^n u(n) - 28.8(n+1)\left(\frac{1}{6}\right)^n u(n)$$

$$= 24\delta(n) + 12\left(\frac{1}{2}\right)^{n-1} u(n-1) + 7.68\delta(n) - 1.92\left(-\frac{1}{4}\right)^{n-1} u(n-1) - 2.88\delta(n) -$$

$$0.48\left(\frac{1}{6}\right)^{n-1} u(n-1) - 28.8\delta(n) - 4.8n\left(\frac{1}{6}\right)^{n-1} u(n-1) - 4.8\left(\frac{1}{6}\right)^{n-1} u(n-1)$$

$$= \left(12\left(\frac{1}{2}\right)^{n-1} - 1.92\left(-\frac{1}{4}\right)^{n-1} - (5.28+4.8n)\left(\frac{1}{6}\right)^{n-1}\right)u(n-1)$$

结果与(1)中完全相同。

例 7.23 已知 $X(z) = \dfrac{2+\frac{1}{3}z^{-1}+z^{-2}}{1+\frac{17}{3}z^{-1}-2z^{-2}}, \dfrac{1}{3}<|z|<6$,求 $X(z)$ 的 z 逆变换 $x(n)$。

解：先把 $X(z)$ 写成 z 的正幂有理分式形式,并求出它的极点。

$$X(z) = \frac{2z^2+\frac{1}{3}z+1}{z^2+\frac{17}{3}z-2} = \frac{2z^2+\frac{1}{3}z+1}{\left(z-\frac{1}{3}\right)(z+6)}$$

应将等式两端同除以 z,得到

$$\frac{X(z)}{z} = \frac{2z^2+\frac{1}{3}z+1}{\left(z-\frac{1}{3}\right)(z+6)z}$$

将此式展开成单阶极点的部分分式：

$$\frac{X(z)}{z} = \frac{A_1}{z-\frac{1}{3}} + \frac{A_2}{z+6} + \frac{A_3}{z}$$

按式(7.55)求得各系数：

$$A_1 = \left(z-\frac{1}{3}\right)\frac{X(z)}{z}\bigg|_{z=\frac{1}{3}} = \frac{2z^2+\frac{1}{3}z+1}{z(z+6)}\bigg|_{z=\frac{1}{3}} = \frac{12}{19}$$

$$A_2 = (z+6)\frac{X(z)}{z}\bigg|_{z=-6} = \frac{2z^2+\frac{1}{3}z+1}{\left(z-\frac{1}{3}\right)z}\bigg|_{z=-6} = \frac{71}{38}$$

$$A_3 = z\frac{X(z)}{z}\bigg|_{z=0} = \frac{2z^2+\frac{1}{3}z+1}{\left(z-\frac{1}{3}\right)(z+6)}\bigg|_{z=0} = -\frac{1}{2}$$

因而得出

$$X(z) = \frac{\frac{12}{19}z}{z-\frac{1}{3}} + \frac{\frac{71}{38}z}{z+6} - \frac{1}{2} = \frac{\frac{12}{19}}{1-\frac{1}{3}z^{-1}} + \frac{\frac{71}{38}}{1+6z^{-1}} - \frac{1}{2}$$

在对此式各项求 z 逆变换之前，必须先确定哪些项对应的是因果序列，哪些项对应的是非因果序列，当然这与给定的收敛域有关。本例收敛域是环状域（1/3<$|z|$<6）。因而，上式等号右边第一项的极点在 $z=1/3$ 处，而收敛域为 $|z|=1/3$ 的圆的外部，故为因果序列；第二项的极点在 $z=-6$ 处，而收敛域为 $|z|=6$ 的圆的内部，故为非因果序列。可得

$$x(n) = \frac{12}{19}\left(\frac{1}{3}\right)^n u(n) - \frac{71}{38}(-6)^n u(-n-1) - \frac{1}{2}\delta(n)$$

3. 幂级数法

只讨论 $X(z)$ 用有理分式表示的情况。

对于单边序列，可用长除法直接展开成幂级数的形式。但首先需根据收敛域的情况确定是按 z^{-1} 的升幂（z 的降幂）排列或按 z^{-1} 的降幂（z 的升幂）排列，然后再作长除。若 $X(z)$ 的收敛域为 $|z|>R_{x-}$，则 $x(n)$ 为右边序列，应将 $X(z)$ 展开成 z 的负幂级数，为此，$X(z)$ 的分子和分母均应按 z 的降幂（或 z^{-1} 的升幂）排列；若 $X(z)$ 的收敛域为 $|z|<R_{x+}$，则 $X(n)$ 必然是左边序列，此时应将 $X(z)$ 展开成 z 的正幂级数，为此，$X(z)$ 的分子和分母均应按 z 的升幂（或 z^{-1} 的降幂）排列。

例 7.24 已知

$$X(z) = \frac{3z^{-1}}{(1-3z^{-1})^2} \quad (|z|>3)$$

求 $X(z)$ 的 z 逆变换 $x(n)$。

解：收敛域为 $|z|>3$，故是因果序列，因而 $X(z)$ 的分子和分母均应按 z 的降幂或 z^{-1} 的升幂排列，但按 z 的降幂排列较方便，故将原式化成

$$X(z) = \frac{3z}{(z-3)^2} = \frac{3z}{z^2-6z+9} \quad (|z|>3)$$

进行长除：

$$
\begin{array}{r}
3z^{-1} + 18z^{-2} + 81z^{-3} + 324z^{-4} + \cdots \\
z^2-6z+9 \overline{) 3z } \\
\underline{3z - 18 + 27z^{-1}} \\
18 - 27z^{-1} \\
\underline{18 - 108z^{-1} + 162z^{-2}} \\
81z^{-1} - 162z^{-2} \\
\underline{81z^{-1} - 486z^{-2} + 729z^{-3}} \\
324z^{-2} - 729z^{-3} \\
\underline{324z^{-2} - 1944z^{-3} + 2916z^{-4}} \\
1215z^{-3} - 2916z^{-4}
\end{array}
$$

所以 $$X(z) = 3z^{-1} + 2 \times 3^2 z^{-2} + 3 \times 3^3 z^{-3} + 4 \times 3^4 z^{-4} + \cdots = \sum_{n=1}^{+\infty}(n \times 3^n z^{-n})$$

由此得到 $$x(n) = n \times 3^n u(n-1)$$

幂级数法一般不能给出 $x(n)$ 的通项表达。

幂级数法一般不适用于求解双边序列。对于双边序列,应按收敛域的不同分为两个单边序列进行求解。其 z(或 z^{-1})的排列仍按上面的讨论确定。

7.2 离散线性时不变系统的复频域分析

7.2.1 离散线性时不变系统的系统函数

一个线性时不变系统可以用它的单位脉冲响应的傅里叶变换表示。单位脉冲响应的傅里叶变换相当于系统的频率响应,频域中的输出等于输入的傅里叶变换与单位脉冲响应的傅里叶变换的乘积。

也可以用单位脉冲响应的 z 变换描述线性时不变系统。设 $x(n)$、$y(n)$ 和 $h(n)$ 分别表示输入、输出和单位脉冲响应,$X(z)$、$Y(z)$ 和 $H(z)$ 分别表示它们的 z 变换。

由于 $$y(n) = x(n) * h(n)$$

对应的 z 变换为 $$Y(z) = X(z)H(z)$$

则定义线性时不变系统的输出 z 变换与输入 z 变换之比为系统函数(也称传输函数、转移函数),即

$$H(z) = \frac{Y(z)}{X(z)} = \sum_{n=-\infty}^{+\infty} h(n) z^{-n} \tag{7.57}$$

它也是单位脉冲响应 $h(n)$ 的 z 变换。在单位圆上(即 $|z|=1$)的系统函数就是系统的频率响应。

7.2.2 离散线性时不变系统响应的 z 域分析

系统函数 $H(z)$ 与单位脉冲响应 $h(n)$ 是一对 z 变换。既可以利用卷积求系统的零状态响应,又可以借助系统函数与激励变换式乘积的 z 逆变换求此响应。

一个线性时不变系统可用常系数线性差分方程描述。考虑一个 N 阶差分方程:

$$\sum_{k=0}^{N} a_k y(n-k) = \sum_{r=0}^{M} b_r x(n-r)$$

对上式两边求 z 变换,利用 z 变换的线性性质和时不变性质可得

$$\sum_{k=0}^{N} a_k z^{-k} Y(z) = \sum_{r=0}^{M} b_r z^{-r} X(z)$$

于是 $$H(z) = \frac{Y(z)}{X(z)} = \frac{\sum_{r=0}^{M} b_r z^{-r}}{\sum_{k=0}^{N} a_k z^{-k}} = \frac{\sum_{r=0}^{M} b_r z^{-r}}{1 + \sum_{k=1}^{N} a_k z^{-k}} \tag{7.58}$$

式(7.58)中系统函数 $H(z)$ 的分子、分母均为 z^{-1} 的多项式,故 $H(z)$ 为 z 的有理函数,它的系数也正是差分方程的系数。

例 7.25 求下列差分方程所描述的离散系统的系统函数和单位脉冲响应 $h(n)$。

$$y(n) - ay(n-1) = bx(n)$$

解：差分方程两边取 z 变换，并利用位移性，得到

$$Y(z) - az^{-1}Y(z) - ay(-1) = bX(z)$$

$$Y(z)(1 - az^{-1}) = bX(z) + ay(-1)$$

如果系统处于零状态，即 $y(-1) = 0$，则可得

$$H(z) = \frac{Y(z)}{X(z)} = \frac{b}{1 - az^{-1}} = \frac{bz}{z - a}$$

$$h(n) = ba^n u(n)$$

例 7.26 根据下面的系统函数求差分方程。

$$H(z) = \frac{(1 + z^{-1})^2}{\left(1 - \frac{1}{2}z^{-1}\right)\left(1 + \frac{3}{4}z^{-1}\right)}$$

解：为了求满足该系统输入给出的差分方程，可以将 $H(z)$ 的分子和分母各因式相乘展开，即

$$H(z) = \frac{1 + 2z^{-1} + z^{-2}}{1 + \frac{1}{4}z^{-1} - \frac{3}{8}z^{-2}} = \frac{Y(z)}{X(z)}$$

由此可以进一步得到

$$(1 + 2z^{-1} + z^{-2})X(z) = \left(1 + \frac{1}{4}z^{-1} - \frac{3}{8}z^{-2}\right)Y(z)$$

因此，相应的差分方程为

$$y(n) + \frac{1}{4}y(n-1) - \frac{3}{8}y(n-2) = x(n) + 2x(n-1) + x(n-2)$$

7.3 离散时间系统函数 $H(z)$ 与系统特性

7.3.1 离散时间系统函数的零极点分布

对式(7.58)进行因式分解，得

$$H(z) = \frac{Y(z)}{X(z)} = \frac{\sum_{r=0}^{M} b_r z^{-r}}{\sum_{k=0}^{N} a_k z^{-k}} = \frac{\sum_{r=0}^{M} b_r z^{-r}}{1 + \sum_{k=1}^{N} a_k z^{-k}} = A \frac{\prod_{r=1}^{M}(1 - c_r z^{-1})}{\prod_{k=1}^{N}(1 - d_k z^{-1})} \tag{7.59}$$

其中，c_r 是 $H(z)$ 在 z 平面的零点，d_k 是 $H(z)$ 在 z 平面的极点，它们由差分方程的系数 b_r 和 a_k 决定。因此，除了比例常数 A 以外，系统函数可以由它的零点、极点唯一地确定，特别是极点的位置将对 $H(z)$ 的性质有重要影响。

式(7.59)并没有指明系统函数的收敛域，这和前面的结论一致，即差分方程不能唯一地确定一个线性时不变系统的单位脉冲响应。同一系统函数，收敛域不同，代表的系统就不同，所以必须同时给定系统的收敛域才行。如果系统是稳定的，则应选择包括单位圆的环状域；如果系统是因果的，则应选择收敛域为某一个圆的外部，该圆经过 $H(z)$ 的离原点最远的极点；如果系统是因果且稳定的，则所有极点均在单位圆的内部，收敛域包括单位圆。因此，当用 z 平

面上的零极点图描述系统函数时,通常在图中画出单位圆,以便指示极点位于单位圆之内还是单位圆之外。

7.3.2 离散时间系统函数与系统时域特性

由于系统函数 $H(z)$ 与单位脉冲响应 $h(n)$ 是一对 z 变换:

$$H(z) = Z[h(n)] \tag{7.60}$$

$$h(n) = Z^{-1}[H(z)] \tag{7.61}$$

所以,完全可以从 $H(z)$ 的零极点的分布情况确定单位脉冲响应 $h(n)$ 的性质。

如果把 $H(z)$ 展开成部分分式,那么 $H(z)$ 的每个极点将决定时间序列对应的一项。对于具有一阶极点 $p_1, p_2, \cdots, p_N$ 的系统函数,若 $N > M$,则 $h(n)$ 可表示为

$$h(n) = Z^{-1}[H(z)] = Z^{-1}\left[A \frac{\prod_{r=1}^{M}(1-c_r z^{-1})}{\prod_{k=1}^{N}(1-d_k z^{-1})}\right] = Z^{-1}\left[\sum_{k=0}^{N} \frac{A_k z}{z-p_k}\right]$$

其中,$p_0 = 0$。这样,上式可表示成

$$h(n) = Z^{-1}\left[A_0 + \sum_{k=1}^{N} \frac{A_k z}{z-p_k}\right] = A_0 \delta(n) + \sum_{k=1}^{N} A_k (p_k)^n u(n) \tag{7.62}$$

这里,极点 p_k 可以是实数,但一般情况下,它是以成对的共轭复数形式出现的。由式(7.62)可见,单位脉冲响应 $h(n)$ 的特性取决于 $H(z)$ 的极点,其幅值由系数 A_k 决定,而 A_k 与 $H(z)$ 的零点分布有关。与拉普拉斯变换类似,$H(z)$ 的极点决定单位脉冲响应 $h(n)$ 的波形特征,而零点只影响单位脉冲响应 $h(n)$ 的幅度与相位。

7.3.3 离散时间系统函数与系统稳定性

因为系统函数为 $H(z) = \sum_{n=-\infty}^{+\infty} h(n) z^{-n}$,由 z 变换收敛域的定义 $\sum_{n=-\infty}^{+\infty} |h(n) z^{-n}| < \infty$ 可知,当 $|z| = 1$ 时,该定义变成

$$\sum_{n=-\infty}^{+\infty} |h(n)| < \infty \tag{7.63}$$

这就是系统稳定的充要条件(时域条件)。因此,若系统函数在单位圆上收敛,则系统是稳定的。这也意味着,如果系统函数 $H(z)$ 的收敛域包括单位圆,则系统是稳定的;反之,如果系统稳定,则系统函数 $H(z)$ 的收敛域一定也包括单位圆。

因果系统的单位脉冲响应是因果序列,而因果序列的收敛域为 $R_{x-} < |z| \leqslant \infty$,则因果系统的收敛域是半径为 R_{x-} 的圆的外部,且必须包括 $z = \infty$。

所以,一个稳定的因果系统的系统函数的收敛域应该是

$$\begin{cases} R_{x-} < |z| \leqslant \infty \\ 0 < R_{x-} < 1 \end{cases}$$

即,对于一个因果稳定系统,收敛域必须包括单位圆和单位圆外的整个 z 平面,也就是说系统函数的全部极点必须在单位圆内。

不同的极点位置对应着不同的单位脉冲响应,图 7.23 分别显示了极点为实数和复数情况下的对应关系。由图 7.20 可见,不管是实极点还是复极点,一致的规律如下:

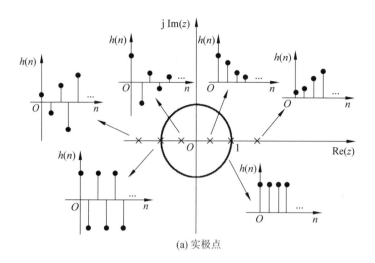

(a) 实极点

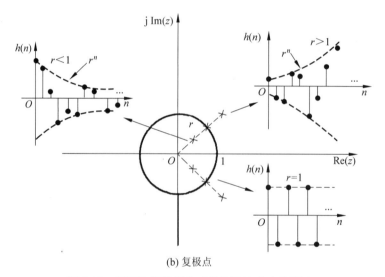

(b) 复极点

图 7.23 不同位置的极点对单位脉冲响应的影响

① 若极点位于单位圆内,则当 $n \to \infty$ 时,单位脉冲响应趋于 0。
② 若极点位于单位圆外,则当 $n \to \infty$ 时,单位脉冲响应趋于无穷大。
③ 若极点在单位圆上,则当 $n \to \infty$ 时,单位脉冲响应趋于常数或等幅振荡。

所以只有当系统的极点位于单位圆内,即收敛域包括单位圆时,系统的单位脉冲响应才会在 $n \to \infty$ 时趋于 0,此时的系统才是稳定的系统。

例 7.27 已知

$$H(z) = \frac{1-a^2}{(1-az^{-1})(1-az)} \quad (0 < |a| < 1)$$

分析其因果性和稳定性。

解:$H(z)$ 的极点为 $z_1 = a, z_2 = a^{-1}$。

(1) 当收敛域为 $|a|^{-1} < |z| \leqslant \infty$ 时,对应的系统是因果系统,但收敛域不包含单位圆,因此是不稳定系统。单位脉冲响应为

$$h(n) = (a^n - a^{-n})u(n)$$

(2) 当收敛域为 $0 \leqslant |z| < |a|$ 时,对应的系统是非因果且不稳定系统。单位脉冲响应为
$$h(n) = (a^n - a^{-n})u(-n-1)$$

(3) 当收敛域为 $|a| < |z| \leqslant |a|^{-1}$ 时,对应的系统非因果,但收敛域包含单位圆,因此是稳定系统。单位脉冲响应为 $h(n) = a^{|n|}$,这是一个收敛的双边序列,如图 7.24(a)所示。

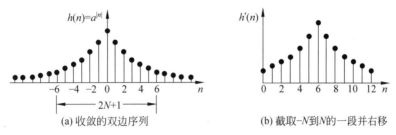

(a) 收敛的双边序列　　　　(b) 截取$-N$到N的一段并右移

图 7.24　非因果但稳定系统单位脉冲响应的近似实现

在本例 $H(z)$ 的这 3 种收敛域中,前两种系统不稳定,不能选用;第三种是非因果系统,也不能具体实现。但利用计算机系统的存储特性,可以近似实现第三种情况。方法是将图 7.24(a)的 $h(n)$ 从 $-N$ 到 N 截取一段,再向右移,形成图 7.24(b)所示的 $h'(n)$ 系统。实际实现时,预先将 $h'(n)$ 存储起来以备运算时使用。

7.3.4　离散时间系统函数的零点、极点分布与系统频率响应

将式(7.58)因式分解,得到

$$H(z) = A \frac{\prod_{r=1}^{M}(1 - c_r z^{-1})}{\prod_{r=1}^{N}(1 - d_r z^{-1})} \tag{7.64}$$

其中,$A = b_0/a_0$,c_r 是 $H(z)$ 的零点,d_r 是其极点。A 参数影响频率响应函数的幅度,影响系统特性的是零点 c_r 和极点 d_r 的分布。下面采用几何方法研究系统零点和极点分布对系统频率特性的影响。

将式(7.64)的分子、分母同乘以 z^{N+M},得到

$$H(z) = A z^{N-M} \frac{\prod_{r=1}^{M}(z - c_r)}{\prod_{r=1}^{N}(z - d_r)} \tag{7.65}$$

设系统稳定,将 $z = e^{j\omega}$ 代入式(7.65),得到频率响应函数:

$$H(e^{j\omega}) = A e^{j\omega(N-M)} \frac{\prod_{r=1}^{M}(e^{j\omega} - c_r)}{\prod_{r=1}^{N}(e^{j\omega} - d_r)} \tag{7.66}$$

在 z 平面上,$e^{j\omega} - c_r$,用一根由零点 c_r 指向单位圆上 $e^{j\omega}$ 点 B 的向量 $\overrightarrow{c_r B}$ 表示,同样,$e^{j\omega} - d_r$ 用由极点指向 $e^{j\omega}$ 点 B 的向量 $\overrightarrow{d_r B}$ 表示,如图 7.22 所示。$\overrightarrow{c_r B}$ 和 $\overrightarrow{d_r B}$ 分别称为零点向量和极点向量,将它们用极坐标表示:

$$\overrightarrow{c_r B} = c_r B e^{j\alpha_r}$$

$$\overrightarrow{d_r B} = d_r B e^{j\beta_r}$$

将 $\overrightarrow{c_r B}$ 和 $\overrightarrow{d_r B}$ 表示式代入式(7.66),得到

$$H(e^{j\omega}) = A e^{j\omega(N-M)} \frac{\prod_{r=1}^{M} \overrightarrow{c_r B}}{\prod_{r=1}^{N} \overrightarrow{d_r B}} = |H(e^{j\omega})| e^{j\varphi(\omega)} \quad (7.67)$$

$$|H(e^{j\omega})| = |A| \frac{\prod_{r=1}^{M} c_r B}{\prod_{r=1}^{N} d_r B} \quad (7.68)$$

$$\varphi(\omega) = \omega(N-M) + \sum_{r=1}^{M} \alpha_r - \sum_{r=1}^{M} \beta_r \quad (7.69)$$

系统的频率响应特性由式(7.68)和式(7.69)确定。当频率 ω 从 0 变化到 2π 时,这些向量的终点 B 沿单位圆逆时针旋转一周,按照式(7.68)和式(7.69)分别估算出系统的幅频特性和相频特性。图 7.25 给出了具有一个零点和两个极点的系统的频率响应特性。

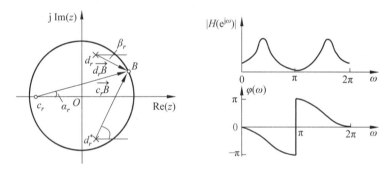

图 7.25 有一个零点和两个极点的系统的频率响应特性

按照式(7.68),知道零点和极点的分布后,可以很容易地确定零点和极点位置对系统特性的影响。当 B 点转到极点附近时,极点向量长度最短,因而幅频特性可能出现峰值,且极点越靠近单位圆,极点向量长度越短,峰值越高、越尖锐。如果极点在单位圆上,则幅频特性为 ∞,系统不稳定。对于零点,情况相反,当 B 点转到零点附近时,零点向量长度变短,幅频特性将出现谷值,零点越靠近单位圆,谷值越接近 0。当零点处在单位圆上时,谷值为 0。总之,极点位置主要影响频率响应的峰值位置及尖锐程度,零点位置主要影响频率响应的谷值位置及形状。

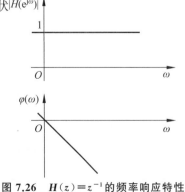

图 7.26 $H(z) = z^{-1}$ 的频率响应特性

这种通过零点和极点位置分布分析系统频率响应的几何方法比较直观,对于分析和设计系统是十分有用的。基于这种方法,可以用零极点累试法设计简单滤波器。

例 7.28 已知 $H(z) = z^{-1}$ 分析其频率特性。

解:由 $H(z) = z^{-1}$,可知极点为 $z = 0$,幅频特性 $|H(e^{j\omega})| = 1$,相频特性 $\varphi(\omega) = -\omega$,频率响应特性如图 7.26 所示。用几何方法也容易确定,当 $\omega = 0$ 转到 $\omega = 2\pi$ 时,极点向量的长度始终为 1。

由本例可以得到结论：由于原点处的零点和极点的向量长度始终为1，因此原点处的零点和极点不影响系统的幅频响应特性，但对相频响应特性有贡献。

例 7.29 设一阶系统的差分方程为
$$y(n) = by(n-1) + x(n)$$
用几何法分析其幅频响应特性。

解：由系统差分方程得到系统函数为
$$H(z) = \frac{1}{1 - bz^{-1}} = \frac{z}{z - b} \quad (|z| > |b|)$$

其中，$0 < b < 1$。系统极点 $z = b$，零点 $z = 0$，当 B 点从 $\omega = 0$ 逆时针旋转时，在 $\omega = 0$ 点，由于极点向量长度最短，形成波峰；在 $\omega = \pi$ 点形成波谷；$z = 0$ 处零点不影响幅频响应。极零点分布及幅频响应特性如图 7.27 所示。

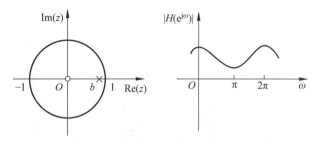

图 7.27 例 7.28 系统极零点分布及幅频响应特性

7.4 离散时间系统的连接与模拟

7.4.1 离散时间系统的连接

离散时间系统的连接有 3 种方式，分别是系统的级联、系统的并联、反馈环路。

1. 系统的级联

系统的级联如图 7.28 所示。将 $X(z)$ 输入系统函数为 $H_1(z)$ 的系统中得到 $W(z)$，再将 $W(z)$ 输入系统函数为 $H_2(z)$ 的系统中得到 $Y(z)$，此结果相当于将 $X(z)$ 输入系统函数为 $H_1(z)H_2(z)$ 的系统中得到 $Y(z)$。

式(7.70)描述了系统级联的过程：
$$Y(z) = H_2(z)W(z) = H_2(z)H_1(z)X(z) \tag{7.70}$$

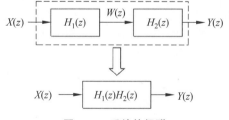

图 7.28 系统的级联

两个系统级联后的系统函数相当于两系统函数相乘：
$$H(z) = H_1(z)H_2(z) \tag{7.71}$$

2. 系统的并联

系统的并联如图 7.29 所示。将 $X(z)$ 分别输入系统函数为 $H_1(z)$、$H_2(z)$ 的系统中再相加得到 $Y(z)$，此结果相当于将 $X(z)$ 输入到系统函数为 $H_1(z) + H_2(z)$ 的系统中得到 $Y(z)$。

式(7.72)描述了系统并联的过程：

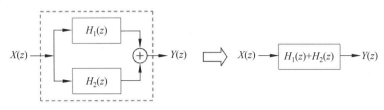

图 7.29 系统的并联

$$Y(z) = H_1(z)X(z) + H_2(z)X(z) = [H_1(z) + H_2(z)]X(z) \tag{7.72}$$

两个系统并联后的系统函数相当于两个系统函数相加:

$$H(z) = H_1(z) + H_2(z) \tag{7.73}$$

3. 反馈环路

反馈环路如图 7.30 所示。在反馈环路中引入了中间量 $E(z)$,$Y(z)$ 经过系统函数为 $\beta(z)$ 的系统后,将所得结果与输入 $X(z)$ 相减后得到 $E(z)$,再将 $E(z)$ 输入系统函数为 $K(z)$ 的系统中得到输出 $Y(z)$,此过程称为反馈环路。

$$Y(z) = E(z)K(z) \tag{7.74}$$

$$E(z) = X(z) - \beta(z)Y(z) \tag{7.75}$$

将式(7.75)代入式(7.74),整理可得

$$Y(z) = \frac{K(z)}{1 + \beta(z)K(z)} X(z) \tag{7.76}$$

$$H(z) = \frac{K(z)}{1 + \beta(z)K(z)} \tag{7.77}$$

例 7.30 求如图 7.31 所示的离散线性时不变系统的系统函数 $H(z)$。

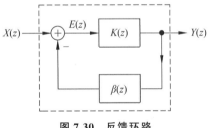

图 7.30 反馈环路

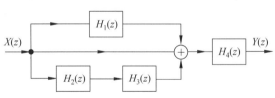

图 7.31 例 7.29 系统

解:子系统 $H_2(z)$、$H_3(z)$ 级联,$H_1(z)$ 支路、全通支路与 $H_2(z)$ 和 $H_3(z)$ 的级联支路并联,再与 $H_4(z)$ 级联。全通支路满足 $X(z) = Y(z)$。全通离散系统的系统函数为 1。整理得系统函数:

$$H(z) = (H_1(z) + 1 + H_2(z)H_3(z))H_4(z)$$

例 7.31 求如图 7.32 所示的离散线性时不变系统的系统函数 $H(z)$。

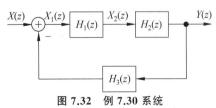

图 7.32 例 7.30 系统

解:引入中间量 $X_1(z)$ 与 $X_2(z)$,有

$$Y(z) = H_2(z)X_2(z) = H_2(z)H_1(z)X_1(z)$$
$$= H_2(z)H_1(z)(X(z) - H_3(z)Y(z))$$

整理得

$$Y(z)(1 + H_1(z)H_2(z)H_3(z)) = H_1(z)H_2(z)X(z)$$

整理得系统函数:

$$H(z)=\frac{Y(z)}{X(z)}=\frac{H_1(z)H_2(z)}{1+H_1(z)H_2(z)H_3(z)}$$

7.4.2 离散时间系统的模拟

离散时间系统的模拟结构有 3 种，分别是直接型结构、级联型结构、并联型结构。

1. 直接型结构

设差分方程中的 $m=n$，即

$$y(k)+\sum_{j=1}^{n}a_j y(k-j)=\sum_{i=0}^{n}b_i f(k-i) \tag{7.78}$$

$$H(z)=\frac{\sum_{i=0}^{n}b_i z^{-i}}{1+\sum_{j=1}^{n}a_j z^{-j}}=\frac{1}{1+\sum_{j=1}^{n}a_j z^{-j}}\sum_{i=0}^{n}b_i z^{-i}=H_1(z)H_2(z) \tag{7.79}$$

系统可以看成两个子系统的级联：

$$H_1(z)=\frac{1}{1+\sum_{j=1}^{n}a_j z^{-j}}=\frac{X(z)}{F(z)}$$

$$H_2(z)=\sum_{i=0}^{n}b_i z^{-i}=\frac{Y(z)}{X(z)}$$

则描述这两个系统的差分方程为

$$x(k)+\sum_{j=1}^{n}a_j x(k-j)=f(k)$$

$$y(k)=\sum_{i=0}^{n}b_i x(k-i)$$

整理得系统函数：

$$H(z)=\frac{b_0+b_1 z^{-1}+\cdots+b_{n-1}z^{-(n-1)}+b_n z^{-n}}{1+a_1 z^{-1}+\cdots+a_{n-1}z^{-(n-1)}+a_n z^{-n}} \tag{7.80}$$

2. 级联型结构

将系统函数分解为一阶或二阶相乘的形式：

$$H(z)=H_1(z)H_2(z)\cdots H_n(z) \tag{7.81}$$

画出每个子系统直接型模拟流图，然后将各子系统级联，如图 7.33 所示。

3. 并联型结构

将系统函数分解为一阶或二阶相加的形式：

$$H(z)=H_1(z)+H_2(z)+\cdots+H_n(z) \tag{7.82}$$

画出每个子系统直接型模拟流图，然后将各子系统并联，如图 7.34 所示。

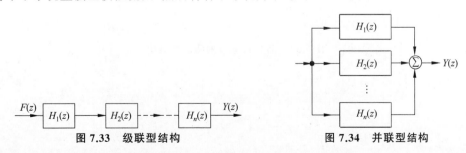

图 7.33 级联型结构　　　　图 7.34 并联型结构

例 7.32 已知系统函数

$$H(z) = \frac{3 + 3.6z^{-1} + 0.6z^{-2}}{1 + 0.1z^{-1} - 0.2z^{-2}}$$

试作其直接型、并联型和级联型结构的模拟流图。

解：（1）直接型结构如图 7.35 所示。

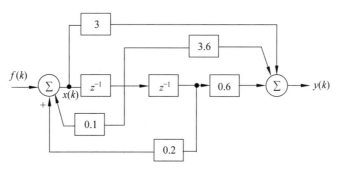

图 7.35 例 7.32 系统的直接型结构

（2）并联型结构如图 7.36 所示。

$$H(z) = \frac{3 + 3.6z^{-1} + 0.6z^{-2}}{1 + 0.1z^{-1} - 0.2z^{-2}} = 3 + \frac{0.5z^{-1}}{1 + 0.5z^{-1}} + \frac{2.8z^{-1}}{1 - 0.4z^{-1}}$$

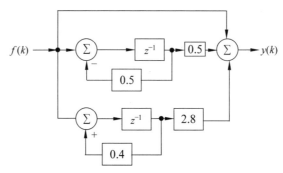

图 7.36 例 7.32 系统的并联型结构

（3）级联型结构如图 7.37 所示。

$$H(z) = \frac{3 + 3.6z^{-1} + 0.6z^{-2}}{1 + 0.1z^{-1} - 0.2z^{-2}} = \frac{3 + 0.6z^{-1}}{1 + 0.5z^{-1}} \times \frac{1 + z^{-1}}{1 - 0.4z^{-1}}$$

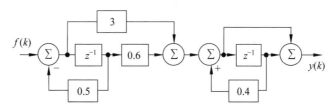

图 7.37 例 7.32 系统的级联型结构

7.5 离散时间信号与系统复频域分析的 MATLAB 仿真

7.5.1 离散时间信号复频域分析的 MATLAB 仿真

例 7.33 将 $X(z)=\dfrac{z}{3z^2-4z+1}$ 展开成部分分式形式。

解：首先将 $X(z)$ 分子和分母中的各项按 z^{-1} 的升幂排列。

$$X(z)=\frac{z^{-1}}{3-4z^{-1}+z^{-2}}=\frac{0+z^{-1}}{3-4z^{-1}+z^{-2}}$$

MATLAB 仿真代码如下：

```
b=[0,1];a=[3,-4,1];
[R,p,C]=residuez(b,a)
```

程序运行结果如下：

```
R=[0.5000 -0.5000],P=[1.000 0333],C=[ ]
```

则得到因式分解后的 $X(z)$：

$$X(z)=\frac{\dfrac{1}{2}}{1-z^{-1}}-\frac{\dfrac{1}{2}}{1-\dfrac{1}{3}z^{-1}}$$

类似地，可将其变成有理方程。

MATLAB 仿真代码如下：

```
[b,a]=residuez(R,p,C)
```

程序运行结果如下：

```
b=[-0.0000  0.3333],a=[1.0000  -1.3333  0.333]
```

可得到原来的有理函数形式：

$$X(z)=\frac{0+\dfrac{1}{3}z^{-1}}{1-\dfrac{4}{3}z^{-1}+\dfrac{1}{3}z^{-2}}=\frac{z^{-1}}{3-4z^{-1}+z^{-2}}=\frac{z}{3z^2-4z+1}$$

7.5.2 离散时间系统复频域分析的 MATLAB 仿真

在 MATLAB 中，可以用 DSP 工具箱中的 zplane 函数或 pzplotz 函数，由给定的分子行向量和分母行向量绘制成系统的零极点图。

在 MATLAB 中，可以用 freqz 函数求系统的频率响应，用法如下：

[H,w]=freqz(b,a,N) 在上半单位圆($0\sim\pi$)等间隔的 N 个点上计算频率响应。

[H,w]=freqz(b,a,N,'whole') 在整个单位圆($0\sim2\pi$)等间隔的 N 个点上计算频率

响应。

[H]=freqz(b,a,w)计算在向量 ω 中指定的频率处的频率响应。

在 MATLAB 中,可以用 filter 函数求在给定输入和差分方程系数时的差分方程的数值解。子程序调用的简单形式为

```
y=filter(b,a,x)
```

其中,b、a 是由差分方程或系统函数给出的系数组,x 是输入序列数组。该函数利用给定的向量 a 和 b(数字滤波器系数)对输入 x 中的数据进行滤波。

例 7.34 已知某系统的系统函数为

$$H(z)=\frac{0.3+0.1z^{-1}+0.3z^{-2}+0.1z^{-3}+0.2z^{-4}}{1-1.2z^{-1}+1.5z^{-2}-0.8z^{-3}+0.3z^{-4}}$$

求其零点、极点并绘出零极点图。

解:MATLAB 仿真代码如下。

```
b=[0.3 0.1 0.3 0.1 0.2];a=[1 -1.2 1.5 -0.8 0.3];
r1=roots(a)           %求极点
r2=roots(b)           %求零点
zplane(b,a)
```

程序运行结果如下:

```
r1=[0.1976+0.8796i   0.1976-0.8796i   0.4024+0.4552i   0.4024-0.4552i]
r2=[0.3236+0.68660i  0.3236-0.8660i   0.4903+0.7345i  -0.4903-0.7345i]
```

系统的零极点图如图 7.38 所示。

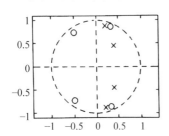

图 7.38 例 7.34 系统的零极点图

例 7.35 已知因果系统 $y(n)=0.9y(n-1)+x(n)$,绘出 $H(e^{j\omega})$ 的幅频响应和相频响应特性面线。

解:差分方程可以变形为

$$y(n)-0.9y(n-1)=x(n)$$

由此可以得到

$$H(z)=\frac{1}{1-0.9z^{-1}} \quad (|z|>0.9)$$

MATLAB 仿真代码如下:

```
b=[1,0];a=[1, -0.9];
[H,w]=freqz(b,a, 100, 'whole'); magH=abs(H); phaH=angle(H);
subplot(2,1,1), plot(w/pi, magH); grid
xlabel(' '); ylabel('幅度'); title('幅频响应')
subplot(2,1,2); plot(w/pi, phaH/pi); grid
xlabel('频率'); ylabel('相位'); title('相频响应')
```

图 7.39 为系统的频率响应特性曲线。

例 7.36 已知 $H(z)=1-z^{-N}$,绘出系统的零极点图频率响应特性曲线。

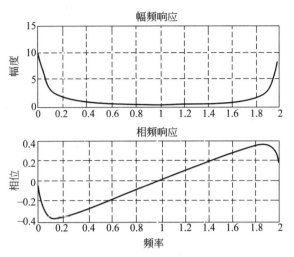

图 7.39　例 7.35 系统的频率响应特性曲线

解：
$$H(z)=1-z^{-N}=\frac{z^N-1}{z^N}$$

$H(z)$ 的极点为 $z=0$，这是一个 N 阶极点，它不影响系统的幅频响应。零点有 N 个，由分子多项式的根决定：
$$z^N-1=0$$
即
$$z^N=e^{j2\pi k}$$
$$z=e^{j\frac{2\pi}{N}k} \quad (k=0,1,\cdots,N-1)$$

N 个零点等间隔分布在单位圆上，设 $N=8$，零点、极点分布如图 7.40 所示。当 ω 从 0 变化到 2π 时，每遇到一个零点，幅度为 0，在两个零点的中间幅度最大，形成峰值。幅度谷值点频率为
$$\omega_k=\left(\frac{2\pi}{N}\right)k \quad (k=0,1,\cdots,N-1)$$

一般将具有如图 7.40 所示的频率响应特性的滤波器称为梳状滤波器。

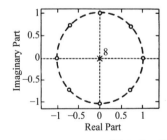 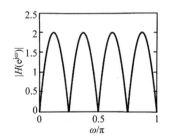 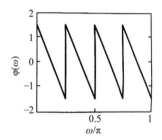

图 7.40　梳状滤波器的零极点图及幅频特性、相频特性曲线

调用 zplane 和 freqz 函数求解本例的程序 ep001.m 如下：

```
B=[1 0 0 0 0 0 0 0 -1];A=1;          %设置系统函数系数向量 B 和 A
subplot(2,2,1);zplane(B,A);           %绘制零极点图
[H,w]=freqz(B.A);                     %计算频率响应
subplot(2,2,2); plot(w/pi,abs(H));    %绘制幅频响应曲线
xlabel('\omega/ \pi');
ylabel('|Hej\omega)|');
```

```
axis([0,1,0,2.5])
subplot(2,2,4);plot(w/pi,angle(H));          %绘制相频响应曲线
xlabel('\omega/Ap');
ylabelt'phi(Comega);
```

运行上面的程序,绘制出 8 阶梳状滤波器的零极点图及幅频特性、相频特性曲线,如图 7.40 所示。

例 7.37 假设系统函数如下:

$$H(z) = \frac{(z+9)(z-3)}{3z^4 - 3.98z^3 + 1.17z^2 + 2.3418z - 1.5147}$$

用 MATLAB 判断系统是否稳定。

解:调用 MATLAB 的 filter 函数计算该系统。系统响应的程序 ex002.m 如下。

```
%调用 roots 函数求极点,并判断系统的稳定性
A=[3, -3.98,1.17, 2.3418, -1.5147];     %H(z)的分母多项式系数
p=roots(A)                               %求 H(z)的极点
pm=abs(p);                               %求 H(z)的极点的模
if max(pm)<1 disp('系统因果稳定')else disp('系统非因果稳定')end
```

程序运行结果如下:

```
-0.7486  0.6996-0.7129i  0.6996+0.7129i  0.6760
系统因果稳定
```

延伸阅读

[1] ABDULLAH M A, GADIR A R A R A, RAHMAN A, et al. Transfer function and Z-transform of an electrical system in MATLAB/Simulink[J]. European Journal of Mathematics and Statistics, 2023, 4 (3): 9-20.

[2] JIA Y, XU P. Convolutive blind source separation for communication signals based on the sliding Z-transform[J]. IEEE Access, 2020, 8: 41213-41219.

[3] WANG K, WANG L, YAN B, et al. Efficient frequency estimation algorithm based on chirp-Z transform[J]. IEEE Transactions on Signal Processing, 2022, 70: 5724-5737.

[4] STOJIĆ D M, ŠEKARA T B. A new digital resonant current controller for AC power converters based on the advanced Z-transform[J]. ISA Transactions, 2022, 129: 535-545.

[5] HUSSAIN E A, JASIM A S. Z-transform solution for nonlinear difference equations[J]. Al-Mustansiriyah Journal of Science, 2021, 32(4): 51-56.

[6] MAVALEIX-MARCHESSOUX D, BONNET M, CHAILLAT S, et al. A fast boundary element method using the Z-transform and high-frequency approximations for large-scale three-dimensional transient wave problems[J]. International Journal for Numerical Methods in Engineering, 2020, 121 (21): 4734-4767.

习题与考研真题

7.1 求以下序列的 z 变换及收敛域。

(1) $2^{-n}u(n)$。

(2) $-2^{-n}u(-n-1)$。
(3) $2^{-n}u(-n)$。
(4) $\delta(n)$。
(5) $\delta(n-1)$。
(6) $2^{-n}(u(n)-u(n-10))$。

7.2 已知 $x(n)=a^n u(n), 0<a<1$。求以下序列的 z 变换。
(1) $x(n)$。
(2) $nx(n)$。
(3) $a^{-n}u(-n), 0<a<1$。

7.3 用 z 变换法解下列差分方程。
(1) $y(n)-0.9y(n-1)-0.05u(n)$。当 $n \leqslant 1$ 时 $y(n)=0$。
(2) $y(n)-0.9y(n-1)=0.05u(n)$。$y(-1)=1$，当 $n<-1$ 时 $y(n)=0$。
(3) $y(n)-0.8y(n-1)+0.15y(n-2)=\delta(n)$。$y(-1)=0.2, y(-2)=0.5$，当 $n \leqslant -3$ 时 $y(n)=0$。

7.4 设系统由下面的差分方程描述：
$$y(n)=y(n-1)+y(n-2)+x(n-1)$$
(1) 求系统函数 $H(z)$。
(2) 限定系统是因果的，写出 $H(z)$ 的收敛域，并求出其单位脉冲响应 $h(n)$。
(3) 限定系统是稳定的，写出 $H(z)$ 的收敛域，并求出其单位脉冲响应 $h(n)$。

7.5 已知 $X(z)=\dfrac{-3z^{-1}}{2-5z^{-1}+2z^{-2}}$。
(1) 求收敛域 $0.5<|z|<2$ 对应的原序列 $x(n)$。
(2) 求收敛域 $|z|>2$ 对应的原序列 $x(n)$。

7.6 用部分分式法求解下列 $X(z)$ 的逆变换。
(1) $X(z)=\dfrac{1-\dfrac{1}{3}z^{-1}}{1-\dfrac{1}{4}z^{-2}}, |z|>\dfrac{1}{2}$。

(2) $X(z)=\dfrac{1-2z^{-1}}{1-\dfrac{1}{4}z^{-2}}, |z|<\dfrac{1}{2}$。

7.7 求以下序列的 z 变换及其收敛域，并在 z 平面上画出零极点图。
(1) $x(n)=R_N(n), N=4$。
(2) $x(n)=Ar^n \cos(\omega_0 n+\varphi)u(n), r=0.9, \omega_0=0.5\pi, \varphi=0.25\pi$。

7.8 已知 $X(z)=\dfrac{3}{1-\dfrac{1}{2}z^{-1}}+\dfrac{2}{1-2z^{-1}}$，求出对应 $X(z)$ 的各种可能的序列表达式。

7.9 已知系统的差分方程为 $y(n)=0.8y(n-1)+x(n)+0.8x(n-1)$。
(1) 求网络的系统函数 $H(z)$ 及单位脉冲响应 $h(n)$。
(2) 写出系统的频率响应函数 $H(e^{j\omega})$，绘出其幅频响应曲线。
(3) 设输入 $x(n)=e^{j\omega_0 n}$，求输出 $y(n)$。

7.10 已知网络的输入和单位脉冲响应分别为
$$x(n)=a^n u(n), \quad h(n)=b^n u(n) \quad (0<a<1, 0<b<1)$$
用 z 变换求网络输出 $y(n)$。

7.11 线性因果系统用下面的差分方程描述：
$$y(n)-2ry(n-1)\cos\theta+r^2 y(n-2)=x(n)$$
其中，$x(n)=a^n u(n), 0<a<1, 0<r<1, \theta$ 为常数。求系统的响应 $y(n)$。

7.12 设线性时不变系统的系统函数 $H(z)$ 为
$$H(z)=\frac{1-a^{-1}z^{-1}}{1-az^{-1}} \quad (a \text{ 为实数})$$
(1) 在 z 平面上用几何法证明系统是全通网络，即 $|H(e^{j\omega})|$ 为常数。
(2) 参数 a 如何取值才能使得系统是因果稳定的？绘出其零极点图及收敛域。

7.13 若序列 $h(n)$ 是因果的，其傅里叶变换的实部如下：
$$H_R(e^{j\omega})=\frac{1-a\cos\omega}{1+a^2-2a\cos\omega} \quad (|a|<1)$$
求序列 $h(n)$。

7.14 若序列 $h(n)$ 是因果的，$h(0)=1$，其傅里叶变换的虚部如下：
$$H_I(e^{j\omega})=\frac{-a\sin\omega}{1+a^2-2a\cos\omega} \quad (|a|<1)$$
求序列 $h(n)$。

7.15 求信号 $x(n)=n2^{n-1}u(n)$ 的 z 变换。（北京邮电大学 2016 年考研真题）

第 8 章 系统的状态变量分析

前面 7 章分别从时域和频域两方面讨论了线性时不变系统的输入和输出特性,即求一个系统对于某一激励信号的响应,系统的这种描述方法称为输入输出分析(input-output analysis),它只研究系统输出与输入之间的外部特性,而不关心与系统内部情况有关的各种问题。该方法只适用于描述单输入单输出系统(single-input and single-output system),而对于多输入多输出系统(multi-input and multi-output system)或者更加复杂的系统,则不适合用该方法进行描述。随着系统的复杂化,系统常具有多个输入和输出变量,这时采用输入输出分析描述系统比较困难。另外,随着近代控制理论的发展,需要对系统内部的一些变量进行研究,以便设计和控制这些变量,达到最优控制的目的。因此需要一种能有效描述系统内部状态的方法,这就是系统的状态变量分析(state variable analysis)。该方法适宜用计算机求解,还可以推广到非线性系统和时变系统。本章将讨论连续时间系统和离散时间系统的状态变量分析,着重研究如何建立它们的状态方程和输出方程,以及应用时域和频域方法求解相应的方程。

8.1 状态变量与状态方程

状态变量分析用描述系统内部特性的状态变量取代了仅描述系统外部特性的系统函数,并且将这种描述十分便捷地用于多输入多输出系统。状态方程方法也已经成功地用于描述非线性系统和时变系统,并且易于借助计算机求解。

为了说明状态与状态变量的概念,先来观察如图 8.1 所示的电路系统。

对于图 8.1 所示的串联谐振电路,如果只考虑激励与电容两端电压之间的关系,这种研究系统的方法通常称为输入输出分析。如果不仅要了解电容上的电压,而且希望知道电感中电流的变化情况,这时可以列写方程:

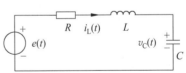

图 8.1 串联谐振电路

$$\begin{cases} Ri_L(t) + L\dfrac{\mathrm{d}}{\mathrm{d}t}i_L(t) + v_C(t) = e(t) \\ v_C(t) = \dfrac{1}{C}\int i_L(t)\mathrm{d}t \end{cases}$$

可改写为

$$\begin{cases} \dfrac{\mathrm{d}}{\mathrm{d}t}i_L(t) = -\dfrac{R}{L}i_L(t) - \dfrac{1}{L}v_C(t) + \dfrac{1}{L}e(t) \\ \dfrac{\mathrm{d}}{\mathrm{d}t}v_C(t) = \dfrac{1}{C}i_L(t) \end{cases}$$

该方程是以 $i_L(t)$、$v_C(t)$ 为变量的一阶微分方程，如果知道电路中 $i_L(t)$、$v_C(t)$ 的初始情况和激励源 $e(t)$ 情况，就可以确定电路的全部情况。这种描述系统的方法就称为系统的状态变量分析，其中 $i_L(t)$、$v_C(t)$ 为串联谐振电路的状态变量，该方程为状态方程。

在状态变量分析中，可将状态方程以矩阵的形式表示：

$$\begin{bmatrix} \dfrac{di_L(t)}{dt} \\ \dfrac{dv_C(t)}{dt} \end{bmatrix} = \begin{bmatrix} -\dfrac{R}{L} & -\dfrac{1}{L} \\ \dfrac{1}{C} & 0 \end{bmatrix} \begin{bmatrix} i_L(t) \\ v_C(t) \end{bmatrix} + \begin{bmatrix} \dfrac{1}{L} \\ 0 \end{bmatrix} [e(t)]$$

若以 $y(t)$ 表示输出信号，输出方程可写为

$$y(t) = \begin{bmatrix} 0 & 1 \end{bmatrix} \begin{bmatrix} i_L(t) \\ v_C(t) \end{bmatrix}$$

下面给出系统状态变量分析中的几个重要概念：

(1) 状态。一个动态系统的状态是表示系统的一组最少的变量（称为状态变量）。只要知道 $t=t_0$ 时这组变量的值和 $t \geqslant t_0$ 时的输入，就能完全确定系统在 $t \geqslant t_0$ 的任何时间的输出。

(2) 状态变量。能够表示系统状态的一组变量称为状态变量。一般用 $q_1(t),q_2(t),\cdots,q_n(t)$ 或 $q_1(n),q_2(n),\cdots,q_n(n)$ 这样的一组变量表示系统的状态变量。

(3) 状态方程。状态变量的方程称为状态方程，它是用状态变量和激励表示的一组独立的一阶微分方程或差分方程。

(4) 输出方程。由状态变量和激励表示各输出的方程称为输出方程，它是代数方程组。

(5) 状态向量。设一个系统有 n 个状态变量 $q_1(t),q_2(t),\cdots,q_n(t)$，用这 n 个状态变量作分量构成向量 $\boldsymbol{q}(t)$，称为该系统的状态向量。

(6) 状态空间。状态向量的所有可能值的集合（或者说状态向量所在的空间）称为状态空间。

(7) 状态轨迹。在状态空间中，状态向量端点随时间变化而描出的路径称为状态轨迹。

(8) 动态方程。状态方程和输出方程总称为动态方程。

状态变量分析的优点如下：

(1) 便于研究系统内部的一些物理量在信号转换过程中的变化，这些物理量可以用状态向量的一个分量表现出来，从而便于研究其变化规律。

(2) 系统的状态变量分析与系统的复杂程度没有关系，复杂系统和简单系统的数学模型形式相似，都表示为一些状态变量的线性组合，这种以向量和矩阵表示的数学模型特别适用于描述多输入多输出系统。

(3) 状态变量分析对离散时间系统也同样适用，只不过在离散时间系统的情况改用一阶差分方程组代替连续时间系统中的一阶微分方程组。

(4) 状态方程的主要参数表征了系统的关键性能。以系统状态变量参数为基础引出的系统可控制性和可观测性两个概念对于揭示系统内在特性具有重要意义，在控制系统分析与设计(如最优控制和最优估计)中得到广泛应用。此外，利用状态方程分析系统的稳定性也比较方便。

(5) 由于状态方程就是一阶微分方程或一阶差分方程，因而便于采用数值解法，为使用计算机分析系统提供了有效的途径。

8.2 连续时间系统状态方程的建立

8.2.1 连续时间系统状态方程的一般形式

对于动态连续线性时不变系统,根据对动态方程的定义,动态方程是状态变量和输入信号的线性组合,令 $\dot{q}_i(t) = \dfrac{\mathrm{d}q_i(t)}{\mathrm{d}t}$,状态方程的矩阵形式表示为

$$\begin{bmatrix} \dot{q}_1(t) \\ \dot{q}_2(t) \\ \vdots \\ \dot{q}_k(t) \end{bmatrix} = \begin{bmatrix} a_{11} & a_{12} & \cdots & a_{1k} \\ a_{21} & a_{22} & \cdots & a_{2k} \\ \vdots & \vdots & \ddots & \vdots \\ a_{k1} & a_{k2} & \cdots & a_{kk} \end{bmatrix} \begin{bmatrix} q_1(t) \\ q_2(t) \\ \vdots \\ q_k(t) \end{bmatrix} + \begin{bmatrix} b_{11} & b_{12} & \cdots & b_{1m} \\ b_{21} & b_{22} & \cdots & b_{2m} \\ \vdots & \vdots & \ddots & \vdots \\ b_{k1} & b_{k2} & \cdots & b_{km} \end{bmatrix} \begin{bmatrix} x_1(t) \\ x_2(t) \\ \vdots \\ x_m(t) \end{bmatrix} \tag{8.1}$$

简记为

$$[\dot{q}(t)]_{k \times 1} = \boldsymbol{A}_{k \times k} q_{k \times 1}(t) + \boldsymbol{B}_{k \times m} x_{m \times 1}(t)$$

输出方程的矩阵形式为

$$\begin{bmatrix} y_1(t) \\ y_2(t) \\ \vdots \\ y_r(t) \end{bmatrix} = \begin{bmatrix} c_{11} & c_{12} & \cdots & c_{1k} \\ c_{21} & c_{22} & \cdots & c_{2k} \\ \vdots & \vdots & \ddots & \vdots \\ c_{r1} & c_{r2} & \cdots & c_{rk} \end{bmatrix} \begin{bmatrix} q_1(t) \\ q_2(t) \\ \vdots \\ q_k(t) \end{bmatrix} + \begin{bmatrix} d_{11} & d_{12} & \cdots & d_{1m} \\ d_{21} & d_{22} & \cdots & d_{2m} \\ \vdots & \vdots & \ddots & \vdots \\ d_{r1} & d_{r2} & \cdots & d_{rm} \end{bmatrix} \begin{bmatrix} x_1(t) \\ x_2(t) \\ \vdots \\ x_m(t) \end{bmatrix} \tag{8.2}$$

简记为

$$[y(t)]_{r \times 1} = \boldsymbol{C}_{r \times k} q_{k \times 1}(t) + \boldsymbol{D}_{r \times m} x_{m \times 1}(t)$$

若为时变系统,则向量矩阵 $\boldsymbol{A}$、$\boldsymbol{B}$、$\boldsymbol{C}$、$\boldsymbol{D}$ 为关于时间的函数。与上列数学表达式相对应,可画出状态变量描述的示意图,如图 8.2 所示。观察状态方程与输出方程,可以看到状态变量的选择具有如下特征:

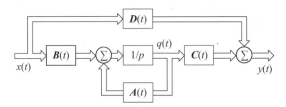

图 8.2 状态变量描述的结构图

(1) 每一状态变量的导数是所有状态变量和输入激励信号的函数。
(2) 每一微分方程中只包含一个状态变量对时间的导数。
(3) 输出信号是状态变量和输入信号的函数。

通常选择动态元件的输出作为状态变量,在连续时间系统中选择积分器的输出作为状态变量。

建立给定系统的状态方程的方法很多,这些方法大体上分为直接法和间接法两种。直接法主要应用于电路分析中,间接法则常见于控制系统研究中。

8.2.2 由电路图直接建立状态方程

对于给定的电路图,首先要根据电路图确定系统的状态变量的个数,通常选取独立电容电压和电感电流作为状态变量,状态变量的数目等于系统中的独立动态元件数。然后根据 KCL

和 KVL 列写状态方程,经化简消去一些不需要的变量,只留下状态变量和输入信号,经整理给出状态方程。

由电路图直接列写状态方程的一般步骤如下:
(1) 选取所有的独立电容电压和电感电流作为状态变量。
(2) 列写电路 KCL 和 KVL 方程。
(3) 将所列方程整理成状态方程的一般形式。

例 8.1 给定电路图如图 8.3 所示,列写该电路的状态方程和输出方程,输出信号为电压 $y(t)$。

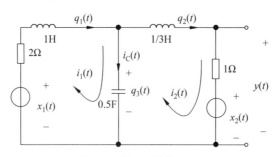

图 8.3 例 8.1 的电路图

解:选电感中的电流和电容两端的电压为状态变量,则有

$$q_1(t) = i_1(t)$$
$$q_2(t) = i_2(t)$$
$$q_3(t) = v_C(t) = \frac{1}{C}\int i_C(t)\mathrm{d}t = \frac{1}{C}\int (i_1(t)-i_2(t))\mathrm{d}t = 2\int(i_1(t)-i_2(t))\mathrm{d}t$$

列写回路方程:

$$\begin{cases} 2i_1(t) + \dfrac{\mathrm{d}}{\mathrm{d}t}i_1(t) + 2\int(i_1(t)-i_2(t))\mathrm{d}t = x_1(t) \\ i_2(t) + \dfrac{1}{3}\dfrac{\mathrm{d}}{\mathrm{d}t}i_2(t) + 2\int(i_2(t)-i_1(t))\mathrm{d}t = -x_2(t) \end{cases}$$

整理得到

$$\begin{cases} \dot{q}_1 = -2q_1 - q_3 + x_1 \\ \dot{q}_2 = -3q_2 + 3q_3 - 3x_2 \\ \dot{q}_3 = 2q_1 - 2q_2 \end{cases}$$

表示成矩阵形式为

$$\begin{bmatrix} \dot{q}_1 \\ \dot{q}_2 \\ \dot{q}_3 \end{bmatrix} = \begin{bmatrix} -2 & 0 & -1 \\ 0 & -3 & 3 \\ 2 & -2 & 0 \end{bmatrix} \begin{bmatrix} q_1 \\ q_2 \\ q_3 \end{bmatrix} + \begin{bmatrix} 1 & 0 \\ 0 & -3 \\ 0 & 0 \end{bmatrix} \begin{bmatrix} x_1 \\ x_2 \end{bmatrix}$$

输出为 $y(t) = q_2(t) + x_2(t)$,则输出方程的矩阵形式为

$$y(t) = \begin{bmatrix} 0 & 1 & 0 \end{bmatrix} \begin{bmatrix} q_1 \\ q_2 \\ q_3 \end{bmatrix} + \begin{bmatrix} 0 & 1 \end{bmatrix} \begin{bmatrix} x_1 \\ x_2 \end{bmatrix}$$

例 8.2 列写如图 8.4 所示电路的状态方程和输出方程。

解:该电路中共有 3 个独立的变量,选择 $i_{L1}(t)$、$i_{L2}(t)$、$v_C(t)$ 为状态变量,以 $v_{L1}(t)$、

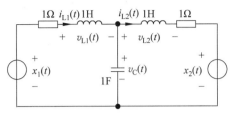

图 8.4 例 8.2 电路

$v_{L2}(t)$ 为输出。令 $i_{L1}(t)=q_1, i_{L2}(t)=q_2, v_C(t)=q_3, v_{L1}(t)=y_1, v_{L2}(t)=y_2$。则由 KCL 得方程

$$v_C'(t)=i_{L1}(t)-i_{L2}(t)$$

由 KVL 得方程

$$i_{L1}'(t)=-i_{L1}(t)-v_C(t)+x_1(t)$$
$$i_{L2}'(t)=-i_{L2}(t)+v_C(t)-x_1(t)$$

输出为

$$v_{L1}(t)=i_{L1}'(t)=-i_{L1}(t)-v_C(t)+x_1(t)$$
$$v_{L2}(t)=i_{L2}'(t)=-i_{L2}(t)+v_C(t)-x_2(t)$$

写成矩阵形式,状态方程为

$$\begin{bmatrix}\dot{q}_1\\\dot{q}_2\\\dot{q}_3\end{bmatrix}=\begin{bmatrix}-1&0&-1\\0&-1&1\\1&-1&0\end{bmatrix}\begin{bmatrix}q_1\\q_2\\q_3\end{bmatrix}+\begin{bmatrix}1&0\\0&-1\\0&0\end{bmatrix}\begin{bmatrix}x_1\\x_2\end{bmatrix}$$

输出方程为

$$\begin{bmatrix}y_1\\y_2\end{bmatrix}=\begin{bmatrix}-1&0&-1\\0&-1&1\end{bmatrix}\begin{bmatrix}q_1\\q_2\\q_3\end{bmatrix}+\begin{bmatrix}1&0\\0&-1\end{bmatrix}\begin{bmatrix}x_1\\x_2\end{bmatrix}$$

8.2.3 由连续时间系统模拟框图或信号流图建立状态方程

当给定的系统采用框图表示时,列写系统的状态方程和输出方程比较直观、简单,其基本步骤如下:

(1) 选取积分器的输出作为状态变量。
(2) 围绕加法器列写状态方程和输出方程。

例 8.3 某 3 阶连续时间系统的模拟框图如图 8.5 所示,列写系统状态方程和输出方程。

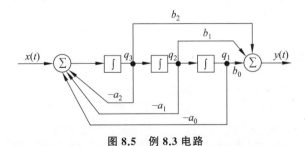

图 8.5 例 8.3 电路

解:选择积分器的输出作为状态变量,根据积分器及两边的加法器的函数关系列写方程。
状态方程为

$$\begin{cases} \dot{q}_1 = \dot{q}_2 \\ \dot{q}_2 = q_3 \\ \dot{q}_3 = -a_0 q_1 - a_1 q_1 - a_2 q_3 + x \end{cases}$$

输出方程为

$$y(t) = b_0 q_1 + b_1 q_2 + b_3 q_3$$

例 8.4 以图 8.6 所示系统框图中的 $q_1(t)$、$q_2(t)$、$q_3(t)$ 为状态变量，以 $y(t)$ 为响应，列写系统的状态方程和输出方程。

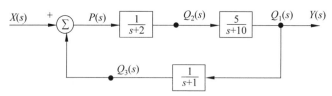

图 8.6　例 8.4 系统框图

解：设加法器输出为 $P(s)$。由图 8.6 可得

$$P(s) = Q_3(s) + X(s) \Rightarrow p(t) = q_3(t) + x(t)$$

由 $\quad Q_2(s) = \dfrac{1}{s+2} P(s) \Rightarrow (s+2) Q_2(s) = P(s) \Rightarrow \dot{q}_2(t) + 2q_2(t) = p(t)$

可得 $\qquad\qquad\qquad \dot{q}_2(t) = -2q_2(t) + q_3(t) + x(t)$

由 $Q_1(s) = \dfrac{5}{s+10} Q_2(s) \Rightarrow (s+10) Q_1(s) = 5 Q_2(s) \Rightarrow \dot{q}_1(t) + 10 q_1(t) = 5 q_2(t)$

可得 $\qquad\qquad\qquad \dot{q}_1(t) = -10 q_1(t) + 5 q_2(t)$

由 $Q_3(s) = \dfrac{1}{s+1} Q_1(s) \Rightarrow (s+1) Q_3(s) = Q_1(s) \Rightarrow \dot{q}_3(t) + q_3(t) = q_1(t)$

可得 $\qquad\qquad\qquad \dot{q}_3(t) = q_1(t) - q_3(t)$

状态方程为

$$\begin{bmatrix} \dot{q}_1 \\ \dot{q}_2 \\ \dot{q}_3 \end{bmatrix} = \begin{bmatrix} -10 & 5 & 0 \\ 0 & -2 & 1 \\ 1 & 0 & -1 \end{bmatrix} \begin{bmatrix} q_1 \\ q_2 \\ q_3 \end{bmatrix} + \begin{bmatrix} 0 \\ 1 \\ 0 \end{bmatrix} [x]$$

输出方程为

$$Y(s) = Q_1(s) \Rightarrow y(t) = q_1(t) = \begin{bmatrix} 1 & 0 & 0 \end{bmatrix} \begin{bmatrix} q_1 \\ q_2 \\ q_3 \end{bmatrix}$$

8.2.4　由连续时间系统的系统函数建立状态方程

由连续时间系统的系统函数建立状态方程的基本步骤如下：
(1) 由系统函数画出相应的模拟框图。
(2) 由模拟框图建立系统的状态方程。

例 8.5　已知一个线性时不变系统的系统函数为

$$H(s) = \frac{4s + 10}{s^3 + 9s^2 + 26s + 24}$$

写出系统直接型、级联型和并联型结构的状态方程和输出方程。

解：（1）直接型。将系统函数 $H(s)$ 改写为

$$H(s) = \frac{4s^{-2} + 10s^{-3}}{1 + 9s^{-1} + 26s^{-2} + 24s^{-3}}$$

则由上式可画出如图 8.7 所示的直接型结构模拟框图。

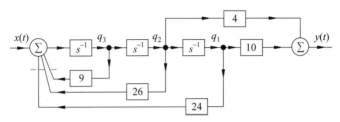

图 8.7　直接型结构模拟框图

选择 3 个积分器的输出为系统的状态变量 $q_1(t)$、$q_2(t)$ 和 $q_3(t)$，则有

$$\dot{q}_1(t) = q_2(t)$$
$$\dot{q}_2(t) = q_3(t)$$
$$\dot{q}_3(t) = -24q_1(t) - 26q_2(t) - 9q_3(t) + x(t)$$

系统的输出为

$$y(t) = 10q_1(t) + 4q_2(t)$$

状态方程的矩阵形式为

$$\begin{bmatrix} \dot{q}_1(t) \\ \dot{q}_2(t) \\ \dot{q}_3(t) \end{bmatrix} = \begin{bmatrix} 0 & 1 & 0 \\ 0 & 0 & 1 \\ -24 & -26 & -9 \end{bmatrix} \begin{bmatrix} q_1(t) \\ q_2(t) \\ q_3(t) \end{bmatrix} + \begin{bmatrix} 0 \\ 0 \\ 1 \end{bmatrix} x(t)$$

输出方程的矩阵形式为

$$y(t) = \begin{bmatrix} 10 & 4 & 0 \end{bmatrix} \begin{bmatrix} q_1(t) \\ q_2(t) \\ q_3(t) \end{bmatrix}$$

（2）级联型。将 $H(s)$ 表示为多个因式相乘的形式：

$$H(s) = \frac{4}{s+2} \times \frac{s+2.5}{s+3} \times \frac{2}{s+4} = \frac{4s^{-1}}{1+2s^{-1}} \times \frac{1+2.5s^{-1}}{1+3s^{-1}} \times \frac{s^{-1}}{1+4s^{-1}}$$

由上式可得级联型结构模拟框图，如图 8.8 所示。

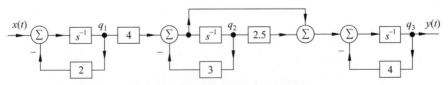

图 8.8　级联型结构模拟框图

选择 3 个积分器的输出作为系统的状态变量 $q_1(t)$、$q_2(t)$ 和 $q_3(t)$，则有

$$\dot{q}_1(t) = -2q_1(t) + x(t)$$
$$\dot{q}_2(t) = 4q_1(t) - 3q_2(t)$$

$$\dot{q}_3(t) = 2.5q_2 + \dot{q}_2 - 4q_3 = 4q_1(t) - 0.5q_2(t) - 4q_3(t)$$

输出为
$$y(t) = q_3(t)$$

状态方程的矩阵形式为

$$\begin{bmatrix} \dot{q}_1(t) \\ \dot{q}_2(t) \\ \dot{q}_3(t) \end{bmatrix} = \begin{bmatrix} -2 & 0 & 0 \\ 2 & -3 & 0 \\ 2 & -0.5 & -4 \end{bmatrix} = \begin{bmatrix} -2 & 0 & 0 \\ 4 & -3 & 0 \\ 4 & -0.5 & -4 \end{bmatrix} \begin{bmatrix} q_1(t) \\ q_2(t) \\ q_3(t) \end{bmatrix} + \begin{bmatrix} 1 \\ 0 \\ 0 \end{bmatrix} x(t)$$

输出方程的矩阵形式为

$$y(t) = \begin{bmatrix} 0 & 0 & 1 \end{bmatrix} \begin{bmatrix} q_1(t) \\ q_2(t) \\ q_3(t) \end{bmatrix}$$

(3) 并联型。将系统函数 $H(s)$ 展成部分分式相加的形式:

$$H(s) = \frac{1}{s+2} + \frac{2}{s+3} - \frac{3}{s+4} = \frac{s^{-1}}{1+2s^{-1}} + \frac{2s^{-1}}{1+3s^{-1}} - \frac{3s^{-1}}{1+4s^{-1}}$$

由上式可得并联型结构模拟框图,如图 8.9 所示。

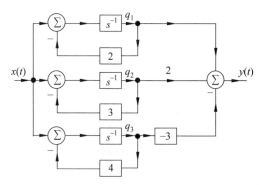

选择 3 个积分器的输出作为系统的状态变量 $q_1(t)$、$q_2(t)$ 和 $q_3(t)$,则有

$$\dot{q}_1(t) = -2q_1(t) + x(t)$$
$$\dot{q}_2(t) = -3q_2(t) + x(t)$$
$$\dot{q}_3(t) = -4q_3(t) + x(t)$$

输出为
$$y(t) = q_1(t) + 2q_2(t) - 3q_3(t)$$

状态方程的矩阵形式为

图 8.9 并联型结构模拟框图

$$\begin{bmatrix} \dot{q}_1 \\ \dot{q}_2 \\ \dot{q}_3 \end{bmatrix} = \begin{bmatrix} -2 & 0 & 0 \\ 0 & -3 & 0 \\ 0 & 0 & -4 \end{bmatrix} \begin{bmatrix} q_1 \\ q_2 \\ q_3 \end{bmatrix} + \begin{bmatrix} 1 \\ 1 \\ 1 \end{bmatrix} x(t)$$

输出方程的矩阵形式为

$$y = \begin{bmatrix} 1 & 2 & -3 \end{bmatrix} \begin{bmatrix} q_1 \\ q_2 \\ q_3 \end{bmatrix}$$

8.2.5 由连续时间系统的微分方程建立状态方程

由连续时间系统的微分方程建立状态方程的基本步骤如下:
(1) 由微分方程写出系统函数。
(2) 由系统函数画出系统结构图。
(3) 由系统结构图选取状态变量,列写状态方程和输出方程。

例 8.6 已知某连续系统的系统方程为

$$\frac{d^3 y(t)}{dt^3} + 6\frac{d^2 y(t)}{dt^2} + 11\frac{dy(t)}{dt} + 6y(t) = 2\frac{d^2 x(t)}{dt^2} + 10\frac{dx(t)}{dt} + 14x(t)$$

(1) 求该系统的系统函数 $H(s)$。

(2) 绘出该系统的时域模拟框图。
(3) 列写该系统的状态方程和输出方程。

解：(1) 对微分方程进行拉普拉斯变换,得

$$H(s) = \frac{Y(s)}{X(s)} = \frac{2s^2 + 10s + 14}{s^3 + 6s^2 + 11s + 6}$$

(2) 该系统的时域模拟框图如图 8.10 所示。

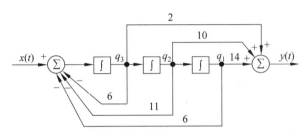

图 8.10 系统的时域模拟框图

(3) 以 3 个积分器的输出 $q_1(t)$、$q_2(t)$ 和 $q_3(t)$ 作为系统的状态变量,则各积分器的输入为 $\dot{q}_1(t)$、$\dot{q}_2(t)$、$\dot{q}_3(t)$。可得

$$\dot{q}_3(t) = -6q_1(t) - 11q_2(t) - 6q_3(t) + x(t)$$
$$\dot{q}_2(t) = q_3(t)$$
$$\dot{q}_1(t) = q_2(t)$$

状态方程的矩阵形式为

$$\begin{bmatrix} \dot{q}_1(t) \\ \dot{q}_2(t) \\ \dot{q}_3(t) \end{bmatrix} = \begin{bmatrix} 0 & 1 & 0 \\ 0 & 0 & 1 \\ -6 & -11 & -6 \end{bmatrix} \begin{bmatrix} q_1 \\ q_2 \\ q_3 \end{bmatrix} + \begin{bmatrix} 0 \\ 0 \\ 1 \end{bmatrix} x(t)$$

输出方程的矩阵形式为

$$y(t) = 14q_1(t) + 10q_2(t) + 2q_3(t) = \begin{bmatrix} 14 & 10 & 2 \end{bmatrix} \begin{bmatrix} q_1 \\ q_2 \\ q_3 \end{bmatrix}$$

8.3 连续时间系统状态方程的求解

8.3.1 连续时间系统状态方程的时域求解

连续时间系统状态方程和输出方程一般可写为

$$\dot{\boldsymbol{q}}(t) = \boldsymbol{A}\boldsymbol{q}(t) + \boldsymbol{B}\boldsymbol{x}(t) \tag{8.3}$$

$$\boldsymbol{y}(t) = \boldsymbol{C}\boldsymbol{q}(t) + \boldsymbol{D}\boldsymbol{x}(t) \tag{8.4}$$

将式(8.3)两边同时乘以 e^{-At},并移项得

$$e^{-At}\dot{\boldsymbol{q}}(t) - e^{-At}\boldsymbol{A}\boldsymbol{q}(t) = e^{-At}\boldsymbol{B}\boldsymbol{x}(t) \tag{8.5}$$

即

$$\frac{d}{dt}(e^{-At}\boldsymbol{q}(t)) = e^{-At}\boldsymbol{B}\boldsymbol{x}(t) \tag{8.6}$$

对式(8.6)两边从 0^- 到 t 积分,得

$$e^{-At}q(t) - q(0^-) = \int_{0^-}^{t} e^{-A\tau} Bx(\tau) d\tau$$

再将上式两边同时乘以矩阵指数 e^{At},得

$$q(t) = e^{At} q(0^-) + \int_{0^-}^{t} e^{-A(\tau-t)} Bx(\tau) d\tau$$

$$= e^{At} q(0^-) + e^{At} B * x(t) \tag{8.7}$$

式(8.7)由两项组成:第一项 $e^{At}q(0^-)$ 仅与初始条件有关,是状态变量 $q(t)$ 的零输入解;第二项 $e^{At}B * x(t)$ 是两个矩阵的卷积,仅与外部激励有关,是状态变量 $q(t)$ 的零状态解。

将上述结果代入输出方程[式(8.4)]得

$$y(t) = Cq(t) + Dx(t) = Ce^{At}q(0^-) + \int_{0^-}^{t} Ce^{A(t-\tau)} Bx(\tau) d\tau + Dx(t)$$

$$= Ce^{At}q(0^-) + (Ce^{At}B + D\delta(t)) * x(t) \tag{8.8}$$

式(8.8)第一项仅与初始条件有关,为系统的零输入响应,即

$$y_{zi}(t) = Ce^{At}q(0^-) \tag{8.9}$$

第二项仅与输入有关,为系统的零状态响应,即

$$y_{zs}(t) = (Ce^{At}B + D\delta(t)) * x(t) \tag{8.10}$$

式(8.7)和式(8.8)就是状态方程和输出方程的时域解。其中 e^{At} 称为状态转移矩阵(state transition matrix)。

矩阵卷积的定义和矩阵乘法的定义类似,只需将矩阵乘法中两个元素相乘的符号用卷积符号替换即可。例如,两个 2×2 矩阵的卷积可写为

$$\begin{bmatrix} f_1 & f_2 \\ f_3 & f_4 \end{bmatrix} * \begin{bmatrix} g_1 & g_2 \\ g_3 & g_4 \end{bmatrix} = \begin{bmatrix} f_1 * g_1 + f_2 * g_3 & f_1 * g_2 + f_2 * g_4 \\ f_3 * g_1 + f_4 * g_3 & f_3 * g_2 + f_4 * g_4 \end{bmatrix}$$

下面简要介绍状态转移矩阵 e^{At} 的求解方法。

设 A 是 $k\times k$ 矩阵,由凯莱-哈密顿(Cayley-Hamilton)定理可知:当 $i \geqslant k$ 时,有

$$A^i = \alpha_0 I + \alpha_1 A + \alpha_2 A^2 + \cdots + \alpha_{k-1} A^{k-1} = \sum_{j=0}^{k-1} \alpha_j A^j \tag{8.11}$$

即 $k\times k$ 矩阵 A^i 可表示为有限个(k 个)指数小于 k 的矩阵 A^0(即 I),$A^1, A^2, \cdots, A^{k-1}$ 的线性组合,α_j 为待求系数,I 为单位矩阵。

定义

$$e^{At} = I + At + \frac{1}{2!} A^2 t^2 + \cdots + \frac{1}{i!} A^i t^i + \cdots = \sum_{i=0}^{+\infty} \frac{1}{i!} A^i t^i \tag{8.12}$$

其中,I 是 $n\times n$ 的单位矩阵。由式(8.12)可知矩阵指数 e^{At} 是一个 $n\times n$ 矩阵函数。

由式(8.12)易证:对任意实数 t 和 τ

$$e^{A(t+\tau)} = e^{At} e^{A\tau} \tag{8.13}$$

取 $\tau = -t$,则由式(8.13)可得

$$e^{At} e^{-At} = e^{A(t-t)} = I \tag{8.14}$$

式(8.14)表明矩阵 e^{At} 是可逆的,e^{At} 的逆阵为 e^{-At}。矩阵函数的求导定义为对矩阵函数中的每一个元素求导,由式(8.12)可得矩阵指数 e^{At} 的导数为

$$\frac{d}{dt} e^{At} = A + A^2 t + \frac{1}{2!} A^3 t^2 + \frac{1}{3!} A^4 t^3 + \cdots = A\left(I + At + \frac{1}{2!} A^2 t^2 + \frac{1}{3!} A^3 t^3 + \cdots\right)$$

$$= \left(\boldsymbol{I} + \boldsymbol{A}t + \frac{1}{2!}\boldsymbol{A}^2 t^2 + \frac{1}{3!}\boldsymbol{A}^3 t^3 + \cdots\right)\boldsymbol{A}$$

即
$$\frac{\mathrm{d}}{\mathrm{d}t}\mathrm{e}^{\boldsymbol{A}t} = \boldsymbol{A}\mathrm{e}^{\boldsymbol{A}t} = \mathrm{e}^{\boldsymbol{A}t}\boldsymbol{A} \tag{8.15}$$

由矩阵函数的求导公式
$$\frac{\mathrm{d}}{\mathrm{d}t}(PR) = \frac{\mathrm{d}P}{\mathrm{d}t}R + P\frac{\mathrm{d}R}{\mathrm{d}t}$$

可得
$$\frac{\mathrm{d}}{\mathrm{d}t}(\mathrm{e}^{-\boldsymbol{A}t}q(t)) = \left(\frac{\mathrm{d}}{\mathrm{d}t}\mathrm{e}^{-\boldsymbol{A}t}\right)q(t) + \mathrm{e}^{-\boldsymbol{A}t}\dot{q}(t) = -\mathrm{e}^{-\boldsymbol{A}t}\boldsymbol{A}q(t) + \mathrm{e}^{-\boldsymbol{A}t}\dot{q}(t) \tag{8.16}$$

由式(8.14)～式(8.16)可知，$\mathrm{e}^{\boldsymbol{A}t}$ 可展开成
$$\mathrm{e}^{\boldsymbol{A}t} = \sum_{k=0}^{+\infty} \frac{t^k}{k!}\boldsymbol{A}^k = \sum_{j=0}^{k-1} \alpha_j(t)\boldsymbol{A}^j \tag{8.17}$$

由凯莱-哈密顿定理可知：矩阵 $\boldsymbol{A}$ 满足它自己的特征方程，即在式(8.17)中用 $\boldsymbol{A}$ 的特征值 $\lambda_i(i=1,2,\cdots,k)$ 代替 $\boldsymbol{A}$ 后等式仍满足
$$\mathrm{e}^{\lambda_i t} = \sum_{j=0}^{k-1} \alpha_j(t)\lambda_i^j \tag{8.18}$$

利用式(8.18)和 k 个 λ_i 就可确定待定系数 $\alpha_j(t)$。

若 λ_i 互不相同，由式(8.18)可以写出由 λ_i 构成的方程组：
$$\begin{cases} \mathrm{e}^{\lambda_1 t} = \alpha_0 + \alpha_1\lambda_1 + \alpha_2\lambda_1^2 + \cdots + \alpha_{k-1}\lambda_1^{k-1} \\ \mathrm{e}^{\lambda_2 t} = \alpha_0 + \alpha_1\lambda_2 + \alpha_2\lambda_2^2 + \cdots + \alpha_{k-1}\lambda_2^{k-1} \\ \quad\quad\quad\quad\quad\quad\quad\quad\vdots \\ \mathrm{e}^{\lambda_k t} = \alpha_0 + \alpha_1\lambda_k + \alpha_2\lambda_k^2 + \cdots + \alpha_{k-1}\lambda_k^{k-1} \end{cases}$$

解该方程组即可求出各待定系数 $\alpha_0, \alpha_1, \alpha_2, \cdots, \alpha_{k-1}$，并代入式(8.17)即可求出 $\mathrm{e}^{\boldsymbol{A}t}$。

例 8.7 已知系统矩阵 $\boldsymbol{A} = \begin{bmatrix} 0 & 1 & 0 \\ 0 & 0 & 1 \\ 0 & 1 & 0 \end{bmatrix}$，计算状态转移矩阵 $\mathrm{e}^{\boldsymbol{A}t}$。

解：$\boldsymbol{A}$ 的特征方程为
$$|\lambda\boldsymbol{I} - \boldsymbol{A}| = \begin{vmatrix} \lambda & -1 & 0 \\ 0 & \lambda & -1 \\ 0 & -1 & \lambda \end{vmatrix} = \lambda^3 - \lambda = 0$$

可得特征根为 $\lambda_1 = 0, \lambda_2 = 1, \lambda_3 = -1$。

由关系式 $\mathrm{e}^{\boldsymbol{A}t} = \alpha_0 + \alpha_1\lambda + \alpha_2\lambda^2$，可得
$$\begin{cases} 1 = \alpha_0 \\ \mathrm{e}^t = \alpha_0 + \alpha_1 + \alpha_2 \\ \mathrm{e}^{-t} = \alpha_0 - \alpha_1 + \alpha_2 \end{cases}$$

解得 $\alpha_0 = 1, \alpha_1 = 0.5(\mathrm{e}^t - \mathrm{e}^{-t}), \alpha_2 = 0.5(\mathrm{e}^t + \mathrm{e}^{-t}) - 1$。所以
$$\mathrm{e}^{\boldsymbol{A}t} = \alpha_0\boldsymbol{I} + \alpha_1\boldsymbol{A} + \alpha_2\boldsymbol{A}^2$$
$$= \begin{bmatrix} 1 & 0 & 0 \\ 0 & 1 & 0 \\ 0 & 0 & 1 \end{bmatrix} + 0.5(\mathrm{e}^t - \mathrm{e}^{-t})\begin{bmatrix} 0 & 1 & 0 \\ 0 & 0 & 1 \\ 0 & 1 & 0 \end{bmatrix} + (0.5(\mathrm{e}^t + \mathrm{e}^{-t}) - 1)\begin{bmatrix} 0 & 0 & 1 \\ 0 & 1 & 0 \\ 0 & 0 & 1 \end{bmatrix}$$

$$= \begin{bmatrix} 1 & 0.5(e^t - e^{-t}) & 0.5(e^t + e^{-t}) - 1 \\ 0 & 0.5(e^t + e^{-t}) & 0.5(e^t - e^{-t}) \\ 0 & 0.5(e^t - e^{-t}) & 0.5(e^t + e^{-t}) \end{bmatrix}$$

矩阵 A 的特征值就是系统的固有频率,因而可以根据 A 的特征值判断系统特性,如判断系统的稳定性等。系统的特征根决定了系统的自由响应。矩阵 A 的特征值是固定不变的,但 $H(s)$ 的零点和极点可能相互抵消,此时矩阵 A 的特征值并不全是 $H(s)$ 的极点。当 $H(s)$ 有零点和极点相互抵消时,$H(s)$ 不能反映系统的全部信息。当系统存在位于 s 右半平面的不稳定极点,且发生不稳定极点与零点相消时,利用 $H(s)$ 不能判断有不稳定极点的存在。利用 A 的特征值判断系统稳定可克服上述不足,因此系统状态变量描述更能反映系统的全貌与系统内部的规律。

8.3.2 连续时间系统状态方程的 s 域求解

连续时间系统矩阵形式的状态方程为

$$\dot{\boldsymbol{q}}(t) = \boldsymbol{A}\boldsymbol{q}(t) + \boldsymbol{B}\boldsymbol{x}(t) \tag{8.19}$$

对上式进行拉普拉斯变换,可得

$$s\boldsymbol{Q}(s) - \boldsymbol{q}(0^-) = \boldsymbol{A}\boldsymbol{Q}(s) + \boldsymbol{B}\boldsymbol{X}(s)$$

整理得

$$(s\boldsymbol{I} - \boldsymbol{A})\boldsymbol{Q}(s) = \boldsymbol{q}(0^-) + \boldsymbol{B}\boldsymbol{X}(s)$$

其中,$\boldsymbol{I}$ 是 $n \times n$ 的单位矩阵。若 $s\boldsymbol{I} - \boldsymbol{A}$ 可逆,则

$$\begin{aligned} \boldsymbol{Q}(s) &= (s\boldsymbol{I} - \boldsymbol{A})^{-1}(\boldsymbol{q}(0^-) + \boldsymbol{B}\boldsymbol{X}(s)) \\ &= \boldsymbol{\Phi}(s)\boldsymbol{q}(0^-) + \boldsymbol{\Phi}(s)\boldsymbol{B}\boldsymbol{X}(s) \end{aligned} \tag{8.20}$$

其中

$$\boldsymbol{\Phi}(s) = (s\boldsymbol{I} - \boldsymbol{A})^{-1} \tag{8.21}$$

对式(8.20)进行拉普拉斯逆变换,得到系统的状态向量:

$$\boldsymbol{q}(t) = L^{-1}\{\boldsymbol{\Phi}(s)\}\boldsymbol{q}(0^-) + L^{-1}\{\boldsymbol{\Phi}(s)\boldsymbol{B}\boldsymbol{X}(s)\} \tag{8.22}$$

比较式(8.7)和式(8.22)可得

$$e^{\boldsymbol{A}t} = L^{-1}\{\boldsymbol{\Phi}(s)\} = L^{-1}\{(s\boldsymbol{I} - \boldsymbol{A})^{-1}\} \tag{8.23}$$

连续时间系统输出方程的一般形式为

$$\boldsymbol{y}(t) = \boldsymbol{C}\boldsymbol{q}(t) + \boldsymbol{D}\boldsymbol{x}(t) \tag{8.24}$$

对输出方程进行单边拉普拉斯变换可得

$$\boldsymbol{Y}(s) = \boldsymbol{C}\boldsymbol{Q}(s) + \boldsymbol{D}\boldsymbol{X}(s) \tag{8.25}$$

将式(8.20)代入式(8.25),可得

$$\begin{aligned} \boldsymbol{Y}(s) &= \boldsymbol{C}[\boldsymbol{\Phi}(s)\boldsymbol{q}(0^-) + \boldsymbol{\Phi}(s)\boldsymbol{B}\boldsymbol{X}(s)] + \boldsymbol{D}\boldsymbol{X}(s) \\ &= \boldsymbol{C}\boldsymbol{\Phi}(s)\boldsymbol{q}(0^-) + (\boldsymbol{C}\boldsymbol{\Phi}(s)\boldsymbol{B} + \boldsymbol{D})\boldsymbol{X}(s) \end{aligned} \tag{8.26}$$

由式(8.26)可知系统的零输入响应的拉普拉斯变换为

$$\boldsymbol{Y}_{zi}(s) = \boldsymbol{C}\boldsymbol{\Phi}(s)\boldsymbol{q}(0^-) \tag{8.27}$$

系统的零状态响应的拉普拉斯变换为

$$\boldsymbol{Y}_{zs}(s) = (\boldsymbol{C}\boldsymbol{\Phi}(s)\boldsymbol{B} + \boldsymbol{D})\boldsymbol{X}(s) \tag{8.28}$$

所以系统函数矩阵 $\boldsymbol{H}(s)$ 为

$$\boldsymbol{H}(s) = \boldsymbol{C}\boldsymbol{\Phi}(s)\boldsymbol{B} + \boldsymbol{D} = \boldsymbol{C}(s\boldsymbol{I} - \boldsymbol{A})^{-1}\boldsymbol{B} + \boldsymbol{D} \tag{8.29}$$

例 8.8 已知系统的状态方程为

$$\begin{bmatrix} \dot{q}_1(t) \\ \dot{q}_2(t) \end{bmatrix} = \begin{bmatrix} -1 & 1 \\ 0 & -2 \end{bmatrix} \begin{bmatrix} q_1(t) \\ q_2(t) \end{bmatrix} + \begin{bmatrix} 1 \\ -1 \end{bmatrix} [x(t)]$$

激励为 $x(t)=\mathrm{e}^{-t}u(t)$，初始状态为 $\begin{bmatrix} q_1(0^-) \\ q_2(0^-) \end{bmatrix}=\begin{bmatrix} 1 \\ 2 \end{bmatrix}$。

（1）求系统状态转移矩阵 $\boldsymbol{\Phi}(t)$。

（2）求状态向量 $\boldsymbol{q}(t)=\begin{bmatrix} q_1(t) \\ q_2(t) \end{bmatrix}$。

解：（1）$\boldsymbol{A}=\begin{bmatrix} -1 & 1 \\ 0 & -2 \end{bmatrix}$, $\boldsymbol{B}=\begin{bmatrix} 1 \\ -1 \end{bmatrix}$，所以

$$\boldsymbol{\Phi}(s)=(s\boldsymbol{I}-\boldsymbol{A})^{-1}=\begin{bmatrix} \dfrac{1}{s+1} & \dfrac{1}{(s+1)(s+2)} \\ 0 & \dfrac{1}{s+2} \end{bmatrix}$$

故

$$\boldsymbol{\Phi}(t)=\begin{bmatrix} \mathrm{e}^{-t} & \mathrm{e}^{-t}-\mathrm{e}^{-2t} \\ 0 & \mathrm{e}^{-2t} \end{bmatrix}U(t)$$

（2）零输入解为

$$\boldsymbol{\Phi}(t)\boldsymbol{q}(0^-)=\begin{bmatrix} 3\mathrm{e}^{-t}-2\mathrm{e}^{-2t} \\ 2\mathrm{e}^{-2t} \end{bmatrix}U(t)$$

s 域零状态解为 $\boldsymbol{\Phi}(s)\boldsymbol{B}\boldsymbol{X}(s)$，即

$$\begin{bmatrix} \dfrac{1}{s+1} & \dfrac{1}{(s+1)(s+2)} \\ 0 & \dfrac{1}{s+2} \end{bmatrix}\begin{bmatrix} 1 \\ -1 \end{bmatrix}\begin{bmatrix} \dfrac{1}{s+2} \end{bmatrix}=\begin{bmatrix} \dfrac{1}{(s+1)(s+2)} \\ \dfrac{-1}{(s+1)(s+2)} \end{bmatrix}=\begin{bmatrix} \dfrac{1}{s+1}-\dfrac{1}{s+2} \\ \dfrac{-1}{s+1}+\dfrac{1}{s+2} \end{bmatrix}$$

故时域零状态解为

$$\begin{bmatrix} 4\mathrm{e}^{-t}-3\mathrm{e}^{-2t} \\ -\mathrm{e}^{-t}+\mathrm{e}^{-2t} \end{bmatrix}U(t)$$

状态向量（零输入解＋零状态解）为

$$\begin{bmatrix} 7\mathrm{e}^{-t}-5\mathrm{e}^{-2t} \\ -\mathrm{e}^{-t}+3\mathrm{e}^{-2t} \end{bmatrix}U(t)$$

例 8.9 已知某连续系统的状态方程和输出方程为

$$\begin{bmatrix} \dot{q}_1(t) \\ \dot{q}_2(t) \end{bmatrix}=\begin{bmatrix} 2 & 3 \\ 0 & -1 \end{bmatrix}\begin{bmatrix} q_1(t) \\ q_2(t) \end{bmatrix}+\begin{bmatrix} 0 & 1 \\ 0 & 0 \end{bmatrix}\begin{bmatrix} x_1(t) \\ x_2(t) \end{bmatrix}$$

$$\begin{bmatrix} y_1(t) \\ y_2(t) \end{bmatrix}=\begin{bmatrix} 1 & 1 \\ 0 & -1 \end{bmatrix}\begin{bmatrix} q_1(t) \\ q_2(t) \end{bmatrix}+\begin{bmatrix} 1 & 0 \\ 0 & 1 \end{bmatrix}\begin{bmatrix} x_1(t) \\ x_2(t) \end{bmatrix}$$

其初始状态和输入分别为

$$\begin{bmatrix} q_1(0^-) \\ q_2(0^-) \end{bmatrix}=\begin{bmatrix} 1 \\ -1 \end{bmatrix}, \quad \begin{bmatrix} x_1(t) \\ x_2(t) \end{bmatrix}=\begin{bmatrix} u(t) \\ \mathrm{e}^{-2t}u(t) \end{bmatrix}$$

求该系统的状态变量和输出。

解：由已知条件可知

$$\boldsymbol{A}=\begin{bmatrix} 2 & 3 \\ 0 & -1 \end{bmatrix}, \quad \boldsymbol{B}=\begin{bmatrix} 0 & 1 \\ 0 & 0 \end{bmatrix}, \quad \boldsymbol{C}=\begin{bmatrix} 1 & 1 \\ 0 & -1 \end{bmatrix}, \quad \boldsymbol{D}=\begin{bmatrix} 1 & 0 \\ 0 & 1 \end{bmatrix}$$

由式(8.21)可得

$$\boldsymbol{\Phi}(s) = (s\boldsymbol{I} - \boldsymbol{A})^{-1} = \begin{bmatrix} s-2 & -3 \\ 0 & s+1 \end{bmatrix}^{-1} = \begin{bmatrix} \dfrac{1}{s-2} & \dfrac{3}{(s-2)(s+1)} \\ 0 & \dfrac{1}{s+1} \end{bmatrix}$$

对 $x(t)$ 进行单边拉普拉斯变换可得

$$\boldsymbol{X}(s) = \begin{bmatrix} \dfrac{1}{s} \\ \dfrac{1}{s+2} \end{bmatrix}$$

由式(8.20)和式(8.26)可得

$$\begin{bmatrix} Q_1(s) \\ Q_2(s) \end{bmatrix} = \boldsymbol{\Phi}(s)\boldsymbol{q}(0^-) + \boldsymbol{\Phi}(s)\boldsymbol{B}\boldsymbol{X}(s) = \begin{bmatrix} \dfrac{1}{s+1} \\ -\dfrac{1}{s+1} \end{bmatrix} + \begin{bmatrix} 0 & \dfrac{1}{s-2} \\ 0 & 0 \end{bmatrix} \begin{bmatrix} \dfrac{1}{s} \\ \dfrac{1}{s+2} \end{bmatrix}$$

$$= \begin{bmatrix} \dfrac{s^2+s-3}{(s+1)(s+2)(s-2)} \\ -\dfrac{1}{s+1} \end{bmatrix}$$

$$\begin{bmatrix} Y_1(s) \\ Y_2(s) \end{bmatrix} = \boldsymbol{C}\boldsymbol{\Phi}(s)\boldsymbol{q}(0^-) + [\boldsymbol{C}\boldsymbol{\Phi}(s)\boldsymbol{B} + \boldsymbol{D}]\boldsymbol{X}(s)$$

$$= \begin{bmatrix} \dfrac{1}{s} + \dfrac{1}{s^2-4} & \dfrac{1}{s+1} + \dfrac{1}{s+2} \end{bmatrix}$$

对 $Q(s)$、$Y(s)$ 进行拉普拉斯逆变换,得到该系统的状态变量和输出响应:

$$\begin{bmatrix} q_1(t) \\ q_2(t) \end{bmatrix} = \begin{bmatrix} e^{-t} - e^{-2t} + 0.25e^{2t} \\ -e^{-t} \end{bmatrix} \quad (t > 0)$$

$$\begin{bmatrix} y_1(t) \\ y_2(t) \end{bmatrix} = \begin{bmatrix} 1 - 0.25e^{-2t} + 0.25e^{2t} \\ e^{-t} + e^{-2t} \end{bmatrix} \quad (t > 0)$$

8.4 离散时间系统状态方程的建立

8.4.1 离散时间系统状态方程的一般形式

离散时间系统的状态方程是一阶联立差分方程组。对于有 m 个输入 $x_1(n), x_2(n), \cdots, x_m(n)$、$p$ 个输出 $y_1(n), y_2(n), \cdots, y_p(n)$ 以及 k 个状态变量 $q_1(n), q_2(n), \cdots, q_k(n)$ 的离散线性时不变系统,其状态方程和输出方程的矩阵形式可写成

$$\boldsymbol{q}(n+1) = \boldsymbol{A}\boldsymbol{q}(n) + \boldsymbol{B}\boldsymbol{x}(n) \tag{8.30}$$

$$\boldsymbol{y}(n) = \boldsymbol{C}\boldsymbol{q}(n) + \boldsymbol{D}\boldsymbol{x}(n) \tag{8.31}$$

其中

$$\boldsymbol{A} = \begin{bmatrix} a_{11} & a_{12} & \cdots & a_{1k} \\ a_{21} & a_{22} & \cdots & a_{2k} \\ \vdots & \vdots & \ddots & \vdots \\ a_{k1} & a_{k2} & \cdots & a_{kk} \end{bmatrix}, \quad \boldsymbol{B} = \begin{bmatrix} b_{11} & b_{12} & \cdots & b_{1m} \\ b_{21} & b_{22} & \cdots & b_{2m} \\ \vdots & \vdots & \ddots & \vdots \\ b_{k1} & b_{k2} & \cdots & b_{km} \end{bmatrix},$$

$$C = \begin{bmatrix} c_{11} & c_{12} & \cdots & c_{1k} \\ c_{21} & c_{22} & \cdots & c_{2k} \\ \vdots & \vdots & \ddots & \vdots \\ c_{p1} & c_{p2} & \cdots & c_{pk} \end{bmatrix}, \quad D = \begin{bmatrix} d_{11} & d_{12} & \cdots & d_{1m} \\ d_{21} & d_{22} & \cdots & d_{2m} \\ \vdots & \vdots & \ddots & \vdots \\ d_{p1} & d_{p2} & \cdots & d_{pm} \end{bmatrix}$$

$q(n)$ 为状态向量，$x(n)$ 为输入向量，$y(n)$ 为输出向量。

离散时间系统状态方程的建立方法与连续时间系统相似，利用系统的系统框图、系统函数或差分方程，选择适当的状态变量即可写出系统的状态方程和输出方程。

8.4.2 由离散时间系统模拟框图或信号流图建立状态方程

由离散时间系统的模拟框图列写系统的状态方程时，首先选取延迟单元的输出作为状态变量，然后根据延迟单元的输入输出关系及加法器列写状态方程和输出方程。

例 8.10 写出图 8.11 所示的二输入二输出离散系统的状态方程和输出方程。

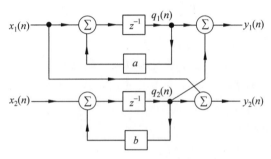

图 8.11 例 8.10 系统框图

解：选取延迟单元的输出作为状态变量，列写方程并写成矩阵形式为

$$\begin{bmatrix} q_1(n+1) \\ q_2(n+1) \end{bmatrix} = \begin{bmatrix} a & 0 \\ 0 & b \end{bmatrix} \begin{bmatrix} q_1(n) \\ q_2(n) \end{bmatrix} + \begin{bmatrix} 1 & 0 \\ 0 & 1 \end{bmatrix} \begin{bmatrix} x_1(n) \\ x_2(n) \end{bmatrix}$$

$$\begin{bmatrix} y_1(n) \\ y_2(n) \end{bmatrix} = \begin{bmatrix} 1 & 1 \\ 0 & 1 \end{bmatrix} \begin{bmatrix} q_1(n) \\ q_2(n) \end{bmatrix} + \begin{bmatrix} 0 & 0 \\ 1 & 0 \end{bmatrix} \begin{bmatrix} x_1(n) \\ x_2(n) \end{bmatrix}$$

8.4.3 由离散时间系统的系统函数建立状态方程

已知离散时间系统的系统函数 $H(z)$，列写状态方程的方法和连续时间系统类似，此时利用信号流图列写比较简便。首先由系统函数 $H(z)$ 画出对应的系统模拟框图，然后根据模拟框图选择正确的状态变量，最后建立相应的状态方程。

例 8.11 已知一个离散时间系统的系统函数为

$$H(z) = \frac{3z^{-1} - 2z^{-2} + 7z^{-3}}{1 - 2z^{-1} + 9z^{-2} - 3z^{-3}}$$

写出该系统的状态方程与输出方程。

解：由 $H(z)$ 画出系统的直接型结构模拟框图如图 8.12 所示。

选取延迟单元的输出作为状态变量，列写状态方程和输出方程，整理成矩阵形式如下：

$$\begin{bmatrix} q_1(n+1) \\ q_2(n+1) \\ q_3(n+1) \end{bmatrix} = \begin{bmatrix} 0 & 1 & 0 \\ 0 & 0 & 1 \\ 2 & -9 & 3 \end{bmatrix} \begin{bmatrix} q_1(n) \\ q_2(n) \\ q_3(n) \end{bmatrix} + \begin{bmatrix} 0 \\ 0 \\ 1 \end{bmatrix} x(n)$$

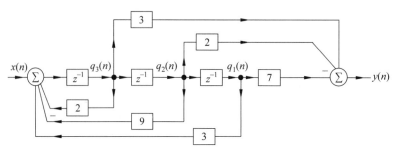

图 8.12 例 8.11 系统直接型结构模拟框图

$$y(n) = \begin{bmatrix} 7 & -2 & 3 \end{bmatrix} \begin{bmatrix} q_1(n) \\ q_2(n) \\ q_3(n) \end{bmatrix}$$

8.4.4 由离散时间系统的差分方程建立状态方程

若已知描述离散时间系统的差分方程,可直接将系统的差分方程转换为状态方程。也可以根据差分方程写出对应的系统函数,再由系统函数画出模拟框图,最后建立相应的状态方程。

例 8.12 已知某因果离散线性时不变系统的二阶差分方程为

$$y(n+2) + 3y(n+1) + 2y(n) = x(n)$$

写出其状态方程和输出方程。

解:对于二阶差分方程,选择 $y(n)$ 和 $y(n+1)$ 作为状态变量,即

$$q_1(n) = y(n), \quad q_2(n) = y(n+1)$$

则根据差分方程可得系统的状态方程:

$$q_1(n+1) = y(n+1) = q_2(n)$$
$$q_2(n+1) = y(n+2) = -3y(n+1) - 2y(n) + x(n) = -3q_2(n) - 2q_1(n) + x(n)$$

系统的输出方程为

$$y(n) = q_1(n)$$

状态方程的矩阵形式为

$$\begin{bmatrix} q_1(n+1) \\ q_2(n+1) \end{bmatrix} = \begin{bmatrix} 0 & 1 \\ -2 & -3 \end{bmatrix} \begin{bmatrix} q_1(n) \\ q_2(n) \end{bmatrix} + \begin{bmatrix} 0 \\ 1 \end{bmatrix} x(n)$$

输出方程的矩阵形式为

$$y(n) = \begin{bmatrix} 1 & 0 \end{bmatrix} \begin{bmatrix} q_1(n) \\ q_2(n) \end{bmatrix}$$

8.5 离散时间系统状态方程的求解

与连续时间系统类似,离散时间系统状态方程的求解方法有时域方法和 z 域方法。

8.5.1 离散时间系统状态方程的时域求解

离散时间系统的状态方程可写为

$$q(n+1) = Aq(n) + Bx(n) \tag{8.32}$$

若系统的激励 $x(n)$ 和初始状态 $q(0)$ 均已知,则由递推可得

$$q(n_0+1] = Aq(n_0) + Bx(n_0)$$
$$q(n_0+2) = Aq(n_0+1) + Bx(n_0+1) = A^2 q(n_0) + ABx(n_0) + Bx(n_0+1)$$
$$\vdots$$
$$q(n_0+n) = Aq(n_0+n-1) + Bx(n_0+n+1)$$
$$= A^n q(n_0) + \sum_{i=0}^{n-1} A^{n-1-i} Bx(i) \quad (n > n_0) \tag{8.33}$$

若初始时刻 $n_0 = 0$,则系统的状态方程为

$$q(n) = A^n q(0) + \left(\sum_{i=0}^{n-1} A^{n-1-i} Bx(i) \right) u(n-1) \tag{8.34}$$

其中,A 称为状态转移矩阵,设 $\boldsymbol{\phi}(n) = A^n$,则式(8.34)可写为

$$q(n) = \boldsymbol{\phi}(n) q(0) + \left(\sum_{i=0}^{n-1} \boldsymbol{\phi}(n-1-i) Bx(i) \right) u(n-1)$$
$$= \boldsymbol{\phi}(n) q(0) + \boldsymbol{\phi}(n-1) B * x(n) \tag{8.35}$$

将式(8.35)代入系统的输出方程,得

$$y(n) = Cq(n) + Dx(n) = CA^n q(0) + Dx(n)$$
$$= CA^n q(0) + \left(\sum_{i=0}^{n-1} CA^{n-1-i} Bx(i) \right) u(n-1) + Dx(n)$$
$$= \underbrace{CA^n q(0)}_{\text{零输入响应}} + \underbrace{\left(\sum_{i=0}^{n-1} CA^{n-1-i} Bx(i) \right) u(n-1) + Dx(n)}_{\text{零状态响应}}$$
$$= \underbrace{C\boldsymbol{\phi}(n) q(0)}_{\text{零输入响应}} + \underbrace{(C\boldsymbol{\phi}(n-1)B + D\boldsymbol{\delta}(n)) * x(n)}_{\text{零状态响应}} \tag{8.36}$$

在最后一个等号右边,第一项 $C\boldsymbol{\phi}(n)q(0)$ 由初始条件引起,为系统零输入响应 $y_{zi}(n)$;第二项 $(C\boldsymbol{\phi}(n-1)B + D\boldsymbol{\delta}(n)) * x(n)$ 由激励引起,为系统零状态响应 $y_{zs}(n)$。

求解状态方程和输出方程的关键在于求出状态转移矩阵 $\boldsymbol{\phi}(n) = A^n$。可仿照连续时间系统求 e^{At} 的方法,借助矩阵 A 的特征值求 A^n。

由凯莱-哈密顿定理,对于 $k \times k$ 矩阵 A,当 $i \geqslant k$ 时,有

$$A^i = \alpha_0 I + \alpha_1 A + \alpha_2 A^2 + \cdots + \alpha_{k-1} A^{k-1} = \sum_{j=0}^{k-1} \alpha_j A^j \tag{8.37}$$

将 A 的特征值 $\lambda_1, \lambda_2, \cdots, \lambda_{k-1}$ 代替 A 代入式(8.37),得到 k 元一次方程组,解该方程组即可得到系数 α_j。

例 8.13 已知矩阵 $A = \begin{bmatrix} 0.75 & 0 \\ 0.5 & 0.5 \end{bmatrix}$,求状态转移矩阵 A^n。

解: $|\lambda I - A| = \begin{vmatrix} \lambda - 0.75 & 0 \\ -0.5 & \lambda - 0.5 \end{vmatrix} = (\lambda - 0.75)(\lambda - 0.5) = 0$

其特征根为 $\lambda_1 = 0.75, \lambda_2 = 0.5$。状态转移矩阵为 $A^n = \alpha_0 I + \alpha_1 A$,$\lambda^n = \alpha_0 I + \alpha_1 \lambda$,因此 $0.75^n = \alpha_0 + 0.75\alpha_1, 0.5^n = \alpha_0 + 0.5\alpha_1$,解得 $\alpha_0 = 3 \times 0.5^n - 2 \times 0.75^n$,$\alpha_1 = 4 \times (0.75^n - 0.5^n)$,所以状态转移矩阵为

$$A^n = (3 \times 0.5^n - 2 \times 0.75^n) \begin{bmatrix} 1 & 0 \\ 0 & 1 \end{bmatrix} + 4 \times (0.75^n - 0.5^n) \begin{bmatrix} 0.75 & 0 \\ 0.5 & 0.5 \end{bmatrix}$$

$$= \begin{bmatrix} 0.75^n & 0 \\ 2(0.75^n - 0.5^n) & 0.5^n \end{bmatrix}$$

8.5.2 离散时间系统状态方程的 z 域求解

离散时间系统矩阵形式的状态方程为
$$q(n+1) = Aq(n) + Bx(n)$$
对上式两边进行单边 z 变换,有
$$zQ(z) - zq(0) = AQ(z) + BX(z)$$
经整理可得
$$Q(z) = (zI - A)^{-1} zq(0) + (zI - A)^{-1} BX(z) \tag{8.38}$$
其中,第一项 $(zI-A)^{-1} zq(0)$ 仅与初始状态有关,为零输入解;第二项 $(zI-A)^{-1} BX(z)$ 仅与激励有关,为零状态解。

对式(8.38)进行 z 逆变换,即可得到离散时间系统的状态变量:
$$q(n) = Z^{-1}[(zI - A)^{-1} zq(0)] + Z^{-1}[(zI - A)^{-1} BX(z)] \tag{8.39}$$
离散时间系统输出方程的一般形式为
$$y(n) = Cq(n) + Dx(n)$$
对输出方程进行单边 z 变换可得
$$Y(z) = CQ(z) + DX(z)$$
将式(8.38)代入上式,得
$$Y(z) = C(zI - A)^{-1} zq(0) + [C(zI - A)^{-1} B + D] X(z) \tag{8.40}$$
求 z 逆变换可得到系统输出
$$y(n) = Z^{-1}[C(zI - A)^{-1} zq(0)] + Z^{-1}[(C(zI - A)^{-1} B + D) X(z)] \tag{8.41}$$
由式(8.41)可知,系统的零输入响应的 z 变换为
$$Y_{zi}(z) = C(zI - A)^{-1} zq(0) \tag{8.42}$$
系统的零状态响应的 z 变换为
$$Y_{zx}(z) = [C(zI - A)^{-1} B + D] X(z) \tag{8.43}$$
系统函数矩阵 $H(z)$ 为
$$H(z) = C(zI - A)^{-1} B + D \tag{8.44}$$
$H(z)$ 是 $p \times m$ 的矩阵,矩阵 $H(z)$ 第 l 行第 k 列元素 $H_{lk}(z)$ 确定了系统第 k 个输入对第 l 个输出的贡献。

例 8.14 已知离散时间系统的状态方程和输出方程为
$$\begin{bmatrix} q_1(n+1) \\ q_2(n+1) \end{bmatrix} = \begin{bmatrix} 0 & 1 \\ -6 & 5 \end{bmatrix} \begin{bmatrix} q_1(n) \\ q_2(n) \end{bmatrix} + \begin{bmatrix} 0 \\ 1 \end{bmatrix} x(n)$$
$$\begin{bmatrix} y_1(n) \\ y_2(n) \end{bmatrix} = \begin{bmatrix} 1 & 1 \\ 2 & -1 \end{bmatrix} \begin{bmatrix} q_1(n) \\ q_2(n) \end{bmatrix}$$
初始状态为 $\begin{bmatrix} q_1(0) \\ q_2(0) \end{bmatrix} = \begin{bmatrix} 1 \\ 2 \end{bmatrix}$,激励 $x(n) = u(n)$。求系统状态方程的解和系统的输出。

解:
$$\Phi(z) = (zI - A)^{-1} = \begin{bmatrix} \dfrac{z-5}{(z-2)(z-3)} & \dfrac{1}{(z-2)(z-3)} \\ \dfrac{-6}{(z-2)(z-3)} & \dfrac{z}{(z-2)(z-3)} \end{bmatrix}$$

$$Q(z) = \Phi(z)(zq(0) + BX(z))$$

$$= \begin{bmatrix} \dfrac{z^2 - 5z}{(z-2)(z-3)} & \dfrac{z}{(z-2)(z-3)} \\ \dfrac{-6z}{(z-2)(z-3)} & \dfrac{z^2}{(z-2)(z-3)} \end{bmatrix} \left(z \begin{bmatrix} 1 \\ 2 \end{bmatrix} + \begin{bmatrix} 0 \\ 1 \end{bmatrix} \dfrac{z}{z-1} \right) = \begin{bmatrix} \dfrac{z(z-2)}{(z-1)(z-3)} \\ \dfrac{z(2z-3)}{(z-1)(z-3)} \end{bmatrix}$$

对上式取 z 逆变换,得

$$q(n) = \begin{bmatrix} 0.5(1+3^n) \\ 0.5(1+3^{n+1}) \end{bmatrix} u(n)$$

$$\begin{bmatrix} y_1(n) \\ y_2(n) \end{bmatrix} = \begin{bmatrix} 1 & 1 \\ 1 & -1 \end{bmatrix} \begin{bmatrix} q_1(n) \\ q_2(n) \end{bmatrix} = \begin{bmatrix} 1 & 1 \\ 2 & -1 \end{bmatrix} \begin{bmatrix} 0.5(1+3^n) \\ 0.5(1+3^{n+1}) \end{bmatrix} u(n) = \begin{bmatrix} 1 + 2 \times 3^n \\ 0.5(1-3^n) \end{bmatrix} u(n)$$

8.6 系统状态变量分析的 MATLAB 仿真

8.6.1 微分方程到状态方程的转换

MATLAB 提供了 tf2ss 函数用于将系统微分方程转换为对应的状态方程,其调用形式为
[A,B,C,D]=tf2ss(num,den)
其中,num 和 den 分别表示系统函数 $H(s)$ 的分子和分母多项式系数矩阵,A、B、C、D 分别为系统状态方程和输出方程的系数矩阵。

例 8.15 已知因果连续线性时不变系统的微分方程为

$$y''(t) + 3y'(t) + 2y(t) = x'(t) + 2x(t)$$

给出该系统的状态方程和输出方程。

解:根据微分方程可求得系统函数

$$H(s) = \frac{s+2}{s^2+3s+2}$$

MATLAB 仿真代码如下:

```
num=[1,2];
Den=[1,3,2];
[A,B,C,D]=tf2ss(num,den)
```

由程序运行结果可得

$$A = \begin{bmatrix} -3 & -2 \\ 1 & 0 \end{bmatrix}, \quad B = \begin{bmatrix} 1 \\ 0 \end{bmatrix}, \quad C = \begin{bmatrix} 1 & 2 \end{bmatrix}, \quad D = \begin{bmatrix} 0 \end{bmatrix}$$

则系统的状态方程为

$$\begin{bmatrix} \dot{q}_1(t) \\ \dot{q}_2(t) \end{bmatrix} = \begin{bmatrix} -3 & -2 \\ 1 & 0 \end{bmatrix} \begin{bmatrix} q_1(t) \\ q_2(t) \end{bmatrix} + \begin{bmatrix} 1 \\ 0 \end{bmatrix} x(t)$$

输出方程为

$$y(t) = \begin{bmatrix} 1 & 2 \end{bmatrix} \begin{bmatrix} q_1(t) \\ q_2(t) \end{bmatrix}$$

8.6.2 由系统状态方程到系统函数的计算

MATLAB 提供了 ss2tf 函数,可以由系统的状态方程和输出方程计算出系统函数 $H(s)$,

其调用形式如下：

[bf,af]=ss2tf[A,B,C,D,I]

其中，bf 表示 $H(s)$ 第 I 列的 n 个元素的分子多项式，af 表示 $H(s)$ 公共的分母多项式系数，A,B,C 和 D 分别表示状态方程和输出方程中的系数矩阵，I 表示 $H(s)$ 第 I 列。

例 8.16 已知系统状态方程和输出方程为

$$\begin{bmatrix} \dot{q}_1(t) \\ \dot{q}_2(t) \end{bmatrix} = \begin{bmatrix} 2 & 3 \\ 0 & -1 \end{bmatrix} \begin{bmatrix} q_1(t) \\ q_2(t) \end{bmatrix} + \begin{bmatrix} 0 & 1 \\ 1 & 0 \end{bmatrix} \begin{bmatrix} x_1(t) \\ x_2(t) \end{bmatrix}$$

$$\begin{bmatrix} y_1(t) \\ y_2(t) \end{bmatrix} = \begin{bmatrix} 1 & 1 \\ 0 & -1 \end{bmatrix} \begin{bmatrix} q_1(t) \\ q_2(t) \end{bmatrix} + \begin{bmatrix} 1 & 0 \\ 1 & 0 \end{bmatrix} \begin{bmatrix} x_1(t) \\ x_2(t) \end{bmatrix}$$

求系统函数矩阵 $\boldsymbol{H}(s)$。

解：MATLAB 仿真代码如下：

```
A=[3 4;0 -2];
B=[0 1;1 1];
C=[1 2;0 -1];
D=[1 0;2 0];
[bf1,af1]=ss2tf(A,B,C,D,1)
[bf2,af2]=ss2tf(A,B,C,D,2)
```

程序运行结果如下：

```
bf1 =
    1.0000    1.0000   -8.0000
    2.0000   -3.0000   -9.0000
af1 =
    1   -1   -6
bf2 =
    0    3.0000    0.0000
    0   -1.0000    3.0000
af2 =
    1   -1   -6
```

因此系统函数矩阵 $\boldsymbol{H}(s)$ 为

$$\boldsymbol{H}(s) = \frac{1}{s^2 - s - 6} \begin{bmatrix} s^2 + s - 8 & 3s \\ 2s^2 - 2s - 9 & -s + 3 \end{bmatrix} = \begin{bmatrix} \dfrac{s^2 + s - 8}{s^2 - s - 6} & \dfrac{3s}{s^2 - s - 6} \\ \dfrac{2s^2 - 2s - 9}{s^2 - s - 6} & \dfrac{-1}{s + 2} \end{bmatrix}$$

8.6.3 利用 MATLAB 求解连续时间系统状态方程

MATLAB 提供了 lsim 函数，利用该函数可获得状态方程的数值解。连续时间系统的状态方程一般形式为

$$\dot{\boldsymbol{q}}(t) = \boldsymbol{A}\boldsymbol{q}(t) + \boldsymbol{B}\boldsymbol{x}(t)$$
$$\boldsymbol{y}(t) = \boldsymbol{C}\boldsymbol{q}(t) + \boldsymbol{D}\boldsymbol{x}(t)$$

首先由 sys=ss(A,B,C,D) 获得状态方程的计算机表示模型，再由 lsim 函数获得其状

方程的数值解。lsim 的基本调用形式如下：

[y,tout,q]=lsim(sys,x,t,q0)

其中：

y(:,n)表示系统的第 n 个输出在 tout 时刻的值。

tout 表示输出信号的时间样点。

q(:,n)表示系统的第 n 个状态在 tout 时刻的值。

sys 表示函数 ss 构造的状态方程模型。

x(:,n)表示系统第 n 个输入在 t 时刻的值。

q0 表示系统的初始状态。

例 8.17 已知

$$\begin{bmatrix} \dot{q}_1(t) \\ \dot{q}_2(t) \end{bmatrix} = \begin{bmatrix} 3 & 4 \\ 0 & -2 \end{bmatrix} \begin{bmatrix} q_1(t) \\ q_2(t) \end{bmatrix} + \begin{bmatrix} 0 & 2 \\ 2 & 0 \end{bmatrix} \begin{bmatrix} x_1(t) \\ x_2(t) \end{bmatrix}$$

$$\begin{bmatrix} y_1(t) \\ y_2(t) \end{bmatrix} = \begin{bmatrix} 1 & 2 \\ 0 & -1 \end{bmatrix} \begin{bmatrix} q_1(t) \\ q_2(t) \end{bmatrix} + \begin{bmatrix} 1 & 1 \\ 1 & 0 \end{bmatrix} \begin{bmatrix} x_1(t) \\ x_2(t) \end{bmatrix}$$

其初始状态为 $\begin{bmatrix} q_1(0^-) \\ q_2(0^-) \end{bmatrix} = \begin{bmatrix} 1 \\ -1 \end{bmatrix}$，输入激励为 $\begin{bmatrix} x_1(t) \\ x_2(t) \end{bmatrix} = \begin{bmatrix} 2u(t) \\ e^{-5t}u(t) \end{bmatrix}$。绘出系统的输出响应曲线和状态变量响应曲线。

解：MATLAB 仿真代码如下。

```
clear;
A=[3 4;0 -2];
B=[0 2;2 0];
C=[1 2;0 -1];
D=[1 1;1 0];
q0=[1;-1];
t=0:0.01:4;
x(:,1)=2*ones(length(t),1);
x(:,2)=exp(-5*t)';
sys=ss(A,B,C,D)
[y,tout,q]=lsim(sys,x,t,q0)
subplot(2,1,1);
plot(t,y(:,1),'b');
xlabel('t');ylabel('y1(t)');grid on;
subplot(2,1,2);
plot(t,y(:,2),'r');
xlabel('t');ylabel('y2(t)');
legend('y1(t)','y2(t)');grid on;
```

程序运行结果如图 8.13 所示。

8.6.4 利用 MATLAB 求解离散时间系统状态方程

离散时间系统状态方程的数值解同样可借助 MATLAB 提供的 lsim 函数实现，其调用形式为

[y,k,q]=lsim(sys,x,[],q0)

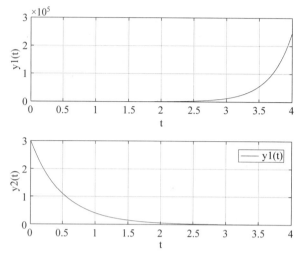

图 8.13 例 8.17 系统的输出响应曲线和状态变量响应曲线

y(:,n)表示系统的第 n 个输出。

k 表示输出样点。

q(:,n)表示系统的第 n 个状态。

sys 表示离散系统模型,由函数 ss(A,B,C,D)得到。

x(:,n)表示系统第 n 个输入。

q0 表示系统的初始状态。

例 8.18 已知某因果离散线性时不变系统的状态方程为

$$\begin{bmatrix} q_1(n+1) \\ q_2(n+1) \end{bmatrix} = \begin{bmatrix} 0 & 1 \\ -0.5 & 0.8 \end{bmatrix} \begin{bmatrix} q_1(n) \\ q_2(n) \end{bmatrix} + \begin{bmatrix} 0 \\ 3 \end{bmatrix} \boldsymbol{x}(n)$$

输出方程为

$$\begin{bmatrix} y_1(n) \\ y_2(n) \end{bmatrix} = \begin{bmatrix} -1 & 3 \\ 1 & 0 \end{bmatrix} \begin{bmatrix} q_1(n) \\ q_2(n) \end{bmatrix}$$

系统的初始状态及输入分别为

$$\begin{bmatrix} q_1(0) \\ q_2(0) \end{bmatrix} = \begin{bmatrix} 2 \\ 5 \end{bmatrix}, \boldsymbol{x}(n) = \boldsymbol{u}(n)$$

利用 MATLAB 计算该系统状态方程的数值解。

解:MATLAB 仿真代码如下。

```
A=[0 1;-0.5 0.8];
B=[0;3];
C=[-1 3;1 0];
D=zeros(2,1);
q0=[2,5];
N=15;
k=0:N-1;
x=ones(1,N);
sys=ss(A,B,C,D,[]);
[y,k,q]=lsim(sys,x,[],q0);
subplot(1,2,1);
```

```
y1=y(:,1);
stem(k,y1);
xlabel('k');
ylabel('y_{1}[k]');
axis([0 14 6 14]);
subplot(1,2,2);
y2=y(:,2);
stem(k,y2);
xlabel('k');
ylabel('y_{2}[n]');
axis([0 14 3 6]);
```

程序运行结果如图 8.14 所示。

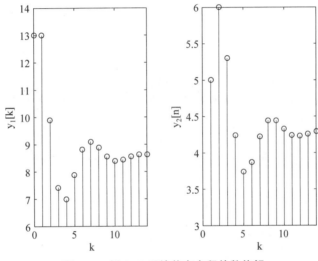

图 8.14 例 8.18 系统状态方程的数值解

延伸阅读

[1] KUH E S, ROHRER R A. The state-variable approach to network analysis[J]. Proceedings of the IEEE, 1965, 53(7): 672-686.

[2] HORSTEMEYER M F, BAMMANN D J. Historical review of internal state variable theory for inelasticity[J]. International Journal of Plasticity, 2010, 26(9): 1310-1334.

[3] MORGAN B. The synthesis of linear multivariable systems by state-variable feedback[J]. IEEE Transactions on Automatic Control, 1964, 9(4): 405-411.

[4] BERKOVITZ L D. On control problems with bounded state variables[J]. J. Math. Anal. Appl, 1962, 5(3): 488-498.

[5] MANTEY P. Eigenvalue sensitivity and state-variable selection[J]. IEEE Transactions on Automatic Control, 1968, 13(3): 263-269.

[6] HOROWITZ I, SHAKED U. Superiority of transfer function over state-variable methods in linear time-invariant feedback system design[J]. IEEE Transactions on Automatic Control, 1975, 20(1): 84-97.

习题与考研真题

8.1 已知系统的微分方程为 $y'''(t)+5y''(t)+7y'(t)+3y(t)=x(t)$,列写系统的状态方程和输出方程,并写出 A、B、C、D 矩阵。

8.2 列写下列系统的状态方程和输出方程。

(1) $y(n)-\dfrac{3}{4}y(n-1)+\dfrac{1}{8}y(n-2)=x(n)$。

(2) $y(n)-\dfrac{3}{4}y(n-1)+\dfrac{1}{8}y(n-2)=x(n)+\dfrac{1}{2}x(n-1)$。

(3) $y(n+2)+3y(n+1)+2y(n)=x(n+1)+x(n)$。

8.3 电路如图 8.15 所示,若以 $i_{L1}(t)$、$i_{L2}(t)$、$u_C(t)$ 为状态变量,以 $u_{L1}(t)$ 和 $u_{L2}(t)$ 为输出,试列出电路的状态方程和输出方程,图中 $R_1=R_2=1\Omega$,$L_1=L_2=1\text{H}$,$C=1\text{F}$。(华中科技大学 2003 年考研真题)

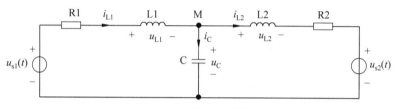

图 8.15 题 8.3 用图

8.4 已知如图 8.16 所示的线性系统,取积分器的输出为状态变量(x_1,x_2)。

(1) 列写系统的状态方程。

(2) 若在激励 $f(t)=\delta(t)$ 时有零状态响应 $\begin{bmatrix}x_1(t)\\x_2(t)\end{bmatrix}=\begin{bmatrix}-8\mathrm{e}^{-2t}+3\mathrm{e}^{-t}\\-8\mathrm{e}^{-2t}+6\mathrm{e}^{-t}\end{bmatrix}\varepsilon(t)$,求图 8.16 中 a、b、c 这 3 个参数值。(华中科技大学 2004 年考研真题)

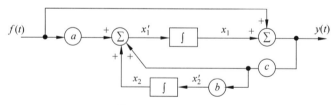

图 8.16 题 8.4 用图

8.5 某因果系统的状态方程和输出方程为

$$\begin{bmatrix}\dfrac{\mathrm{d}x_1}{\mathrm{d}t}\\\dfrac{\mathrm{d}x_2}{\mathrm{d}t}\end{bmatrix}=\begin{bmatrix}0&-2\\1&-3\end{bmatrix}\begin{bmatrix}x_1\\x_2\end{bmatrix}+\begin{bmatrix}0&1\\1&0\end{bmatrix}\begin{bmatrix}f_1\\f_2\end{bmatrix}$$

$$y(t)=\begin{bmatrix}1&0\end{bmatrix}\begin{bmatrix}x_1\\x_2\end{bmatrix}$$

(1) 求系统的状态转移矩阵 e^{At}。

(2) 判断系统是否稳定。

(3) 画出系统框图。(浙江大学 2002 年考研真题)

8.6 已知一个离散线性时不变因果系统如图 8.17 所示。

(1) 列写系统的状态方程和输出方程。

(2) 系统是否稳定?

(3) 求该系统的系统函数 $H(z)$。(上海大学 2003 年考研真题)

8.7 某二阶离散线性时不变系统的信号流图如图 8.18 所示。

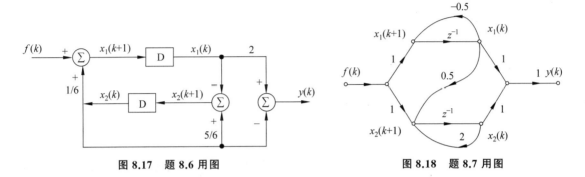

图 8.17 题 8.6 用图   图 8.18 题 8.7 用图

(1) 列写系统的状态方程和输出方程(矩阵形式)。

(2) 求系统函数 $H(z)$(用矩阵方法求解)。

(3) 根据 $H(z)$ 列出系统的差分方程(后向)。

(4) 若 $H_1(z)$ 为 $H(z)$ 中的零点和单位圆内的极点构成的子系统,画出 $H_1(z)$ 的幅频特性曲线。(南京理工大学 2000 年考研真题)

8.8 一个复合系统由两个线性时不变子系统 S_a 和 S_b 组成,其状态方程和输出方程分别如下。

子系统 S_a:

$$\begin{bmatrix} \dot{x}_{a1}(t) \\ \dot{x}_{a2}(t) \end{bmatrix} = \begin{bmatrix} 1 & -2 \\ 2 & 1 \end{bmatrix} \begin{bmatrix} x_{a1} \\ x_{a2} \end{bmatrix} + \begin{bmatrix} 1 \\ 0 \end{bmatrix} f_1(t), \quad y_1(t) = \begin{bmatrix} 1 & -1 \end{bmatrix} \begin{bmatrix} x_{a1} \\ x_{a2} \end{bmatrix}$$

子系统 S_b:

$$\begin{bmatrix} \dot{x}_{b1}(t) \\ \dot{x}_{b2}(t) \end{bmatrix} = \begin{bmatrix} 2 & -1 \\ -2 & 1 \end{bmatrix} \begin{bmatrix} x_{b1} \\ x_{b2} \end{bmatrix} + \begin{bmatrix} 2 \\ 0 \end{bmatrix} f_2(t), \quad y_2(t) = \begin{bmatrix} 0 & -1 \end{bmatrix} \begin{bmatrix} x_{b1} \\ x_{b2} \end{bmatrix}$$

(1) 列写复合系统的状态方程和输出方程的矩阵形式。

(2) 绘出复合系统的信号流图,标出状态变量 x_{a1}、x_{a2}、x_{b1}、x_{b2},并求复合系统的系统函数 $H(s)$。(西安电子科技大学 2002 年考研真题)

8.9 已知离散因果系统的的状态方程和输出方程为

$$\begin{bmatrix} x_1(k+1) \\ x_2(k+1) \end{bmatrix} = \begin{bmatrix} -1 & 2 \\ -1 & -4 \end{bmatrix} \begin{bmatrix} x_1(k) \\ x_2(k) \end{bmatrix} + \begin{bmatrix} 1 \\ 1 \end{bmatrix} f(k), \quad y(k) = \begin{bmatrix} 1 & -1 \end{bmatrix} \begin{bmatrix} x_1(k) \\ x_2(k) \end{bmatrix} + f(k)$$

(1) 求系统的差分方程,并画出系统的信号流图。

(2) 判断系统的稳定性,并说明理由。(国防科技大学 2000 年考研真题)

8.10 有一个离散时间系统如图 8.19 所示,设 $k \geqslant 0$ 时 $f_1(k) = f_2(k) = 0$,系统的输出为 $y(k) = \dfrac{6}{5}\left(\dfrac{1}{2}\right)^k - \dfrac{6}{5}\left(\dfrac{1}{3}\right)^k$。

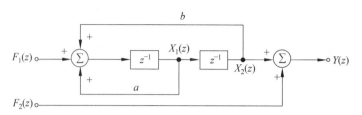

图 8.19　题 8.10 用图

(1) 确定常数 a、b。

(2) 根据所列的状态方程求 $x_1(k)$ 和 $x_2(k)$ 的闭式解。

(3) 求该系统的差分方程。(浙江大学 2000 年考研真题)

8.11　设有一个连续时间系统如图 8.20 所示。

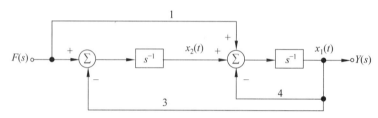

图 8.20　题 8.11 用图

(1) 列写系统的状态变量方程和输出方程。

(2) 根据状态方程和输出方程求系统的 $H(s)$ 及微分方程。

(3) 系统在 $f(t)=\varepsilon(t)$ 的作用下输出响应为 $y(t)=\left(\dfrac{1}{3}+\dfrac{1}{2}e^{-t}-\dfrac{5}{6}e^{-3t}\right)\varepsilon(t)$，求系统的初始状态 $x_1(0_-)$、$x_2(0_-)$。(上海大学 2000 年考研真题)

8.12　如图 8.21 所示，已知 $L=1\text{H},R=1\Omega,C=0.5\text{F},u_C(0_-)=1\text{V},i_L(0_-)=1\text{A},u_s(t)=\varepsilon(t),i_s(t)=\varepsilon(t)$，其中 $\varepsilon(t)$ 为单位阶跃函数。

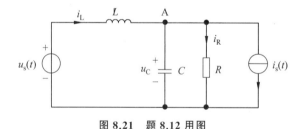

图 8.21　题 8.12 用图

(1) 画出图 8.21 所示电路的 s 域等效电路。

(2) 求电阻 R 上 $i_R(t)$ 的全响应。

(3) 令 $u_C(t)=x_1,i_L(t)=x_2$，建立该电路的状态方程。(国防科技大学 2002 年考研真题)

8.13　分别用级联结构和并联结构形式实现 $H(s)=\dfrac{4(s+2.5)}{(s+1)(s+2)(s+3)}$ 的状态方程和输出方程。

8.14　以下是求系统响应 $y(n)$ 的一段程序：

```
#include<math.h>
#include<stdio.h>
```

```
void Respond_y(float * y,float * x,int num)
{
    float F=0,G=0;
    int i;
    for (i=0;i<num;i++,y++,x++)
    {
        * y=2.*(* x)+F;
        F=-(* x)+0.75*(* y)-G;
        G=0.125*(* y);
    }
}
```

列写相应的状态方程和输出方程。(清华大学 1997 年考研真题)

参 考 文 献

[1] 许波. 信号与系统[M]. 北京：机械工业出版社，2015.
[2] 王丽娟，贾永兴，王友军. 信号与系统[M]. 北京：机械工业出版社，2014.
[3] 贾永兴，朱莹. 信号与系统[M]. 北京：清华大学出版社，2021.
[4] 徐亚宁，苏启常. 信号与系统[M]. 4版. 北京：电子工业出版社，2016.
[5] 张艳萍，常建华. 信号与系统（MATLAB实现）[M]. 北京：清华大学出版社，2020.
[6] 熊庆旭，刘锋，常青. 信号与系统[M]. 北京：高等教育出版社，2011.
[7] 任蕾，杨忠根，薄华，等. 信号与系统[M]. 北京：清华大学出版社，2021.
[8] 陈后金，胡建，薛建. 信号与系统[M]. 3版. 北京：高等教育出版社，2020.
[9] 吉建华，贾月辉，孙林娟，等. 信号与系统分析[M]. 北京：电子工业出版社，2017.
[10] 严国志，杨玲君，王静，等. 信号与系统[M]. 北京：电子工业出版社，2018.
[11] 李泽光. 信号与系统分析和应用[M]. 北京：高等教育出版社，2015.
[12] 李开成. 信号与系统[M]. 武汉：华中科技大学出版社，2020.
[13] 陈后金. 信号与系统[M]. 北京：高等教育出版社，2020.
[14] 胡钋. 信号与系统学习指导与考研题精解[M]. 合肥：中国科学技术大学出版社，2018.
[15] 赵泓扬. 信号与系统分析学习指导与习题详解[M]. 北京：电子工业出版社，2014.
[16] 赵泓扬. 信号与系统分析[M]. 2版. 北京：电子工业出版社，2014.
[17] 段哲民，尹熙鹏. 信号与系统[M]. 4版. 北京：电子工业出版社，2020.
[18] 陆哲明，赵春晖. 信号与系统学习与考研指导[M]. 北京：科学出版社，2004.
[19] 郑君里，信号与系统[M]. 3版. 北京：高等教育出版社，2016.
[20] 聂小燕，杜娥. 信号与线性系统分析[M]. 北京：人民邮电出版社，2022.
[21] 吴大正，信号与线性系统分析[M]. 5版. 北京：高等教育出版社，2019.
[22] 陈生谭，信号与线性系统[M]. 西安：西安电子科技大学出版社，2017
[23] 燕庆明，信号与线性系统教程[M]. 5版. 北京：高等教育出版社，2016.
[24] 刘树棠，信号与系统[M]. 2版. 北京：电子工业出版社，2013